세상이 변해도
배움의 즐거움은
변함없도록

시대는 빠르게 변해도
배움의 즐거움은
변함없어야 하기에

어제의 비상은
남다른 교재부터
결이 다른 콘텐츠
전에 없던 교육 플랫폼까지

변함없는 혁신으로
교육 문화 환경의 새로운 전형을
실현해왔습니다.

비상은 오늘, 다시 한번
새로운 교육 문화 환경을 실현하기 위한
또 하나의 혁신을 시작합니다.

오늘의 내가 어제의 나를 초월하고
오늘의 교육이 어제의 교육을 초월하여
배움의 즐거움을 지속하는 혁신,

바로, 메타인지 기반 완전 학습을.

상상을 실현하는 교육 문화 기업 비상

메타인지 기반 완전 학습
초월을 뜻하는 meta와 생각을 뜻하는 인지가 결합한 메타인지는
자신이 알고 모르는 것을 스스로 구분하고 학습계획을 세우도록 하는
궁극의 학습 능력입니다. 비상의 메타인지 기반 완전 학습 시스템은
잠들어 있는 메타인지를 깨워 공부를 100% 내 것으로 만들도록 합니다.

내신 만점 유형서

만렙

중등수학

3/1

"만렙으로 나의 수학 실력을 최대치까지 올려 보자!"

1 ## 수학의 모든 빈출 문제가 만렙 한 권에!

너무 쉬워서 시험에 안 나오는 문제, NO
너무 어려워서 시험에 안 나오는 문제, NO
전국의 기출문제를 다각도로 분석하여 시험에 잘 나오는 문제들로만 구성

2 ## 중요한 핵심 문제는 한 번 더!

수학은 반복 학습이 중요!
각 유형의 대표 문제와 시험에 잘 나오는 문제는 두 번씩 풀어 보자.
중요 문제만을 모아 쌍둥이 문제로 풀어 봄으로써 실전에 완벽하게 대비

3 ## 만렙의 상 문제는 필수 문제!

수학 만점에 필요한 필수 상 문제들로만 구성하여 실력은 탄탄해지고
수학 만렙 달성

구성

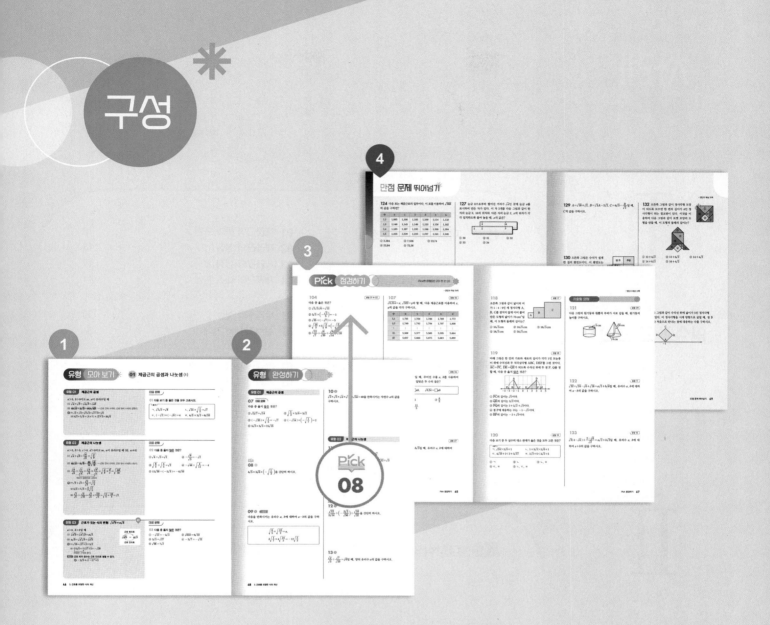

1 유형 모아 보기 > **2** 유형 완성하기 > **3** Pick 점검하기 > **4** 만점 문제 뛰어넘기

소단원별 핵심 유형의
개념과 대표 문제를
한눈에 볼 수 있다.

대표 문제와 유사한 문제를
한 번 더 풀고
다양한 최신 빈출 문제를
유형별로 풀어 볼 수 있다.

'유형 완성하기'에 있는
핵심 문제(Pick)의
쌍둥이 문제를
풀어 볼 수 있다.

시험에 잘 나오는 상 문제를
풀어 볼 수 있다.

차례

III

이차함수

1.

제곱근의 뜻과 성질

유형 01 제곱근의 뜻

(1) **제곱근**: 어떤 수 x를 제곱하여 a가 될 때, 즉 $x^2=a$일 때 x를 a의 제곱근이라 한다.

  예 $2^2=4$, $(-2)^2=4$이므로 2와 -2는 4의 제곱근이다.

  참고 제곱하여 0이 되는 수는 0뿐이므로 0의 제곱근은 0이고, 양수나 음수를 제곱하면 항상 양수가 되므로 음수의 제곱근은 없다.

(2) **제곱근의 표현**

  ① 제곱근은 기호 $\sqrt{\ }$ **(근호)**를 사용하여 나타내고, 이를 '제곱근' 또는 '루트'라 읽는다.

    $\sqrt{a}$ ➡ 제곱근 a, 루트 a

  ② 양수 a의 제곱근 중 양수인 것을 양의 제곱근($\sqrt{a}$), 음수인 것을 음의 제곱근($-\sqrt{a}$)이라 한다.

    $a>0$일 때

    $\sqrt{a}$ / $-\sqrt{a}$ —제곱/제곱근→ a

  참고 $\sqrt{a}$와 $-\sqrt{a}$를 한꺼번에 $\pm\sqrt{a}$로 나타내기도 한다.

대표 문제

01 x가 양수 a의 제곱근일 때, 다음 중 x와 a 사이의 관계식으로 옳은 것을 모두 고르면? (정답 2개)

① $a^2=x$ ② $x^2=a$ ③ $a=\sqrt{x}$

④ $x=\pm\sqrt{a}$ ⑤ $a=\pm\sqrt{x}$

유형 02 제곱근 구하기 _{중요}

(1) $a>0$일 때, a의 제곱근은 $\pm\sqrt{a}$

  ➡ a의 양의 제곱근은 $\sqrt{a}$

    a의 음의 제곱근은 $-\sqrt{a}$

(2) (어떤 수)^2 꼴 또는 근호를 포함한 수의 제곱근을 구할 때는 먼저 주어진 수를 간단히 한다.

  예 $(-2)^2$의 제곱근 ➡ 4의 제곱근 ➡ ±2

    $\sqrt{4}$의 제곱근 ➡ 2의 제곱근 ➡ $\pm\sqrt{2}$

  참고 근호 안의 수가 어떤 유리수의 제곱이면 근호를 사용하지 않고 나타낼 수 있다.

  예 $\sqrt{25}=\sqrt{5^2}=5$, $-\sqrt{49}=-\sqrt{7^2}=-7$

대표 문제

02 $(-6)^2$의 음의 제곱근을 A, $\sqrt{256}$의 양의 제곱근을 B라 할 때, $A+B$의 값을 구하시오.

유형 03 제곱근의 이해 〔중요〕

(1) 제곱근의 개수
   ① 양수 a의 제곱근 ➡ $\pm\sqrt{a}$ ➡ 2개
   ② 0의 제곱근 ➡ 0 ➡ 1개
   ③ 음수의 제곱근 ➡ 없다. ➡ 0개

(2) a의 제곱근과 제곱근 a (단, $a>0$)
   ① a의 제곱근 ➡ 제곱하여 a가 되는 수 ➡ $\pm\sqrt{a}$
   ② 제곱근 a ➡ a의 양의 제곱근 ➡ $\sqrt{a}$
   예 3의 제곱근은 $\pm\sqrt{3}$, 제곱근 3은 $\sqrt{3}$이다.

대표 문제

03 다음 중 옳은 것은?
① 제곱근 11은 $\pm\sqrt{11}$이다.
② 0의 제곱근은 없다.
③ -2는 -4의 제곱근이다.
④ $\sqrt{81}$의 음의 제곱근은 -3이다.
⑤ 제곱근 10과 10의 제곱근은 서로 같다.

유형 04 제곱근의 도형에서의 활용 (1)

넓이가 S인 정사각형의 한 변의 길이를 x라 하면
$$x^2=S \qquad \therefore x=\sqrt{S}\ (\because x>0)$$

대표 문제

04 가로의 길이가 7 cm, 세로의 길이가 6 cm인 직사각형과 넓이가 같은 정사각형의 한 변의 길이를 구하시오.

유형 05 제곱근의 도형에서의 활용 (2)

오른쪽 직각삼각형 ABC에서 피타고라스
정리에 의해 $c^2=a^2+b^2$이므로
➡ $c=\sqrt{a^2+b^2}\ (\because c>0)$
   $a=\sqrt{c^2-b^2}\ (\because a>0)$
   $b=\sqrt{c^2-a^2}\ (\because b>0)$

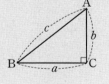

참고 가로의 길이가 a, 세로의 길이가 b인 직사각형의
   대각선의 길이를 l이라 하면
   $$l=\sqrt{a^2+b^2}$$

대표 문제

05 오른쪽 그림과 같이 $\angle C=90°$인 직각삼각형 ABC에서 $\overline{AB}=11$ cm, $\overline{BC}=10$ cm일 때, $\overline{AC}$의 길이를 구하시오.

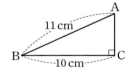

유형 완성하기 ✳

유형 01 **제곱근의 뜻**

06 대표 문제

다음 중 'x는 7의 제곱근이다.'를 식으로 바르게 나타낸 것은?

① $x=7^2$ ② $x^2=7$ ③ $x^2=7^2$

④ $7=\sqrt{x}$ ⑤ $7=-\sqrt{x}$

07 하

다음 중 제곱근이 없는 수를 모두 고른 것은?

$$31, \quad \frac{25}{9}, \quad 0, \quad -1, \quad 0.4, \quad -\frac{1}{9}$$

① $31, \frac{25}{9}$ ② $0, -1$ ③ $-1, 0.4$

④ $-1, -\frac{1}{9}$ ⑤ $0.4, -\frac{1}{9}$

08 중

16의 제곱근을 A, 8의 제곱근을 B라 할 때, A^2-B^2의 값은?

① -8 ② -6 ③ 0

④ 6 ⑤ 8

유형 02 **제곱근 구하기** 중요

Pick

09 대표 문제

$(-10)^2$의 양의 제곱근을 A, $\sqrt{16}$의 음의 제곱근을 B라 할 때, $A-B$의 값을 구하시오.

10 하

다음 중 옳은 것을 모두 고르면? (정답 2개)

① $\sqrt{64}$의 제곱근 ⇨ ± 8

② $(-15)^2$의 제곱근 ⇨ ± 15

③ 0.36의 제곱근 ⇨ ± 0.06

④ $\sqrt{\dfrac{16}{25}}$의 제곱근 ⇨ $\pm\dfrac{4}{5}$

⑤ 10^2의 제곱근 ⇨ ± 10

11 중

순환소수 $2.\dot{7}$의 음의 제곱근을 구하시오.

12 중 서술형

144의 두 제곱근을 각각 a, b라 할 때, $\sqrt{a-2b}$의 양의 제곱근을 구하시오. (단, $a>b$)

13 중

다음 중 근호를 사용하지 않고 나타낼 수 있는 수는 모두 몇 개인가?

$$\sqrt{121}, \quad \sqrt{24}, \quad \sqrt{\dfrac{1}{36}}, \quad \sqrt{0.4}, \quad -\sqrt{81}$$

① 1개　　　　② 2개　　　　③ 3개
④ 4개　　　　⑤ 5개

Pick

14 중

다음 수의 제곱근 중 근호를 사용하지 않고 나타낼 수 없는 수를 모두 고르면? (정답 2개)

① $7.\dot{1}$　　　　② 0.049　　　　③ $\sqrt{256}$
④ $\dfrac{49}{36}$　　　　⑤ 45

---

15 중

다음 보기 중 근호를 사용하지 않고 나타낼 수 있는 수를 모두 고른 것은?

보기
ㄱ. $\sqrt{0.9}$　　　　　　ㄴ. 16의 양의 제곱근
ㄷ. $-\sqrt{225}$　　　　　ㄹ. 3^2의 음의 제곱근
ㅁ. $\sqrt{\dfrac{25}{64}}$의 양의 제곱근

① ㄱ, ㄴ　　　② ㄴ, ㄷ　　　③ ㄷ, ㅁ
④ ㄱ, ㄴ, ㄹ　　⑤ ㄴ, ㄷ, ㄹ

유형 03　제곱근의 이해　중요

16 대표 문제

다음 보기 중 옳지 않은 것을 모두 고르시오.

보기
ㄱ. 1의 제곱근은 ±1이다.
ㄴ. 제곱근 9는 3이다.
ㄷ. 6의 제곱근은 $\sqrt{6}$이다.
ㄹ. $\sqrt{49}$의 양의 제곱근은 7이다.

Pick

17 중　多 보기

다음 중 옳은 것을 모두 고르면?

① -5는 25의 음의 제곱근이다.

② $\dfrac{9}{64}$의 제곱근은 $\dfrac{3}{8}$이다.

③ $(-3)^2$의 제곱근은 ±3이다.

④ 제곱근 100은 ±10이다.

⑤ $\sqrt{0.04}$는 0.2의 양의 제곱근이다.

⑥ 모든 정수의 제곱근은 2개이다.

---

18 중

다음 중 그 값이 나머지 넷과 다른 하나는?

① 4의 제곱근

② 제곱근 4

③ 제곱하여 4가 되는 수

④ $\sqrt{16}$의 제곱근

⑤ $x^2=4$를 만족시키는 x의 값

유형 04 제곱근의 도형에서의 활용 (1)

19 대표 문제

오른쪽 그림과 같이 밑변의 길이가 10 cm, 높이가 6 cm인 삼각형과 넓이가 같은 정사각형의 한 변의 길이를 구하시오.

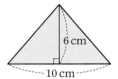

20 중

오른쪽 그림과 같이 한 변의 길이가 각각 4 cm, 5 cm인 두 정사각형의 넓이의 합과 넓이가 같은 정사각형을 만들 때, 새로 만든 정사각형의 한 변의 길이를 구하시오.

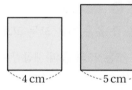

21 상

오른쪽 그림에서 세 사각형 A, B, C는 모두 정사각형이고, B의 한 변의 길이는 A의 한 변의 길이의 $\frac{3}{2}$배이고, C의 넓이는 B의 넓이의 $\frac{7}{3}$배이다. A의 넓이가 4 cm²일 때, C의 한 변의 길이를 구하시오.

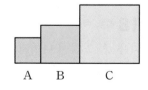

유형 05 제곱근의 도형에서의 활용 (2)

22 대표 문제

오른쪽 그림과 같은 직사각형 ABCD에서 대각선 BD의 길이는?

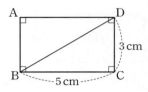

① $\sqrt{30}$ cm　② $\sqrt{31}$ cm

③ $\sqrt{33}$ cm　④ $\sqrt{34}$ cm

⑤ $\sqrt{35}$ cm

23 중

오른쪽 그림과 같은 △ABC에서 $\overline{AD} \perp \overline{BC}$일 때, $\overline{AB}$의 길이를 구하시오.

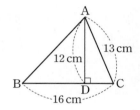

24 중 서술형

오른쪽 그림과 같이 넓이가 각각 49 cm², 9 cm²인 두 정사각형 ABCD, GCEF를 세 점 B, C, E가 한 직선 위에 있도록 이어 붙였을 때, $\overline{AE}$의 길이를 구하시오.

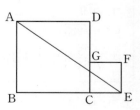

• 정답과 해설 3쪽

유형 06~07 제곱근의 성질 (중요)

(1) 제곱근의 성질

$a > 0$일 때

① $(\sqrt{a})^2 = (-\sqrt{a})^2 = a$ —— a의 제곱근을 제곱하면 a가 된다.

② $\sqrt{a^2} = \sqrt{(-a)^2} = a$ —— 근호 안의 수가 어떤 수의 제곱이면 근호를 사용하지 않고 나타낼 수 있다.

(2) 제곱근의 성질을 이용한 계산

제곱근을 포함한 식을 계산할 때는 제곱근의 성질을 이용하여 근호를 사용하지 않고 나타낸 후 계산한다.

(예) $\sqrt{(-2)^2} - (\sqrt{2})^2 = 2 - 2 = 0$

$\sqrt{2^2} \times (-\sqrt{2})^2 = 2 \times 2 = 4$

대표 문제

25 다음 중 그 값이 나머지 넷과 <u>다른</u> 하나는?

① $\sqrt{7^2}$ ② $(\sqrt{7})^2$ ③ $(-\sqrt{7})^2$

④ $\sqrt{(-7)^2}$ ⑤ $-\sqrt{(-7)^2}$

26 $\sqrt{100} - \sqrt{(-15)^2} + (-\sqrt{5})^2$을 계산하시오.

유형 08 $\sqrt{a^2}$의 성질

$\sqrt{a^2} = |a| = \begin{cases} a \geq 0일\ 때, & a \\ a < 0일\ 때, & -a \end{cases}$

음이 아닌 값

$\sqrt{(양수)^2} = (양수)$

$\sqrt{(음수)^2} = -(음수)$

양수

대표 문제

27 다음을 근호를 사용하지 않고 나타내시오.

(1) $a > 0$일 때, $-\sqrt{a^2}$

(2) $a < 0$일 때, $\sqrt{(-a)^2}$

유형 09 $\sqrt{a^2}$ 꼴을 포함한 식 간단히 하기

$\sqrt{a^2}$ 꼴을 포함한 식을 간단히 할 때는 먼저 a의 부호를 판단한다.

(1) $a > 0$이면 ➡ $\sqrt{a^2} = a$ —— 부호 그대로

(2) $a < 0$이면 ➡ $\sqrt{a^2} = -a$ —— 부호 반대로

대표 문제

28 $a < 0$, $b > 0$일 때, $\sqrt{4a^2} + \sqrt{b^2} + \sqrt{(-2b)^2}$을 간단히 하시오.

유형 10 $\sqrt{(a-b)^2}$ 꼴을 포함한 식 간단히 하기 (중요)

$\sqrt{(a-b)^2}$ 꼴을 포함한 식을 간단히 할 때는 먼저 $a-b$의 부호를 판단한다.

(1) $a - b > 0$이면 ➡ $\sqrt{(a-b)^2} = a - b$ —— 부호 그대로

(2) $a - b < 0$이면 ➡ $\sqrt{(a-b)^2} = -(a-b)$ —— 부호 반대로

대표 문제

29 $1 < a < 2$일 때, $\sqrt{(a-1)^2} + \sqrt{(a-2)^2}$을 간단히 하면?

① -1 ② 1 ③ $-2a+3$

④ $2a-3$ ⑤ $2a+3$

유형 06 　제곱근의 성질 　중요

30 　대표 문제

다음 중 그 값이 나머지 넷과 다른 하나는?

① 36의 음의 제곱근 　　② $\sqrt{(-6)^2}$

③ $-(\sqrt{6})^2$ 　　④ $-(-\sqrt{6})^2$

⑤ $-\sqrt{6^2}$

Pick
31 　중

다음 중 옳은 것은?

① $-\sqrt{\left(\dfrac{1}{2}\right)^2}=\dfrac{1}{2}$ 　　② $\sqrt{(-10)^2}=-10$

③ $(-\sqrt{0.3})^2=-0.3$ 　　④ $(\sqrt{4})^2=2$

⑤ $-\sqrt{(-5)^2}=-5$

32 　중

다음 중 가장 큰 수는?

① $\left(\dfrac{1}{3}\right)^2$ 　　② $\left(-\sqrt{\dfrac{1}{4}}\right)^2$ 　　③ $\sqrt{0.01}$

④ $\sqrt{(-0.5)^2}$ 　　⑤ $-\sqrt{\left(-\dfrac{1}{9}\right)^2}$

33 　중 　서술형

$(-\sqrt{64})^2$의 양의 제곱근을 a, $\sqrt{(-16)^2}$의 음의 제곱근을 b 라 할 때, $a-b$의 값을 구하시오.

유형 07 　제곱근의 성질을 이용한 계산 　중요

34 　대표 문제

$\sqrt{(-5)^2}\times\sqrt{3^2}-(-\sqrt{11})^2$을 계산하면?

① -16 　　② -4 　　③ 4

④ 21 　　⑤ 26

35 　중

다음 중 옳은 것은?

① $\sqrt{7^2}+\sqrt{(-9)^2}=-2$

② $\sqrt{16}\div(-\sqrt{4^2})=-4$

③ $(\sqrt{11})^2-(-\sqrt{14})^2=25$

④ $-(-\sqrt{3})^2\times\sqrt{49}=-21$

⑤ $\sqrt{\dfrac{4}{25}}\times\{-\sqrt{(-10)^2}\}=4$

Pick
36 　중

다음 식을 계산하시오.

$$\sqrt{144}-(-\sqrt{13})^2+(\sqrt{7})^2\times\sqrt{\left(-\dfrac{4}{7}\right)^2}$$

37 　중

두 수 A, B가 다음과 같을 때, $A+B$의 값을 구하시오.

$$A=\sqrt{225}-\sqrt{36}\div(-\sqrt{3})^2$$
$$B=\sqrt{(-10)^2}\times\sqrt{0.04}+\sqrt{\left(\dfrac{2}{3}\right)^2}\div\left(-\sqrt{\dfrac{1}{15}}\right)^2$$

유형 08 $\sqrt{a^2}$의 성질

38 대표 문제

$a>0$일 때, 다음 중 옳지 <u>않은</u> 것은?

① $\sqrt{a^2}=a$ ② $(\sqrt{a})^2=a$

③ $-\sqrt{a^2}=-a$ ④ $(-\sqrt{a})^2=a$

⑤ $\sqrt{(-a)^2}=-a$

39 중

$a<0$일 때, 다음 보기 중 같은 값을 갖는 것끼리 바르게 짝 지은 것은? (정답 2개)

보기

ㄱ. $\sqrt{(-a)^2}$ ㄴ. $(\sqrt{-a})^2$ ㄷ. $-\sqrt{(-a)^2}$

ㄹ. $(-\sqrt{-a})^2$ ㅁ. $-\sqrt{a^2}$

① ㄱ, ㄷ ② ㄱ, ㅁ ③ ㄷ, ㅁ

④ ㄱ, ㄴ, ㄹ ⑤ ㄷ, ㄹ, ㅁ

Pick
40 중

$a>0$일 때, 다음 중 옳지 <u>않은</u> 것을 모두 고르면? (정답 2개)

① $\sqrt{16a^2}=4a$ ② $(-\sqrt{3a})^2=3a$

③ $\sqrt{(-2a)^2}=-2a$ ④ $-\sqrt{(-9a)^2}=-3a$

⑤ $-\sqrt{64a^2}=-8a$

유형 09 $\sqrt{a^2}$ 꼴을 포함한 식 간단히 하기

41 대표 문제

$a>0$, $b<0$일 때, $\sqrt{(-3a)^2}-\sqrt{36b^2}-2\sqrt{a^2}$을 간단히 하면?

① $-2a-3b$ ② $-a-6b$ ③ $a+b$

④ $a+6b$ ⑤ $2a+3b$

42 중

$a<0$일 때, $\sqrt{a^2}-\sqrt{(-5a)^2}+\sqrt{9a^2}$을 간단히 하면?

① $-2a$ ② $-a$ ③ 0

④ a ⑤ $2a$

Pick
43 중

$a-b<0$, $ab<0$일 때, $\sqrt{49a^2}+\sqrt{(-9b)^2}-\sqrt{b^2}$을 간단히 하시오.

유형 10 $\sqrt{(a-b)^2}$ 꼴을 포함한 식 간단히 하기 ^{중요}

Pick

44 대표 문제

$-1 < x < 5$일 때, $\sqrt{(x-5)^2} - \sqrt{(x+1)^2}$을 간단히 하면?

① 4 ② 6 ③ $-2x-4$

④ $-2x+4$ ⑤ $-2x+6$

45 ^중

$a > 2$일 때, $\sqrt{(2-a)^2} + \sqrt{(a-2)^2}$을 간단히 하면?

① 0 ② a ③ $a-2$

④ $-a+4$ ⑤ $2a-4$

46 ^중

$3 < a < 7$일 때, $\sqrt{(3-a)^2} - \sqrt{(7-a)^2} + \sqrt{a^2}$을 간단히 하면?

① $-3a-10$ ② $-3a+4$ ③ 4

④ $3a-10$ ⑤ $3a+10$

47 ^중 서술형

$a > b$, $ab < 0$일 때, $\sqrt{4a^2} + \sqrt{(b-2a)^2} - \sqrt{(-b)^2}$을 간단히 하시오.

Pick

48 ^중

$a > b > c > 0$일 때, $\sqrt{(a-b)^2} - \sqrt{(b-c)^2} + \sqrt{(c-a)^2}$을 간단히 하면?

① $a+b$ ② $b+c$ ③ $2a-2b$

④ $2a-c$ ⑤ $2b$

49 ^상

일차함수 $y=ax+b$의 그래프가 오른쪽 그림과 같을 때, $\sqrt{9a^2} + \sqrt{(-4b)^2} - \sqrt{(b-a)^2}$을 간단히 하면? (단, a, b는 상수)

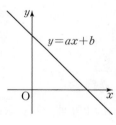

① $-4a+3b$ ② $-2a-3b$

③ $-2a+3b$ ④ $4a-3b$

⑤ $4a+3b$

• 정답과 해설 5쪽

유형 11~12

$\sqrt{Ax}$, $\sqrt{\dfrac{A}{x}}$가 자연수가 되도록 하는 자연수 x의 값 구하기

A가 자연수일 때, $\sqrt{Ax}$, $\sqrt{\dfrac{A}{x}}$가 자연수가 되려면

➡ Ax, $\dfrac{A}{x}$가 어떤 자연수의 제곱이어야 한다.

❶ A를 소인수분해한다.

❷ 근호 안의 수의 소인수의 지수가 모두 **짝수**가 되도록 하는 자연수 x의 값을 구한다.

[예] $\sqrt{6x}$가 자연수가 되도록 하는 가장 작은 자연수 x의 값 구하기

➡ $6x=2\times3\times x$이므로 $x=2\times3\times$(자연수)^2 꼴이어야 한다.

따라서 가장 작은 자연수 x의 값은 $2\times3=6$이다.

대표 문제

50 $\sqrt{40a}$가 자연수가 되도록 하는 가장 작은 자연수 a의 값을 구하시오.

51 $\sqrt{\dfrac{28}{x}}$이 자연수가 되도록 하는 가장 작은 자연수 x의 값을 구하시오.

유형 13

$\sqrt{A+x}$가 자연수가 되도록 하는 자연수 x의 값 구하기

A가 자연수일 때, $\sqrt{A+x}$가 자연수가 되려면

➡ $A+x$가 A보다 큰 (자연수)^2 꼴인 수이어야 한다.

[예] $\sqrt{2+x}$가 자연수가 되도록 하는 가장 작은 자연수 x의 값 구하기

➡ $2+x$가 2보다 큰 (자연수)^2 꼴인 수이어야 하므로

$2+x=4,\ 9,\ 16,\ \cdots$　∴ $x=2,\ 7,\ 14,\ \cdots$

따라서 가장 작은 자연수 x의 값은 2이다.

대표 문제

52 $\sqrt{13+a}$가 자연수가 되도록 하는 가장 작은 자연수 a의 값은?

① 1　　　② 2　　　③ 3
④ 4　　　⑤ 5

유형 14

$\sqrt{A-x}$가 자연수 또는 정수가 되도록 하는 자연수 x의 값 구하기

(1) A가 자연수일 때, $\sqrt{A-x}$가 자연수가 되려면

➡ $A-x$가 A보다 작은 (자연수)^2 꼴인 수이어야 한다.

(2) A가 자연수일 때, $\sqrt{A-x}$가 정수가 되려면

➡ $A-x$가 $\underline{0}$ 또는 A보다 작은 (자연수)^2 꼴인 수이어야 한다.

[예] (1) $\sqrt{11-x}$가 자연수가 되도록 하는 자연수 x의 값 구하기

➡ $11-x$가 11보다 작은 (자연수)^2 꼴인 수이어야 하므로

$11-x=1,\ 4,\ 9$　∴ $x=10,\ 7,\ 2$

(2) $\sqrt{11-x}$가 정수가 되도록 하는 자연수 x의 값 구하기

➡ $11-x$가 $\underline{0}$ 또는 11보다 작은 (자연수)^2 꼴인 수이어야 하므로

$11-x=\underline{0},\ 1,\ 4,\ 9$　∴ $x=11,\ 10,\ 7,\ 2$

대표 문제

53 다음 중 $\sqrt{19-n}$이 자연수가 되도록 하는 자연수 n의 값이 아닌 것은?

① 3　　　② 10　　　③ 15
④ 18　　　⑤ 19

유형 완성하기 ✳

유형 11 $\sqrt{Ax}$가 자연수가 되도록 하는 자연수 x의 값 구하기 중요

Pick

54 대표 문제

$\sqrt{180x}$가 자연수가 되도록 하는 가장 작은 자연수 x의 값은?

① 1   ② 3   ③ 5
④ 10   ⑤ 15

55 중

$\sqrt{\dfrac{147}{2}x}$가 자연수가 되도록 하는 가장 작은 자연수 x의 값을 구하시오.

56 중

$\sqrt{63x}$가 자연수가 되도록 하는 두 자리의 자연수 x의 개수는?

① 1   ② 2   ③ 3
④ 4   ⑤ 5

57 중

$10 \leq n < 150$일 때, $\sqrt{60n}$이 자연수가 되도록 하는 모든 자연수 n의 값의 합을 구하시오.

58 상

진공 상태에서 물체를 낙하시킬 때, 물체의 처음 높이를 h m, 물체가 땅에 닿기 직전의 속력을 v m/s라 하면 $v = \sqrt{2 \times 9.8 \times h}$인 관계가 성립한다고 한다. v가 자연수가 되도록 하는 두 자리의 자연수 h의 값 중에서 가장 큰 수는?

① 40   ② 50
③ 60   ④ 80
⑤ 90

유형 12 $\sqrt{\dfrac{A}{x}}$가 자연수가 되도록 하는 자연수 x의 값 구하기 중요

Pick

59 대표 문제

$\sqrt{\dfrac{315}{x}}$가 자연수가 되도록 하는 가장 작은 자연수 x의 값을 구하시오.

60 ⑧

넓이가 $\dfrac{216}{x}$ 인 정사각형 모양의 색종이가 있다. 이 색종이의 한 변의 길이가 자연수가 되도록 하는 가장 작은 자연수 x의 값을 구하시오.

63 ⑤

$\sqrt{\dfrac{108}{a}}$ 과 $\sqrt{12a}$ 가 모두 자연수가 되도록 하는 두 자리의 자연수 a의 개수는?

① 1   ② 2   ③ 3

④ 4   ⑤ 무수히 많다.

61 ⑧ 서술형

$\sqrt{\dfrac{72}{a}}$ 가 자연수가 되도록 하는 모든 자연수 a의 값의 합을 구하시오.

유형 13 $\sqrt{A+x}$ 가 자연수가 되도록 하는 자연수 x의 값 구하기

64 대표 문제

$\sqrt{16+x}$ 가 자연수가 되도록 하는 가장 작은 자연수 x의 값을 구하시오.

62 ⑧

$\sqrt{\dfrac{96}{a}}$ 이 1보다 큰 자연수가 되도록 하는 가장 큰 자연수 a의 값은?

① 2   ② 6   ③ 8

④ 12   ⑤ 24

65 ⑧

다음 중 $\sqrt{27+a}$ 가 자연수가 되도록 하는 자연수 a의 값이 <u>아닌</u> 것은?

① 9   ② 22   ③ 37

④ 51   ⑤ 73

• 정답과 해설 6쪽

Pick
66 중

$\sqrt{50+n}$이 자연수가 되도록 하는 100 이하의 자연수 n의 개수를 구하시오.

67 중 서술형

$\sqrt{115+a}=b$라 할 때, b가 자연수가 되도록 하는 가장 작은 자연수 a에 대하여 $a+b$의 값을 구하시오.

유형 14 $\sqrt{A-x}$가 자연수 또는 정수가 되도록 하는 자연수 x의 값 구하기 중요

Pick
68 대표 문제

다음 중 $\sqrt{16-x}$가 정수가 되도록 하는 자연수 x의 값이 아닌 것은?

① 6   ② 7   ③ 12
④ 15   ⑤ 16

69 중

$\sqrt{50-a}$가 자연수가 되도록 하는 자연수 a의 개수는?

① 4   ② 5   ③ 6
④ 7   ⑤ 8

70 중

$\sqrt{30-2x}$가 정수가 되도록 하는 자연수 x의 값 중 가장 큰 수를 A, 가장 작은 수를 B라 할 때, $A+B$의 값을 구하시오.

71 상 서술형

오른쪽 그림은 하나의 직사각형 모양의 밭을 두 개의 정사각형 모양 A, B와 직사각형 모양 C로 나눈 것이다. 정사각형 모양의 두 밭 A, B의 넓이는 각각 $12n\,\mathrm{m}^2$, $(36-n)\,\mathrm{m}^2$이고, 각 변의 길이가 모두 자연수일 때, 밭 C의 넓이를 구하시오.

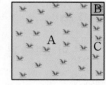

(단, n은 자연수)

유형 15 제곱근의 대소 관계

(1) $a>0$, $b>0$일 때
  ① $a<b$이면 $\sqrt{a}<\sqrt{b}$
  ② $\sqrt{a}<\sqrt{b}$이면 $a<b$, $\sqrt{a}<\sqrt{b}$이면 $-\sqrt{a}>-\sqrt{b}$

(2) a와 $\sqrt{b}$의 대소 비교 (단, $a>0$, $b>0$)
  근호가 없는 수를 근호가 있는 수로 바꾸어 비교한다.
  ➡ $\sqrt{a^2}$과 $\sqrt{b}$의 대소를 비교

대표 문제

72 다음 중 두 수의 대소 관계가 옳은 것은?

① $-\sqrt{5}<-\sqrt{6}$　　　② $\sqrt{0.3}<0.3$

③ $5<\sqrt{24}$　　　④ $\dfrac{1}{3}<\sqrt{\dfrac{1}{10}}$

⑤ $\dfrac{\sqrt{2}}{2}<\dfrac{\sqrt{3}}{2}$

유형 16 제곱근을 포함하는 부등식 〔중요〕

제곱근을 포함하는 부등식을 만족시키는 자연수 x의 값을 구할 때는 다음을 이용한다.

$a>0$, $b>0$, $x>0$일 때

$a<\sqrt{x}<b$ ➡ $\sqrt{a^2}<\sqrt{x}<\sqrt{b^2}$ ➡ $a^2<x<b^2$

(예) $2<\sqrt{x}<3$이면 $\sqrt{2^2}<\sqrt{x}<\sqrt{3^2}$
  즉, $\sqrt{4}<\sqrt{x}<\sqrt{9}$이므로 $4<x<9$
  따라서 자연수 x의 값은 5, 6, 7, 8이다.

대표 문제

73 $3<\sqrt{3x}<5$를 만족시키는 자연수 x의 개수는?

① 1　　　② 3　　　③ 5
④ 7　　　⑤ 9

유형 17 $\sqrt{x}$ 이하의 자연수 구하기

$\sqrt{x}$ 이하의 자연수를 구할 때는 먼저 x보다 작은 (자연수)^2 꼴인 수 중 가장 큰 수와 x보다 큰 (자연수)^2 꼴인 수 중에서 가장 작은 수를 찾은 후 $\sqrt{x}$의 값의 범위를 구한다.

(예) $\sqrt{12}$ 이하의 자연수 a의 값 구하기
  ❶ $9<12<16$, 즉 $\sqrt{9}<\sqrt{12}<\sqrt{16}$이므로 $3<\sqrt{12}<4$
  ❷ $3<\sqrt{12}<4$에서 $\sqrt{12}$ 이하의 자연수 a의 값은 $a=1$, 2, 3

대표 문제

74 자연수 x에 대하여 $\sqrt{x}$ 이하의 자연수의 개수를 $f(x)$라 할 때, $f(1)+f(2)+f(3)+\cdots+f(10)$의 값을 구하시오.

유형 완성하기

유형 15 제곱근의 대소 관계

75 대표 문제

다음 중 두 수의 대소 관계가 옳지 <u>않은</u> 것은?

① $\sqrt{7}<\sqrt{8}$ ② $-\sqrt{3}>-2$

③ $\sqrt{18}>4$ ④ $\dfrac{1}{6}<\sqrt{\dfrac{1}{12}}$

⑤ $0.2>\sqrt{0.2}$

76 중

다음 중 두 번째로 작은 수는?

① $\sqrt{5}$ ② 0.25 ③ $\sqrt{\dfrac{1}{3}}$

④ $\dfrac{1}{5}$ ⑤ $\sqrt{12}$

77 중 서술형

다음 중 가장 작은 수를 a, 가장 큰 수를 b라 할 때, a^2+b^2의 값을 구하시오.

$$-2, \quad \sqrt{10}, \quad 0, \quad \sqrt{(-3)^2}, \quad -\sqrt{8}, \quad \sqrt{\dfrac{1}{2}}$$

78 상

$0<a<1$일 때, 다음 중 그 값이 가장 큰 것은?

① a ② a^2 ③ $\sqrt{a}$

④ $\dfrac{1}{a}$ ⑤ $\sqrt{\dfrac{1}{a}}$

유형 16 제곱근을 포함하는 부등식 중요

79 대표 문제

$8<\sqrt{5x}\leq10$을 만족시키는 자연수 x의 개수는?

① 5   ② 6   ③ 7

④ 8   ⑤ 9

80 중

다음 중 $-4<-\sqrt{3n}<-2$를 만족시키는 자연수 n의 값이 <u>아닌</u> 것은?

① 2   ② 3   ③ 4

④ 5   ⑤ 6

Pick
81 ⊛

$3 \leq \sqrt{x-2} < 4$를 만족시키는 자연수 x의 개수는?

① 3   ② 4   ③ 5
④ 6   ⑤ 7

82 ⊛

$\sqrt{5} < x < \sqrt{22}$를 만족시키는 모든 자연수 x의 값의 합은?

① 3   ② 4   ③ 7
④ 9   ⑤ 11

83 ⊛ 서술형

다음 조건을 모두 만족시키는 자연수 x의 값을 구하시오.

┌ 조건 ┐
(가) $\sqrt{12-x}$는 자연수   (나) $\sqrt{6} < x < \sqrt{35}$
└────┘

유형 17 $\sqrt{x}$ 이하의 자연수 구하기

Pick
84 대표 문제

자연수 x에 대하여 $\sqrt{x}$ 이하의 자연수의 개수를 $N(x)$라 할 때, $N(1) + N(3) + N(5) + N(7) + N(9)$의 값을 구하시오.

85 ⊛

자연수 x에 대하여 $f(x) = (\sqrt{x}$ 이하의 자연수의 개수$)$라 할 때, $f(200) - f(10)$의 값은?

① 11   ② 12   ③ 13
④ 14   ⑤ 15

86 ⊛

자연수 a에 대하여 $\sqrt{a}$ 이하의 자연수의 개수를 $f(a)$라 할 때,
$$f(1) + f(2) + f(3) + \cdots + f(x) = 31$$
을 만족시키는 자연수 x의 값을 구하시오.

87 〔유형 02〕

$(-5)^2$의 음의 제곱근을 A, $\sqrt{121}$의 양의 제곱근을 B라 할 때, $A+B^2$의 값을 구하시오.

88 〔유형 02〕

다음 수의 제곱근 중 근호를 사용하지 않고 나타낼 수 <u>없는</u> 수는?

① 100   ② $\sqrt{625}$ ③ $\dfrac{1}{8}$

④ $1.\dot{7}$ ⑤ 0.16

89 〔유형 03〕

다음 보기 중 옳은 것을 모두 고르시오.

┌ 보기 ┐
ㄱ. 제곱근 7은 $\sqrt{7}$이다.
ㄴ. $0.\dot{4}$의 양의 제곱근은 $0.\dot{2}$이다.
ㄷ. $\sqrt{16}$의 제곱근은 ±2이다.
ㄹ. 제곱하여 0.3이 되는 수는 없다.
ㅁ. $\dfrac{1}{36}$의 제곱근의 합은 0이다.
ㅂ. 넓이가 10인 정사각형의 한 변의 길이는 5이다.

90 〔유형 04〕

다음 그림과 같이 한 변의 길이가 각각 $3\,cm$, $7\,cm$인 정사각형 모양의 두 색종이를 오린 후 빈틈없이 겹치지 않게 붙여서 새로운 정사각형 모양을 만들었다. 이때 새로 만들어진 정사각형의 한 변의 길이를 구하시오.

(단, 두 색종이를 남김없이 사용한다.)

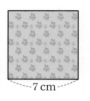

3 cm   7 cm

91 〔유형 06〕

다음 중 옳지 <u>않은</u> 것은?

① $\sqrt{13^2}=13$ ② $-\sqrt{(-2)^2}=-2$

③ $\sqrt{\left(-\dfrac{4}{9}\right)^2}=\dfrac{4}{9}$ ④ $\left(-\sqrt{\dfrac{1}{5}}\right)^2=\dfrac{1}{5}$

⑤ $-\sqrt{(-0.7)^2}=0.7$

92 〔유형 07〕

$A=\sqrt{2^4}\times\sqrt{(-3)^2}+\sqrt{400}\div\sqrt{(-5)^2}$일 때, $\sqrt{A}$의 값을 구하시오.

93 유형 08

$a<0$일 때, 다음 중 옳지 <u>않은</u> 것을 모두 고르면? (정답 2개)

① $\sqrt{(2a)^2}=-2a$ ② $-\sqrt{9a^2}=9a$

③ $\sqrt{(-3a)^2}=-3a$ ④ $-\sqrt{16a^2}=4a$

⑤ $-\sqrt{(-7a)^2}=-7a$

94 유형 09

$a<b$, $ab<0$일 때, $\sqrt{(-5a)^2}-\sqrt{36b^2}+\sqrt{(-b)^2}$을 간단히 하면?

① $-5a-5b$ ② $-5a+5b$ ③ $-5a$

④ $5a-5b$ ⑤ $5a+5b$

95 유형 10

$A=\sqrt{(x+1)^2}-\sqrt{(1-x)^2}$일 때, 다음 보기 중 옳은 것을 모두 고른 것은?

보기
ㄱ. $x<-1$이면 $A=-2$이다.
ㄴ. $-1<x<1$이면 $A=2x$이다.
ㄷ. $x>1$이면 $A=0$이다.

① ㄴ   ② ㄱ, ㄴ   ③ ㄱ, ㄷ

④ ㄴ, ㄷ   ⑤ ㄱ, ㄴ, ㄷ

96 유형 11

자연수 a, b에 대하여 $\sqrt{75a}=b$일 때, $a+b$의 값 중 가장 작은 것은?

① 10   ② 14   ③ 18

④ 22   ⑤ 26

97 유형 12

자연수 x, y에 대하여 $\sqrt{\dfrac{135}{x}}=y$라 할 때, y가 될 수 있는 값 중 가장 큰 수를 구하시오.

98 유형 13

$\sqrt{29+x}$가 자연수가 되도록 하는 두 자리의 자연수 x의 개수는?

① 4   ② 5   ③ 6

④ 7   ⑤ 8

Pick 점검하기

99 〔유형 14〕

$\sqrt{20-a}$ 가 자연수가 되도록 하는 모든 자연수 a의 값의 합은?

① 27   ② 31   ③ 39

④ 46   ⑤ 50

100 〔유형 15〕

다음 중 두 수의 대소 관계가 옳지 <u>않은</u> 것은?

① $6 > \sqrt{34}$ ② $0.1 < \sqrt{0.1}$

③ $-\sqrt{(-3)^2} < -\sqrt{10}$ ④ $\sqrt{\dfrac{1}{3}} < \sqrt{\dfrac{1}{2}}$

⑤ $-\sqrt{65} < -8$

101 〔유형 16〕

$2 < \sqrt{2x+4} \leq 4$ 를 만족시키는 자연수 x의 값 중에서 가장 큰 수를 M, 가장 작은 수를 m이라 할 때, $M+m$의 값은?

① 5   ② 6   ③ 7

④ 8   ⑤ 9

서술형 문제

102 〔유형 10〕

$1 < a < b$일 때, $\sqrt{(1-a)^2} + \sqrt{(b+1)^2} + \sqrt{(a-b)^2}$ 을 간단히 하시오.

103 〔유형 11 ⊛ 16〕

다음 조건을 모두 만족시키는 자연수 x의 값을 구하시오.

┌ 조건 ┐
(개) $\sqrt{2x}$ 는 4보다 크고 7보다 작다.
(내) $\sqrt{72x}$ 는 자연수이다.
└─────┘

104 〔유형 17〕

자연수 x에 대하여 $\sqrt{x}$ 이하의 자연수의 개수를 $N(x)$라 할 때, $N(11) + N(12) + N(13) + \cdots + N(20)$ 의 값을 구하시오.

만점 문제 뛰어넘기

105 $\sqrt{1}$, $\sqrt{1+3}$, $\sqrt{1+3+5}$, $\sqrt{1+3+5+7}$, …과 같이 수를 차례로 나열할 때, 10번째에 나열되는 수를 근호를 사용하지 않고 나타내면?

① 8 ② 9 ③ 10
④ 11 ⑤ 12

106 다음 그림과 같이 한 변의 길이가 20 cm인 정사각형 모양의 색종이를 각 변의 중점을 꼭짓점으로 하는 정사각형 모양으로 접어 나갈 때, [4단계]에서 생기는 정사각형의 한 변의 길이를 구하시오.

　20 cm　　　　[1단계]　　　[2단계]

107 $\sqrt{a^2}=a$, $\sqrt{(-b)^2}=-b$일 때, 다음 식을 간단히 하시오. (단, $a \neq 0$, $b \neq 0$)

$$\sqrt{(-3a)^2}-\sqrt{36a^2}-\sqrt{16b^2}$$

108 $0<a<1$일 때, $\sqrt{\left(a+\dfrac{1}{a}\right)^2}-\sqrt{\left(a-\dfrac{1}{a}\right)^2}$을 간단히 하시오.

109 서로 다른 두 개의 주사위를 동시에 던져서 나오는 눈의 수를 각각 a, b라 할 때, $\sqrt{50ab}$가 자연수가 될 확률을 구하시오.

110 $\sqrt{200-x}-\sqrt{101+y}$가 가장 큰 정수가 되도록 하는 자연수 x, y에 대하여 $x+y$의 값을 구하시오.

111 자연수 x에 대하여 $\sqrt{x}$ 이하의 자연수의 개수를 $f(x)$라 할 때, $f(x)=5$를 만족시키는 자연수 x의 개수는?

① 8 ② 9 ③ 10
④ 11 ⑤ 12

2.

무리수와 실수

유형 01 무리수 〔중요〕

(1) **유리수**: $\dfrac{(\text{정수})}{(0\text{이 아닌 정수})}$ 꼴로 나타낼 수 있는 수

　예 $-3,\ 0.1,\ 1.\dot{5}$

(2) **무리수**: 유리수가 아닌 수, 즉 순환소수가 아닌 무한소수

　예 $\pi,\ 0.12345\cdots$

　참고 유리수는 분수 $\dfrac{a}{b}\,(a,\ b$는 정수, $b\neq0)$ 꼴로 나타낼 수 있지만 무리

　수는 $\dfrac{a}{b}$ 꼴로 나타낼 수 없다.

(3) **소수의 분류**

$$\text{소수}\begin{cases}\text{유한소수} \\[2pt] \text{무한소수}\begin{cases}\text{순환소수} \\ \text{순환소수가 아닌 무한소수} \to \text{무리수}\end{cases}\end{cases}\quad\Big\}\ \text{유리수}$$

참고 근호를 사용하여 나타낸 수가 모두 무리수인 것은 아니다. 근호 안의 수
가 어떤 유리수의 제곱이면 그 수는 유리수이다.
➡ $\sqrt{4}=\sqrt{2^2}=2$이므로 $\sqrt{4}$는 유리수이다.

대표 문제

01 다음 중 무리수의 개수는?

$$\pi,\qquad 0,\qquad 0.\dot{3},\qquad 1+\sqrt{2},$$
$$\sqrt{16},\qquad -\sqrt{10},\qquad 3.141141114\cdots$$

① 1　　　　② 2　　　　③ 3
④ 4　　　　⑤ 5

유형 02 실수의 분류

(1) **실수**: 유리수와 무리수를 통틀어 실수라 한다.

(2) **실수의 분류**

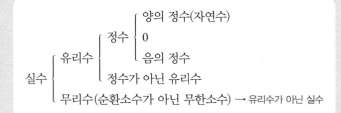

대표 문제

02 다음 보기 중 옳은 것을 모두 고른 것은?

〔보기〕
ㄱ. 실수 중 무리수가 아닌 수는 정수이다.
ㄴ. 실수 중 유리수가 아닌 수는 무리수이다.
ㄷ. 순환소수가 아닌 무한소수도 실수이다.
ㄹ. 모든 실수는 양의 실수와 음의 실수로 구분할 수
　있다.
ㅁ. 정수는 유리수가 아니다.

① ㄱ, ㄷ　　　② ㄱ, ㅁ　　　③ ㄴ, ㄷ
④ ㄴ, ㄹ　　　⑤ ㄹ, ㅁ

유형 03 무리수를 수직선 위에 나타내기 ⓒ

직각삼각형의 빗변의 길이를 이용하여 무리수를 수직선 위에 나타낼 수 있다.

📌 무리수 $\sqrt{2}$와 $-\sqrt{2}$를 수직선 위에 나타내기

❶ 수직선 위에 원점 O를 한 꼭짓점으로 하고 직각을 낀 두 변의 길이가 각각 1인 직각삼각형 AOB를 그린다.
   ➡ $\overline{OA}=\sqrt{1^2+1^2}=\sqrt{2}$

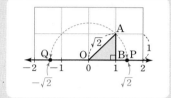

❷ 원점 O를 중심으로 하고 $\overline{OA}$ 를 반지름으로 하는 원을 그릴 때, 원과 수직선이 만나는 두 점 P, Q에 대응하는 수가 각각 $\sqrt{2}$, $-\sqrt{2}$ 이다.

참고

➡ 대응하는 점이 기준점의
{ 오른쪽에 있으면: $k+\sqrt{a}$
  왼쪽에 있으면: $k-\sqrt{a}$

대표 문제

03 다음 그림은 한 칸의 가로와 세로의 길이가 각각 1인 모눈종이 위에 수직선과 직각삼각형 ABC를 그린 것이다. $\overline{AC}=\overline{AP}=\overline{AQ}$일 때, 두 점 P, Q에 대응하는 수를 각각 구하시오.

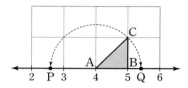

유형 04 실수와 수직선

(1) 모든 실수는 각각 수직선 위의 한 점에 대응하고, 또 수직선 위의 한 점에는 한 실수가 반드시 대응한다.
(2) 서로 다른 두 실수 사이에는 무수히 많은 실수가 있다.
(3) 수직선은 유리수와 무리수, 즉 실수에 대응하는 점들로 완전히 메울 수 있다. ➡ 수직선은 실수를 나타내는 직선이다.

대표 문제

04 다음 보기 중 옳지 <u>않은</u> 것을 모두 고르시오.

보기
ㄱ. 모든 유리수는 각각 수직선 위의 한 점에 대응한다.
ㄴ. 수직선은 무리수에 대응하는 점으로 완전히 메울 수 있다.
ㄷ. $\sqrt{2}$와 $\sqrt{3}$ 사이에는 무수히 많은 유리수가 있다.
ㄹ. 서로 다른 두 자연수 사이에는 무리수가 없다.

유형 05 제곱근표

(1) 제곱근표: 1.00부터 9.99까지의 수는 0.01 간격으로, 10.0부터 99.9까지의 수는 0.1 간격으로 그 수의 양의 제곱근의 값을 소수점 아래 넷째 자리에서 반올림하여 나타낸 표
(2) 제곱근표를 읽는 방법
제곱근표에서 $\sqrt{1.16}$의 값 구하기
➡ 1.1의 가로줄과 6의 세로 줄이 만나는 칸에 적혀 있는 수를 읽는다.
∴ $\sqrt{1.16}=1.077$

수	...	6	7
1.0	⋮	1.030	1.034
1.1→	⋮	→1.077	1.082
1.2	⋮	1.122	1.127

대표 문제

05 아래 표는 제곱근표의 일부이다. 이 표를 이용하여 다음 제곱근의 값을 구하시오.

수	2	3	4	5	6
4.1	2.030	2.032	2.035	2.037	2.040
4.2	2.054	2.057	2.059	2.062	2.064
⋮	⋮	⋮	⋮	⋮	⋮
12	3.493	3.507	3.521	3.536	3.550
13	3.633	3.647	3.661	3.674	3.688

(1) $\sqrt{4.15}$ (2) $\sqrt{12.3}$

유형 01 무리수 ⟨중요⟩

01-1 유리수와 무리수의 구분

Pick
06 대표 문제

다음 중 무리수가 <u>아닌</u> 것은?

① $-\sqrt{7}$　　　② $\sqrt{0.\dot{4}}$　　　③ $\sqrt{20}$
④ $3+\sqrt{2}$　　　⑤ $\pi-1$

07 중

다음 중 순환소수가 아닌 무한소수로 나타나는 것을 모두 고르시오.

$$\sqrt{9}, \quad -\pi, \quad \sqrt{0.4}, \quad \frac{3}{11}$$
$$2.3\dot{1}\dot{5}, \quad \sqrt{2}-2, \quad 3.14, \quad \sqrt{1.44}$$

08 중

다음 정사각형 중 한 변의 길이가 유리수인 것은?

① 넓이가 12인 정사각형
② 넓이가 18인 정사각형
③ 넓이가 27인 정사각형
④ 넓이가 $\sqrt{16}$인 정사각형
⑤ 넓이가 $\sqrt{36}$인 정사각형

09 중

다음 보기 중 a가 유리수일 때, 항상 무리수인 것을 모두 고르시오.

보기
ㄱ. $a+2$　　　ㄴ. $a+\sqrt{5}$　　　ㄷ. $\sqrt{2a}$
ㄹ. $a-\sqrt{11}$　　　ㅁ. $4a$

10 상

x가 40 이하의 자연수일 때, $\sqrt{x}$가 무리수가 되도록 하는 x의 개수를 구하시오.

01-2 무리수에 대한 이해

11

다음 보기 중 옳지 <u>않은</u> 것을 모두 고른 것은?

보기
ㄱ. 순환소수는 모두 유리수이다.
ㄴ. 무한소수는 모두 무리수이다.
ㄷ. 유한소수는 모두 유리수이다.
ㄹ. 순환소수는 모두 무한소수이다.

① ㄴ　　　② ㄷ　　　③ ㄱ, ㄷ
④ ㄴ, ㄷ　　　⑤ ㄷ, ㄹ

Pick

12 중

다음 중 옳은 것을 모두 고르면? (정답 2개)

① 무리수는 순환소수로 나타낼 수도 있다.
② 유한소수 중에는 무리수도 있다.
③ 유한소수는 모두 분수로 나타낼 수 있다.
④ 근호를 사용하여 나타낸 수는 모두 무리수이다.
⑤ 유리수와 무리수의 합은 항상 무리수이다.

13 중

다음 중 $\sqrt{3}$ 에 대한 설명으로 옳은 것을 모두 고르면?

(정답 2개)

① 3의 양의 제곱근이다.
② 근호를 사용하지 않고 나타낼 수 있다.
③ 순환소수이다.
④ $\dfrac{(정수)}{(0이\ 아닌\ 정수)}$ 꼴로 나타낼 수 있다.
⑤ 제곱하면 유리수가 된다.

유형 02 실수의 분류

14 대표 문제

다음 중 옳지 <u>않은</u> 것은?

① 유리수이면서 무리수인 수는 없다.
② 실수는 유리수와 무리수로 이루어져 있다.
③ 실수 중 정수가 아닌 수는 무리수이다.
④ 모든 무리수는 실수이다.
⑤ 모든 자연수는 정수이다.

Pick

15 하

다음 중 세 수가 모두 ㈎에 해당하는 수인 것은?

$$실수 \begin{cases} 유리수 \begin{cases} 정수 \\ 정수가\ 아닌\ 유리수 \end{cases} \\ \boxed{(가)} \end{cases}$$

① $0.\dot{1}$, 0, $\sqrt{1}$
② -2, $-\dfrac{1}{4}$, $-0.\dot{1}\dot{3}$
③ $\sqrt{5}$, $-\sqrt{6}$, $\pi+1$
④ $\sqrt{\dfrac{1}{10}}$, -3.14, 2π
⑤ $\sqrt{(-3)^2}$, $-\sqrt{7}$, $\sqrt{2}$

16 중

다음 중 실수의 개수를 a, 유리수의 개수를 b라 할 때, $a-b$ 의 값을 구하시오.

$$-\sqrt{3.7}, \quad \dfrac{2}{3}, \quad 0, \quad \sqrt{14}$$
$$2.888\cdots, \quad -\sqrt{25}, \quad \sqrt{\dfrac{9}{64}}, \quad \sqrt{0.001}$$

유형 03 무리수를 수직선 위에 나타내기 중요

03-1 $\sqrt{2}$를 수직선 위에 나타내기

17 대표 문제

오른쪽 그림은 수직선 위에 한 변의 길이가 1인 정사각형 ABCD를 그린 것이다. $\overline{CA}=\overline{CP}$, $\overline{BD}=\overline{BQ}$일 때, 다음 중 옳지 <u>않은</u> 것은?

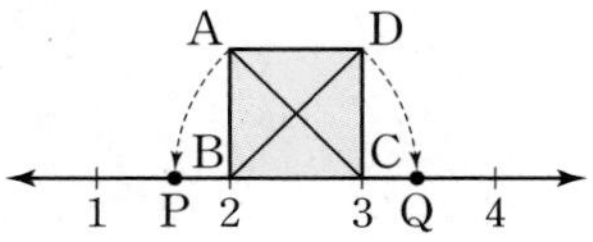

① $\overline{BD}=\sqrt{2}$
② $\overline{CP}=\sqrt{2}$
③ $P(3-\sqrt{2})$
④ $Q(3+\sqrt{2})$
⑤ $\overline{PB}=\sqrt{2}-1$

18 하

오른쪽 그림과 같이 넓이가 6인
정사각형 ABCD에 대하여
$\overline{AB}=\overline{AP}$가 되도록 수직선 위
에 점 P를 정할 때, 점 P에 대응
하는 수를 구하시오.

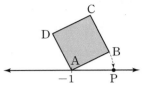

Pick
19 중

다음 그림과 같이 수직선 위에 한 변의 길이가 1인 3개의 정
사각형이 있을 때, $-1+\sqrt{2}$에 대응하는 점은?

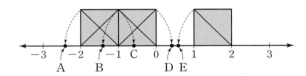

① 점 A   ② 점 B   ③ 점 C
④ 점 D   ⑤ 점 E

03-2 $a\neq2$일 때, 무리수 $\sqrt{a}$를 수직선 위에 나타내기

Pick
20

다음 그림은 한 칸의 가로와 세로의 길이가 각각 1인 모눈종
이 위에 수직선과 정사각형 ABCD를 그린 것이다.
$\overline{AB}=\overline{AP}$일 때, 점 P에 대응하는 수는?

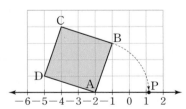

① $-2-\sqrt{10}$ ② $-2-\sqrt{5}$ ③ $-2+\sqrt{5}$
④ $-2+\sqrt{10}$ ⑤ $\sqrt{10}$

---

21 중

다음 그림은 한 칸의 가로와 세로의 길이가 각각 1인 모눈종
이 위에 수직선과 두 직각삼각형 ABC, DEF를 그린 것이다.
$\overline{AC}=\overline{AP}$, $\overline{DF}=\overline{DQ}$일 때, 두 점 P, Q의 좌표를 각각 구하
시오.

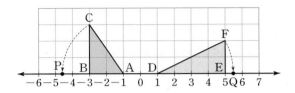

22 중

아래 그림은 한 칸의 가로와 세로의 길이가 각각 1인 모눈종
이 위에 수직선과 두 정사각형 ㈎, ㈏를 그린 것이다. 다음 보
기 중 옳은 것을 모두 고르시오.

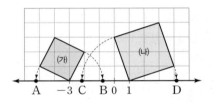

보기
ㄱ. 점 A에 대응하는 수는 $-3-\sqrt{2}$이다.
ㄴ. 점 B에 대응하는 수는 $-3+\sqrt{5}$이다.
ㄷ. 점 C에 대응하는 수는 $1-\sqrt{10}$이다.
ㄹ. 점 D에 대응하는 수는 $\sqrt{10}$이다.

23 상   서술형

다음 그림과 같이 한 칸의 가로와 세로의 길이가 각각 1인 모
눈종이 위에 수직선과 직사각형 ABCD를 그리고, 점 A를
중심으로 하고 $\overline{AC}$를 반지름으로 하는 원을 그렸다. 원과 수
직선이 만나는 두 점을 각각 P, Q라 할 때, 점 Q에 대응하는
수가 $\sqrt{13}-2$이다. 점 P에 대응하는 수를 구하시오.

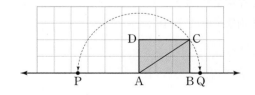

유형 04 실수와 수직선

24 대표 문제

다음 중 옳지 <u>않은</u> 것을 모두 고르면? (정답 2개)

① 서로 다른 두 실수 사이에는 무수히 많은 실수가 있다.
② 서로 다른 두 정수 사이에는 무수히 많은 정수가 있다.
③ 서로 다른 두 무리수 사이에는 무리수만 있다.
④ 모든 무리수는 수직선 위의 한 점에 대응한다.
⑤ 원주율 π를 수직선 위의 점에 대응시킬 수 있다.

25 중

다음 보기 중 옳은 것을 모두 고르시오.

보기
ㄱ. 3에 가장 가까운 무리수는 $3+\sqrt{2}$이다.
ㄴ. $\sqrt{5}$와 $\sqrt{6}$ 사이에는 무수히 많은 무리수가 있다.
ㄷ. 3과 $\sqrt{11}$ 사이에는 유리수가 2개 있다.
ㄹ. $\dfrac{1}{4}$과 $\dfrac{1}{3}$ 사이에는 무수히 많은 유리수가 있다.

Pⁱck
26 중 多 보기

다음 중 옳은 것을 모두 고르면?

① 0과 1 사이에는 무리수가 없다.
② 2와 3 사이에는 무수히 많은 실수가 있다.
③ 유리수와 무리수 중에서 수직선 위의 같은 점에 대응하는 수가 있다.
④ $\sqrt{10}$과 $\sqrt{14}$ 사이에는 무리수가 1개 있다.
⑤ 실수 중에서 수직선 위의 점에 대응하지 않는 수는 없다.
⑥ 0에 가장 가까운 유리수는 1이다.

유형 05 제곱근표

27 대표 문제

다음 제곱근표를 이용하여 $\sqrt{58.2}-\sqrt{56}$의 값을 구하시오.

수	0	1	2	3	4
55	7.416	7.423	7.430	7.436	7.443
56	7.483	7.490	7.497	7.503	7.510
57	7.550	7.556	7.563	7.570	7.576
58	7.616	7.622	7.629	7.635	7.642

Pⁱck
28 중

다음 제곱근표에서 $\sqrt{2.83}=a$, $\sqrt{b}=1.749$일 때, $1000a+100b$의 값은?

수	2	3	4	5	6
2.8	1.679	1.682	1.685	1.688	1.691
2.9	1.709	1.712	1.715	1.718	1.720
3.0	1.738	1.741	1.744	1.746	1.749
3.1	1.766	1.769	1.772	1.775	1.778

① 1951　　② 1974　　③ 1988
④ 1995　　⑤ 1998

29 중 서술형

다음 제곱근표를 이용하여 $\sqrt{a}=2.472$, $\sqrt{b}=2.456$을 만족시키는 a, b에 대하여 $100(a-b)$의 값을 구하시오.

수	0	1	2	3	4
6.0	2.449	2.452	2.454	2.456	2.458
6.1	2.470	2.472	2.474	2.476	2.478
6.2	2.490	2.492	2.494	2.496	2.498

유형 06 두 실수의 대소 관계

(1) 실수의 대소 관계

수직선 위에서 원점의 오른쪽에 있는 점에는 양의 실수가 대응하고, 왼쪽에 있는 점에는 음의 실수가 대응한다.

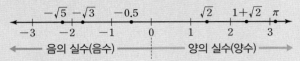

$\longleftarrow$ 음의 실수(음수) $\longrightarrow$ 양의 실수(양수) $\longrightarrow$

(2) 두 실수의 대소 관계

① 두 수의 차를 이용한다. (단, a, b는 실수)

(i) $a-b>0$이면 $\Rightarrow a>b$

(ii) $a-b=0$이면 $\Rightarrow a=b$

(iii) $a-b<0$이면 $\Rightarrow a<b$

예 $\sqrt{3}+2$와 4의 대소 비교

$\Rightarrow (\sqrt{3}+2)-4=\sqrt{3}-2=\sqrt{3}-\sqrt{4}<0 \qquad \therefore \sqrt{3}+2<4$

② 부등식의 성질을 이용한다.

예 $\sqrt{3}-\sqrt{2}$와 $2-\sqrt{2}$의 대소 비교

$\Rightarrow \sqrt{3}<2$이므로 양변에서 $\sqrt{2}$를 빼면 $\sqrt{3}-\sqrt{2}<2-\sqrt{2}$

참고 양변에 같은 수가 있는 경우에는 부등식의 성질을 이용하여 대소를 비교하는 것이 편리하다.

대표 문제

30 다음 중 두 실수의 대소 관계가 옳은 것은?

① $3<\sqrt{3}+1$　　　② $2>5-\sqrt{6}$

③ $7>6+\sqrt{2}$　　　④ $4+\sqrt{3}>\sqrt{3}+\sqrt{8}$

⑤ $\sqrt{7}-3<\sqrt{5}-3$

유형 07 세 실수의 대소 관계

세 실수의 대소를 비교할 때는 두 수씩 짝 지어 비교한다.

$\Rightarrow$ 세 실수 a, b, c에 대하여

$a<b$이고 $b<c$이면 $a<b<c$

예 $a=3+\sqrt{2}$, $b=4$, $c=\sqrt{15}$의 대소 비교

(i) $a-b=(3+\sqrt{2})-4=\sqrt{2}-1>0 \qquad \therefore a>b$

(ii) $b-c=4-\sqrt{15}=\sqrt{16}-\sqrt{15}>0 \qquad \therefore b>c$ $\Big\}\Rightarrow c<b<a$

대표 문제

31 다음 세 수 a, b, c의 대소 관계로 옳은 것은?

$$a=1+\sqrt{3}, \qquad b=2, \qquad c=\sqrt{5}-1$$

① $a<b<c$　　② $b<a<c$　　③ $b<c<a$

④ $c<a<b$　　⑤ $c<b<a$

유형 08 수직선에서 무리수에 대응하는 점 찾기

예 수직선에서 $\sqrt{18}$에 대응하는 점 찾기

A B C   D E
2   3   4   5   6   7

❶ 18에 가까운 (자연수)² 꼴인 두 수는 16과 25이므로
$16 < 18 < 25$
즉, $\sqrt{16} < \sqrt{18} < \sqrt{25}$이므로
$4 < \sqrt{18} < 5$

❷ $\sqrt{18}$은 4와 5 사이의 수이므로 수직선에서 $\sqrt{18}$에 대응하는 점은 점 C
이다.

대표 문제

32 다음 수직선 위의 점 중에서 $\sqrt{8}-1$에 대응하는 점은?

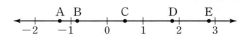

A B   C   D   E
−2 −1   0   1   2   3

① 점 A   ② 점 B   ③ 점 C

④ 점 D   ⑤ 점 E

유형 09 두 실수 사이의 수

(1) $\sqrt{c}$가 두 자연수 a, b 사이의 수인지 알아보려면
$\sqrt{a^2} < \sqrt{c} < \sqrt{b^2}$인지 확인한다.

(2) 양수 c가 두 무리수 $\sqrt{a}$, $\sqrt{b}$ 사이의 수인지 알아보려면
$\sqrt{a} < \sqrt{c^2} < \sqrt{b}$인지 확인한다.

참고 두 실수 a, $b(a<b)$의 평균 $\dfrac{a+b}{2}$는 a, b 사이의 수이다.

즉, $a < \dfrac{a+b}{2} < b$

대표 문제

33 다음 중 두 수 $\sqrt{5}$와 $\sqrt{17}$ 사이에 있는 수가 아닌 것은?

① $\sqrt{11}$ ② $\sqrt{5}+0.5$ ③ $\sqrt{17}-3$

④ $\sqrt{17}-0.1$ ⑤ $\dfrac{\sqrt{5}+\sqrt{17}}{2}$

유형 10 무리수의 정수 부분과 소수 부분 중요

(1) (무리수)=(정수 부분)+(소수 부분)
  $\underset{0<(\text{소수 부분})<1}{\underbrace{\qquad}}$

(2) (무리수의 소수 부분)=(무리수)−(무리수의 정수 부분)
  ➡ 무리수 $\sqrt{a}$의 정수 부분이 n이면 소수 부분은 $\sqrt{a}-n$

예 $3 < \sqrt{10} < 4$ ➡ $\sqrt{10}$의 정수 부분은 3
  ➡ $\sqrt{10}$의 소수 부분은 $\sqrt{10}-3$

대표 문제

34 $5+\sqrt{2}$의 정수 부분을 a, 소수 부분을 b라 할 때, $a-b$의 값은?

① $\sqrt{2}-1$ ② $2+\sqrt{2}$ ③ $7-\sqrt{2}$

④ 6   ⑤ $6+\sqrt{2}$

유형 06 두 실수의 대소 관계 (중요)

35 대표 문제

다음 중 두 실수의 대소 관계가 옳지 <u>않은</u> 것은?

① $3<\sqrt{3}+2$

② $5-\sqrt{2}>3$

③ $6-\sqrt{\dfrac{1}{2}}<6-\sqrt{\dfrac{1}{3}}$

④ $\sqrt{2}+4>\sqrt{2}+\sqrt{5}$

⑤ $5-\sqrt{8}<\sqrt{7}-\sqrt{8}$

36 (중)

다음 중 □ 안에 들어갈 부등호의 방향이 나머지 넷과 <u>다른</u> 하나는?

① $1-\sqrt{6}$ □ $1-\sqrt{5}$

② $\sqrt{3}-3$ □ -1

③ $\sqrt{5}+\sqrt{3}$ □ $\sqrt{8}+\sqrt{3}$

④ $3-\sqrt{2}$ □ $-\sqrt{2}+\sqrt{7}$

⑤ $\sqrt{13}+2$ □ 6

Pick

37 (중)

다음 보기 중 두 실수의 대소 관계가 옳은 것은 모두 몇 개인가?

> **보기**
>
> ㄱ. $\sqrt{\dfrac{1}{6}}+\sqrt{3}>\sqrt{\dfrac{1}{5}}+\sqrt{3}$　ㄴ. $6-\sqrt{3}>4$
>
> ㄷ. $\sqrt{11}-1<\sqrt{13}-1$　ㄹ. $2-\sqrt{2}<2-\sqrt{3}$
>
> ㅁ. $-3-\sqrt{5}<-5$　ㅂ. $10>\sqrt{98}+1$

① 2개　　② 3개　　③ 4개

④ 5개　　⑤ 6개

유형 07 세 실수의 대소 관계

38 대표 문제

$a=\sqrt{2}+1$, $b=1-\sqrt{3}$, $c=2$일 때, 세 수 a, b, c의 대소 관계로 옳은 것은?

① $a<b<c$　　② $a<c<b$　　③ $b<a<c$

④ $b<c<a$　　⑤ $c<a<b$

39 (중) 서술형

다음 세 수 a, b, c의 대소 관계를 부등호를 사용하여 나타내시오.

$$a=\sqrt{5}+1, \qquad b=\sqrt{3}+\sqrt{5}, \qquad c=3$$

40 (중)

반지름의 길이가 $\sqrt{13}+1$, 4, $\sqrt{29}-2$인 세 원을 각각 A, B, C라 할 때, 넓이가 가장 작은 원을 구하시오.

Pick
41 중

다음 수를 크기가 큰 것부터 차례로 나열할 때, 두 번째에 오는 수를 구하시오.

$$\sqrt{3}+\sqrt{7}, \quad -1-\sqrt{7}, \quad 3+\sqrt{7}, \quad 6$$

44 중

다음 중 수직선 위의 점 A에 대응하는 수로 가장 적당한 수는?

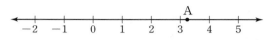

① $\sqrt{5}$ ② $1+\sqrt{2}$ ③ $\sqrt{12}-1$
④ $\sqrt{17}-1$ ⑤ $2+\sqrt{5}$

유형 08 수직선에서 무리수에 대응하는 점 찾기

Pick
42 대표 문제

다음 수직선 위의 점 중에서 $\sqrt{6}-3$에 대응하는 점은?

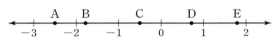

① 점 A ② 점 B ③ 점 C
④ 점 D ⑤ 점 E

45 상

다음 수직선 위의 점 중에서 $\sqrt{10}$, $-\sqrt{6}$, $\sqrt{3}+1$, $-\sqrt{6}+1$에 대응하는 점을 차례로 구하시오.

유형 09 두 실수 사이의 수

46 대표 문제

다음 중 두 수 $\sqrt{7}$과 4 사이에 있는 수가 <u>아닌</u> 것은?

① π ② $\sqrt{7}+0.2$ ③ $\sqrt{13}$
④ $\dfrac{\sqrt{7}-4}{2}$ ⑤ $\dfrac{\sqrt{7}+4}{2}$

43 하

다음 수직선에서 $\sqrt{46}$에 대응하는 점이 있는 구간은?

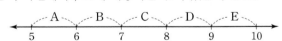

① 구간 A ② 구간 B ③ 구간 C
④ 구간 D ⑤ 구간 E

Pick
47 중 [서술형]

두 수 $-\sqrt{10}$과 $1+\sqrt{13}$ 사이에 있는 정수의 개수를 구하시오.

48 중

다음 중 옳지 <u>않은</u> 것은?

① $\sqrt{2}$와 $\sqrt{11}$ 사이에는 2개의 정수가 있다.

② $\sqrt{2}$와 $\sqrt{11}$ 사이에는 무수히 많은 유리수가 있다.

③ $\dfrac{\sqrt{2}+\sqrt{11}}{2}$ 은 $\sqrt{2}$와 $\sqrt{11}$ 사이의 무리수이다.

④ $\sqrt{2}+0.5$는 $\sqrt{2}$와 $\sqrt{11}$ 사이의 무리수이다.

⑤ $4-\sqrt{11}$은 $\sqrt{2}$와 $\sqrt{11}$ 사이의 무리수이다.

유형 10 무리수의 정수 부분과 소수 부분 중요

Pick
49 대표 문제

$1+\sqrt{5}$의 정수 부분을 a, 소수 부분을 b라 할 때, $b-a$의 값은?

① $\sqrt{5}-1$　　　② $\sqrt{5}-2$　　　③ $\sqrt{5}-3$

④ $\sqrt{5}-4$　　　⑤ $\sqrt{5}-5$

50 중 [서술형]

$\sqrt{7}$의 정수 부분을 a, $3-\sqrt{2}$의 소수 부분을 b라 할 때, $2a+b$의 값을 구하시오.

51 중

$\sqrt{6}$의 소수 부분을 a라 할 때, $4-\sqrt{6}$의 소수 부분을 a를 사용하여 나타내면?

① $1-a$　　　② $1+a$　　　③ $3-a$

④ $3+a$　　　⑤ $4-a$

52 중

자연수 n에 대하여 $\sqrt{n}$의 정수 부분을 $f(n)$이라 할 때, $f(n)=3$이 되는 n의 개수는?

① 3　　　② 4　　　③ 5

④ 6　　　⑤ 7

53 ⟨유형 01⟩

다음 중 무리수는 모두 몇 개인가?

$$\pi+5, \quad \sqrt{8}-2, \quad 0.888\cdots, \quad \sqrt{\dfrac{1}{36}}$$
$$-\sqrt{9}-3, \quad \sqrt{\dfrac{25}{8}}, \quad 3.5\dot{2}\dot{1}$$

① 1개   ② 2개   ③ 3개

④ 4개   ⑤ 5개

54 ⟨유형 01⟩

다음 중 옳은 것을 모두 고르면? (정답 2개)

① 순환소수는 모두 유리수이다.
② 무한소수는 모두 무리수이다.
③ 정수가 아닌 유리수는 유한소수로 나타낼 수 있다.
④ 모든 정수는 유리수이다.
⑤ 무리수는 모두 순환소수로 나타낼 수 있다.

55 ⟨유형 02⟩

다음 중 (가)에 해당하는 수를 모두 고르면? (정답 2개)

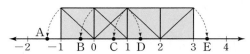

① $\pi-3$ ② $\sqrt{5^2}$

③ $-\sqrt{\dfrac{49}{25}}$ ④ $3.\dot{1}\dot{4}$

⑤ $\sqrt{144}$의 양의 제곱근

56 ⟨유형 02⟩

다음 수에 대한 설명으로 옳은 것은?

$$\sqrt{9}-2, \quad \dfrac{5}{6}, \quad \sqrt{1.69}, \quad -5.25, \quad 7\pi, \quad -\sqrt{\dfrac{48}{3}}$$

① 순환소수가 아닌 무한소수는 2개이다.
② 자연수는 2개이다.
③ 정수는 없다.
④ 유리수는 4개이다.
⑤ 정수가 아닌 유리수는 3개이다.

57 ⟨유형 03⟩

다음 그림과 같이 수직선 위에 한 변의 길이가 1인 4개의 정사각형이 있을 때, 점 A, B, C, D, E에 대응하는 수가 옳지 않은 것은?

① 점 A ⇨ $-1-\sqrt{2}$ ② 점 B ⇨ $1-\sqrt{2}$
③ 점 C ⇨ $2-\sqrt{2}$ ④ 점 D ⇨ $\sqrt{2}$
⑤ 점 E ⇨ $2+\sqrt{2}$

58 ⟨유형 04⟩

다음 보기 중 옳은 것을 모두 고르시오.

보기
ㄱ. $\sqrt{3}$과 $\sqrt{14}$ 사이에는 2개의 정수가 있다.
ㄴ. 서로 다른 두 실수 사이에는 무수히 많은 유리수가 있다.
ㄷ. 실수에서 무리수가 아닌 수는 모두 유리수이다.
ㄹ. 1에 가장 가까운 무리수는 $\sqrt{2}$이다.
ㅁ. 모든 실수는 각각 수직선 위의 한 점에 대응한다.

59 유형 05

다음 제곱근표에서 $\sqrt{33.8}=a$, $\sqrt{b}=5.967$일 때, $100a+b$의 값을 구하시오.

수	5	6	7	8	9
33	5.788	5.797	5.805	5.814	5.822
34	5.874	5.882	5.891	5.899	5.908
35	5.958	5.967	5.975	5.983	5.992

60 유형 06

다음 보기 중 두 실수의 대소 관계가 옳은 것을 모두 고르시오.

┌ 보기 ┐
ㄱ. $\sqrt{13}<3$ ㄴ. $\sqrt{8}-1<2$
ㄷ. $4-\sqrt{3}>\sqrt{4}-\sqrt{3}$ ㄹ. $\sqrt{7}+3<\sqrt{7}+\sqrt{8}$
ㅁ. $5-\sqrt{\dfrac{1}{6}}<5-\sqrt{\dfrac{1}{7}}$

61 유형 08

다음 수직선에서 $2+\sqrt{13}$에 대응하는 점이 존재하는 구간은?

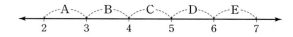

① 구간 A   ② 구간 B   ③ 구간 C
④ 구간 D   ⑤ 구간 E

62 유형 09

두 수 $-2-\sqrt{3}$과 $1+\sqrt{6}$ 사이에 있는 모든 정수의 합은?

① -3 ② 0 ③ 3
④ 6 ⑤ 7

서술형 문제

63 유형 07

다음 수를 크기가 작은 것부터 차례로 나열하시오.

$$4-\sqrt{3}, \quad -\sqrt{10}-2, \quad 0, \quad -4, \quad \sqrt{10}-\sqrt{3}$$

64 유형 03 ✳ 10

오른쪽 그림은 한 칸의 가로와 세로의 길이가 각각 1인 모눈종이 위에 수직선과 정사각형 ABCD를 그린 것이다.
$\overline{AB}=\overline{AP}$일 때, 점 P에 대응하

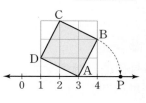

는 수의 정수 부분을 a, 소수 부분을 b라 하자. 이때 $a-b$의 값을 구하시오.

만점 문제 뛰어넘기

• 정답과 해설 18쪽

65 100 이하의 자연수 n에 대하여 $\sqrt{3n}$, $\sqrt{5n}$이 모두 무리수가 되도록 하는 n의 개수를 구하시오.

66 다음 그림과 같이 지름의 길이가 2인 원이 수직선 위의 점에 접하고 있다. 이 접점을 A라 하고, 원을 수직선을 따라 시계 방향으로 한 바퀴 굴려 점 A가 다시 수직선과 만나는 점을 P라 하자. 점 A에 대응하는 수가 1일 때, 점 P에 대응하는 수를 구하시오.

67 1부터 30까지의 자연수가 각각 하나씩 적힌 30장의 카드 중에서 두 장을 차례로 뽑을 때, 처음 나온 수를 a, 두 번째 나온 수를 b라 한다. 이때 $\sqrt{a}+\sqrt{b}$가 유리수가 될 확률을 구하시오. (단, 처음 뽑은 카드는 다시 넣은 후 두 번째 카드를 뽑는다.)

68 다음 그림은 수직선 위에 자연수의 양의 제곱근 1, $\sqrt{2}$, $\sqrt{3}$, 2, $\sqrt{5}$, $\sqrt{6}$, $\sqrt{7}$, $\sqrt{8}$, 3, …에 대응하는 점을 각각 나타낸 것이다.

이 중에서 무리수에 대응하는 점의 개수는 1과 2 사이에 2개, 2와 3 사이에 4개일 때, 1001과 1002 사이에 있는 무리수에 대응하는 점의 개수는?

① 2000　　② 2001　　③ 2002
④ 2003　　⑤ 2004

69 다음 그림은 한 칸의 가로와 세로의 길이가 각각 1인 모눈종이 위에 수직선과 두 선분 AB, CD를 그린 것이다. $\overline{AB}=\overline{AP}$, $\overline{CD}=\overline{CQ}$이고 두 점 P, Q에 대응하는 수를 각각 p, q라 할 때, p와 q 사이에 있는 수가 <u>아닌</u> 것은?

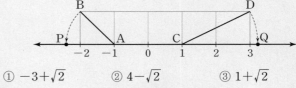

① $-3+\sqrt{2}$　　② $4-\sqrt{2}$　　③ $1+\sqrt{2}$
④ $-1-\sqrt{5}$　　⑤ $2-\sqrt{10}$

3.

근호를 포함한 식의 계산

유형 01 제곱근의 곱셈

$a>0$, $b>0$이고 m, n이 유리수일 때

(1) $\sqrt{a} \times \sqrt{b} = \sqrt{a}\sqrt{b} = \sqrt{ab}$

(2) $m\sqrt{a} \times n\sqrt{b} = mn\sqrt{ab}$ → 근호 안의 수끼리, 근호 밖의 수끼리 곱한다.

예 (1) $\sqrt{2} \times \sqrt{3} = \sqrt{2}\sqrt{3} = \sqrt{2 \times 3} = \sqrt{6}$

(2) $5\sqrt{2} \times 7\sqrt{3} = (5 \times 7) \times \sqrt{2 \times 3} = 35\sqrt{6}$

대표 문제

01 다음 보기 중 옳은 것을 모두 고르시오.

보기

ㄱ. $\sqrt{3}\sqrt{5} = \sqrt{8}$　　　　ㄴ. $\sqrt{14} \times \sqrt{\dfrac{1}{2}} = \sqrt{7}$

ㄷ. $(-\sqrt{2}) \times (-\sqrt{8}) = 4$　　　　ㄹ. $4\sqrt{5} \times 3\sqrt{2} = 8\sqrt{10}$

유형 02 제곱근의 나눗셈

$a>0$, $b>0$, $c>0$, $d>0$이고 m, n이 유리수일 때 (단, $n \neq 0$)

(1) $\sqrt{a} \div \sqrt{b} = \dfrac{\sqrt{a}}{\sqrt{b}} = \sqrt{\dfrac{a}{b}}$

(2) $m\sqrt{a} \div n\sqrt{b} = \dfrac{m}{n}\sqrt{\dfrac{a}{b}}$ → 근호 안의 수끼리, 근호 밖의 수끼리 나눈다.

(3) $\dfrac{\sqrt{a}}{\sqrt{b}} \div \dfrac{\sqrt{c}}{\sqrt{d}} = \dfrac{\sqrt{a}}{\sqrt{b}} \times \dfrac{\sqrt{d}}{\sqrt{c}} = \sqrt{\dfrac{a}{b} \times \dfrac{d}{c}} = \sqrt{\dfrac{ad}{bc}}$

역수의 곱셈으로 고친다.

예 (1) $\sqrt{2} \div \sqrt{3} = \dfrac{\sqrt{2}}{\sqrt{3}} = \sqrt{\dfrac{2}{3}}$

(2) $5\sqrt{2} \div 7\sqrt{3} = \dfrac{5}{7}\sqrt{\dfrac{2}{3}}$

(3) $\dfrac{\sqrt{3}}{\sqrt{5}} \div \dfrac{\sqrt{3}}{\sqrt{10}} = \dfrac{\sqrt{3}}{\sqrt{5}} \times \dfrac{\sqrt{10}}{\sqrt{3}} = \sqrt{\dfrac{3}{5} \times \dfrac{10}{3}} = \sqrt{2}$

대표 문제

02 다음 중 옳지 않은 것은?

① $\sqrt{4} \div \sqrt{2} = \sqrt{2}$　　　　② $-\dfrac{\sqrt{6}}{\sqrt{3}} = -\sqrt{2}$

③ $\sqrt{\dfrac{8}{5}} \div \sqrt{\dfrac{4}{5}} = \sqrt{2}$　　　　④ $-\sqrt{44} \div \sqrt{\dfrac{4}{11}} = -4$

⑤ $12\sqrt{30} \div (-2\sqrt{3}) = -6\sqrt{10}$

유형 03 근호가 있는 식의 변형: $\sqrt{a^2 b} = a\sqrt{b}$ 〔중요〕

$a>0$, $b>0$일 때

(1) $\sqrt{a^2 b} = \sqrt{a^2}\sqrt{b} = a\sqrt{b}$

(2) $a\sqrt{b} = \sqrt{a^2}\sqrt{b} = \sqrt{a^2 b}$

근호 밖으로

$$\sqrt{a^2 b} = a\sqrt{b}$$

근호 안으로

예 (1) $\sqrt{18} = \sqrt{3^2 \times 2} = 3\sqrt{2}$

(2) $-2\sqrt{5} = -\sqrt{2^2 \times 5} = -\sqrt{20}$

－부호는 그대로 둔다.

참고 근호 밖의 음수는 근호 안으로 넣을 수 없다.

예 $-2\sqrt{5} \neq \sqrt{(-2)^2 \times 5}$

대표 문제

03 다음 중 옳지 않은 것은?

① $-\sqrt{12} = -2\sqrt{3}$　　　　② $\sqrt{810} = 9\sqrt{10}$

③ $3\sqrt{3} = \sqrt{27}$　　　　④ $-3\sqrt{7} = -\sqrt{21}$

⑤ $\sqrt{98} = 7\sqrt{2}$

유형 04 | 근호가 있는 식의 변형: $\sqrt{\dfrac{b}{a^2}}=\dfrac{\sqrt{b}}{a}$

$a>0$, $b>0$일 때

(1) $\sqrt{\dfrac{b}{a^2}}=\dfrac{\sqrt{b}}{\sqrt{a^2}}=\dfrac{\sqrt{b}}{a}$

(2) $\dfrac{\sqrt{b}}{a}=\dfrac{\sqrt{b}}{\sqrt{a^2}}=\sqrt{\dfrac{b}{a^2}}$

근호 밖으로
$$\sqrt{\dfrac{b}{a^2}}=\dfrac{\sqrt{b}}{a}$$
근호 안으로

예 (1) $\sqrt{\dfrac{7}{100}}=\dfrac{\sqrt{7}}{\sqrt{10^2}}=\dfrac{\sqrt{7}}{10}$

(2) $\dfrac{\sqrt{3}}{5}=\dfrac{\sqrt{3}}{\sqrt{5^2}}=\sqrt{\dfrac{3}{25}}$

대표 문제

04 다음 보기 중 옳은 것을 모두 고른 것은?

보기

ㄱ. $\sqrt{\dfrac{13}{49}}=\dfrac{\sqrt{13}}{7}$　　　ㄴ. $\dfrac{\sqrt{15}}{10}=\sqrt{\dfrac{3}{50}}$

ㄷ. $-\sqrt{\dfrac{4}{18}}=\dfrac{\sqrt{2}}{3}$　　　ㄹ. $\sqrt{0.08}=\dfrac{\sqrt{2}}{5}$

① ㄱ　　　　② ㄴ　　　　③ ㄱ, ㄹ

④ ㄴ, ㄷ　　　⑤ ㄷ, ㄹ

유형 05 | 제곱근표에 없는 수의 제곱근의 값 구하기 〈중요〉

a가 제곱근표에 있는 수일 때

(1) 근호 안의 수가 100보다 큰 경우

➡ $\sqrt{100a}=10\sqrt{a}$, $\sqrt{10000a}=100\sqrt{a}$, …임을 이용한다.

예 $\sqrt{12.3}=3.507$일 때,
$\sqrt{123000}=\sqrt{12.3\times10000}=100\sqrt{12.3}=350.7$
끝자리부터 두 자리씩 왼쪽으로 이동

(2) 근호 안의 수가 0보다 크고 1보다 작은 경우

➡ $\sqrt{\dfrac{a}{100}}=\dfrac{\sqrt{a}}{10}$, $\sqrt{\dfrac{a}{10000}}=\dfrac{\sqrt{a}}{100}$, …임을 이용한다.

예 $\sqrt{1.23}=1.109$일 때,
$\sqrt{0.0123}=\sqrt{\dfrac{1.23}{100}}=\dfrac{\sqrt{1.23}}{10}=0.1109$
소수점부터 두 자리씩 오른쪽으로 이동

대표 문제

05 $\sqrt{2}=1.414$, $\sqrt{20}=4.472$일 때, 다음 중 옳지 <u>않은</u> 것은?

① $\sqrt{200}=14.14$　　　② $\sqrt{2000}=44.72$

③ $\sqrt{0.2}=0.1414$　　　④ $\sqrt{0.002}=0.04472$

⑤ $\sqrt{0.0002}=0.01414$

유형 06 | 제곱근을 문자를 사용하여 나타내기

제곱근을 주어진 문자를 사용하여 나타낼 때는

❶ 근호 안의 수를 소인수분해한다.

❷ 근호 안의 제곱인 인수는 근호 밖으로 꺼내고, 나머지 인수는 근호를 분리한다.

❸ 주어진 문자를 사용하여 나타낸다.

예 $\sqrt{2}=a$, $\sqrt{5}=b$라 할 때, $\sqrt{90}$을 a, b를 사용하여 나타내면

➡ $\sqrt{90}=\sqrt{3^2\times2\times5}=3\times\sqrt{2}\times\sqrt{5}=3ab$

대표 문제

06 $\sqrt{5}=a$, $\sqrt{7}=b$라 할 때, $\sqrt{140}$을 a, b를 사용하여 나타내면?

① $2ab$　　　② $2ab^2$　　　③ a^2b

④ $2a^2b$　　　⑤ a^2b^2

07 대표 문제

다음 중 옳지 <u>않은</u> 것은?

① $\sqrt{2}\sqrt{7}=\sqrt{14}$

② $\sqrt{\dfrac{1}{3}}\times 3\sqrt{6}=3\sqrt{2}$

③ $(-\sqrt{35})\times\sqrt{\dfrac{1}{5}}=-\sqrt{7}$

④ $(-\sqrt{14})\times\left(-\sqrt{\dfrac{1}{7}}\right)=2$

⑤ $5\sqrt{3}\times 3\sqrt{5}=15\sqrt{15}$

08 하

$4\sqrt{5}\times 3\sqrt{6}\times\left(-\sqrt{\dfrac{1}{3}}\right)$을 간단히 하시오.

09 중 서술형

다음을 만족시키는 유리수 a, b에 대하여 $a-b$의 값을 구하시오.

$$\sqrt{\dfrac{6}{5}}\times\sqrt{\dfrac{15}{2}}=a,$$

$$b\sqrt{\dfrac{1}{7}}\times 4\sqrt{\dfrac{14}{3}}=-12\sqrt{\dfrac{2}{3}}$$

10 중

$\sqrt{2}\times\sqrt{5}\times\sqrt{a}\times\sqrt{20}\times\sqrt{2a}=40$을 만족시키는 자연수 a의 값을 구하시오.

11 대표 문제

다음 중 그 값이 나머지 넷과 <u>다른</u> 하나는?

① $\dfrac{\sqrt{30}}{\sqrt{5}}$

② $\sqrt{42}\div\sqrt{7}$

③ $\sqrt{12}\div\sqrt{3}$

④ $\sqrt{15}\div\sqrt{\dfrac{5}{2}}$

⑤ $\sqrt{\dfrac{10}{3}}\div\sqrt{\dfrac{5}{9}}$

12 중

$\dfrac{\sqrt{15}}{2\sqrt{14}}\div\left(-\dfrac{2\sqrt{3}}{\sqrt{56}}\right)\div\dfrac{\sqrt{10}}{\sqrt{32}}$을 간단히 하시오.

13 중

$\dfrac{\sqrt{a}}{\sqrt{5}}\div\dfrac{\sqrt{7}}{\sqrt{10}}=\sqrt{6}$일 때, 양의 유리수 a의 값을 구하시오.

14 ⬆

$x=\sqrt{11}$일 때, $3x$는 $\dfrac{1}{x}$의 몇 배인지 구하시오.

---

17 ⬆

다음 수를 크기가 작은 것부터 차례로 나열할 때, 세 번째에 오는 수를 구하시오.

$$\frac{\sqrt{15}}{3}, \quad \frac{\sqrt{2}}{3}, \quad \frac{2\sqrt{3}}{3}, \quad \frac{2}{3}, \quad \sqrt{3}$$

유형 03 근호가 있는 식의 변형: $\sqrt{a^2 b}=a\sqrt{b}$ 〔중요〕

15 대표 문제

다음 보기 중 옳은 것을 모두 고른 것은?

보기
ㄱ. $\sqrt{80}=16\sqrt{5}$ ㄴ. $5\sqrt{2}=\sqrt{50}$
ㄷ. $-4\sqrt{3}=-\sqrt{46}$ ㄹ. $-\sqrt{28}=-2\sqrt{7}$

① ㄱ, ㄴ   ② ㄱ, ㄷ   ③ ㄴ, ㄷ
④ ㄴ, ㄹ   ⑤ ㄷ, ㄹ

18 ⬆

추운 겨울철 야생 동물에게 먹이를 주기 위해 지면으로부터 h m의 높이에 떠 있는 헬리콥터에서 먹이를 떨어뜨렸을 때, 먹이가 지면에 닿을 때까지 걸리는 시간은 $\sqrt{\dfrac{h}{4.9}}$초라 한다.

지면으로부터 196 m의 높이에서 먹이를 떨어뜨렸을 때, 먹이가 지면에 닿을 때까지 걸리는 시간을 $a\sqrt{b}$초 꼴로 나타내면?
(단, a는 자연수, b는 가장 작은 자연수)

① $\sqrt{5}$초   ② $2\sqrt{5}$초   ③ $2\sqrt{10}$초
④ $4\sqrt{10}$초   ⑤ $5\sqrt{5}$초

---

16 ⬆

$4\sqrt{2}=\sqrt{a}$, $\sqrt{56}=b\sqrt{14}$일 때, 유리수 a, b에 대하여 $a-b$의 값은?

① 26   ② 28   ③ 30
④ 32   ⑤ 34

19 ⬆

$\sqrt{3}\times\sqrt{4}\times\sqrt{5}\times\sqrt{6}\times\sqrt{7}\times\sqrt{8}=a\sqrt{35}$를 만족시키는 유리수 a의 값을 구하시오.

유형 04 근호가 있는 식의 변형: $\sqrt{\dfrac{b}{a^2}}=\dfrac{\sqrt{b}}{a}$

20 대표 문제

다음 중 옳지 않은 것은?

① $\sqrt{\dfrac{3}{100}}=\dfrac{\sqrt{3}}{10}$ ② $-\sqrt{0.13}=-\dfrac{\sqrt{13}}{10}$

③ $\dfrac{\sqrt{3}}{7}=\sqrt{\dfrac{3}{49}}$ ④ $\sqrt{\dfrac{5}{16}}=\dfrac{5}{4}$

⑤ $-\dfrac{\sqrt{6}}{2}=-\sqrt{\dfrac{3}{2}}$

21 중

$\sqrt{0.18}=k\sqrt{2}$일 때, 유리수 k의 값은?

① $\dfrac{1}{10}$ ② $\dfrac{1}{5}$ ③ $\dfrac{3}{10}$

④ $\dfrac{2}{5}$ ⑤ $\dfrac{1}{2}$

Pick
22 중

$\sqrt{0.6}=a\sqrt{15}$, $\sqrt{\dfrac{112}{9}}=b\sqrt{7}$일 때, 유리수 a, b에 대하여 ab의 값을 구하시오.

23 중 서술형

$\dfrac{\sqrt{5}}{5\sqrt{2}}=\sqrt{a}$, $\dfrac{\sqrt{3}}{3\sqrt{5}}=\sqrt{b}$일 때, 유리수 a, b에 대하여 $\dfrac{a}{b}$의 값을 구하시오.

유형 05 제곱근표에 없는 수의 제곱근의 값 구하기 중요

24 대표 문제

$\sqrt{3}=1.732$, $\sqrt{30}=5.477$일 때, 다음 중 옳지 않은 것은?

① $\sqrt{300}=17.32$ ② $\sqrt{3000}=54.77$

③ $\sqrt{30000}=173.2$ ④ $\sqrt{0.3}=0.1732$

⑤ $\sqrt{0.003}=0.05477$

25 중

다음 중 $\sqrt{2}=1.414$임을 이용하여 그 값을 구할 수 없는 것은?

① $\sqrt{0.02}$ ② $\sqrt{0.08}$ ③ $\sqrt{0.2}$

④ $\sqrt{18}$ ⑤ $\sqrt{200}$

Pick
26 중

다음 중 아래 제곱근표를 이용하여 그 값을 구할 수 없는 것은?

수	2	3	4	5	6
4.1	2.030	2.032	2.035	2.037	2.040
4.2	2.054	2.057	2.059	2.062	2.064
⋮	⋮	⋮	⋮	⋮	⋮
30	5.495	5.505	5.514	5.523	5.532
31	5.586	5.595	5.604	5.612	5.621

① $\sqrt{0.302}$ ② $\sqrt{0.416}$ ③ $\sqrt{423}$

④ $\sqrt{0.0415}$ ⑤ $\sqrt{314000}$

27 중

$1.9^2 = 3.61$일 때, $\sqrt{36100}$의 값은?

① 3.61   ② 19   ③ 190

④ 361   ⑤ 1900

28 상

$\sqrt{4.5} = 2.121$일 때, $\sqrt{a} = 212.1$을 만족시키는 유리수 a의 값은?

① 45   ② 450   ③ 4500

④ 45000   ⑤ 450000

유형 06 제곱근을 문자를 사용하여 나타내기

Pick
29 대표 문제

$\sqrt{2} = a$, $\sqrt{3} = b$라 할 때, $\sqrt{0.24}$를 a, b를 사용하여 나타내면?

① $\frac{1}{10}ab$ ② $\frac{1}{10}ab^3$ ③ $\frac{1}{10}a^2b$

④ $\frac{1}{5}ab$ ⑤ $\frac{1}{5}a^2b$

30 중

$\sqrt{3} = x$, $\sqrt{5} = y$라 할 때, $\sqrt{180}$을 x, y를 사용하여 나타내면?

① $2xy$ ② $2x^2y$ ③ $2xy^2$

④ $5x^2y$ ⑤ $5x^2y^2$

31 중

$\sqrt{1.9} = a$, $\sqrt{19} = b$라 할 때, 다음 중 옳지 않은 것은?

① $\sqrt{1900} = 10b$ ② $\sqrt{760} = 20a$

③ $\sqrt{0.019} = \frac{1}{10}a$ ④ $\sqrt{0.304} = \frac{2}{5}b$

⑤ $\sqrt{0.0019} = \frac{1}{100}b$

• 정답과 해설 22쪽

유형 07 분모의 유리화 〔중요〕

(1) **분모의 유리화**: 분수의 분모가 근호가 있는 무리수일 때, 분모와 분자에 0이 아닌 같은 수를 곱하여 분모를 유리수로 고치는 것

(2) 분모를 유리화하는 방법

① $\dfrac{b}{\sqrt{a}}=\dfrac{b\times\sqrt{a}}{\sqrt{a}\times\sqrt{a}}=\dfrac{b\sqrt{a}}{a}$ (단, $a>0$)

② $\dfrac{\sqrt{b}}{\sqrt{a}}=\dfrac{\sqrt{b}\times\sqrt{a}}{\sqrt{a}\times\sqrt{a}}=\dfrac{\sqrt{ab}}{a}$ (단, $a>0,\ b>0$)

③ $\dfrac{c}{b\sqrt{a}}=\dfrac{c\times\sqrt{a}}{b\sqrt{a}\times\sqrt{a}}=\dfrac{c\sqrt{a}}{ab}$ (단, $a>0,\ b\ne0$)

〔예〕 ① $\dfrac{5}{\sqrt{3}}=\dfrac{5\times\sqrt{3}}{\sqrt{3}\times\sqrt{3}}=\dfrac{5\sqrt{3}}{3}$

② $\dfrac{\sqrt{5}}{\sqrt{3}}=\dfrac{\sqrt{5}\times\sqrt{3}}{\sqrt{3}\times\sqrt{3}}=\dfrac{\sqrt{15}}{3}$

③ $\dfrac{5}{\sqrt{12}}=\dfrac{5}{2\sqrt{3}}=\dfrac{5\times\sqrt{3}}{2\sqrt{3}\times\sqrt{3}}=\dfrac{5\sqrt{3}}{6}$

　　분모가 $\sqrt{a^2b}$ 꼴이면 $a\sqrt{b}$ 꼴로 고친 후 유리화한다.

대표 문제

32 다음 중 분모를 유리화한 것으로 옳지 <u>않은</u> 것은?

① $\dfrac{8}{\sqrt{5}}=\dfrac{8\sqrt{5}}{5}$　　② $\dfrac{4}{3\sqrt{2}}=\dfrac{2\sqrt{2}}{3}$

③ $\dfrac{10}{\sqrt{2}}=\dfrac{\sqrt{2}}{5}$　　④ $\dfrac{6\sqrt{3}}{\sqrt{2}}=3\sqrt{6}$

⑤ $\dfrac{\sqrt{6}}{\sqrt{20}}=\dfrac{\sqrt{30}}{10}$

유형 08 제곱근의 곱셈과 나눗셈의 혼합 계산 〔중요〕

❶ 나눗셈은 역수의 곱셈으로 고친다.

❷ 근호 안의 제곱인 인수를 근호 밖으로 꺼낸 후 계산한다. 이때 계산 결과의 분모에 무리수가 있으면 분모의 유리화를 이용하여 간단히 한다.

대표 문제

33 $\dfrac{3\sqrt{6}}{\sqrt{10}}\div\dfrac{\sqrt{3}}{2\sqrt{5}}\times\dfrac{\sqrt{12}}{\sqrt{15}}$ 를 간단히 하시오.

유형 09 제곱근의 곱셈과 나눗셈의 도형에서의 활용

도형에서의 길이, 넓이, 부피 등을 구할 때는 조건에 맞게 식을 세운 후, 제곱근의 곱셈과 나눗셈을 이용한다.

〔참고〕 세 모서리의 길이가 각각 a,b,c인 직육면체의 대각선의 길이를 l이라 하면

$l=\sqrt{a^2+b^2+c^2}$

대표 문제

34 다음 그림의 삼각형과 직사각형의 넓이가 서로 같을 때, 직사각형의 가로의 길이 x의 값을 구하시오.

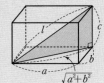

핵심 문제만 골라 **Pick**

• 정답과 해설 22쪽

유형 07 분모의 유리화

35 대표 문제

다음 중 분모를 유리화한 것으로 옳은 것은?

① $\dfrac{9}{\sqrt{3}}=3$

② $\dfrac{\sqrt{5}}{\sqrt{2}}=\dfrac{\sqrt{7}}{2}$

③ $\dfrac{2\sqrt{3}}{\sqrt{2}}=\sqrt{6}$

④ $\dfrac{\sqrt{2}}{2\sqrt{3}}=1$

⑤ $\dfrac{6}{\sqrt{24}}=\dfrac{1}{2}$

Pick
36 중 서술형

$\dfrac{3\sqrt{3}}{\sqrt{2}}=a\sqrt{6}$, $\dfrac{20}{3\sqrt{5}}=b\sqrt{5}$일 때, 유리수 a, b에 대하여 ab의 값을 구하시오.

37 중

$\dfrac{3\sqrt{a}}{2\sqrt{6}}=\dfrac{3\sqrt{2}}{4}$일 때, 자연수 a의 값을 구하시오.

38 중

다음 수를 크기가 큰 것부터 차례로 나열할 때, 두 번째에 오는 수를 구하시오.

$$\dfrac{1}{\sqrt{7}},\quad \dfrac{\sqrt{6}}{7},\quad \dfrac{\sqrt{6}}{\sqrt{7}},\quad \sqrt{7},\quad \dfrac{6}{7}$$

유형 08 제곱근의 곱셈과 나눗셈의 혼합 계산

39 대표 문제

$\dfrac{\sqrt{4}}{\sqrt{50}}\times\dfrac{2\sqrt{2}}{\sqrt{5}}\div\sqrt{\dfrac{3}{5}}$을 간단히 하시오.

Pick
40 중

다음 중 옳지 <u>않은</u> 것은?

① $2\sqrt{10}\div\sqrt{2}\times\sqrt{5}=10$

② $8\sqrt{2}\times(-3\sqrt{6})\div4\sqrt{3}=-12$

③ $-\dfrac{\sqrt{8}}{\sqrt{18}}\div\sqrt{\dfrac{3}{10}}\times\sqrt{\dfrac{6}{5}}=-\dfrac{2}{3}$

④ $\dfrac{\sqrt{15}}{2\sqrt{2}}\div\sqrt{10}\times4\sqrt{3}=3$

⑤ $\sqrt{\dfrac{5}{12}}\times\left(-\dfrac{2\sqrt{6}}{\sqrt{5}}\right)\div(-\sqrt{3})=\dfrac{\sqrt{6}}{3}$

41 중

$\sqrt{32}\times\sqrt{18}\div\sqrt{6}\times\sqrt{2}=a\sqrt{3}$일 때, 유리수 a의 값을 구하시오.

42 중

오른쪽 표에서 두 대각선에 있는 세 수의 곱이 서로 같을 때, A의 값을 구하시오.

$3\sqrt{3}$		$\sqrt{5}$
	$\dfrac{\sqrt{6}}{3}$	
A		$\dfrac{1}{6}$

43 (상)

$2\sqrt{30} \times A \div \sqrt{5} = \dfrac{\sqrt{15}}{3}$ 일 때, A의 값을 구하시오.

P**i**ck

46 (중)

오른쪽 그림과 같은 직사각형 ABCD에서 대각선 AC의 길이가 15 cm이고 $\overline{BC} = 6\sqrt{5}$ cm일 때, 직사각형 ABCD의 넓이를 구하시오.

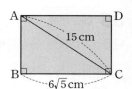

유형 09　제곱근의 곱셈과 나눗셈의 도형에서의 활용

P**i**ck

44 대표 문제

다음 그림의 평행사변형과 삼각형의 넓이가 서로 같을 때, 평행사변형의 높이 x의 값은?

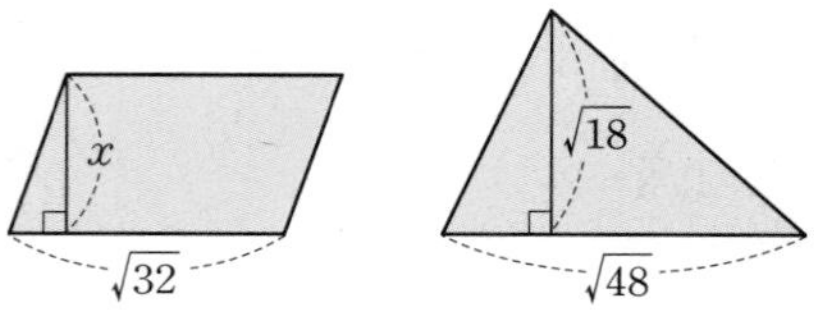

① $\dfrac{\sqrt{3}}{2}$　　② $\dfrac{3\sqrt{3}}{2}$　　③ $\dfrac{\sqrt{3}}{4}$

④ $\dfrac{\sqrt{6}}{4}$　　⑤ $\dfrac{3\sqrt{6}}{4}$

---

47 (중)　서술형

오른쪽 그림과 같이 부피가 $12\sqrt{5}$ cm³인 직육면체의 밑면의 가로, 세로의 길이가 각각 $\sqrt{15}$ cm, $\sqrt{6}$ cm일 때, 이 직육면체의 높이를 구하시오.

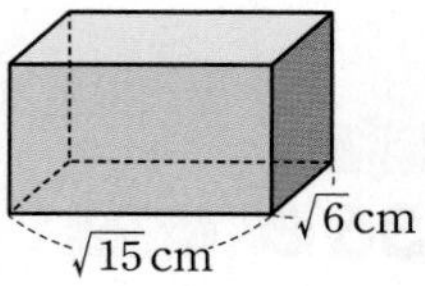

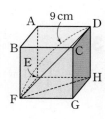

---

45 (중)

오른쪽 그림과 같이 직사각형 ABCD에서 $\overline{BC}$와 $\overline{CD}$를 각각 한 변으로 하는 정사각형을 그렸더니 그 넓이가 각각 10 cm², 20 cm²가 되었다. 이때 직사각형 ABCD의 넓이를 구하시오.

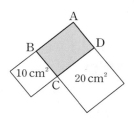

---

48 (중)

오른쪽 그림과 같이 대각선의 길이가 9 cm인 정육면체의 한 모서리의 길이는?

① $\sqrt{3}$ cm　　② 3 cm

③ $3\sqrt{2}$ cm　　④ 5 cm

⑤ $3\sqrt{3}$ cm

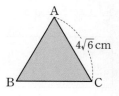

---

49 (상)

오른쪽 그림과 같이 한 변의 길이가 $4\sqrt{6}$ cm인 정삼각형 ABC의 넓이를 구하시오.

• 정답과 해설 24쪽

유형 10 제곱근의 덧셈과 뺄셈

근호 안의 수가 같은 것을 동류항으로 보고 다항식의 덧셈과 뺄셈과 같은 방법으로 계산한다.

l, m, n이 유리수이고 $a > 0$일 때

(1) $m\sqrt{a} + n\sqrt{a} = (m+n)\sqrt{a}$

(2) $m\sqrt{a} - n\sqrt{a} = (m-n)\sqrt{a}$

(3) $m\sqrt{a} + n\sqrt{a} - l\sqrt{a} = (m+n-l)\sqrt{a}$

예 (1) $4\sqrt{2} + \sqrt{2} = (4+1)\sqrt{2} = 5\sqrt{2}$

(2) $3\sqrt{2} - \sqrt{2} = (3-1)\sqrt{2} = 2\sqrt{2}$

(3) $2\sqrt{2} + 3\sqrt{2} - \sqrt{2} = (2+3-1)\sqrt{2} = 4\sqrt{2}$

주의 근호 안의 수가 다르면 더 이상 간단히 할 수 없다.

➡ $\sqrt{3} + \sqrt{2} \neq \sqrt{3+2}$, $\sqrt{3} - \sqrt{2} \neq \sqrt{3-2}$

참고 $\sqrt{(a-b)^2}$ 꼴을 포함한 식의 덧셈과 뺄셈은 먼저 $a-b$의 부호를 판단하여 근호를 사용하지 않고 나타낸 후 계산한다.

대표 문제

50 다음 중 옳은 것은?

① $\sqrt{7} + \sqrt{3} = \sqrt{10}$

② $5\sqrt{7} - 2\sqrt{7} = 3$

③ $3\sqrt{2} + 2\sqrt{3} = 5\sqrt{5}$

④ $2\sqrt{6} - 7\sqrt{6} + 4\sqrt{6} = -\sqrt{6}$

⑤ $3\sqrt{5} + \sqrt{7} - \sqrt{5} = 3\sqrt{7}$

유형 11 $\sqrt{a^2 b} = a\sqrt{b}$를 이용한 제곱근의 덧셈과 뺄셈

❶ $\sqrt{a^2 b}$ 꼴은 $a\sqrt{b}$ 꼴로 고친다.

❷ 근호 안의 수가 같은 것끼리 모아서 계산한다.

예 $\sqrt{2} + \sqrt{18} - \sqrt{8} = \sqrt{2} + 3\sqrt{2} - 2\sqrt{2}$

$\qquad = (1+3-2)\sqrt{2} = 2\sqrt{2}$

대표 문제

51 $7\sqrt{3} + \sqrt{96} + 3\sqrt{6} - \sqrt{27} = a\sqrt{3} + b\sqrt{6}$일 때, 유리수 a, b에 대하여 $a-b$의 값은?

① -3　　　　② -1　　　　③ 0

④ 1　　　　⑤ 3

유형 12 분모의 유리화를 이용한 제곱근의 덧셈과 뺄셈

❶ 분모에 무리수가 있으면 분모를 유리화한다.

❷ 근호 안의 수가 같은 것끼리 모아서 계산한다.

예 $\dfrac{1}{\sqrt{2}} + \sqrt{18} = \dfrac{\sqrt{2}}{2} + 3\sqrt{2} = \left(\dfrac{1}{2} + 3\right)\sqrt{2} = \dfrac{7\sqrt{2}}{2}$

대표 문제

52 $\dfrac{\sqrt{12}}{2} - \dfrac{\sqrt{6}}{\sqrt{8}} + \dfrac{1}{\sqrt{48}}$을 계산하면?

① $\sqrt{3}$　　　　② $\dfrac{7\sqrt{3}}{12}$　　　　③ $\dfrac{3\sqrt{3}}{4}$

④ $\dfrac{5\sqrt{3}}{6}$　　　　⑤ $\dfrac{4\sqrt{3}}{3}$

유형 13 **분배법칙을 이용한 제곱근의 덧셈과 뺄셈**

괄호가 있으면 분배법칙을 이용하여 괄호를 푼 후 근호 안의 수가 같은 것끼리 모아서 계산한다.

$a>0$, $b>0$, $c>0$일 때

(1) $\sqrt{a}(\sqrt{b}+\sqrt{c})=\sqrt{ab}+\sqrt{ac}$, $\sqrt{a}(\sqrt{b}-\sqrt{c})=\sqrt{ab}-\sqrt{ac}$

(2) $(\sqrt{a}+\sqrt{b})\sqrt{c}=\sqrt{ac}+\sqrt{bc}$, $(\sqrt{a}-\sqrt{b})\sqrt{c}=\sqrt{ac}-\sqrt{bc}$

(예) (1) $\sqrt{3}(2+\sqrt{5})=\sqrt{3}\times2+\sqrt{3}\times\sqrt{5}=2\sqrt{3}+\sqrt{15}$

(2) $(\sqrt{5}-2)\sqrt{2}=\sqrt{5}\times\sqrt{2}-2\times\sqrt{2}=\sqrt{10}-2\sqrt{2}$

대표 문제

53 $\sqrt{2}(\sqrt{3}-2)-(\sqrt{24}-\sqrt{32})$를 계산하면?

① $-2\sqrt{2}-\sqrt{6}$　② $-\sqrt{2}-\sqrt{6}$　③ $2\sqrt{2}-\sqrt{6}$

④ $\sqrt{2}-\sqrt{6}$　⑤ $2\sqrt{2}+2\sqrt{6}$

유형 14 $\dfrac{\sqrt{b}+\sqrt{c}}{\sqrt{a}}$ **꼴의 분모의 유리화**

$a>0$, $b>0$, $c>0$일 때

(1) $\dfrac{\sqrt{b}+\sqrt{c}}{\sqrt{a}}=\dfrac{(\sqrt{b}+\sqrt{c})\times\sqrt{a}}{\sqrt{a}\times\sqrt{a}}=\dfrac{\sqrt{ab}+\sqrt{ac}}{a}$

(2) $\dfrac{\sqrt{b}-\sqrt{c}}{\sqrt{a}}=\dfrac{(\sqrt{b}-\sqrt{c})\times\sqrt{a}}{\sqrt{a}\times\sqrt{a}}=\dfrac{\sqrt{ab}-\sqrt{ac}}{a}$

(예) $\dfrac{\sqrt{3}-\sqrt{2}}{\sqrt{5}}=\dfrac{(\sqrt{3}-\sqrt{2})\times\sqrt{5}}{\sqrt{5}\times\sqrt{5}}=\dfrac{\sqrt{15}-\sqrt{10}}{5}$

참고 분모, 분자에 공통인 인수가 있으면 바로 약분할 수 있다.

➡ $\dfrac{\sqrt{3}+\sqrt{6}}{\sqrt{3}}=\dfrac{\sqrt{3}}{\sqrt{3}}+\dfrac{\sqrt{6}}{\sqrt{3}}=1+\sqrt{2}$

대표 문제

54 $\dfrac{\sqrt{6}-\sqrt{8}}{3\sqrt{2}}=a\sqrt{3}+b$일 때, 유리수 a, b에 대하여 $a+b$의 값은?

① -1　　② $-\dfrac{2}{3}$　　③ $-\dfrac{1}{3}$

④ $\dfrac{1}{3}$　　⑤ $\dfrac{1}{2}$

유형 15 **근호를 포함한 복잡한 식의 계산** 중요

❶ 괄호가 있으면 분배법칙을 이용하여 괄호를 푼다.

❷ $\sqrt{a^2b}$ 꼴은 $a\sqrt{b}$ 꼴로 고친다.

❸ 분모에 무리수가 있으면 분모를 유리화한다.

❹ 곱셈, 나눗셈을 먼저 한 후 덧셈, 뺄셈을 한다.

대표 문제

55 다음 식을 계산하시오.

$$\sqrt{2}(4\sqrt{5}-3)+\dfrac{6-\sqrt{20}}{\sqrt{2}}$$

유형 10 제곱근의 덧셈과 뺄셈

56 대표 문제

다음 중 옳지 <u>않은</u> 것을 모두 고르면? (정답 2개)

① $\sqrt{9}+\sqrt{4}=5$

② $3\sqrt{6}-\sqrt{6}=2\sqrt{6}$

③ $3\sqrt{3}+7\sqrt{3}=10\sqrt{6}$

④ $\sqrt{10}-\sqrt{3}=\sqrt{7}$

⑤ $\sqrt{5}-4\sqrt{5}=-3\sqrt{5}$

57 하

$A=2\sqrt{2}+4\sqrt{2}-3\sqrt{2}$, $B=4\sqrt{3}-\sqrt{3}+5\sqrt{3}$일 때, AB의 값은?

① $9\sqrt{2}$ ② $18\sqrt{3}$ ③ $18\sqrt{6}$

④ $24\sqrt{3}$ ⑤ $24\sqrt{6}$

58 중   서술형

$\dfrac{3\sqrt{2}}{4}+\dfrac{\sqrt{7}}{3}-\dfrac{\sqrt{2}}{2}-\dfrac{5\sqrt{7}}{6}=a\sqrt{2}+b\sqrt{7}$일 때, 유리수 a, b에 대하여 $a-b$의 값을 구하시오.

Pick
59 상

$\sqrt{(4-\sqrt{6})^2}-\sqrt{(3\sqrt{6}-8)^2}$을 계산하시오.

유형 11 $\sqrt{a^2b}=a\sqrt{b}$를 이용한 제곱근의 덧셈과 뺄셈   중요

Pick
60 대표 문제

$\sqrt{5}-\sqrt{20}-\sqrt{72}+\sqrt{32}=a\sqrt{2}+b\sqrt{5}$일 때, 유리수 a, b에 대하여 $a+b$의 값은?

① -3 ② -2 ③ -1

④ 1 ⑤ 2

61 하

$4\sqrt{5}+3\sqrt{20}-\sqrt{45}$를 계산하면?

① $-5\sqrt{5}$ ② $-\sqrt{5}$ ③ $3\sqrt{5}$

④ $7\sqrt{5}$ ⑤ $9\sqrt{5}$

62 중

$\sqrt{45}+\sqrt{a}-2\sqrt{125}=-5\sqrt{5}$일 때, 자연수 a의 값은?

① 10   ② 20   ③ 30

④ 40   ⑤ 50

63 중

$\sqrt{3}=a$, $\sqrt{5}=b$라 할 때, $\sqrt{75}-\sqrt{15}+\sqrt{48}$을 a, b를 사용하여 나타내면?

① $3a-ab$ ② $9a+ab$ ③ $9a-ab$

④ $a-b-ab$ ⑤ $a-b+ab$

Pick
64 상

$a>0$, $b>0$이고 $ab=15$일 때, $a\sqrt{\dfrac{3b}{a}}+b\sqrt{\dfrac{12a}{b}}$의 값은?

① $\sqrt{15}$ ② $5\sqrt{3}$ ③ $9\sqrt{5}$

④ $10\sqrt{15}$ ⑤ $15\sqrt{3}$

유형 12 분모의 유리화를 이용한 제곱근의 덧셈과 뺄셈

65 대표 문제

$\dfrac{\sqrt{72}}{3}-\dfrac{9}{\sqrt{8}}+\dfrac{1}{\sqrt{2}}$ 을 계산하시오.

Pick
66 중

$2\sqrt{75}+\sqrt{108}-\dfrac{2}{\sqrt{2}}+\dfrac{6}{\sqrt{12}}=a\sqrt{2}+b\sqrt{3}$일 때, 유리수 a, b에 대하여 $a+b$의 값을 구하시오.

67 중

$x=2\sqrt{3}$이고 x의 역수를 y라 할 때, $x-y$의 값은?

① $\dfrac{\sqrt{3}}{6}$ ② $\dfrac{11\sqrt{3}}{6}$ ③ $\dfrac{13\sqrt{3}}{6}$

④ 6   ⑤ $\dfrac{20}{3}$

68 중

$a>0$, $b>0$이고 $ab=5$일 때, $a\sqrt{\dfrac{b}{a}}+\dfrac{\sqrt{b}}{b\sqrt{a}}$의 값은?

① $\dfrac{\sqrt{5}}{5}$ ② $\dfrac{4\sqrt{5}}{5}$ ③ $\sqrt{5}$

④ $\dfrac{6\sqrt{5}}{5}$ ⑤ $2\sqrt{5}$

유형 13 분배법칙을 이용한 제곱근의
덧셈과 뺄셈

69 대표 문제

$\sqrt{2}(\sqrt{6}-1)+\sqrt{6}(\sqrt{18}+\sqrt{3})=a\sqrt{2}+b\sqrt{3}$일 때, 유리수 a, b에 대하여 ab의 값은?

① 8 　　　　② 12 　　　　③ 16

④ 20 　　　　⑤ 24

70 하

$\sqrt{5}(\sqrt{10}-\sqrt{20})-\sqrt{50}$을 계산하면?

① $-10\sqrt{2}$ 　　② -10 　　③ 10

④ $5\sqrt{2}$ 　　　⑤ $10\sqrt{2}$

71 중

다음 식을 계산하시오.

$$\sqrt{3}\left(\frac{4}{\sqrt{6}}-\frac{10}{\sqrt{15}}\right)-\sqrt{8}+\sqrt{(-2)^2}$$

P！ck
72 중

$a=\sqrt{5}-\sqrt{3}$, $b=\sqrt{5}+\sqrt{3}$일 때, $\sqrt{3}a-\sqrt{5}b$의 값을 구하시오.

유형 14 $\dfrac{\sqrt{b}+\sqrt{c}}{\sqrt{a}}$ 꼴의 분모의 유리화

73 대표 문제

$\dfrac{4+2\sqrt{2}}{3\sqrt{8}}=a+b\sqrt{2}$일 때, 유리수 a, b에 대하여 $a+b$의 값을 구하시오.

P！ck
74 중

$\dfrac{10+\sqrt{10}}{\sqrt{5}}-\dfrac{6+\sqrt{6}}{\sqrt{3}}=a\sqrt{3}+b\sqrt{5}$일 때, 유리수 a, b에 대하여 ab의 값은?

① -4 　　　② -1 　　　③ 1

④ 2 　　　　⑤ 4

75 중 서술형

$A=\dfrac{2\sqrt{7}-\sqrt{2}}{\sqrt{2}}$, $B=\dfrac{7\sqrt{2}+\sqrt{7}}{\sqrt{7}}$일 때, $(A+B)(A-B)$의 값을 구하시오.

76 상

$\sqrt{24}$의 정수 부분을 a, 소수 부분을 b라 할 때, $\dfrac{a+\sqrt{6}}{b+4}$의 값을 구하시오.

79 중

$A=3\sqrt{2}-\dfrac{1}{\sqrt{3}}$, $B=\sqrt{2}+\dfrac{\sqrt{3}}{2}$일 때, $2\sqrt{3}A-4\sqrt{2}B$의 값은?

① $-10+4\sqrt{6}$ ② $-7+2\sqrt{6}$ ③ $-5+2\sqrt{6}$

④ $-5+4\sqrt{6}$ ⑤ $10-4\sqrt{6}$

유형 15   근호를 포함한 복잡한 식의 계산

Pick
77 대표 문제

$\sqrt{12}(\sqrt{2}-\sqrt{3})-\dfrac{8\sqrt{3}-\sqrt{50}}{\sqrt{2}}$ 을 계산하시오.

80 중

$A=\dfrac{3}{\sqrt{6}}(\sqrt{6}-2\sqrt{3})$, $B=\dfrac{5(2-\sqrt{2})}{\sqrt{2}}$일 때,
$A+B=a+b\sqrt{2}$이다. 유리수 a, b에 대하여 $a-b$의 값을 구하시오.

78 하

$\dfrac{4}{\sqrt{2}}-\sqrt{6}(\sqrt{3}+\sqrt{2})=a\sqrt{2}+b\sqrt{3}$일 때, 유리수 a, b에 대하여 ab의 값은?

① $\dfrac{1}{2}$ ② 1 ③ $\dfrac{3}{2}$

④ 2 ⑤ $\dfrac{5}{2}$

81 상   서술형

두 수 A, B가 다음과 같을 때, $\dfrac{B}{A}$의 값을 구하시오.

$$A=\sqrt{\dfrac{5}{2}}\div\dfrac{\sqrt{10}}{\sqrt{3}}\times\sqrt{\dfrac{8}{3}}$$
$$B=\sqrt{5}\left(\sqrt{2}-\dfrac{4}{\sqrt{5}}\right)+(\sqrt{18}+2\sqrt{5})\div\sqrt{2}$$

| 유형 16 | 제곱근의 계산 결과가 유리수가 될 조건 |

a, b는 유리수이고 $\sqrt{x}$는 무리수일 때
➡ $a+b\sqrt{x}$가 유리수가 될 조건은 $b=0$

대표 문제

82 $2\sqrt{3}(\sqrt{3}-\sqrt{2})+a(\sqrt{6}-4)$를 계산한 결과가 유리수가 되도록 하는 유리수 a의 값을 구하시오.

| 유형 17 | 제곱근의 덧셈과 뺄셈의 도형에서의 활용 |

변의 길이가 무리수인 도형의 둘레의 길이, 넓이, 부피를 구할 때는
❶ 둘레의 길이, 넓이, 부피를 구하는 공식을 이용하여 조건에 맞는 식을 세운다.
❷ 제곱근의 혼합 계산을 하여 식을 간단히 한다.

대표 문제

83 오른쪽 그림과 같은 사다리꼴 ABCD의 넓이를 구하시오.

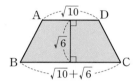

| 유형 18 | 제곱근의 덧셈과 뺄셈의 수직선에서의 활용 | 중요 |

직각삼각형의 빗변의 길이 또는 정사각형의 대각선의 길이를 이용하여 주어진 점에 대응하는 수를 구한다.
(예) 오른쪽 그림에서 수직선 위의 두 점 P, Q에 대응하는 수를 각각 a, b라 할 때, $a-b$의 값 구하기
➡ 직각삼각형의 빗변의 길이는
$\sqrt{1^2+1^2}=\sqrt{2}$이므로
$a=2-\sqrt{2}$, $b=2+\sqrt{2}$
∴ $a-b=2-\sqrt{2}-(2+\sqrt{2})=-2\sqrt{2}$

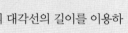

대표 문제

84 다음 그림은 수직선 위에 한 변의 길이가 1인 정사각형 ABCD를 그린 것이다. $\overline{CA}=\overline{CP}$, $\overline{BD}=\overline{BQ}$일 때, $\overline{PQ}$의 길이를 구하시오.

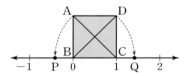

| 유형 19 | 실수의 대소 관계 | 중요 |

두 실수 a, b의 대소 관계는 $a-b$의 부호로 판단한다.
(1) $a-b>0$이면 ➡ $a>b$
(2) $a-b=0$이면 ➡ $a=b$
(3) $a-b<0$이면 ➡ $a<b$
(예) $2\sqrt{2}$와 $3-\sqrt{2}$의 대소 비교
➡ $2\sqrt{2}-(3-\sqrt{2})=3\sqrt{2}-3=\sqrt{18}-\sqrt{9}>0$
∴ $2\sqrt{2}>3-\sqrt{2}$

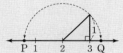

대표 문제

85 다음 중 두 실수의 대소 관계가 옳지 <u>않은</u> 것은?
① $2\sqrt{3}>\sqrt{8}$
② $\sqrt{5}+\sqrt{2}<3\sqrt{2}$
③ $5-2\sqrt{6}<5-\sqrt{26}$
④ $5\sqrt{3}-\sqrt{7}>3\sqrt{5}-\sqrt{7}$
⑤ $5\sqrt{3}-\sqrt{18}<\sqrt{2}+\sqrt{12}$

유형 16 제곱근의 계산 결과가 유리수가 될 조건

86 대표 문제

$\sqrt{2}(4\sqrt{2}-5)-a(5-2\sqrt{2})$를 계산한 결과가 유리수가 되도록 하는 유리수 a의 값은?

① 1　　　　② $\dfrac{1}{2}$　　　　③ $\dfrac{8}{5}$

④ $\dfrac{5}{2}$　　　　⑤ 3

87 하

$\sqrt{75}+\dfrac{3}{\sqrt{3}}-\sqrt{12}-x\sqrt{3}$이 유리수가 되도록 하는 유리수 x의 값은?

① 3　　　　② 4　　　　③ 5

④ 6　　　　⑤ 7

Pick
88 중

A가 유리수일 때, 다음을 구하시오.

$$A=\sqrt{3}\left(\dfrac{a\sqrt{3}}{6}-3\right)+\sqrt{6}\left(a\sqrt{2}-\dfrac{2\sqrt{2}}{\sqrt{3}}\right)$$

(1) 유리수 a의 값
(2) A의 값

유형 17 제곱근의 덧셈과 뺄셈의 도형에서의 활용

89 대표 문제

오른쪽 그림과 같은 삼각형의 넓이를 구하시오.

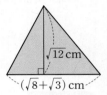
$\sqrt{12}$ cm
$(\sqrt{8}+\sqrt{3})$ cm

90 중

다음 그림과 같이 넓이가 각각 $8\,\text{cm}^2$, $50\,\text{cm}^2$, $18\,\text{cm}^2$인 세 정사각형을 붙였을 때, $\overline{AB}+\overline{BC}$의 길이는?

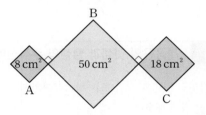

① $12\sqrt{2}$ cm　　② $13\sqrt{2}$ cm　　③ $14\sqrt{2}$ cm
④ $15\sqrt{2}$ cm　　⑤ $16\sqrt{2}$ cm

91 중

다음 그림과 같이 가로, 세로의 길이가 각각 $5\sqrt{6}$ cm, $3\sqrt{2}$ cm인 직사각형 ABCD가 있다. 직사각형 ABFE의 넓이가 $12\sqrt{3}$ cm²일 때, 직사각형 EFCD의 둘레의 길이를 구하시오.

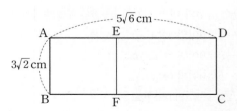
$5\sqrt{6}$ cm
$3\sqrt{2}$ cm

92 중

오른쪽 그림과 같은 직육면체에서 밑면의 세로의 길이가 $\sqrt{2}$ cm, 높이가 $\sqrt{5}$ cm이고 밑면의 넓이가 $(2+\sqrt{10})$ cm²일 때, 직육면체의 겉넓이는?

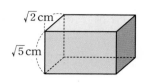

① $(7+3\sqrt{10})$ cm² ② $(8+4\sqrt{10})$ cm²
③ $(10+6\sqrt{10})$ cm² ④ $(12+3\sqrt{10})$ cm²
⑤ $(14+6\sqrt{10})$ cm²

93 중

오른쪽 그림과 같은 도형의 넓이를 구하시오.

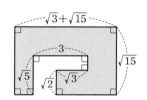

Pick
94 상

오른쪽 그림과 같이 넓이가 각각 12 cm², 27 cm², 48 cm²인 정사각형 모양의 색종이를 겹치지 않게 이어 붙여 만든 도형의 둘레의 길이는?

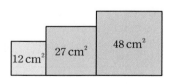

① $24\sqrt{3}$ cm ② $24\sqrt{5}$ cm ③ $26\sqrt{3}$ cm
④ $26\sqrt{5}$ cm ⑤ $28\sqrt{3}$ cm

유형 18 제곱근의 덧셈과 뺄셈의 수직선에서의 활용 중요

Pick
95 대표 문제

다음 그림에서 두 사각형은 한 변의 길이가 1인 정사각형이다. $\overline{AC}=\overline{AP}$, $\overline{BD}=\overline{BQ}$일 때, 두 점 P, Q 사이의 거리를 구하시오.

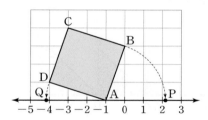

96 중

다음 그림은 한 칸의 가로와 세로의 길이가 각각 1인 모눈종이 위에 수직선과 정사각형 ABCD를 그린 것이다. $\overline{AB}=\overline{AP}$, $\overline{AD}=\overline{AQ}$일 때, 두 점 P, Q에 대응하는 수의 합을 구하시오.

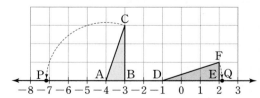

97 중 서술형

다음 그림은 한 칸의 가로와 세로의 길이가 각각 1인 모눈종이 위에 수직선과 두 직각삼각형 ABC, DEF를 그린 것이다. $\overline{AC}=\overline{AP}$, $\overline{DF}=\overline{DQ}$이고 두 점 P, Q에 대응하는 수를 각각 p, q라 할 때, $\sqrt{5}p-\sqrt{2}q$의 값을 구하시오.

98 중

다음 그림은 수직선 위에 한 변의 길이가 각각 2, 3인 두 정사각형을 그린 것이다. $\overline{PQ}=\overline{PA}$, $\overline{RS}=\overline{RB}$이고 두 점 A, B에 대응하는 수를 각각 a, b라 할 때, $\dfrac{b}{a}$의 값을 구하시오.

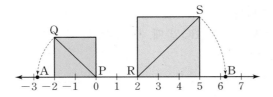

99 상

다음 그림은 수직선 위에 세 직각이등변삼각형을 그린 것이다. 세 직각이등변삼각형 OAD, ABE, BCF의 넓이를 각각 P, Q, R라 하면 $P=9$, $Q=2P$, $R=2Q$일 때, 점 C에 대응하는 수를 구하시오.

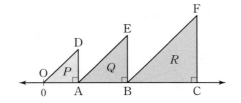

유형 19   실수의 대소 관계   중요

Pick

100 대표 문제

다음 중 두 실수의 대소 관계가 옳지 <u>않은</u> 것은?

① $2\sqrt{3}<3\sqrt{2}$ ② $6<\sqrt{3}+\sqrt{27}$
③ $\sqrt{12}+3<7$ ④ $\sqrt{3}+2>2\sqrt{3}-1$
⑤ $3\sqrt{3}+3<5\sqrt{3}-2$

101 중

다음 세 수 a, b, c의 대소 관계로 옳은 것은?

$$a=3\sqrt{5}-1, \quad b=6, \quad c=2\sqrt{5}-2$$

① $a<b<c$ ② $a<c<b$ ③ $b<c<a$
④ $c<a<b$ ⑤ $c<b<a$

102 중   서술형

세 수 $a=3+3\sqrt{2}$, $b=3+2\sqrt{3}$, $c=4+\sqrt{3}$의 대소 관계를 부등호를 사용하여 나타내시오.

103 상

다음 수를 크기가 큰 것부터 차례로 나열할 때, 세 번째에 오는 수는?

$$-1, \quad -1+\sqrt{7}, \quad 3-\sqrt{10}, \quad 2, \quad \sqrt{7}-\sqrt{3}$$

① -1 ② $-1+\sqrt{7}$ ③ $3-\sqrt{10}$
④ 2 ⑤ $\sqrt{7}-\sqrt{3}$

104
유형 01 ⊕ 02

다음 중 옳은 것은?

① $\sqrt{2}\sqrt{3}\sqrt{6}=\sqrt{12}$

② $5\sqrt{3}\times\left(-\dfrac{\sqrt{3}}{5}\right)=-1$

③ $\sqrt{35}\div(-\sqrt{7})=-5$

④ $\sqrt{\dfrac{16}{5}}\times5\sqrt{\dfrac{3}{8}}\times\left(-\sqrt{\dfrac{5}{6}}\right)=-5\sqrt{2}$

⑤ $\dfrac{\sqrt{12}}{\sqrt{7}}\div\dfrac{\sqrt{6}}{\sqrt{20}}\div\dfrac{\sqrt{8}}{\sqrt{14}}=\sqrt{10}$

105
유형 03 ⊕ 04

다음 □ 안에 알맞은 수가 가장 작은 것은?

① $4\sqrt{5}=\sqrt{\Box}$

② $\sqrt{175}=5\sqrt{\Box}$

③ $-\sqrt{32}=-\Box\sqrt{2}$

④ $\dfrac{\sqrt{5}}{3}=\sqrt{\dfrac{5}{\Box}}$

⑤ $\sqrt{0.44}=\dfrac{\sqrt{\Box}}{5}$

106
유형 03

다음 중 계산 결과가 가장 큰 것은?

① $3\sqrt{6}\div\sqrt{10}$

② $\sqrt{5}\times\sqrt{2}$

③ $\sqrt{56}\div\sqrt{8}$

④ $\sqrt{7}\div\dfrac{1}{\sqrt{7}}$

⑤ $\sqrt{20}\times\sqrt{\dfrac{1}{2}}$

107
유형 05

$\sqrt{0.314}=x$, $\sqrt{322}=y$라 할 때, 다음 제곱근표를 이용하여 x, y의 값을 각각 구하시오.

수	0	1	2	3	4
3.1	1.761	1.764	1.766	1.769	1.772
3.2	1.789	1.792	1.794	1.797	1.800
⋮	⋮	⋮	⋮	⋮	⋮
31	5.568	5.577	5.586	5.595	5.604
32	5.657	5.666	5.675	5.683	5.692

108
유형 06

다음은 $\sqrt{2}=a$, $\sqrt{3}=b$일 때, 주어진 수를 a, b를 사용하여 나타낸 것이다. □ 안에 알맞은 두 수의 곱은?

$$\sqrt{96}=\Box ab, \qquad \sqrt{0.54}=\Box ab$$

① $\dfrac{5}{6}$

② 1

③ $\dfrac{6}{5}$

④ 2

⑤ $\dfrac{11}{5}$

109
유형 07

$\dfrac{2}{3\sqrt{12}}=a\sqrt{3}$, $\dfrac{15\sqrt{2}}{\sqrt{10}}=b\sqrt{5}$일 때, 유리수 a, b에 대하여 $\sqrt{ab}$의 값을 구하시오.

110 · 유형 08

다음 중 옳지 <u>않은</u> 것은?

① $4\sqrt{12} \div (-2\sqrt{3}) = -4$

② $2\sqrt{6} \div \sqrt{2} = 2\sqrt{3}$

③ $\dfrac{5}{\sqrt{2}} \div \dfrac{7}{4\sqrt{3}} = \dfrac{10\sqrt{6}}{7}$

④ $2\sqrt{12} \div \sqrt{6} \times (-\sqrt{2}) = -2$

⑤ $5\sqrt{2} \times \sqrt{27} \div \sqrt{3} = 15\sqrt{2}$

111 · 유형 09

대각선의 길이가 $20\,\mathrm{cm}$이고, 가로와 세로의 길이의 비가 $3:1$인 직사각형의 넓이는?

① $110\,\mathrm{cm}^2$　　② $115\,\mathrm{cm}^2$　　③ $120\,\mathrm{cm}^2$

④ $125\,\mathrm{cm}^2$　　⑤ $130\,\mathrm{cm}^2$

112 · 유형 10

$\sqrt{(3-\sqrt{5})^2} - \sqrt{(2\sqrt{5}-6)^2}$을 계산하시오.

113 · 유형 11

$a>0$, $b>0$이고 $ab=9$일 때, $\dfrac{a\sqrt{b}}{\sqrt{a}} + \dfrac{b\sqrt{a}}{\sqrt{b}}$ 의 값을 구하시오.

114 · 유형 12

다음 식을 계산하시오.

$$\sqrt{27} - \frac{12}{\sqrt{3}} - \frac{4}{\sqrt{8}} + \sqrt{72}$$

115 · 유형 13

$\sqrt{2}=a$, $\sqrt{3}=b$라 할 때, $\sqrt{2}(\sqrt{3}+3\sqrt{2}) - (2\sqrt{3}-\sqrt{2})\sqrt{3}$을 a, b를 사용하여 나타내면?

① $a+b$　　　　② $\sqrt{ab}$　　　　③ a^2b^2

④ $\sqrt{2ab}$　　　⑤ $2ab$

116 · 유형 14

$\dfrac{\sqrt{27}+\sqrt{2}}{\sqrt{3}} + \dfrac{\sqrt{8}-\sqrt{12}}{\sqrt{2}} = a+b\sqrt{6}$일 때, 유리수 a, b에 대하여 $a+b$의 값을 구하시오.

117 · 유형 16

$A=3(2+a\sqrt{2}) - \sqrt{3}(a\sqrt{3}-3\sqrt{6})$이 유리수가 되도록 하는 유리수 a의 값과 그때의 A의 값을 구하시오.

118 유형 17

오른쪽 그림과 같이 넓이의 비
가 1 : 4 : 9인 세 정사각형 A,
B, C를 겹치지 않게 이어 붙여
만든 도형의 넓이가 70 cm²일
때, 이 도형의 둘레의 길이는?

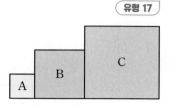

① $16\sqrt{3}$ cm   ② $16\sqrt{5}$ cm   ③ $18\sqrt{3}$ cm

④ $18\sqrt{5}$ cm   ⑤ $50\sqrt{5}$ cm

119 유형 18

아래 그림은 한 칸의 가로와 세로의 길이가 각각 1인 모눈종
이 위에 수직선과 두 직각삼각형 ABC, DEF를 그린 것이다.
$\overline{AC}=\overline{PC}$, $\overline{DE}=\overline{QE}$가 되도록 수직선 위에 두 점 P, Q를 정
할 때, 다음 중 옳지 <u>않은</u> 것은?

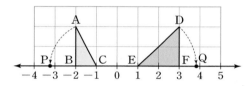

① $\overline{PC}$의 길이는 $\sqrt{5}$이다.
② $\overline{QE}$의 길이는 $2\sqrt{2}$이다.
③ $\overline{PQ}$의 길이는 $2+2\sqrt{2}+\sqrt{5}$이다.
④ 점 P에 대응하는 수는 $-1-\sqrt{5}$이다.
⑤ $\overline{BP}$의 길이는 $-2+\sqrt{5}$이다.

120 유형 19

다음 보기 중 두 실수의 대소 관계가 옳은 것을 모두 고른 것은?

┌ 보기 ┐
ㄱ. $\sqrt{24}>2\sqrt{6}+1$ ㄴ. $1+3\sqrt{3}>2\sqrt{6}+1$
ㄷ. $4\sqrt{10}+2<2+3\sqrt{17}$ ㄹ. $2\sqrt{3}+5<3\sqrt{2}+5$

① ㄱ   ② ㄴ   ③ ㄴ, ㄹ
④ ㄷ, ㄹ   ⑤ ㄴ, ㄷ, ㄹ

서술형 문제

121 유형 09

다음 그림의 원기둥과 원뿔의 부피가 서로 같을 때, 원기둥의
높이를 구하시오.

122 유형 11

$\sqrt{32}+\sqrt{24}-\sqrt{6}+\sqrt{18}=a\sqrt{2}+b\sqrt{6}$일 때, 유리수 a, b에 대하
여 $a-b$의 값을 구하시오.

123 유형 15

$\sqrt{3}(4-\sqrt{6})+\dfrac{2-\sqrt{6}}{\sqrt{2}}=a\sqrt{2}+b\sqrt{3}$일 때, 유리수 a, b에 대
하여 $a+b$의 값을 구하시오.

124 다음 표는 제곱근표의 일부이다. 이 표를 이용하여 $\sqrt{568}$ 의 값을 구하면?

수	0	1	2	3	4	5
1.2	1.095	1.100	1.105	1.109	1.114	1.118
1.3	1.140	1.145	1.149	1.153	1.158	1.162
1.4	1.183	1.187	1.192	1.196	1.200	1.204
1.5	1.225	1.229	1.233	1.237	1.241	1.245

① 2.384   ② 7.536   ③ 23.74
④ 23.84   ⑤ 75.36

125 오른쪽 그림과 같이 밑면은 한 변의 길이가 4 cm인 정사각형이고 옆면의 모서리의 길이가 모두 $3\sqrt{2}$ cm인 정사각뿔의 부피를 구하시오.

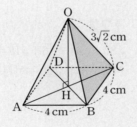

126 A, B 두 상품 한 개의 무게는 각각 $(2+\sqrt{10})$ kg, $(3-\sqrt{10})$ kg이다. A 상품 x개와 B 상품 y개의 무게의 합이 $(34+2\sqrt{10})$ kg일 때, $\sqrt{x^2+y^2}$의 값을 구하시오.

127 눈금 0으로부터 떨어진 거리가 $\sqrt{a}$인 곳에 눈금 a를 표시하여 만든 자가 있다. 이 자 2개를 다음 그림과 같이 한 자의 눈금 0, 18의 위치와 다른 자의 눈금 2, x의 위치가 각각 일치하도록 붙여 놓을 때, x의 값은?

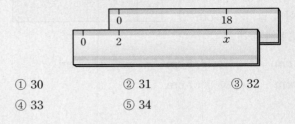

① 30   ② 31   ③ 32
④ 33   ⑤ 34

128 $f(x)=\dfrac{1}{\sqrt{x}}-\dfrac{1}{\sqrt{x+1}}$일 때, $f(2)+f(3)+\cdots+f(7)=a\sqrt{2}$를 만족시키는 유리수 a의 값은?

① $\dfrac{1}{4}$ ② $\dfrac{1}{2}$ ③ $\dfrac{3}{4}$
④ 1   ⑤ $\dfrac{5}{4}$

129 $A=\sqrt{18}+\sqrt{2}$, $B=\sqrt{3}A-2\sqrt{2}$, $C=6\sqrt{3}-\dfrac{B}{\sqrt{2}}$ 일 때, C의 값을 구하시오.

130 오른쪽 그림은 수지가 설계한 집의 평면도이다. 이 평면도는 넓이가 $80\,\mathrm{cm}^2$인 정사각형 모양이고, 방 A는 넓이가 $20\,\mathrm{cm}^2$인 정사각형 모양이며 방 B와 주방은 각각 넓이가 $15\,\mathrm{cm}^2$인 직사각형 모양이다. 이때 x의 값을 구하시오. (단, 벽의 두께는 생각하지 않는다.)

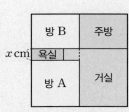

131 오른쪽 그림은 한 변의 길이가 $2\,\mathrm{cm}$인 정사각형 안에 각 변의 중점을 연결한 정사각형을 연속해서 세 번 그린 것이다. 색칠한 부분의 둘레의 길이의 합을 구하시오.

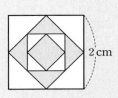

132 오른쪽 그림과 같이 정사각형 모양이 되도록 모으면 한 변의 길이가 4인 정사각형이 되는 칠교판이 있다. 이것을 이용하여 다음 그림과 같이 로켓 모양의 도형을 만들 때, 이 도형의 둘레의 길이는?

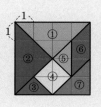

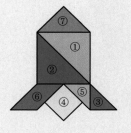

① $12+4\sqrt{2}$ ② $12+6\sqrt{2}$ ③ $14+4\sqrt{2}$
④ $14+6\sqrt{2}$ ⑤ $16+4\sqrt{2}$

133 다음 그림과 같이 수직선 위에 넓이가 5인 정사각형 ABCD가 있다. 이 정사각형을 시계 방향으로 굴릴 때, 점 D가 수직선과 처음으로 만나는 점에 대응하는 수를 구하시오.

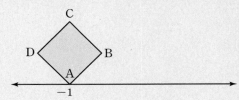

4.

다항식의 곱셈

유형 01 **다항식과 다항식의 곱셈**

분배법칙을 이용하여 식을 전개한 후 동류항이 있으면 동류항끼리 모아서 간단히 한다.

$$(a+b)(c+d)=\underset{①}{ac}+\underset{②}{ad}+\underset{③}{bc}+\underset{④}{bd}$$

예) $(x-2y)(3x+4y)=3x^2+4xy-6xy-8y^2$ → 전개
$$=3x^2-2xy-8y^2$$ → 동류항끼리 정리

대표 문제

01 $(x+2y)(2x-3y)$를 전개하면?

① $x^2-4xy+6y^2$
② $x^2+xy-6y^2$
③ $2x^2-4xy-6y^2$
④ $2x^2-xy+6y^2$
⑤ $2x^2+xy-6y^2$

유형 02 **전개식에서 특정한 항의 계수 구하기**

다항식과 다항식의 곱셈에서 특정한 항의 계수를 구할 때는 필요한 항이 나오는 부분만 전개한다.

예) $(x-y+3)(x+2y-1)$의 전개식에서 xy의 계수 구하기
➡ xy항이 나오는 부분만 전개하면
$x\times 2y+(-y)\times x=2xy-xy=xy$
따라서 주어진 식의 전개식에서 xy의 계수는 1이다.

대표 문제

02 $(a+2b)(3a-b+4)$의 전개식에서 ab의 계수를 구하시오.

유형 03~04 **곱셈 공식 – 합의 제곱, 차의 제곱**

$$(a+b)^2=a^2+2ab+b^2$$ → 합의 제곱

제곱 제곱
곱의 2배

$$(a-b)^2=a^2-2ab+b^2$$ → 차의 제곱

제곱 제곱
곱의 2배

참고 전개식이 같은 다항식
· $(-a-b)^2=\{-(a+b)\}^2=(a+b)^2$
· $(-a+b)^2=\{-(a-b)\}^2=(a-b)^2$

주의 $(a+b)^2\neq a^2+b^2$, $(a-b)^2\neq a^2-b^2$임에 주의한다.

대표 문제

03 $(3x+2y)^2=ax^2+bxy+cy^2$일 때, 상수 a, b, c에 대하여 $a+b-c$의 값을 구하시오.

04 $(4x-3y)^2=ax^2+bxy+cy^2$일 때, 상수 a, b, c에 대하여 $a+b+2c$의 값은?

① 10
② 13
③ 16
④ 19
⑤ 22

유형 05 곱셈 공식 – 합과 차의 곱

$$(\underset{\text{합}}{a+b})(\underset{\text{차}}{a-b})=\underset{\text{제곱의 차}}{a^2-b^2}$$

참고 (합과 차의 곱)=(부호가 같은 것)²−(부호가 다른 것)²이므로

· $(-a+b)(a+b)=(b-a)(b+a)=b^2-a^2$

· $(-a+b)(-a-b)=(-a)^2-b^2=a^2-b^2$

대표 문제

05 $(3x+y)(y-3x)$를 전개하면?

① y^2+9x^2 ② y^2-9x^2 ③ $9x^2-y^2$

④ $6xy$ ⑤ $9x^2-2xy+y^2$

유형 06 연속한 합과 차의 곱

곱셈 공식 $(a+b)(a-b)=a^2-b^2$을 이용한다.

$$\overline{(a-b)(a+b)}(a^2+b^2)=\overline{(a^2-b^2)}(a^2+b^2)=a^4-b^4$$

대표 문제

06 $(a-2)(a+2)(a^2+4)$를 전개하시오.

유형 07 곱셈 공식 – 일차항의 계수가 1인 두 일차식의 곱

$$(x+a)(x+b)=x^2+\overset{\text{합}}{(a+b)}x+\underset{\text{곱}}{ab}$$

대표 문제

07 $(x+5)(x-3)=x^2+ax+b$일 때, 상수 a, b에 대하여 ab의 값을 구하시오.

유형 08 곱셈 공식 – 일차항의 계수가 1이 아닌 두 일차식의 곱

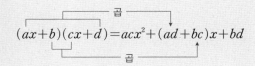

$$(ax+b)(cx+d)=acx^2+(ad+bc)x+bd$$

대표 문제

08 $(3x+7)(4x-2)=ax^2+bx+c$일 때, 상수 a, b, c에 대하여 $2a-b-c$의 값을 구하시오.

유형 완성하기

유형 01 다항식과 다항식의 곱셈

Pick
09 대표 문제

$(3x+y)(2x-5y)$를 전개하면?

① $6x^2-13xy-5y^2$ ② $6x^2-13xy+5y^2$

③ $6x^2+13xy-5y^2$ ④ $6x^2+13xy+5y^2$

⑤ $10x^2+13xy+5y^2$

10 하

$(x-1)(-2y+3)=axy+bx+cy-3$일 때, 상수 a, b, c에 대하여 $a+b+c$의 값을 구하시오.

11 중

$(5x-y)(4x+y-1)$을 전개하면?

① $20x^2+xy-5x-y^2+y$
② $20x^2+xy+5x-y^2+y$
③ $20x^2+xy+5x+y^2+y$
④ $20x^2+xy+5x+2y^2+y$
⑤ $20x^2-xy+5x+y^2+y$

12 중

$(x+5y)(Ax-3y)$를 전개하면 $2x^2+Bxy-15y^2$일 때, 상수 A, B에 대하여 AB의 값을 구하시오.

유형 02 전개식에서 특정한 항의 계수 구하기

13 대표 문제

$(-2x^2+3x+1)(x-1)$의 전개식에서 x^2의 계수를 a, x의 계수를 b라 할 때, $a-b$의 값은?

① -7 ② -3 ③ 3

④ 5 ⑤ 7

14 하

$(2x+y-3)(3x-2y+1)$을 전개한 식에서 x의 계수는?

① -9 ② -7 ③ -5

④ 8 ⑤ 9

Pick
15 중 서술형

$(2x+3y-5)(3x+ay+4)$의 전개식에서 xy의 계수가 5일 때, 상수 a의 값을 구하시오.

Pick
18 중

$(5x+a)^2=25x^2+bx+9$일 때, 상수 a, b에 대하여 $a+b$의 값은? (단, $a>0$)

① 21　　　② 24　　　③ 27

④ 30　　　⑤ 33

유형 03 곱셈 공식 – 합의 제곱

16 대표 문제

$\left(\dfrac{1}{3}x+1\right)^2=Ax^2+Bx+C$일 때, 상수 A, B, C에 대하여 $A+3B-C$의 값을 구하시오.

유형 04 곱셈 공식 – 차의 제곱

19 대표 문제

$\left(\dfrac{1}{2}x-2\right)^2$의 전개식에서 상수항을 포함한 모든 항의 계수의 곱을 구하시오.

---

17 중

다음 중 $\left(-\dfrac{1}{2}x-3y\right)^2$과 전개식이 같은 것은?

① $\dfrac{1}{4}(x-6y)^2$　　　② $\dfrac{1}{4}(x+6y)^2$

③ $\dfrac{1}{2}(x-6y)^2$　　　④ $\dfrac{1}{2}(x+6y)^2$

⑤ $-\dfrac{1}{4}(x+6y)^2$

---

20 중

다음 보기에서 식을 전개한 결과가 같은 것끼리 짝 지은 것을 모두 고르면? (정답 2개)

> **보기**
>
> ㄱ. $(x-y)^2$　　　　ㄴ. $-(x-y)^2$
>
> ㄷ. $(-x-y)^2$　　　ㄹ. $-(y-x)^2$
>
> ㅁ. $(-x+y)^2$　　　ㅂ. $-(-x-y)^2$

① ㄱ과 ㅁ　　　② ㄴ과 ㄷ　　　③ ㄴ과 ㄹ

④ ㄷ과 ㅂ　　　⑤ ㄹ과 ㅁ

21 중

다음 중 옳은 것을 모두 고르면? (정답 2개)

① $(x-3)^2=x^2-6x-9$

② $\left(x+\dfrac{1}{2}\right)^2=x^2+2x+\dfrac{1}{4}$

③ $\left(\dfrac{1}{3}x-y\right)^2=\dfrac{1}{9}x^2-\dfrac{2}{3}xy+y^2$

④ $(-2a+3b)^2=-4a^2+12ab+9b^2$

⑤ $(-3x-4y)^2=9x^2+24xy+16y^2$

Pick
22 중

$(3x-A)^2=9x^2-24x+B$일 때, 상수 A, B에 대하여 $B-A$의 값을 구하시오.

유형 05 곱셈 공식 - 합과 차의 곱

23 대표 문제

다음 중 옳지 않은 것은?

① $(x+7)(x-7)=x^2-49$

② $(-3+x)(-3-x)=x^2-9$

③ $(-4a+6)(4a+6)=-16a^2+36$

④ $(-a-b)(a-b)=-a^2+b^2$

⑤ $\left(p+\dfrac{1}{4}\right)\left(\dfrac{1}{4}-p\right)=-p^2+\dfrac{1}{16}$

24 중

$\left(a-\dfrac{1}{2}x\right)\left(\dfrac{1}{2}x+a\right)=-\dfrac{1}{4}x^2+25$일 때, 양수 a의 값을 구하시오.

25 중

다음 보기에서 $(x+y)(x-y)$와 전개식이 같은 것을 모두 고르면?

> **보기**
> ㄱ. $(x+y)(-x+y)$ ㄴ. $-(x+y)(-x+y)$
> ㄷ. $(y-x)(-x-y)$ ㄹ. $(-x-y)(x+y)$

① ㄱ, ㄴ ② ㄱ, ㄷ ③ ㄴ, ㄷ
④ ㄴ, ㄹ ⑤ ㄷ, ㄹ

Pick
26 중

$a^2=45$, $b^2=32$일 때, $\left(\dfrac{2}{3}a+\dfrac{3}{4}b\right)\left(\dfrac{2}{3}a-\dfrac{3}{4}b\right)$의 값은?

① 1 ② 2 ③ 3
④ 4 ⑤ 5

유형 06 연속한 합과 차의 곱

27 대표 문제

$(3x-1)(3x+1)(9x^2+1)$을 전개하면?

① $9x^2+1$ ② $9x^2-1$ ③ $9x^4-1$

④ $81x^2+1$ ⑤ $81x^4-1$

28 중

다음 등식에서 □ 안에 알맞은 수는?

$$(1-x)(1+x)(1+x^2)(1+x^4)=1-x^\square$$

① 2 ② 4 ③ 6

④ 8 ⑤ 10

29 중 서술형

$\left(x-\dfrac{1}{2}\right)\left(x+\dfrac{1}{2}\right)\left(x^2+\dfrac{1}{4}\right)\left(x^4+\dfrac{1}{16}\right)=x^a+b$일 때, 상수 a, b에 대하여 ab의 값을 구하시오.

유형 07 곱셈 공식
   – 일차항의 계수가 1인 두 일차식의 곱

30 대표 문제

다음 중 □ 안의 수가 나머지 넷과 <u>다른</u> 하나는?

① $(x-5)(x+2)=x^2-\square x-10$

② $(x+7)(x-4)=x^2+\square x-28$

③ $(x+1)(x+3)=x^2+4x+\square$

④ $(x-2y)(x+6y)=x^2+\square xy-12y^2$

⑤ $\left(x+\dfrac{1}{3}y\right)(x-9y)=x^2-\dfrac{26}{3}xy-\square y^2$

31 중

$3(x+2)(x-1)-(x+4)(x-3)$을 간단히 하면?

① $2x^2+10$ ② $2x^2-4x-18$

③ $2x^2-4x+6$ ④ $2x^2+2x-14$

⑤ $2x^2+2x+6$

32 중

$(x-a)(x-4)=x^2-bx+20$일 때, 상수 a, b에 대하여 ab의 값을 구하시오.

33 상

$(x+A)(x+B)=x^2+Cx+8$일 때, 다음 중 C의 값이 될 수 없는 것은? (단, A, B, C는 정수)

① -9　　　　② -6　　　　③ 3

④ 6　　　　⑤ 9

유형 08　**곱셈 공식**
– 일차항의 계수가 1이 아닌 두 일차식의 곱 중요

34 대표 문제

$(6x-2y)\left(\dfrac{1}{2}x+4y\right)=ax^2+bxy+cy^2$일 때, 상수 a, b, c에 대하여 $a+b-c$의 값을 구하시오.

Pick
35 중

$(2x-5)(3x+A)=6x^2+Bx-15$일 때, 상수 A, B에 대하여 $A+B$의 값은?

① -18　　　　② -12　　　　③ -6

④ 12　　　　⑤ 24

36 중

$(3x-a)(x+2)$의 전개식에서 x의 계수가 상수항의 2배와 같을 때, 상수 a의 값은?

① -3　　　　② -2　　　　③ -1

④ 2　　　　⑤ 3

37 중　서술형

$2x+a$에 $3x+5$를 곱해야 할 것을 잘못하여 $5x+3$을 곱했더니 $10x^2-29x-21$이 되었다. 이때 바르게 전개한 식을 구하시오. (단, a는 상수)

38 상

$(2x+a)(x-5)$를 전개하면 $2x^2-bx-10$일 때, 상수 a, b에 대하여 오른쪽 그림과 같이 $a+b$, $b-a$를 각각 빗변의 길이와 밑변의 길이로 하는 직각삼각형의 넓이를 구하시오.

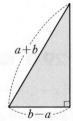

• 정답과 해설 35쪽

유형 09 곱셈 공식 – 종합 〔중요〕

(1) $(a+b)^2=a^2+2ab+b^2$, $(a-b)^2=a^2-2ab+b^2$

(2) $(a+b)(a-b)=a^2-b^2$

(3) $(x+a)(x+b)=x^2+(a+b)x+ab$

(4) $(ax+b)(cx+d)=acx^2+(ad+bc)x+bd$

대표 문제

39 다음 중 옳은 것은?

① $(x-2y)^2=x^2-4y^2$

② $(-x+1)(-x-1)=-x^2+1$

③ $(x+5)(x-6)=x^2+x-30$

④ $(2x+3)(x-2)=2x^2-x-6$

⑤ $(4x+5y)^2=16x^2+20xy+25y^2$

유형 10 곱셈 공식과 도형의 넓이 (1) 〔중요〕

직사각형의 넓이는 곱셈 공식을 이용하여 다음과 같은 순서대로 구한다.

❶ 가로, 세로의 길이를 각각 문자를 사용하여 나타낸다.

❷ (직사각형의 넓이)=(가로의 길이)×(세로의 길이)임을 이용하여 넓이를 구하는 식을 세운다.

❸ ❷에서 세운 식을 곱셈 공식을 이용하여 전개한다.

대표 문제

40 오른쪽 그림과 같이 한 변의 길이가 x인 정사각형에서 가로의 길이를 3만큼 늘이고, 세로의 길이를 2만큼 줄여서 만든 색칠한 직사각형의 넓이는?

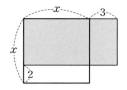

① x^2-5x-6　　　② x^2-x-6

③ x^2-x+6　　　④ x^2+x-6

⑤ x^2+5x-6

유형 11 곱셈 공식과 도형의 넓이 (2)

일정한 간격만큼 떨어져 있는 도형의 넓이는 떨어져 있는 도형을 적당히 이동시켜 넓이를 쉽게 구할 수 있는 도형으로 바꾸어 생각한다.

〔예〕

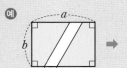 ➡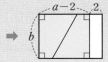

∴ (색칠한 부분의 넓이)$=(a-2)\times b=ab-2b$

대표 문제

41 오른쪽 그림은 가로, 세로의 길이가 각각 $5a+1$, $3a$인 직사각형 모양의 잔디밭에 폭이 2로 일정한 길을 만든 것이다. 이때 길을 제외한 잔디밭의 넓이는?

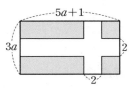

① $15a^2-19a-2$　　　② $15a^2-19a+2$

③ $15a^2-14a+2$　　　④ $15a^2-13a-2$

⑤ $15a^2-13a+2$

유형 09 곱셈 공식 – 종합 중요

Pick
42 대표 문제

다음 보기 중 옳은 것을 모두 고른 것은?

보기
ㄱ. $(x-y)^2 = x^2 + 2xy - y^2$
ㄴ. $(-x+2y)(x+2y) = -x^2 - 4y^2$
ㄷ. $(-x-7y)^2 = x^2 + 14xy + 49y^2$
ㄹ. $(x+3)(x-4) = x^2 + x - 12$
ㅁ. $\left(3x + \dfrac{1}{2}y\right)\left(2x + \dfrac{1}{3}y\right) = 6x^2 + 2xy + \dfrac{1}{6}y^2$

① ㄱ, ㄹ   ② ㄴ, ㄷ   ③ ㄴ, ㄹ
④ ㄷ, ㅁ   ⑤ ㄹ, ㅁ

43 중

다음 중 □ 안에 알맞은 수가 가장 큰 것은?

① $(2x-5)^2 = 4x^2 - \square x + 25$
② $(x+4)^2 = x^2 + 8x + \square$
③ $(x+8)(x-3) = x^2 + 5x - \square$
④ $(a+5b)(a-5b) = a^2 - \square b^2$
⑤ $(5x-7y)(-2x-3y) = -10x^2 - xy + \square y^2$

44 중

$(5x-y)(5x+y) - (4x-3y)^2$을 간단히 하면?

① $-9x^2 - 13xy - 10y^2$ ② $-9x^2 + 24xy - 10y^2$
③ $9x^2 + 24xy - 10y^2$ ④ $9x^2 + 13xy - 10y^2$
⑤ $9x^2 + 13xy - 8y^2$

Pick
45 중

$(2x-2)(3x-4) + (x+2)^2$을 간단히 하였을 때, x의 계수와 상수항의 합을 구하시오.

46 중

$(2x-a)^2 - (3x+1)(x-2)$를 간단히 하면 x의 계수가 13일 때, 상수항은? (단, a는 상수)

① -2 ② 0 ③ 2
④ 4 ⑤ 6

47 상

다음 그림과 같은 전개도로 만든 정육면체에서 마주 보는 면에 적힌 두 일차식의 곱을 각각 A, B, C라 할 때, $A+B+C$를 구하시오.

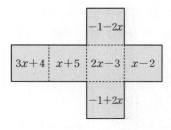

유형 10 곱셈 공식과 도형의 넓이 (1) 중요

48 대표 문제

오른쪽 그림과 같이 한 변의 길이가 $3a$인 정사각형에서 가로의 길이를 $2b$만큼 줄이고, 세로의 길이를 $2b$만큼 늘여서 만든 색칠한 직사각형의 넓이를 구하시오.

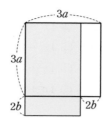

Pick

49 중

오른쪽 그림의 직사각형에서 색칠한 부분의 넓이를 ax^2+bx+c라 할 때, 상수 a, b, c에 대하여 $a+b-3c$의 값은?

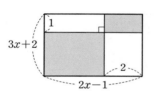

① -4 ② -2 ③ 2

④ 4 ⑤ 8

50 중

오른쪽 그림과 같이 밑면의 가로, 세로의 길이가 각각 $2x+3$, $3x-1$이고, 높이가 $3x+1$인 직육면체의 겉넓이를 구하시오.

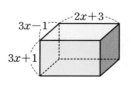

유형 11 곱셈 공식과 도형의 넓이 (2)

Pick

51 대표 문제

오른쪽 그림은 가로의 길이가 $5a$, 세로의 길이가 $4a$인 직사각형 모양의 화단에 폭이 1인 길을 낸 것이다. 길을 제외한 화단의 넓이가 pa^2+qa+r일 때, 상수 p, q, r에 대하여 $p+qr$의 값을 구하시오. (단, 길의 폭은 일정하다.)

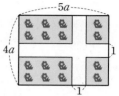

52 중

오른쪽 그림과 같이 가로의 길이가 $6a$ m, 세로의 길이가 $5a$ m인 직사각형 모양의 땅에 폭이 일정한 길을 만들었다. 이때 길을 제외한 땅의 넓이는?

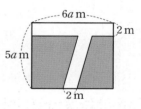

① $(30a^2-22a-4)$ m²   ② $(30a^2-22a)$ m²

③ $(30a^2-22a+4)$ m²   ④ $(30a^2-11a+1)$ m²

⑤ $(30a^2-11a+2)$ m²

53 중

다음 그림과 같이 한 변의 길이가 a인 정사각형을 대각선을 따라 자른 후 직각을 낀 변의 길이가 b인 직각이등변삼각형 2개를 잘라 낸 후 남은 부분으로 새로운 직사각형을 만들었다. 이때 새로 만든 직사각형의 넓이를 구하시오.

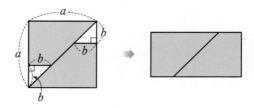

유형 12 **공통부분이 있는 식의 전개**

공통부분이 있는 식은 다음과 같은 순서대로 전개한다.
❶ 공통부분 또는 식의 일부를 한 문자로 놓는다.
❷ ❶의 식을 곱셈 공식을 이용하여 전개한다.
❸ ❷의 식에 문자 대신 원래의 식을 대입하여 정리한다.
예 $(a+b-2)(a+b+3)$
　$=(A-2)(A+3)$ ⌉ $a+b=A$로 놓기
　$=A^2+A-6$ ⌉ 전개
　$=(a+b)^2+(a+b)-6$ ⌉ $A=a+b$를 대입
　$=a^2+2ab+b^2+a+b-6$ ⌉ 전개하여 정리

대표 문제

54 $(2x+y-3)(2x+y+3)$을 전개하면?

① $4x^2-4xy-y^2-9$
② $4x^2-4xy-y^2+9$
③ $4x^2-4xy+y^2-9$
④ $4x^2+4xy+y^2-9$
⑤ $4x^2+4xy+y^2+9$

유형 13 **( )( )( )( ) 꼴의 전개**

네 개의 일차식의 곱은 다음과 같은 순서대로 전개한다.
❶ 상수항의 합이 같아지도록 둘씩 짝을 지어 전개한다.
❷ 공통부분을 한 문자로 놓고 전개한다.
예 　　　합이 -1
　$(x+3)(x-2)(x+1)(x-4)$ ⟶ 상수항의 합이 같아지도록 짝 짓기
　　　합이 -1
　$=(x+3)(x-4)(x-2)(x+1)$
　$=(x^2-x-12)(x^2-x-2)$
　$=(A-12)(A-2)$ ⌉ $x^2-x=A$로 놓고
　$=A^2-14A+24$ ⌉ 전개한 후 정리하기
　$=(x^2-x)^2-14(x^2-x)+24$
　$=x^4-2x^3-13x^2+14x+24$

대표 문제

55 $(x+2)(x+3)(x+4)(x+5)$를 전개하시오.

유형 14 🔴중요 곱셈 공식을 이용한 수의 계산

(1) 수의 제곱의 계산
→ $(a+b)^2=a^2+2ab+b^2$ 또는
$(a-b)^2=a^2-2ab+b^2$을 이용한다.

예 $101^2=(100+1)^2=100^2+2\times100\times1+1^2=10201$
$99^2=(100-1)^2=100^2-2\times100\times1+1^2=9801$

(2) 두 수의 곱의 계산
→ $(a+b)(a-b)=a^2-b^2$ 또는
$(x+a)(x+b)=x^2+(a+b)x+ab$를 이용한다.

예 $101\times99=(100+1)(100-1)=100^2-1^2=9999$
$101\times102=(100+1)(100+2)$
$\quad\quad\quad\quad=100^2+(1+2)\times100+1\times2=10302$

대표 문제

56 다음 중 103×97을 계산하는 데 이용되는 가장 편리한 곱셈 공식은?

① $(a+b)^2=a^2+2ab+b^2$ (단, $a>0$, $b>0$)

② $(a-b)^2=a^2-2ab+b^2$ (단, $a>0$, $b>0$)

③ $(a+b)(a-b)=a^2-b^2$

④ $(x+a)(x+b)=x^2+(a+b)x+ab$

⑤ $(ax+b)(cx+d)=acx^2+(ad+bc)x+bd$

유형 15 곱셈 공식을 이용한 무리수의 계산

제곱근을 문자로 생각하고 곱셈 공식을 이용하여 계산한다.

예 ㆍ$(\sqrt{5}+3)^2=(\sqrt{5})^2+2\times\sqrt{5}\times3+3^2$ → $(a+b)^2=a^2+2ab+b^2$ 이용
$\quad\quad\quad\quad=5+6\sqrt{5}+9=14+6\sqrt{5}$

ㆍ$(1+\sqrt{2})(1-\sqrt{2})=1^2-(\sqrt{2})^2$ → $(a+b)(a-b)=a^2-b^2$ 이용
$\quad\quad\quad\quad\quad\quad=1-2=-1$

대표 문제

57 $(\sqrt{6}-3)(\sqrt{6}+7)=a+b\sqrt{6}$일 때, 유리수 a, b에 대하여 $a+b$의 값은?

① -11 ② -4 ③ 4

④ 11 ⑤ 15

유형 16 🔴중요 곱셈 공식을 이용한 분모의 유리화

분모가 두 수의 합 또는 차로 되어 있는 무리수이면 곱셈 공식 $(a+b)(a-b)=a^2-b^2$을 이용하여 분모를 유리화한다.

예 $\dfrac{2}{3-\sqrt{2}}=\dfrac{2(3+\sqrt{2})}{(3-\sqrt{2})(3+\sqrt{2})}=\dfrac{6+2\sqrt{2}}{3^2-(\sqrt{2})^2}=\dfrac{6+2\sqrt{2}}{7}$

부호 반대

참고

분모	분모, 분자에 곱해야 할 수
$a+\sqrt{b}$	$a-\sqrt{b}$
$a-\sqrt{b}$	$a+\sqrt{b}$
$\sqrt{a}+\sqrt{b}$	$\sqrt{a}-\sqrt{b}$
$\sqrt{a}-\sqrt{b}$	$\sqrt{a}+\sqrt{b}$

부호 반대

대표 문제

58 $\dfrac{\sqrt{6}+\sqrt{2}}{\sqrt{6}-\sqrt{2}}=a+b\sqrt{3}$일 때, 유리수 a, b에 대하여 $a+b$의 값은?

① 1 ② 2 ③ 3

④ 4 ⑤ 5

유형 12 공통부분이 있는 식의 전개

59 대표 문제

$(x+y+2)(x-y+2)$를 전개하면?

① x^2-y^2-4x-4 ② x^2-y^2-4x+4

③ x^2-y^2+4x+4 ④ x^2+y^2-4x-4

⑤ x^2+y^2+4x+4

60 중

$(x-3y+2)(x-3y-3)$을 전개하시오.

61 중

다음 식의 전개에서 □ 안에 알맞은 식은?

$$(a+b-3)^2=a^2+2ab+b^2+\boxed{}$$

① $2a-2b+9$ ② $-2a+2b-9$

③ $-6a-6b+6$ ④ $-6a-6b+9$

⑤ $-9a-6b+9$

유형 13 ( )( )( )( ) 꼴의 전개

62 대표 문제

다음 등식에서 상수 a, b, c, d에 대하여 $a+b-c-d$의 값을 구하시오.

$$(x-1)(x-2)(x+5)(x+6)=x^4+ax^3+bx^2+cx+d$$

63 중

$x(x-2)(x+1)(x+3)$의 전개식에서 x^3의 계수와 x^2의 계수의 합은?

① -6 ② -3 ③ 1

④ 6 ⑤ 9

64 상

$a=x(x+2)$일 때, $(x-3)(x-2)(x+4)(x+5)$를 a를 사용하여 나타내면?

① $a^2+13a-120$ ② $a^2-13a+120$

③ $a^2+23a-120$ ④ $a^2-23a+120$

⑤ $a^2+33a-120$

유형 14 곱셈 공식을 이용한 수의 계산

Pick
65 대표 문제

다음 중 곱셈 공식 $(x+a)(x+b)=x^2+(a+b)x+ab$를 이용하여 계산하면 가장 편리한 것은?

① 52^2 ② 98^2 ③ 302×298

④ 9.3×10.7 ⑤ 196×201

66 중

다음을 곱셈 공식을 이용하여 계산하시오.

$$77 \times 83 - 79^2$$

Pick
67 중 서술형

곱셈 공식을 이용하여 $\dfrac{2024 \times 2020 + 4}{2022}$ 를 계산하시오.

68 중

곱셈 공식을 이용하여 $\dfrac{1009^2 - 1001 \times 1017}{1010^2 - 1008 \times 1012}$ 을 계산하면?

① 4 ② 8 ③ 16

④ 32 ⑤ 64

69 중

$2017 \times 2023 + 9$가 어떤 자연수 A의 제곱과 같을 때, 이 자연수 A의 값은?

① 2018 ② 2019 ③ 2020

④ 2021 ⑤ 2022

70 상

$(2+1)(2^2+1)(2^4+1)(2^8+1)$을 전개하면?

① 2^8-1 ② 2^8 ③ 2^8+1

④ $2^{16}-1$ ⑤ $2^{16}+1$

유형 15 곱셈 공식을 이용한 무리수의 계산

Pick
71 대표 문제

$(4\sqrt{5}+\sqrt{10})(2\sqrt{5}-\sqrt{10})$을 계산하시오.

72 중

$(\sqrt{2}-\sqrt{3})^2+(2\sqrt{2}+\sqrt{3})^2=a+b\sqrt{6}$일 때, 유리수 a, b에 대하여 $a+b$의 값은?

① -18 ② -14 ③ 8
④ 14 ⑤ 18

73 중

$(2-3\sqrt{6})(a-4\sqrt{6})$을 계산한 결과가 유리수가 되도록 하는 유리수 a의 값은?

① -3 ② $-\dfrac{8}{3}$ ③ $-\dfrac{7}{3}$
④ -2 ⑤ $-\dfrac{5}{3}$

74 중

$(\sqrt{5}+2)^6(\sqrt{5}-2)^5=a+b\sqrt{5}$일 때, 유리수 a, b에 대하여 a^2+b^2의 값을 구하시오.

75 중 서술형

다음 그림은 한 칸의 가로와 세로의 길이가 각각 1인 모눈종이 위에 수직선과 정사각형 ABCD를 그린 것이다. $\overline{AB}=\overline{AP}$, $\overline{AD}=\overline{AQ}$이고 두 점 P, Q에 대응하는 수를 각각 a, b라 할 때, $4a+b^2$의 값을 구하시오.

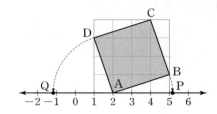

76 상

오른쪽 그림과 같은 도형의 넓이를 구하시오.

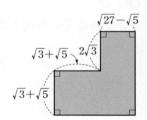

77 상

오른쪽 그림과 같이 정사각형 모양의 색종이의 네 귀퉁이에서 크기가 같은 직각이등변삼각형을 각각 잘라 내어 한 변의 길이가 $\sqrt{2}$인 정팔각형을 만들려고 한다. 이 정팔각형의 넓이를 구하시오.

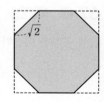

유형 16 곱셈 공식을 이용한 분모의 유리화 중요

78 대표 문제

$\dfrac{\sqrt{6}}{\sqrt{6}-\sqrt{3}}=a+b\sqrt{2}$일 때, 유리수 a, b에 대하여 $a+b$의 값을 구하시오.

79 중

$x=7-4\sqrt{3}$이고 x의 역수를 y라 할 때, $x+y$의 값은?

① 7   ② $8\sqrt{3}$ ③ $7+4\sqrt{3}$

④ 14   ⑤ $14+8\sqrt{3}$

Pick

80 중

$\dfrac{1}{3+2\sqrt{2}}-\dfrac{1}{3-2\sqrt{2}}$ 을 계산하면?

① -6 ② $-4\sqrt{2}$ ③ $6-4\sqrt{2}$

④ $4\sqrt{2}$ ⑤ $6+4\sqrt{2}$

81 중

$\dfrac{2-\sqrt{5}}{2+\sqrt{5}}-\dfrac{2+\sqrt{5}}{2-\sqrt{5}}=a+b\sqrt{5}$일 때, 유리수 a, b에 대하여 $b-a$의 값을 구하시오.

82 중

$\dfrac{\sqrt{3}}{\sqrt{3}-1}\times\sqrt{(-4)^2}+(\sqrt{18}-\sqrt{8})\div\sqrt{2}$를 계산하시오.

Pick

83 중

$5-\sqrt{5}$의 정수 부분을 a, 소수 부분을 b라 할 때, $\dfrac{4}{2a-b}$의 값을 구하시오.

84 상

$\dfrac{1}{1+\sqrt{2}}+\dfrac{1}{\sqrt{2}+\sqrt{3}}+\dfrac{1}{\sqrt{3}+\sqrt{4}}+\dfrac{1}{\sqrt{4}+\sqrt{5}}+\dfrac{1}{\sqrt{5}+\sqrt{6}}$ 을 계산하면?

① $1-\sqrt{6}$ ② $1-\sqrt{5}$ ③ $2-\sqrt{6}$

④ $-1+\sqrt{5}$ ⑤ $-1+\sqrt{6}$

유형 17 식의 값 구하기
— 두 수의 합(또는 차)과 곱이 주어진 경우

두 수의 합(또는 차)과 곱이 주어질 때, 다음과 같이 곱셈 공식을 변형한 식을 이용한다.

(1) $a^2+b^2=(a+b)^2-2ab$, $a^2+b^2=(a-b)^2+2ab$

(2) $(a+b)^2=(a-b)^2+4ab$, $(a-b)^2=(a+b)^2-4ab$

대표 문제

85 $x+y=5$, $xy=3$일 때, x^2+y^2의 값은?

① 13　　　② 16　　　③ 19

④ 22　　　⑤ 25

유형 18 식의 값 구하기
— 곱이 1인 두 수의 합(또는 차)이 주어진 경우

$x+\dfrac{1}{x}$ 또는 $x-\dfrac{1}{x}$의 값이 주어진 경우

(1) $x^2+\dfrac{1}{x^2}=\left(x+\dfrac{1}{x}\right)^2-2=\left(x-\dfrac{1}{x}\right)^2+2$

(2) $\left(x+\dfrac{1}{x}\right)^2=\left(x-\dfrac{1}{x}\right)^2+4$, $\left(x-\dfrac{1}{x}\right)^2=\left(x+\dfrac{1}{x}\right)^2-4$

대표 문제

86 $x-\dfrac{1}{x}=\sqrt{5}$일 때, $x^2+\dfrac{1}{x^2}$의 값을 구하시오.

유형 19 식의 값 구하기
— $x^2+ax\pm1=0$ 꼴이 주어진 경우

$x^2+ax\pm1=0\,(a\neq0)$일 때

➡ $x\neq0$이므로 양변을 x로 나누면

$$x+a\pm\dfrac{1}{x}=0 \qquad \therefore x\pm\dfrac{1}{x}=-a$$

대표 문제

87 $x^2-4x+1=0$일 때, $x^2+\dfrac{1}{x^2}$의 값을 구하시오.

유형 20 식의 값 구하기
— $x=a\pm\sqrt{b}$ 꼴이 주어진 경우

방법❶ 주어진 조건을 변형하여 식의 값을 구한다.

$$x=a+\sqrt{b} \Rightarrow x-a=\sqrt{b} \Rightarrow (x-a)^2=b$$

방법❷ x의 값을 직접 대입하여 식의 값을 구한다.

예 $x=3+\sqrt{5}$일 때, x^2-6x+3의 값 구하기

방법❶ $x=3+\sqrt{5} \Rightarrow x-3=\sqrt{5} \Rightarrow (x-3)^2=5$

$x^2-6x+9=5$에서 $x^2-6x=-4$이므로

$x^2-6x+3=-4+3=-1$

방법❷ $x^2-6x+3=(3+\sqrt{5})^2-6(3+\sqrt{5})+3$

$\qquad\qquad\qquad =9+6\sqrt{5}+5-18-6\sqrt{5}+3=-1$

대표 문제

88 $x=2+\sqrt{3}$일 때, x^2-4x+5의 값은?

① -4　　　② -1　　　③ 0

④ 1　　　⑤ 4

유형 17 식의 값 구하기 (중요)
－두 수의 합(또는 차)과 곱이 주어진 경우

17-1 두 수의 합·차·곱이 주어진 경우

Pick
89 대표 문제

$a-b=6$, $ab=4$일 때, 다음 식의 값을 구하시오.

(1) a^2+b^2

(2) $(a+b)^2$

90 (중)

$x+y=2\sqrt{2}$, $xy=1$일 때, $x-y$의 값은?

① $-\sqrt{3}$ ② 2 ③ ±2

④ $\pm\sqrt{3}$ ⑤ 3

91 (중)

$a+b=2\sqrt{3}$, $a^2+b^2=14$일 때, ab의 값은?

① -3 ② -2 ③ -1

④ 1 ⑤ 2

92 (중)

$x-y=4$, $xy=-2$일 때, $\dfrac{y}{x}+\dfrac{x}{y}$의 값은?

① -6 ② -2 ③ 0

④ 2 ⑤ 6

93 (상) 서술형

$(x-4)(y-4)=6$, $xy=2$일 때, x^2-xy+y^2의 값을 구하시오.

17-2 두 수가 주어진 경우

94 (중)

$x=\sqrt{3}+\sqrt{2}$, $y=\sqrt{3}-\sqrt{2}$일 때, $\dfrac{y}{x}+\dfrac{x}{y}$의 값은?

① 7 ② 8 ③ 9

④ 10 ⑤ 11

Pick

95 중

$x=\dfrac{1}{2\sqrt{6}-5}$, $y=\dfrac{1}{2\sqrt{6}+5}$일 때, x^2+xy+y^2의 값은?

① 65   ② 76   ③ 87

④ 97   ⑤ 108

유형 18 식의 값 구하기 – 곱이 1인 두 수의 합 (또는 차)이 주어진 경우

96 대표 문제

$x+\dfrac{1}{x}=5$일 때, $x^2+\dfrac{1}{x^2}$의 값은?

① 21   ② 23   ③ 25

④ 27   ⑤ 29

97 하

$x-\dfrac{1}{x}=4$일 때, $\left(x+\dfrac{1}{x}\right)^2$의 값을 구하시오.

---

98 중   서술형

$x>1$이고 $x+\dfrac{1}{x}=2\sqrt{5}$일 때, $x-\dfrac{1}{x}$의 값을 구하시오.

99 상

$x-\dfrac{1}{x}=3$일 때, $x^4+\dfrac{1}{x^4}$의 값은?

① 118   ② 119   ③ 120

④ 121   ⑤ 122

유형 19 식의 값 구하기 – $x^2+ax\pm1=0$ 꼴이 주어진 경우

100 대표 문제

$x^2-8x+1=0$일 때, $x^2+\dfrac{1}{x^2}$의 값은?

① 56   ② 58   ③ 60

④ 62   ⑤ 64

101 중

$x^2+3x-1=0$일 때, $x+\dfrac{1}{x}$의 값을 구하시오.

102 중

$x^2-6x-1=0$일 때, $x^2-10+\dfrac{1}{x^2}$의 값은?

① 22　　　　② 24　　　　③ 26

④ 28　　　　⑤ 30

Pick
103 상

$x^2+7x+1=0$일 때, $x^2+2x+\dfrac{2}{x}+\dfrac{1}{x^2}$의 값은?

① 31　　　　② 32　　　　③ 33

④ 34　　　　⑤ 35

104 대표 문제

$x=3+\sqrt{2}$일 때, x^2-6x+2의 값을 구하시오.

Pick
105 중

$x=\dfrac{1}{\sqrt{5}-2}$일 때, x^2-4x+5의 값을 구하시오.

106 중 서술형

$x=-4-2\sqrt{2}$일 때, $\sqrt{x^2+8x+12}$의 값을 구하시오.

107 상

$\dfrac{1}{3-2\sqrt{2}}$의 소수 부분을 x라 할 때, x^2+4x-1의 값을 구하시오.

108 유형 01

$(-2a+b)(-a-b)=Aa^2+Bab+Cb^2$일 때, 상수 A, B, C에 대하여 $A+B-C$의 값은?

① -4 ② -2 ③ 0

④ 2 ⑤ 4

109 유형 02

$(x+3y-4)(2x+ay-3)$을 전개하면 xy의 계수와 상수항이 같을 때, 상수 a의 값을 구하시오.

110 유형 03

$(x+a)^2=x^2-bx+\dfrac{4}{9}$일 때, 상수 a, b에 대하여 $a-b$의 값을 구하시오. (단, $a>0$)

111 유형 04

$(2x-A)^2=4x^2+Bx+9$일 때, 다음 중 상수 A, B의 값이 될 수 있는 것을 모두 고르면? (정답 2개)

① $A=-3$, $B=6$ ② $A=-3$, $B=12$

③ $A=3$, $B=-12$ ④ $A=3$, $B=-6$

⑤ $A=3$, $B=12$

112 유형 05

$a^2=40$, $b^2=45$일 때, $\left(\dfrac{\sqrt{2}}{4}a+\dfrac{1}{3}b\right)\left(\dfrac{\sqrt{2}}{4}a-\dfrac{1}{3}b\right)$의 값은?

① -5 ② -4 ③ 0

④ 5 ⑤ 15

113 유형 06

$(a-1)(a+1)(a^2+1)(a^4+1)(a^8+1)=a^{\square}-1$일 때, $\square$ 안에 알맞은 수를 구하시오.

114 유형 07

$(x+3)(x-A)$의 전개식에서 x의 계수가 -7일 때, 상수항은? (단, A는 상수)

① -30 ② -21 ③ 10

④ 21 ⑤ 30

115 유형 08

$(ax-5)(2x+b)=6x^2-cx-5$일 때, 상수 a, b, c에 대하여 $a+b+c$의 값을 구하시오.

116 유형 09

다음 중 옳은 것을 모두 고르면? (정답 2개)

① $(-x-3y)^2=x^2-6xy+9y^2$

② $\left(y+\dfrac{1}{3}\right)\left(y-\dfrac{1}{3}\right)=y^2-\dfrac{2}{3}y+\dfrac{1}{9}$

③ $(-2a+5)(2a+5)=-4a^2+25$

④ $(x+6)(x-7)=x^2+x-42$

⑤ $(2x+y)(3x-y)-(x+2y)^2=5x^2-3xy-5y^2$

117 유형 09

$(3x+5)(x+4)-2(x-1)(x+5)=ax^2+bx+c$일 때, 상수 a, b, c에 대하여 $a+b+c$의 값을 구하시오.

118 유형 10

다음 그림과 같이 가로의 길이가 $5a+1$, 세로의 길이가 $3a-2$인 직사각형을 접어 2개의 정사각형을 만들었다. 이 두 정사각형을 오려 내고 남은 색칠한 직사각형의 넓이를 구하시오.

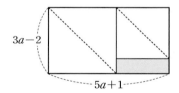

119 유형 11

오른쪽 그림과 같이 가로의 길이가 $6x+5$, 세로의 길이가 $3x+4$인 직사각형 모양의 밭에 폭이 x로 일정한 길을 만들려고 한다. 이때 길을 제외한 밭의 넓이를 구하시오.

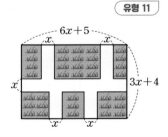

120 유형 12

$(1-2x+y)(1+2x-y)$의 전개식에서 상수항을 포함한 모든 항의 계수의 합을 구하시오.

121 유형 14

다음 중 주어진 수를 계산하는 데 이용되는 가장 편리한 곱셈 공식을 바르게 나타낸 것은?

① $201^2 \Rightarrow (a-b)^2=a^2-2ab+b^2$ (단, $a>0$, $b>0$)

② $497^2 \Rightarrow (a+b)^2=a^2+2ab+b^2$ (단, $a>0$, $b>0$)

③ $102\times98 \Rightarrow (ax+b)(cx+d)=acx^2+(ad+bc)x+bd$

④ $82\times83 \Rightarrow (a+b)(a-b)=a^2-b^2$

⑤ $104\times98 \Rightarrow (x+a)(x+b)=x^2+(a+b)x+ab$

122 유형 15

다음 중 옳은 것은?

① $(5\sqrt{3}+\sqrt{2})(4\sqrt{3}-\sqrt{2})=62-\sqrt{6}$

② $(\sqrt{7}+4)(\sqrt{7}-3)=-12+\sqrt{7}$

③ $(\sqrt{8}-\sqrt{12})^2=20-4\sqrt{6}$

④ $(2\sqrt{3}+3)^2=21+12\sqrt{3}$

⑤ $(\sqrt{11}+3)(\sqrt{11}-3)=8$

123 유형 16

$\dfrac{1}{\sqrt{2}-\sqrt{3}}+\dfrac{2}{\sqrt{2}+\sqrt{3}}=a\sqrt{2}+b\sqrt{3}$일 때, 유리수 a, b에 대하여 $a-b$의 값을 구하시오.

• 정답과 해설 42쪽

124 (유형 17)

$a-b=4$, $ab=-3$일 때, 다음 식의 값 중 가장 작은 것은?

① a^2+b^2

② $(a+b)^2$

③ $(a-3)(b+3)$

④ $\dfrac{b}{a}+\dfrac{a}{b}$

⑤ $(2a+b)(a+2b)$

125 (유형 17)

$x=\dfrac{1}{\sqrt{3}-2}$, $y=\dfrac{1}{\sqrt{3}+2}$일 때, $x^2+3xy+y^2$의 값은?

① 9   ② 10   ③ 11

④ 12   ⑤ 13

126 (유형 19)

$x^2-5x-1=0$일 때, $x^2+x-\dfrac{1}{x}+\dfrac{1}{x^2}$의 값은?

① 26   ② 28   ③ 30

④ 32   ⑤ 34

127 (유형 20)

$a=\dfrac{1+\sqrt{2}}{1-\sqrt{2}}$일 때, a^2+6a+7의 값을 구하시오.

서술형 문제

128 (유형 14)

곱셈 공식을 이용하여 $\dfrac{1988^2-1989\times1986}{5}$을 계산하시오.

129 (유형 15 ⊕ 16)

다음 그림은 한 칸의 가로와 세로의 길이가 각각 1인 모눈종이 위에 수직선과 두 정사각형을 그린 것이다. $\overline{AB}=\overline{AP}$, $\overline{CD}=\overline{CQ}$이고 두 점 P, Q에 대응하는 수를 각각 a, b라 할 때, $a^2+\dfrac{1}{b}$의 값을 구하시오.

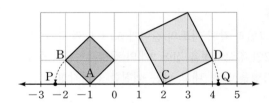

130 (유형 16)

$\dfrac{9}{4+\sqrt{7}}$의 정수 부분을 a, 소수 부분을 b라 할 때, $\dfrac{1}{a-b}$의 값을 구하시오.

131 연속하는 세 자연수에서 가장 큰 수의 제곱이 나머지 두 수의 곱보다 22가 클 때, 이 자연수 중 가장 큰 자연수는?

① 5   ② 6   ③ 7
④ 8   ⑤ 9

132 민기는 $(x+6)(x-3)$을 전개하는데 -3을 A로 잘못 보아 x^2+4x+B로 전개하였고, 현수는 $(3x+7)(2x-5)$를 전개하는데 3을 C로 잘못 보아 $Dx^2+4x-35$로 전개하였다. 이때 상수 A, B, C, D에 대하여 $A+B+C+D$의 값을 구하시오.

133 가로의 길이가 a, 세로의 길이가 b인 직사각형 모양의 종이를 오른쪽 그림과 같이 $\overline{AB}$를 $\overline{AE}$에, $\overline{CF}$를 $\overline{GF}$에 완전히 겹치도록 접었다. 이때 생기는 □EGHD의 넓이는?

(단, $b<a<2b$)

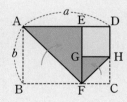

① $-a^2+2ab-b^2$ ② $-a^2+3ab-2b^2$
③ $a^2-2ab+b^2$ ④ $a^2-3ab+2b^2$
⑤ $a^2-4ab+4b^2$

134 $(3+1)(3^2+1)(3^4+1)(3^8+1)=\dfrac{1}{a}(3^b-1)$일 때, 자연수 a, b에 대하여 $\dfrac{b}{a}$의 값을 구하시오.

135 $9\times11\times101\times10001=10^a-b$일 때, 두 자연수 a, b에 대하여 $a-b$의 값은? (단, $1\leq b\leq10$)

① 6   ② 7   ③ 8
④ 9   ⑤ 10

136 $\dfrac{x\sqrt{13}+y}{\sqrt{13}+2}$가 유리수가 되도록 하는 0이 아닌 유리수 x, y에 대하여 $\dfrac{2xy}{x^2+y^2}$의 값은?

① $\dfrac{1}{4}$ ② $\dfrac{1}{2}$ ③ $\dfrac{2}{3}$
④ $\dfrac{4}{5}$ ⑤ 1

5

다항식의 인수분해

유형 01 **인수와 인수분해**

(1) **인수**: 하나의 다항식을 두 개 이상의 다항식의 곱으로 나타낼 때, 각각의 식

참고 모든 다항식에서 1과 자기 자신은 그 다항식의 인수이다.

(2) **인수분해**: 하나의 다항식을 두 개 이상의 인수의 곱으로 나타내는 것

참고 다항식의 전개와 인수분해는 서로 반대의 과정이다.

예 $x^2+4x+3 \xrightarrow[\text{전개}]{\text{인수분해}} \underbrace{(x+1)(x+3)}_{\text{인수}}$

대표 문제

01 다음 중 $x(x+2)(x-1)$의 인수가 <u>아닌</u> 것은?

① x ② $x+2$ ③ $x(x-1)$

④ $x(x+1)$ ⑤ $x(x+2)(x-1)$

유형 02 **공통인 인수를 이용한 인수분해**

❶ 각 항에서 공통인 인수를 찾는다.

❷ 분배법칙을 이용하여 공통인 인수를 묶어 내어 인수분해한다.

$ma+mb=m(a+b)$
공통인 인수

예 $3x^2+6x=\underline{3x}\times x+\underline{3x}\times 2=\underline{3x}(x+2)$

주의 인수분해할 때는 각 항에 공통인 인수가 남지 않도록 모두 묶어 낸다.

대표 문제

02 다음 중 x^3-5x^2y의 인수가 <u>아닌</u> 것은?

① x ② x^2 ③ $x-5y$

④ $x(x-5y)$ ⑤ $-5x^2y$

유형 03 **인수분해 공식: $a^2 \pm 2ab+b^2$**

(1) $a^2\underbrace{+}2ab+b^2=(a\underbrace{+}b)^2$
같은 부호

$a^2\underbrace{-}2ab+b^2=(a\underbrace{-}b)^2$
같은 부호

예 $x^2+4x+4=x^2+2\times x\times 2+2^2=(x+2)^2$
$x^2-2x+1=x^2-2\times x\times 1+1^2=(x-1)^2$

(2) **완전제곱식**: $(x+y)^2$, $2(5a-b)^2$과 같이 다항식의 제곱으로 이루어진 식 또는 그 식에 수를 곱한 식

대표 문제

03 다음 중 인수분해한 것이 옳지 <u>않은</u> 것은?

① $x^2-8x+16=(x-4)^2$

② $a^2+6ab+9b^2=(a+3b)^2$

③ $-8x^2+8x-2=-2(2x-1)^2$

④ $16x^2-24xy+9y^2=(4x-9y)^2$

⑤ $\dfrac{1}{9}x^2+\dfrac{4}{3}x+4=\left(\dfrac{1}{3}x+2\right)^2$

유형 04 완전제곱식이 될 조건

다음과 같은 방법으로 완전제곱식 $(a\pm b)^2=a^2\pm 2ab+b^2$을 만들 수 있다.

(1) $a^2\pm 2\,\widehat{a}\,\widehat{b}+b^2$

제곱 제곱

(2) $\widehat{a^2}\pm 2ab+(\widehat{\pm b})^2$

곱의 2배

> **참고** x^2+ax+b가 완전제곱식이 될 조건 → x^2의 계수가 1인 경우
> ➡ $b=\left(\dfrac{a}{2}\right)^2$

대표 문제

04 두 다항식 $x^2-12x+a$, $9x^2+bx+64$가 모두 완전제곱식이 되도록 하는 양수 a, b에 대하여 $a+b$의 값을 구하시오.

유형 05 근호 안의 식이 완전제곱식으로 인수분해되는 경우

근호 안의 식을 완전제곱식으로 인수분해한 후 부호에 주의하여 근호를 없앤다.

➡ $\sqrt{a^2}=\begin{cases} a\,(a\ge 0) \\ -a\,(a<0) \end{cases}$

> **예** $x<2$일 때, $x-2<0$이므로
> $\sqrt{x^2-4x+4}=\sqrt{(x-2)^2}=-(x-2)=-x+2$

대표 문제

05 $1<a<3$일 때, $\sqrt{a^2-6a+9}-\sqrt{a^2-2a+1}$을 간단히 하면?

① $-2a-4$ ② $-2a+4$ ③ $2a$

④ $2a-4$ ⑤ $2a+4$

유형 06 인수분해 공식: a^2-b^2

$\underset{\text{제곱의 차}}{a^2-b^2}=\underset{\text{합}}{(a+b)}\underset{\text{차}}{(a-b)}$

> **예** $x^2-9=x^2-3^2=(x+3)(x-3)$

> **참고** 다항식의 인수분해는 유리수의 범위에서 더 이상 인수분해할 수 없을 때까지 인수분해한다.
> ➡ $a^4-16=(a^2)^2-4^2$
> $=(a^2+4)(a^2-4)$ (×)
> $=(a^2+4)(a+2)(a-2)$ (○)

대표 문제

06 다음 중 인수분해한 것이 옳지 <u>않은</u> 것은?

① $a^2-1=(a+1)(a-1)$

② $16x^2-9=(4x+3)(4x-3)$

③ $5a^2-20b^2=5(a+2b)(a-2b)$

④ $a^2-\dfrac{1}{9}=\left(a+\dfrac{1}{3}\right)\left(a-\dfrac{1}{3}\right)$

⑤ $-25x^2+36y^2=(5x+6y)(5x-6y)$

유형 완성하기

유형 01 인수와 인수분해

07 대표 문제

다음 보기에서 $a^2(a+3)$의 인수를 모두 고른 것은?

보기
ㄱ. a ㄴ. $a+3$ ㄷ. a^2+3
ㄹ. $a(a+3)$ ㅁ. $a^2(a+3)$ ㅂ. $(a+3)^2$

① ㄱ, ㄴ
② ㄱ, ㄷ, ㅁ
③ ㄴ, ㄹ, ㅂ
④ ㄱ, ㄴ, ㄹ, ㅁ
⑤ ㄴ, ㄷ, ㅁ, ㅂ

08 하

$(3x+2)(x-4)$는 어떤 다항식을 인수분해한 것인지 구하시오.

09 중

다음 중 $3x$를 인수로 갖지 않는 것을 모두 고르면? (정답 2개)

① $3(x-1)$
② $3x(y-4)$
③ $3xy(x-y)$
④ $(x-y)(3x-2y)$
⑤ $6x(x-1)(x+5)$

유형 02 공통인 인수를 이용한 인수분해

Pick
10 대표 문제

다음 중 $-5a^3x+10a^2y$의 인수가 아닌 것은?

① a
② $-5a$
③ $ax-2y$
④ a^2x-2y
⑤ $a^2(ax-2y)$

11 하

다음 설명 중 옳은 것은?

$$3a+9ab \underset{\text{ⓛ}}{\overset{\text{㉠}}{\rightleftarrows}} 3a(1+3b)$$

① ㉠의 과정을 전개한다고 한다.
② ⓛ의 과정을 인수분해한다고 한다.
③ $3a$는 $3a$와 $9ab$의 공통인 인수이다.
④ ⓛ의 과정에서 교환법칙이 이용된다.
⑤ $3a$, $3b$는 모두 $3a+9ab$의 인수이다.

12 중

다음 중 인수분해한 것이 옳은 것은?

① $4xy+y^2=y(4+y)$
② $2x^2-6x=2x(x+3)$
③ $4x^3-2x^2y=2x^2(x-y)$
④ $xy(x+y)-xy=xy(x+y-1)$
⑤ $(x+1)y-x(x+1)=(x+1)(x-y)$

Pick
13 ⑧

$a(x-2y)-b(2y-x)$를 인수분해하면?

① $(a-b)(x-2y)$ ② $(a-b)(2y-x)$

③ $(a+b)(x-2y)$ ④ $(a+b)(2y-x)$

⑤ $(a+b)(x+2y)$

14 ⑧ 서술형

$(x-2)(x+4)-5(x-2)$는 x의 계수가 1인 두 일차식의 곱으로 인수분해된다. 이때 이 두 일차식의 합을 구하시오.

유형 03 인수분해 공식: $a^2 \pm 2ab + b^2$

15 대표 문제

다음 중 인수분해한 것이 옳지 <u>않은</u> 것은?

① $x^2+12x+36=(x+6)^2$

② $x^2+x+\dfrac{1}{4}=\left(x+\dfrac{1}{2}\right)^2$

③ $8a^2-24a+18=4(2a-3)^2$

④ $25a^2+20ab+4b^2=(5a+2b)^2$

⑤ $\dfrac{9}{4}x^2-4x+\dfrac{16}{9}=\left(\dfrac{3}{2}x-\dfrac{4}{3}\right)^2$

---

16 ⑨

다음 중 $\dfrac{1}{4}x^2-3x+9$의 인수인 것은?

① $\dfrac{1}{4}x-3$ ② $\dfrac{1}{2}x-3$ ③ $x-3$

④ $\dfrac{1}{2}x+2$ ⑤ $\dfrac{1}{4}x+4$

Pick
17 ⑧

다음 중 완전제곱식으로 인수분해할 수 <u>없는</u> 것은?

① $4x^2-20x+25$ ② $18a^2+12a+2$

③ $a^2-\dfrac{2}{3}a+\dfrac{1}{9}$ ④ $9a^2+3ab+b^2$

⑤ $x^2-12xy+36y^2$

18 ⑧

다음 식을 인수분해하시오.

$$3a^3b-6a^2b^2+3ab^3$$

19 ⑧

이차식 $ax^2-30x+b$가 $(3x+c)^2$으로 인수분해될 때, 상수 a, b, c에 대하여 $-a+b+c$의 값을 구하시오.

유형 04 완전제곱식이 될 조건 ^{중요}

Pick
20 대표 문제

다음 두 다항식이 모두 완전제곱식이 되도록 하는 양수 a, b에 대하여 ab의 값을 구하시오.

$$25x^2 + 20x + a, \qquad 4x^2 + bxy + \frac{1}{4}y^2$$

21 중

다음 식이 모두 완전제곱식으로 인수분해될 때, □ 안에 알맞은 수 중 그 절댓값이 가장 큰 것은?

① $a^2 - 3a + \square$ ② $\square a^2 - 4a + 1$

③ $a^2 + ab + \square b^2$ ④ $9a^2 + \square a + 1$

⑤ $\dfrac{1}{16}a^2 + \square a + \dfrac{1}{9}$

22 중

$9x^2 + (5k-6)x + 36$이 완전제곱식이 되도록 하는 모든 상수 k의 값의 합은?

① $\dfrac{12}{5}$ ② 3 ③ $\dfrac{18}{5}$

④ 6 ⑤ $\dfrac{32}{5}$

Pick
23 중

$(2x+1)(2x+3)+k$가 완전제곱식이 되도록 하는 상수 k의 값을 구하시오.

유형 05 근호 안의 식이 완전제곱식으로 인수분해되는 경우 ^{중요}

Pick
24 대표 문제

$-2 < x < 4$일 때, $\sqrt{x^2 - 8x + 16} - \sqrt{x^2 + 4x + 4}$를 간단히 하면?

① $-2x - 6$ ② $-2x - 2$ ③ $-2x + 2$

④ 2 ⑤ 6

25 중 서술형

$\dfrac{1}{2} < a < 3$일 때, $\sqrt{a^2 - a + \dfrac{1}{4}} + \sqrt{a^2 - 6a + 9}$를 간단히 하시오.

26 중

$b<a<0$일 때, $\sqrt{a^2+2ab+b^2}-\sqrt{a^2-2ab+b^2}$을 간단히 하면?

① $-2a$ ② $-2b$ ③ $2a$

④ $2b$ ⑤ $2a-2b$

27 상

$-2<a<5$이고 $\sqrt{x}=a+3$일 때,

$\sqrt{x-2a-5}-\sqrt{x-16a+16}$을 간단히 하시오.

유형 06   인수분해 공식: a^2-b^2

28 대표 문제

다음 중 인수분해한 것이 옳은 것을 모두 고르면? (정답 2개)

① $x^2-49=(x+7)(x-7)$

② $64x^2-9=(8x+9)(8x-9)$

③ $4x^2-36=4(x+6)(x-6)$

④ $\dfrac{1}{4}x^2-\dfrac{1}{9}y^2=\left(\dfrac{1}{2}x+\dfrac{1}{3}\right)\left(\dfrac{1}{2}x-\dfrac{1}{3}\right)$

⑤ $25x^2-16y^2=(5x+4y)(5x-4y)$

---

29 하

$49x^2-9$는 x의 계수가 1이 아닌 양의 정수인 두 일차식의 곱으로 인수분해된다. 이때 이 두 일차식의 합은?

① 6 ② $7x$ ③ $14x$

④ $7x-3$ ⑤ $7x+3$

Pick
30 중

다음 중 x^3-x의 인수가 <u>아닌</u> 것은?

① x ② $x-1$ ③ $x+1$

④ x^2+x ⑤ x^2+1

31 중   서술형

$-12x^2+27y^2=a(bx+cy)(bx-cy)$일 때, 정수 a, b, c에 대하여 $a+b+c$의 값을 구하시오. (단, $b>0$, $c>0$)

32 중

$x^2(y-1)-9(y-1)$을 인수분해하면 $(x+a)(x+b)(y+c)$일 때, 상수 a, b, c에 대하여 $a-b+c$의 값을 구하시오.

(단, $a>0$)

유형 모아 보기 ✷ 02 다항식의 인수분해 (2)

유형 07 인수분해 공식: $x^2+(a+b)x+ab$ 🔵중요

$$x^2+\underset{\text{합}}{(a+b)}x+\underset{\text{곱}}{ab}=(x+a)(x+b)$$

➡ 다음과 같은 순서대로 인수분해한다.

❶ 합이 $a+b$, 곱이 ab인 두 정수 a, b를 찾는다.

❷ $(x+a)(x+b)$ 꼴로 인수분해한다.

㉥ x^2-3x+2에서 합이 -3, 곱이 2인 두 정수는 -1, -2이므로
$$x^2-3x+2=(x-1)(x-2)$$

대표 문제

33 $x^2+3xy-18y^2$을 인수분해하면?

① $(x-2y)(x+9y)$ ② $(x+2y)(x-9y)$

③ $(x-3y)(x-6y)$ ④ $(x-3y)(x+6y)$

⑤ $(x+3y)(x-6y)$

유형 08 인수분해 공식: $acx^2+(ad+bc)x+bd$

$$acx^2+(ad+bc)x+bd=(ax+b)(cx+d)$$

ax $b →$ bcx

cx $d →$ adx $(+$

                  $(ad+bc)x$

㉥ $2x^2+7x+3=(2x+1)(x+3)$

$2x$ $1 →$ x

x $3 →$ $6x$ $(+$

             $7x$

대표 문제

34 $3x^2-x-4=(ax+1)(bx+c)$일 때, 정수 a, b, c에 대하여 $a+b-c$의 값을 구하시오.

유형 09 인수분해 공식 - 종합 🔵중요

(1) $a^2+2ab+b^2=(a+b)^2$, $a^2-2ab+b^2=(a-b)^2$

(2) $a^2-b^2=(a+b)(a-b)$

(3) $x^2+(a+b)x+ab=(x+a)(x+b)$

(4) $acx^2+(ad+bc)x+bd=(ax+b)(cx+d)$

대표 문제

35 다음 중 인수분해한 것이 옳은 것은?

① $4x^2-4xy+y^2=(2x+y)^2$

② $-x^2+y^2=(x+y)(x-y)$

③ $x^2-5x-6=(x-2)(x-3)$

④ $3x^2+7x-6=3(x+1)(x-2)$

⑤ $12x^2-x-1=(3x-1)(4x+1)$

유형 10 인수분해하여 공통인 인수 구하기

❶ 각 다항식을 인수분해한다.

❷ 공통인 인수를 구한다.

예 두 다항식 x^2-1, x^2+3x-4의 일차 이상의 공통인 인수는
➡ $x^2-1=(x+1)\underline{(x-1)}$,
$x^2+3x-4=\underline{(x-1)}(x+4)$
이므로 $x-1$이다.

대표 문제

36 다음 두 다항식의 공통인 인수는?

$$x^2-4x+3, \qquad 2x^2-3x-9$$

① $x-3$ ② $x-1$ ③ $x+1$

④ $x+3$ ⑤ $2x+3$

유형 11 인수가 주어질 때, 미지수의 값 구하기 중요

x에 대한 일차식 $mx+n$이 이차식 ax^2+bx+c의 인수이면

❶ $ax^2+bx+c=\underset{\text{주어진 인수}}{(mx+n)}\underset{\text{다른 한 인수}}{(\square x+\triangle)}$로 놓고

❷ 우변을 전개하여 계수를 비교한다.

예 x^2+ax-8이 $x-4$를 인수로 가질 때,
$x^2+ax-8=(x-4)(x+m)$ (m은 상수)으로 놓으면
$x^2+ax-8=x^2+(-4+m)x-4m$
즉, $a=-4+m$, $-8=-4m$이므로 $m=2$, $a=-2$
따라서 $a=-2$이고, 다른 한 인수는 $x+2$이다.

참고 다항식이 $mx+n$으로 나누어떨어진다.
➡ 다항식이 $mx+n$을 인수로 갖는다.

대표 문제

37 $x-2$가 x^2-ax-6의 인수일 때, 다음 물음에 답하시오.

(1) 상수 a의 값을 구하시오.

(2) 일차식인 다른 한 인수를 구하시오.

유형 07 인수분해 공식: $x^2+(a+b)x+ab$ 중요

38 대표 문제

$x^2+x-20=(x+a)(x+b)$일 때, 상수 a, b에 대하여 $a-b$의 값을 구하시오. (단, $a>b$)

39 중

다음 보기 중 $x-3$을 인수로 갖는 다항식을 모두 고르시오.

> 보기
> ㄱ. $x^2+2x-15$ ㄴ. x^2-6x-7
> ㄷ. x^2-4x+3 ㄹ. $3x^2+3x-18$

40 중

x^2-7x+a가 $(x-2)(x-b)$로 인수분해될 때, 상수 a, b에 대하여 $a+b$의 값을 구하시오.

Pick
41 중

$(x+2)(x-5)-8$은 x의 계수가 1인 두 일차식의 곱으로 인수분해된다. 이때 두 일차식의 합은?

① $2x-9$ ② $2x-3$ ③ $2x+3$
④ $2x+4$ ⑤ $2x+10$

Pick
42 상

$x^2+Ax-12$가 $(x+a)(x+b)$로 인수분해될 때, 다음 중 상수 A의 값이 될 수 <u>없는</u> 것은? (단, a, b는 정수)

① -11 ② -1 ③ 1
④ 4 ⑤ 7

유형 08 인수분해 공식: $acx^2+(ad+bc)x+bd$

43 대표 문제

$2x^2+5xy-3y^2=(ax+by)(cx-y)$일 때, 정수 a, b, c에 대하여 $a+b+c$의 값을 구하시오.

44 하

다음 중 $6x^2-7xy+2y^2$의 인수를 모두 고르면? (정답 2개)

① $3x-y$ ② $2x-y$ ③ $3x-2y$
④ $2x+y$ ⑤ $3x+2y$

Pick
45 중

$2x^2-7x-15$는 x의 계수가 자연수이고 상수항이 정수인 두 일차식의 곱으로 인수분해될 때, 이 두 일차식의 합은?

① $3x-8$ ② $3x-2$ ③ $3x+2$
④ $4x-2$ ⑤ $4x+2$

Pⁱck
46 중

$3x^2+Ax-20$이 $(3x-4)(x+B)$로 인수분해될 때, 상수 A, B에 대하여 $A-B$의 값은?

① 6   ② 8   ③ 10

④ 12   ⑤ 14

47 중 [서술형]

$5x^2+(3a-5)x-24$가 $(x-4)(5x+b)$로 인수분해될 때, 상수 a, b에 대하여 $a+b$의 값을 구하시오.

유형 09 인수분해 공식 – 종합 중요

Pⁱck
48 대표 문제

다음 중 인수분해한 것이 옳지 <u>않은</u> 것은?

① $-x^2+4x-4=-(x-2)^2$

② $ax^2-a=a(x+1)(x-1)$

③ $x^2+x-30=(x+5)(x-6)$

④ $15x^2-2x-8=(3x+2)(5x-4)$

⑤ $6x^2+13x+6=(2x+3)(3x+2)$

---

49 중

다음 중 □ 안에 알맞은 수가 나머지 넷과 <u>다른</u> 하나는?

① $x^2+6x+9=(x+\Box)^2$

② $x^2-9=(x-3)(x+\Box)$

③ $x^2-\Box x-18=(x-6)(x+3)$

④ $2x^2+9x+9=(2x+3)(x+\Box)$

⑤ $6x^2+4xy-10y^2=\Box(x-y)(3x+5y)$

50 중

다음 보기 중 $x+2$를 인수로 갖는 것을 모두 고르시오.

> 보기
> ㄱ. $3x^2+6x$ ㄴ. x^2-4 ㄷ. $3x^2-12x+12$
> ㄹ. $x^2+8x-20$ ㅁ. $3x^2+10x+8$

유형 10 인수분해하여 공통인 인수 구하기

Pⁱck
51 대표 문제

두 다항식 $9x^2-49$, $3x^2+4x-7$의 공통인 인수는?

① $x-1$ ② $x+7$ ③ $3x-7$

④ $3x+4$ ⑤ $3x+7$

52 충

다음 중 나머지 넷과 일차 이상의 공통인 인수를 갖지 <u>않는</u> 것은?

① $2x^2-2$

② x^2+2x+1

③ x^2-2x-3

④ $3x^2+7x+2$

⑤ $7x^2+3x-4$

53 충 서술형

다음 두 다항식의 공통인 인수가 $ax+by(a>0)$일 때, 정수 a, b에 대하여 $a+b$의 값을 구하시오. (단, a, b는 서로소)

$$x^2+3xy+2y^2, \qquad x^3y-xy^3$$

유형 11 인수가 주어질 때, 미지수의 값 구하기

P̈ick
54 대표 문제

$3x^2+7x+a$가 $x+2$를 인수로 가질 때, 상수 a의 값과 일차식인 다른 한 인수를 차례로 구하시오.

55 하

$2x^2+ax+b$가 $2x+1$, $x-2$를 인수로 가질 때, 상수 a, b에 대하여 $a+b$의 값은?

① -6

② -5

③ -4

④ -3

⑤ -2

P̈ick
56 충

$x+3$이 두 다항식 x^2+4x+a, $2x^2+bx-9$의 공통인 인수일 때, 상수 a, b에 대하여 $a+b$의 값은?

① -4

② -2

③ 2

④ 4

⑤ 6

57 충

다음 세 다항식은 x의 계수가 자연수인 일차식을 공통인 인수로 갖는다. 이때 정수 a의 값을 구하시오.

$$4x^2-1, \qquad 6x^2-x-2, \qquad 2x^2+ax-5$$

58 상

두 다항식 x^2+2x-3, x^2+ax+4는 x의 계수가 1인 일차식을 공통인 인수로 갖는다. 이때 정수 a의 값을 구하시오.

유형 12 **계수 또는 상수항을 잘못 보고 인수분해한 경우**

잘못 본 수를 제외한 나머지 값은 제대로 본 것임을 이용한다.

상수항을 잘못 본 식	x의 계수를 잘못 본 식
$ax^2 + bx + c$ 제대로 본 수	$ax^2 + dx + e$ 제대로 본 수

➡ 처음 이차식은 $ax^2 + bx + e$

대표 문제

59 x^2의 계수가 1인 어떤 이차식을 동욱이는 x의 계수를 잘못 보고 $(x-1)(x+3)$으로 인수분해하였고, 민아는 상수항을 잘못 보고 $(x+3)(x-5)$로 인수분해하였다. 다음 물음에 답하시오.

(1) 처음 이차식의 상수항을 구하시오.

(2) 처음 이차식의 x의 계수를 구하시오.

(3) 처음 이차식을 바르게 인수분해하시오.

유형 13 **도형을 이용한 인수분해 공식**

주어진 모든 직사각형의 넓이의 합을 식으로 나타낸 후 인수분해한다.

예 다음 그림의 모든 직사각형의 넓이의 합과 같은 큰 직사각형을 만들 때, 새로 만든 직사각형의 가로의 길이와 세로의 길이의 합 구하기

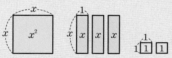

➡ 주어진 모든 직사각형의 넓이의 합은
$x^2 + 3x + 2 = (x+1)(x+2)$
따라서 새로 만든 직사각형의 가로의 길이와 세로의 길이의 합은
$(x+1) + (x+2) = 2x + 3$

대표 문제

60 다음 그림의 모든 직사각형을 빈틈없이 겹치지 않게 붙여서 하나의 큰 직사각형을 만들 때, 새로 만든 직사각형의 가로의 길이와 세로의 길이의 합을 구하시오.

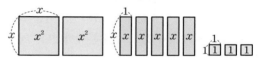

유형 14 **인수분해의 도형에서의 활용**

평면도형의 넓이 또는 입체도형의 부피 구하는 공식을 이용하여 식을 세운 다음 인수분해하여 다항식의 곱으로 나타낸다.

(1) (직사각형의 넓이) = (가로의 길이) × (세로의 길이)

(2) (정사각형의 넓이) = (한 변의 길이)^2

(3) (원의 넓이) = $\pi \times$ (반지름의 길이)^2

(4) (직육면체의 부피) = (가로의 길이) × (세로의 길이) × (높이)

대표 문제

61 넓이가 $2x^2 + 9x - 5$이고 세로의 길이가 $x+5$인 직사각형의 가로의 길이는?

① $x-5$ ② $x-1$ ③ $2x-5$

④ $2x-1$ ⑤ $2x+1$

62 대표 문제

x에 대한 이차식 x^2+Ax+B를 윤아는 x의 계수를 잘못 보고 $(x+1)(x-10)$으로 인수분해하였고, 신영이는 상수항을 잘못 보고 $(x-3)(x+6)$으로 인수분해하였다. 처음 이차식 x^2+Ax+B를 바르게 인수분해하시오. (단, A, B는 상수)

Pick
63 중 서술형

x^2의 계수가 2인 어떤 이차식을 수현이는 상수항을 잘못 보고 $2(x+3)(x-4)$로 인수분해하였고, 인성이는 x의 계수를 잘못 보고 $2(x-1)(x+2)$로 인수분해하였다. 처음 이차식을 바르게 인수분해하시오.

64 상

어떤 이차식을 인수분해하는데 소호는 x^2의 계수만 잘못 보고 $(3x-5)(x+3)$으로 인수분해하였고, 세린이는 상수항만 잘못 보고 $(2x+1)^2$으로 인수분해하였다. 처음 이차식을 바르게 인수분해하시오.

Pick
65 대표 문제

다음 그림의 모든 직사각형을 빈틈없이 겹치지 않게 붙여서 하나의 큰 직사각형을 만들 때, 새로 만든 직사각형의 둘레의 길이는?

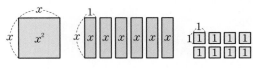

① $2x+4$ ② $2x+6$ ③ $4x+8$

④ $4x+12$ ⑤ $4x+14$

66 중

[그림 1]은 한 변의 길이가 a인 정사각형 모양의 종이의 한 귀퉁이에서 한 변의 길이가 b인 정사각형을 잘라 낸 도형이다. [그림 2]는 [그림 1]에서 점선을 따라 자른 두 조각을 겹치지 않게 이어 붙여 직사각형을 만든 것이다.

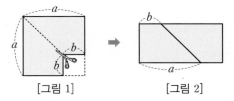

[그림 1]   [그림 2]

다음 중 [그림 1]과 [그림 2]의 두 도형의 넓이가 같음을 이용하여 설명할 수 있는 식은?

① $a^2-2ab+b^2=(a-b)^2$ ② $a^2+2ab+b^2=(a+b)^2$

③ $a^2-b^2=(a+b)(a-b)$ ④ $4a^2-b^2=(2a+b)(2a-b)$

⑤ $2a^2+3ab+b^2=(a+b)(2a+b)$

67 상

오른쪽 그림과 같은 세 종류의 직사각형 모양의 막대가 있다. 다음 중 이 막대들을 여러 개 사용하여 만든 정사각형의 넓이가 될 수 <u>없는</u> 것은?

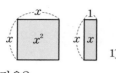

① x^2+2x+1　　② x^2+3x+9

③ x^2+4x+4　　④ $x^2+10x+25$

⑤ $x^2+12x+36$

유형 14 **인수분해의 도형에서의 활용**

Pick
68 대표 문제

넓이가 $6x^2+5x+1$이고 가로의 길이가 $2x+1$인 직사각형의 둘레의 길이를 구하시오.

69 중

직육면체의 가로, 세로의 길이가 각각 a, $3b$이고, 부피가 $3a^2b+6ab^2$일 때, 이 직육면체의 모든 모서리의 길이의 합을 구하시오.

Pick
70 중

오른쪽 그림과 같이 높이가 $x+2$인 삼각형의 넓이가 $6x^2+10x-4$일 때, 이 삼각형의 밑변의 길이를 구하시오.

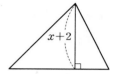

71 중

오른쪽 그림과 같이 바닥의 넓이가 각각 $(6a^2-a-2)\,\mathrm{m}^2$, $(6a-2)\,\mathrm{m}^2$인 거실과 발코니를 합쳐 하나의 직사각형 모양으로 거실을 확장하였다. 확장된 거실의 가로의 길이가 $(2a-1)\,\mathrm{m}$일 때, 확장된 거실의 세로의 길이를 구하시오.

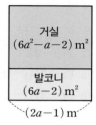

72 상

다음 그림과 같이 한 변의 길이가 각각 x, y인 두 정사각형이 있다. 이 두 정사각형의 둘레의 길이의 차가 8이고 넓이의 차가 30일 때, 두 정사각형의 둘레의 길이의 합을 구하시오.

(단, $x>y$)

73 〔유형 02〕

다음 중 $2xy-4x^2y$의 인수가 아닌 것은?

① $2x$ ② y ③ $x(1-2x)$

④ $1+2x$ ⑤ $1-2x$

74 〔유형 02〕

$x(y-2)-2y+4$를 인수분해하면?

① $x(y-2)$ ② $y(x-2)$

③ $(x-2)(y-2)$ ④ $(x+2)(y-2)$

⑤ $(x-2)(y+2)$

75 〔유형 03〕

다음 중 완전제곱식으로 인수분해할 수 없는 것은?

① x^2+6x+9 ② $2x^2-3x+1$

③ $4a^2+4a+1$ ④ $9a^2-24ab+16b^2$

⑤ $\dfrac{1}{25}x^2+\dfrac{2}{5}xy+y^2$

76 〔유형 04〕

다음 중 x^2+mx+n이 완전제곱식이 되도록 하는 상수 m, n의 값이 아닌 것은?

① $m=-6,\ n=9$ ② $m=-2,\ n=1$

③ $m=-\dfrac{1}{2},\ n=\dfrac{1}{16}$ ④ $m=1,\ n=\dfrac{1}{4}$

⑤ $m=5,\ n=25$

77 〔유형 04〕

$(x-1)(4x-3)+k=(ax+b)^2$일 때, 상수 a, b, k에 대하여 $a+b-k$의 값은?

① $-\dfrac{45}{16}$ ② $\dfrac{3}{16}$ ③ $\dfrac{11}{16}$

④ $\dfrac{35}{16}$ ⑤ $\dfrac{59}{16}$

78 〔유형 05〕

$A=\sqrt{x^2+4x+4}+\sqrt{x^2-6x+9}$일 때, 다음 보기 중 옳은 것을 모두 고르시오.

┌─ 보기 ─────────────────
ㄱ. $x<-2$이면 $A=-2x+1$
ㄴ. $-2\le x<3$이면 $A=5$
ㄷ. $x>3$이면 $A=2x+1$
└──────────────────────

79 〔유형 06〕

다음 중 x^8-1의 인수가 <u>아닌</u> 것은?

① $x-1$ ② $x+1$ ③ x^2+1

④ x^2+x+1 ⑤ x^4+1

80 〔유형 07〕

$x^2+3x-28$은 x의 계수가 1인 두 일차식의 곱으로 인수분해된다. 이때 이 두 일차식의 합은?

① $2x-4$ ② $2x+3$ ③ $2x+7$

④ $2x+8$ ⑤ $2x+11$

81 〔유형 07〕

$x^2-11x+k$가 $(x-a)(x-b)$로 인수분해될 때, 상수 k의 값 중 가장 큰 수와 가장 작은 수의 차를 구하시오.

(단, a, b는 자연수)

82 〔유형 08〕

$3x^2-axy+8y^2$이 $(3x+by)(cx-2y)$로 인수분해될 때, 상수 a, b, c에 대하여 $a+b+c$의 값을 구하시오.

83 〔유형 09〕

다음 중 인수분해한 것이 옳지 <u>않은</u> 것은?

① $x^2+5x+4=(x+1)(x+4)$

② $9x^2-6x-3=3(x-1)(3x+1)$

③ $16x^2-24xy+9y^2=(4x-3y)^2$

④ $x^2-2x-35=(x+5)(x-7)$

⑤ $-3x^2+12y^2=3(x+2y)(x-2y)$

84 〔유형 10〕

다음 두 다항식의 1이 아닌 공통인 인수를 구하시오.

$$2xy-10y^2, \qquad 4x^2-17xy-15y^2$$

85 〔유형 11〕

$2x^2+ax-6$이 $x-3$으로 나누어떨어질 때, 상수 a의 값은?

① -5 ② -4 ③ -3

④ -2 ⑤ -1

86 유형 12

x^2의 계수가 3인 어떤 이차식을 민혁이는 x의 계수를 잘못 보고 $3(x-2)(x+3)$으로 인수분해하였고, 준호는 상수항을 잘못 보고 $3(x-2)(x-3)$으로 인수분해하였다. 처음 이차식을 바르게 인수분해하시오.

87 유형 13

다음 그림의 모든 직사각형을 빈틈없이 겹치지 않게 붙여서 하나의 큰 직사각형을 만들 때, 새로 만든 직사각형의 둘레의 길이를 구하시오.

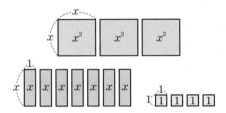

88 유형 14

오른쪽 그림과 같은 사다리꼴의 넓이가 $5x^2+23x+12$일 때, 이 사다리꼴의 높이는?

① $5x$ ② $5x+1$

③ $5x+2$ ④ $5x+3$

⑤ $5x+4$

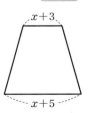

서술형 문제

89 유형 08

$(3x+1)(2x-3)-7$이 x의 계수가 자연수이고 상수항이 정수인 두 일차식의 곱으로 인수분해될 때, 이 두 일차식의 합을 구하시오.

90 유형 11

두 다항식 $x^2+ax+20$, $5x^2-13x-b$의 공통인 인수가 $x-4$일 때, 상수 a, b에 대하여 $a+b$의 값을 구하시오.

91 유형 14

다음 그림과 같은 두 직사각형 ㈎, ㈏의 둘레의 길이는 서로 같다. 직사각형 ㈎의 넓이가 $x^2+8x+12$이고, 직사각형 ㈏의 네 변의 길이가 모두 같을 때, 직사각형 ㈏의 한 변의 길이를 구하시오.

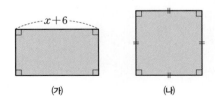

만점 문제 뛰어넘기

• 정답과 해설 53쪽

92 $(a-b)(b-c)^2-(c-b)^2(a-c)$를 인수분해하시오.

96 x^2-6x-n이 x의 계수가 1이고 상수항이 정수인 두 일차식의 곱으로 인수분해될 때, 두 자리의 자연수 n의 개수는?

① 6   ② 7   ③ 8
④ 9   ⑤ 10

93 다항식 $x^2-7ax+2b$에 다항식 $ax+b$를 더하면 완전제곱식이 된다고 할 때, 순서쌍 (a, b)의 개수를 구하시오.
(단, a, b는 50 이하의 자연수)

97 넓이가 $16a^2-40a+25$인 정사각형의 둘레의 길이가 100일 때, 정수 a의 값을 구하시오.

94 $0<a<1$일 때, 다음 식을 간단히 하시오.

$$\sqrt{\left(a+\frac{1}{a}\right)^2-4}+\sqrt{\left(a-\frac{1}{a}\right)^2+4}$$

98 $5x^2+kx-2$가 x의 계수와 상수항이 모두 정수인 두 일차식의 곱으로 인수분해되도록 하는 정수 k의 값 중 가장 큰 수와 가장 작은 수의 차를 구하시오.

95 자연수 n에 대하여 $n^2-10n-56$이 소수가 될 때, 이 소수를 구하시오.

6. 여러 가지 인수분해

• 정답과 해설 54쪽

유형 01 공통부분이 있는 경우의 인수분해 (1)

❶ 공통부분을 A로 놓는다.

❷ A에 대한 식을 인수분해한다.

❸ A에 원래의 식을 대입하여 정리한다.

예 $(x+1)^2+2(x+1)+1=A^2+2A+1$ ⟶ $x+1=A$로 놓기
$\qquad\qquad\qquad\qquad =(A+1)^2$ ⟶ 인수분해
$\qquad\qquad\qquad\qquad =\{(x+1)+1\}^2$ ⟶ $A=x+1$을 대입
$\qquad\qquad\qquad\qquad =(x+2)^2$ ⟶ 정리

대표 문제

01 $(x-4)^2+3(x-4)-10=(x+1)(ax+b)$일 때, 상수 a, b에 대하여 $a+b$의 값은?

① -6 ② -5 ③ -4

④ -3 ⑤ -2

유형 02 공통부분이 있는 경우의 인수분해 (2)

❶ 공통부분을 A로 놓고 전개한다.

❷ A에 대한 식을 인수분해한다.

❸ A에 원래의 식을 대입하여 정리한다.

예 $(a-b)(a-b+2)+1=A(A+2)+1$ ⟶ $a-b=A$로 놓기
$\qquad\qquad\qquad\qquad =A^2+2A+1$ ⟶ 전개
$\qquad\qquad\qquad\qquad =(A+1)^2$ ⟶ 인수분해
$\qquad\qquad\qquad\qquad =(a-b+1)^2$ ⟶ $A=a-b$를 대입

대표 문제

02 $(2x+y)(2x+y-1)-6$을 인수분해하면?

① $(2x+y+1)(2x+y-6)$

② $(2x+y+2)(2x+y-3)$

③ $(2x+y+3)(2x+y-3)$

④ $(2x+y+3)(2x+y-2)$

⑤ $(2x+y+6)(2x+y-1)$

유형 03 공통부분이 2개인 경우의 인수분해 중요

❶ 공통부분을 각각 A, B로 놓는다.

❷ A, B에 대한 식을 인수분해한다.

❸ A, B에 원래의 식을 대입하여 정리한다.

예 $(x+1)^2-(y+1)^2=A^2-B^2$ ⟶ $x+1=A$, $y+1=B$로 놓기
$\qquad\qquad\qquad\qquad =(A+B)(A-B)$
$\qquad\qquad\qquad\qquad =\{(x+1)+(y+1)\}\{(x+1)-(y+1)\}$
$\qquad\qquad\qquad\qquad =(x+y+2)(x-y)$

대표 문제

03 $(a-1)^2-(b-1)^2$을 인수분해하면?

① $(a+b-1)(a-b)$

② $(a+b+1)(a-b)$

③ $(a-b+1)(a+b)$

④ $(a+b-2)(a-b)$

⑤ $(a-b-2)(a+b)$

유형 완성하기

유형 01 공통부분이 있는 경우의 인수분해 (1)

Pick

04 대표 문제

$(x-2)^2-2(x-2)-24$를 인수분해하면?

① $(x-2)(x-12)$ ② $(x-2)(x+8)$

③ $(x+2)(x-12)$ ④ $(x+2)(x-8)$

⑤ $(x+2)(x+8)$

05 중

다음 식을 인수분해하시오.

$$2(2x-1)^2-5(2x-1)-3$$

06 중 서술형

$2(x-4y)^2+12x-48y+18=a(x+by+3)^2$일 때, 상수 a, b에 대하여 $a+b$의 값을 구하시오.

---

07 상

다음 중 $(x^2-2x)^2-11(x^2-2x)+24$의 인수가 아닌 것은?

① $x-4$ ② $x-3$ ③ $x+1$

④ $x+2$ ⑤ $x+5$

유형 02 공통부분이 있는 경우의 인수분해 (2)

08 대표 문제

$(a+b)(a+b+5)-6$을 인수분해하면?

① $(a-b-1)(a-b+6)$

② $(a-b+1)(a-b+6)$

③ $(a-b+1)(a+b-6)$

④ $(a+b-1)(a+b-6)$

⑤ $(a+b-1)(a+b+6)$

09 중

다음 중 $(3a+b)^2+4(3a+b-2)+12$의 인수인 것은?

① $a+5$ ② $b-1$ ③ $3a+b-5$

④ $3a+b+2$ ⑤ $a+3b+5$

Pick

10 ㉗

$(x-2y)(x-2y+1)-12$가 $(x+ay+b)(x+cy+d)$로 인수분해될 때, 상수 a, b, c, d에 대하여 $a+b+c+d$의 값은?

① -3 ② -1 ③ 1

④ 3 ⑤ 5

11 ㉘

다음 식을 인수분해하시오.

$$(2x^2+x-3)(2x^2+x-13)-24$$

유형 03   공통부분이 2개인 경우의 인수분해   중요

Pick

12 대표 문제

$(2x+1)^2-(x-2)^2=(3x+a)(x+b)$일 때, 정수 a, b에 대하여 $a+b$의 값은?

① -4 ② -2 ③ 0

④ 2 ⑤ 4

13 ㉗

$(3x-1)^2-4(y+1)^2$을 인수분해하면?

① $(3x-2y-1)(3x-2y-3)$

② $(3x-2y+1)(3x+2y+3)$

③ $(3x+2y-1)(3x-2y-3)$

④ $(3x+2y+1)(3x-2y-3)$

⑤ $(3x+2y+1)(3x+2y+3)$

14 ㉗

다음 식을 인수분해하시오.

$$(x+1)^2-3(x+1)(x-3)+2(x-3)^2$$

15 ㉘

$2(3x+y)^2+(3x+y)(x-y)-3(x-y)^2$이 $a(bx-y)(x+cy)$로 인수분해될 때, 정수 a, b, c에 대하여 $a+b-c$의 값을 구하시오.

• 정답과 해설 55쪽

유형 04   ( )( )( )( )+k 꼴의 인수분해

❶ 두 일차식의 상수항의 합 또는 곱이 같아지도록
 ( )( )( )( )를 2개씩 묶어 전개한다.
❷ 공통부분을 한 문자로 놓고 정리한 후 인수분해한다.

예 $x(x+1)(x+2)(x+3)-8$
$=\{x(x+3)\}\{(x+1)(x+2)\}-8$
　　　상수항의 합이 3
$=(x^2+3x)(x^2+3x+2)-8$
$=A(A+2)-8 \longrightarrow x^2+3x=A$로 놓기
$=A^2+2A-8=(A-2)(A+4)$
$=(x^2+3x-2)(x^2+3x+4)$

대표 문제

16 다음 식을 인수분해하시오.

$$(x-1)(x-3)(x+2)(x+4)+24$$

유형 05~06   항이 4개인 다항식의 인수분해 중요

(1) (2항)+(2항)으로 묶어 인수분해하기
 공통인 인수가 생기도록 두 항씩 묶어 인수분해한다.

예 $a^2+2a-ab-2b=a(a+2)-b(a+2)$
$=(a-b)(a+2)$

(2) (3항)+(1항)으로 묶어 인수분해하기
 두 항씩 묶어 공통인 인수가 생기지 않으면
 ➡ 완전제곱식으로 인수분해되는 3개의 항과 나머지 1개의 항을 A^2-B^2 꼴로 변형하여 인수분해한다.

예 $a^2-b^2+2a+1=(a^2+2a+1)-b^2 \longrightarrow$ 완전제곱식이 되는
$=(a+1)^2-b^2$　　　3개의 항을 묶는다.
$=(a+1+b)(a+1-b)$
$=(a+b+1)(a-b+1)$

대표 문제

17 x^2y+x^2-y-1을 인수분해하시오.

18 $x^2+2xy+y^2-16=(x+ay+b)(x+ay+c)$일 때, 상수 a, b, c에 대하여 $a+b+c$의 값을 구하시오. (단, $c<0$)

유형 07   내림차순으로 정리하여 인수분해하기

항이 5개 이상일 때는 내림차순으로 정리하여 인수분해한다.

각 문자의 최고 차수가 다르면	각 문자의 최고 차수가 같으면
차수가 가장 낮은 문자에 대하여 내림차순으로 정리	어느 한 문자에 대하여 내림차순으로 정리

참고 다항식을 한 문자에 대하여 차수가 높은 항부터 낮은 항의 순서대로 나열하는 것을 내림차순으로 정리한다고 한다.

예 $x^2+xy-2x+y-3=(x+1)y+x^2-2x-3 \longrightarrow y$에 대하여
$=(x+1)y+(x+1)(x-3)$　　내림차순으로 정리
$=(x+1)(x+y-3)$

대표 문제

19 $x^2-xy-4x+2y+4$를 인수분해하면?

① $(x-2)(x+y-2)$
② $(x-2)(x-y+2)$
③ $(x-2)(x-y-2)$
④ $(x+2)(x+y+2)$
⑤ $(x+2)(x-y+2)$

유형 04 ( )( )( )( )+k 꼴의 인수분해

20 대표 문제

$x(x+2)(x+3)(x+5)-7$을 인수분해하면?

① $(x^2-5x-1)(x^2-5x-7)$
② $(x^2-5x-1)(x^2-5x+7)$
③ $(x^2+5x-1)(x^2+5x-7)$
④ $(x^2+5x-1)(x^2+5x+7)$
⑤ $(x^2+5x+1)(x^2+5x+7)$

21 중

다음 중 $(x-1)(x+1)(x-2)(x+2)-40$의 인수가 <u>아닌</u> 것을 모두 고르면? (정답 2개)

① $x-3$　　　② $x-2$　　　③ $x+3$
④ x^2+2　　　⑤ x^2+4

22 중

$(x+1)(x+2)(x-4)(x-5)+9$가 $(x^2+ax+b)^2$으로 인수분해될 때, 상수 a, b에 대하여 $a+b$의 값을 구하시오.

유형 05 항이 4개인 다항식의 인수분해 - (2항)+(2항) 중요

Pick
23 대표 문제

다음 보기 중 a^2b-a^2-9b+9의 인수를 모두 고른 것은?

> 보기
> ㄱ. $a-3$　　　ㄴ. $a+3$　　　ㄷ. $a-b$
> ㄹ. $a+b$　　　ㅁ. $b-1$　　　ㅂ. a^2+3

① ㄱ, ㄴ, ㄷ　　② ㄱ, ㄴ, ㅁ　　③ ㄱ, ㄷ, ㅁ
④ ㄴ, ㄷ, ㅁ　　⑤ ㄴ, ㄹ, ㅁ, ㅂ

24 하

$xy-3x-2y+6$을 인수분해하면?

① $(x-2)(y-3)$　　　② $(x-1)(y-6)$
③ $(x+1)(y-6)$　　　④ $(x+2)(y-3)$
⑤ $(x+2)(y+3)$

25 중

$x^3+3x^2-4x-12$가 x의 계수가 1인 세 일차식의 곱으로 인수분해될 때, 이 세 일차식의 합을 구하시오.

Pick
26 중

다음 두 다항식의 공통인 인수는?

$$ab-a-b+1, \qquad a^2-ab-a+b$$

① $a-b$　　　② $b-1$　　　③ $a-1$
④ $a+1$　　　⑤ $b+1$

유형 06 항이 4개인 다항식의 인수분해 - (3항)+(1항)

27 대표 문제

$x^2+4x-9y^2+4$를 인수분해하면?

① $(x+3y+2)(x-3y+2)$
② $(x+3y+2)(x-3y-2)$
③ $(x+3y-2)(x-3y-2)$
④ $(x+3y+4)(x-3y+1)$
⑤ $(x+3y-4)(x-3y-1)$

Pick
28 중

다음 중 $x^2-y^2+12y-36$의 인수를 모두 고르면? (정답 2개)

① $x+y-6$ ② $x-y-6$ ③ $x+y+6$
④ $x-y+6$ ⑤ $x-2y+6$

29 중 서술형

$25-x^2+6xy-9y^2$을 인수분해하면
$(a+bx-3y)(a-x+cy)$일 때, 상수 a, b, c에 대하여
$a+b+c$의 값을 구하시오. (단, $a>0$)

30 상

두 다항식 $x^2+4y^2-1-4xy$, $(x-2y)^2+(2y-x)-2$의 공통인 인수가 $x+ay+b$일 때, 상수 a, b에 대하여 $a+b$의 값을 구하시오.

유형 07 내림차순으로 정리하여 인수분해하기

Pick
31 대표 문제

$x^2+5xy+2x-5y-3=A(x+5y+3)$일 때, 다항식 A를 구하시오.

32 중

다음 식의 인수를 모두 고르면? (정답 2개)

$$x^2+xy-4x-2y+4$$

① $x-2$ ② $x+2$ ③ $x+y$
④ $x+y-2$ ⑤ $x+y+2$

33 중

$x^2-y^2-4x-6y-5$가 x의 계수가 1인 두 일차식으로 인수분해될 때, 두 일차식의 합을 구하시오.

34 상

$x^2-2x+2xy+y^2-2y-3$을 인수분해하시오.

유형 08~09 **인수분해 공식을 이용한 수의 계산** 〔중요〕

(1) 복잡한 수를 계산할 때, 인수분해 공식을 이용하면 편리하다.

① 공통인 인수로 묶기 ➡ $ma+mb=m(a+b)$ 이용

〔예〕 $12\times57+12\times43=12\times(57+43)=12\times100=1200$

② 완전제곱식 이용하기 ➡ $a^2\pm2ab+b^2=(a\pm b)^2$ 이용

〔예〕 $97^2+2\times97\times3+3^2=(97+3)^2=100^2=10000$

③ 제곱의 차 이용하기 ➡ $a^2-b^2=(a+b)(a-b)$ 이용

〔예〕 $98^2-2^2=(98+2)(98-2)=100\times96=9600$

(2) $a^2-b^2+c^2-d^2+\cdots$ 꼴의 계산은 두 항씩 짝을 지어 인수분해 공식 $a^2-b^2=(a+b)(a-b)$를 이용한다.

대표 문제

35 인수분해 공식을 이용하여 $54^2+2\times54\times46+46^2$을 계산하시오.

36 인수분해 공식을 이용하여 다음을 계산하시오.

$$1^2-2^2+3^2-4^2+5^2-6^2+7^2-8^2+9^2-10^2$$

유형 10 **문자의 값이 주어질 때, 식의 값 구하기** 〔중요〕

❶ 구하는 식을 인수분해한다. ┌두 수의 합, 차, 곱 등

❷ 주어진 문자의 값을 바로 대입하거나 변형하여 대입한다.

〔예〕 $x=\sqrt{5}+4$, $y=\sqrt{5}-4$일 때, $x^2+2xy+y^2$의 값 구하기

➡ $x+y=2\sqrt{5}$이므로

$x^2+2xy+y^2=(x+y)^2=(2\sqrt{5})^2=20$

대표 문제

37 $x=2+\sqrt{3}$, $y=2-\sqrt{3}$일 때, x^2-y^2의 값을 구하시오.

유형 11 **식의 조건이 주어질 때, 식의 값 구하기**

❶ 구하는 식을 인수분해한다.

❷ 주어진 합, 차, 곱 등 문자를 포함한 식의 값을 대입한다.

〔예〕 $x+y=2$, $xy=3$일 때, $x^3y+2x^2y^2+xy^3$의 값 구하기

➡ $x^3y+2x^2y^2+xy^3=xy(x^2+2xy+y^2)$

$=xy(x+y)^2=3\times2^2=12$

대표 문제

38 $x+y=3$, $x-y=2\sqrt{3}$일 때, x^2-y^2+4y-4의 값을 구하시오.

유형 12 **도형과 실생활에서 인수분해의 활용** 〔중요〕

주어진 조건에 따라 세운 다항식을 인수분해하여 다항식의 곱으로 나타낸다.

대표 문제

39 오른쪽 그림과 같이 가운데 부분이 뚫린 나무 판자와 넓이가 같은 직사각형의 세로의 길이가 $x+4$일 때, 이 직사각형의 가로의 길이를 x에 대한 일차식으로 나타내시오.

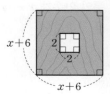

유형 08 인수분해 공식을 이용한 수의 계산

40 대표 문제

인수분해 공식을 이용하여 $64^2 - 48 \times 64 + 24^2$을 계산하시오.

P!ck
41 중

다음 중 $15 \times 4.5^2 - 15 \times 0.5^2$을 계산하는 데 이용되는 가장 편리한 인수분해 공식을 모두 고르면? (정답 2개)

① $ma + mb = m(a+b)$
② $a^2 + 2ab + b^2 = (a+b)^2$
③ $a^2 - b^2 = (a+b)(a-b)$
④ $x^2 + (a+b)x + ab = (x+a)(x+b)$
⑤ $acx^2 + (ad+bc)x + bd = (ax+b)(cx+d)$

P!ck
42 중

인수분해 공식을 이용하여 $\dfrac{1972 \times 8 + 6 \times 1972}{987^2 - 985^2}$를 계산하시오.

43 중 서술형

인수분해 공식을 이용하여 다음 두 수 A, B를 계산할 때, $A+B$의 값을 구하시오.

$$A = 53.5^2 - 7 \times 53.5 + 3.5^2$$
$$B = \sqrt{101^2 - 202 + 1}$$

44 상

$2021 \times 2025 + 4$가 어떤 자연수의 제곱일 때, 이 자연수를 구하시오.

유형 09 일정한 규칙을 갖는 수의 계산

P!ck
45 대표 문제

인수분해 공식을 이용하여 다음을 계산하시오.

$$6^2 - 4^2 + 11^2 - 9^2 + 101^2 - 99^2$$

46 상

인수분해 공식을 이용하여
$$\left(1 - \dfrac{1}{2^2}\right)\left(1 - \dfrac{1}{3^2}\right)\left(1 - \dfrac{1}{4^2}\right) \times \cdots \times \left(1 - \dfrac{1}{20^2}\right)$$
을 계산하시오.

유형 10 문자의 값이 주어질 때, 식의 값 구하기 🔵중요

47 대표 문제

$x=\sqrt{5}+\sqrt{3}$, $y=\sqrt{5}-\sqrt{3}$일 때, x^2y+xy^2의 값은?

① $\sqrt{3}$ ② $2\sqrt{3}$ ③ $2\sqrt{5}$
④ $4\sqrt{5}$ ⑤ $6\sqrt{3}$

48 하

$x=\sqrt{6}-1$일 때, x^2+3x+2의 값은?

① $-2\sqrt{6}$ ② $3-\sqrt{6}$ ③ $2\sqrt{6}$
④ $6+\sqrt{6}$ ⑤ $3\sqrt{6}$

49 중

$x=3\sqrt{2}+1$, $y=3\sqrt{2}-1$일 때, $\dfrac{3x-6y}{x^2-4xy+4y^2}$의 값은?

① $-1-\sqrt{2}$ ② -2 ③ -1
④ $1+\sqrt{2}$ ⑤ $6\sqrt{2}$

Pick
50 중

$x=\dfrac{1}{\sqrt{2}+1}$, $y=\dfrac{1}{\sqrt{2}-1}$일 때, x^2y+xy^2+x+y의 값을 구하시오.

Pick
51 중

$x=\dfrac{1}{\sqrt{5}+2}$, $y=\dfrac{1}{\sqrt{5}-2}$일 때, x^2-y^2-4x+4의 값을 구하시오.

52 상 서술형

$\sqrt{3}$의 소수 부분을 x라 할 때, $(x+5)^2-8(x+5)+16$의 값을 구하시오.

유형 11 식의 조건이 주어질 때, 식의 값 구하기

53 대표 문제

$x+y=4$, $x-y=\sqrt{2}$일 때, $x^2-y^2+3x-3y$의 값을 구하시오.

Pick
54 하

$x+2y=6$, $x^2-4y^2=18$일 때, $x-2y$의 값은?

① -12 ② -3 ③ 0
④ 3 ⑤ 12

Pick
55 ⑧

$x-y=5$, $x^2-y^2-2x+1=60$일 때, $x+y$의 값은?

① 10   ② 14   ③ 15

④ 16   ⑤ 20

56 ⑧

$ab=-4$, $(a+2)(b+2)=4$일 때, $a^3+b^3+a^2b+ab^2$의 값을 구하시오.

유형 12   도형과 실생활에서 인수분해의 활용 ⑧

57 대표 문제

다음 그림에서 두 도형 A, B의 넓이가 서로 같을 때, 도형 B의 세로의 길이를 구하시오.

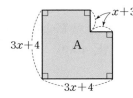 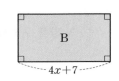

Pick
58 ⑧

오른쪽 그림과 같이 속이 빈 원기둥 모양의 두루마리 화장지가 있다. 이 화장지의 밑면에서 바깥쪽 원의 반지름의 길이는 7.5 cm, 안쪽 원의 반지름의 길이는 2.5 cm일 때, 화장지의 부피를 인수분해 공식을 이용하여 구하시오.

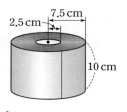

59 ⑧ 서술형

오른쪽 그림과 같이 한 변의 길이가 각각 a, b인 두 정사각형이 있다. $\overline{AC}$의 중점을 D라 할 때, $\overline{AD}$와 $\overline{BD}$를 각각 한 변으로 하는 두 정사각형의 넓이의 차를 a와 b를 사용하여 간단히 나타내시오. (단, $a>b$)

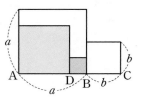

Pick
60 ⑧

오른쪽 그림과 같이 원 모양의 잔디밭의 둘레에 폭이 a m인 산책로가 있다. 이 산책로의 한가운데를 지나는 원의 둘레의 길이가 24π m 이고, 이 산책로의 넓이가 96π m^2 일 때, a의 값을 구하시오.

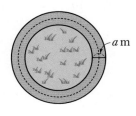

61 유형 01

다음 중 $(x-3)^2-4(x-3)-32$의 인수인 것은?

① $x-10$ ② $x-3$ ③ $x-1$
④ $x+1$ ⑤ $x+11$

62 유형 02

$(x+y)(x+y-4)+3$이 $(x+ay+b)(x+cy+d)$로 인수분해될 때, 상수 a, b, c, d에 대하여 $abcd$의 값은?

① -3 ② -1 ③ 1
④ 3 ⑤ 9

63 유형 03

$(3x+5)^2-(2x+1)^2$이 x의 계수가 자연수이고 상수항이 정수인 두 일차식의 곱으로 인수분해될 때, 두 일차식의 합은?

① $6x-10$ ② $6x+10$ ③ $7x+10$
④ $8x-10$ ⑤ $8x+10$

64 유형 05

다음 중 $x^2y^2-x^2-y^2+1$의 인수가 <u>아닌</u> 것은?

① $x+1$ ② $x-1$ ③ $y-1$
④ x^2-y^2 ⑤ y^2-1

65 유형 05

다음 두 다항식의 1이 아닌 공통인 인수를 구하시오.

$$ab-b+4a-4, \qquad a^3-a+b-a^2b$$

66 유형 06

$4x^2-y^2-6y-9$를 인수분해하였더니 $(ax+by+3)(ax-y+c)$가 되었다. 이때 상수 a, b, c에 대하여 $a+b+c$의 값을 구하시오. (단, $a>0$)

67

유형 03 ⊕ 06

다음 식을 인수분해하시오.

$$(x-1)^2-y^2+8y-16$$

68

유형 07

$x^2-xy-3x+2y+2=(x+a)(x-y+b)$일 때, 상수 a, b에 대하여 a^2+b^2의 값은?

① 1　　　　② 3　　　　③ 5

④ 8　　　　⑤ 12

69

유형 08

다음 중 $8.5^2-1.5^2$을 계산하는데 이용되는 가장 편리한 인수분해 공식은?

① $a^2+2ab+b^2=(a+b)^2$

② $a^2-2ab+b^2=(a-b)^2$

③ $a^2-b^2=(a+b)(a-b)$

④ $x^2+(a+b)x+ab=(x+a)(x+b)$

⑤ $acx^2+(ad+bc)x+bd=(ax+b)(cx+d)$

70

유형 09

인수분해 공식을 이용하여 다음을 계산하면?

$$1^2-3^2+5^2-7^2+\cdots+17^2-19^2$$

① -400　　　② -250　　　③ -200

④ -150　　　⑤ -100

71

유형 10

$x=\dfrac{1}{2+\sqrt{3}}$, $y=\dfrac{1}{2-\sqrt{3}}$일 때, x^3y-xy^3의 값은?

① $-8\sqrt{3}$　　　② -3　　　③ $\sqrt{3}$

④ $3\sqrt{3}$　　　⑤ $8\sqrt{3}$

72

유형 10

$x=\dfrac{\sqrt{2}+\sqrt{3}}{\sqrt{2}-\sqrt{3}}$, $y=\dfrac{\sqrt{2}-\sqrt{3}}{\sqrt{2}+\sqrt{3}}$일 때, $x(x-1)-y(y-1)$의 값을 구하시오.

• 정답과 해설 61쪽

73
유형 11

$x^2-9y^2=16$, $x+3y=8$일 때, $x-y$의 값을 구하시오.

74
유형 11

$a+b=4$, $a^2-b^2+4b-4=12$일 때, $a-b$의 값은?

① -4 ② -2 ③ 2
④ 4 ⑤ 6

75
유형 12

오른쪽 그림과 같이 중심각의 크기
가 120°인 부채꼴이 있다. 큰 부채
꼴의 반지름의 길이는 9.5 cm이고
작은 부채꼴의 반지름의 길이는
2.5 cm일 때, 색칠한 부분의 넓이는?

① 25π cm^2 ② 28π cm^2 ③ 30π cm^2
④ 32π cm^2 ⑤ 36π cm^2

서술형 문제

76
유형 08

인수분해 공식을 이용하여 $\dfrac{998\times999+998}{999^2-1}$ 을 계산하시오.

77
유형 10

오른쪽 그림은 한 칸의 가로
와 세로의 길이가 각각 1인 모
눈종이 위에 수직선과 정사각
형 ABCD를 그린 것이다.
$\overline{AB}=\overline{AP}$, $\overline{AD}=\overline{AQ}$이고
두 점 P, Q에 대응하는 수를 각각 a, b라 할 때,
$\dfrac{a^2+2ab+b^2}{a^2-2ab+b^2}$의 값을 구하시오.

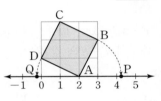

78
유형 12

오른쪽 그림에서 세 원의 중심은 모
두 $\overline{AB}$ 위에 있고, 점 D는 $\overline{BC}$의 중
점이다. $\overline{AD}$를 지름으로 하는 원의
둘레의 길이는 8π cm, 색칠한 부분
의 넓이는 24π cm^{2}이다.
$\overline{CD}=a$ cm일 때, a의 값을 구하시오.

• 정답과 해설 61쪽

79 $P(x)=(x-2)^2-4(x-2)+4$라 할 때, 다음 중 다항식 $P(x)\times P(x+8)$의 인수가 <u>아닌</u> 것은?

① $x-4$
② x^2-16
③ x^2+16
④ $(x-4)^2(x+4)$
⑤ $(x-4)^2(x+4)^2$

80 $(x+y)^2+2(x+y)-35$가 소수가 되게 하는 자연수 x, y의 순서쌍 (x, y)는 모두 몇 개인지 구하시오.

81 $(x+1)(x+3)(x-3)(x-5)+k$가 완전제곱식이 되도록 하는 상수 k의 값을 구하시오.

82 $xy+5x-y=8$을 만족시키는 정수 x, y에 대하여 xy의 값 중 가장 작은 값을 구하시오.

83 서로 다른 두 개의 주사위를 동시에 던져서 나오는 눈의 수를 각각 x, y라 할 때, $\sqrt{xy-2x-3y+6}$의 값이 자연수가 될 확률은?

① $\dfrac{1}{36}$
② $\dfrac{1}{18}$
③ $\dfrac{1}{12}$
④ $\dfrac{1}{9}$
⑤ $\dfrac{5}{36}$

84 자연수 $3^{12}-1$은 20과 30 사이의 두 자연수로 각각 나누어떨어진다. 이때 이 두 자연수의 합은?

① 54
② 55
③ 58
④ 60
⑤ 62

85 $2+\sqrt{3}$의 소수 부분을 a, $4-\sqrt{7}$의 정수 부분을 b라 할 때, $\dfrac{a^3-a^2b-ab^2+b^3}{a+b}$의 값은?

① 3
② 7
③ $\sqrt{3}-2$
④ $7-4\sqrt{3}$
⑤ $7+4\sqrt{3}$

7

이차방정식의 뜻과 풀이

• 정답과 해설 63쪽

유형 01 이차방정식의 뜻

등식의 모든 항을 좌변으로 이항하여 정리한 식이

(x에 대한 이차식)$=0$

꼴로 나타나는 방정식을 x에 대한 **이차방정식**이라 한다.

➡ $ax^2+bx+c=0$ (단, a, b, c는 상수, $a \neq 0$)

대표 문제

01 다음 중 x에 대한 이차방정식을 모두 고르면? (정답 2개)

① $(x+2)(x-2)=4$ ② x^2+3x+5

③ $2x^2+3=2(x+1)^2$ ④ $4x^2+x=3x^2-2x+1$

⑤ $x^2-\dfrac{1}{x}=x^2-4$

유형 02 이차방정식의 해

(1) 이차방정식의 해(근): 이차방정식 $ax^2+bx+c=0$을 참이 되게 하는 미지수 x의 값

(2) $x=p$가 이차방정식 $ax^2+bx+c=0$의 해(근)이다.

➡ $ax^2+bx+c=0$에 $x=p$를 대입하면 등식이 성립한다.

➡ $ap^2+bp+c=0$

(3) 이차방정식을 푼다: 이차방정식의 해(근)를 모두 구하는 것

대표 문제

02 다음 중 $x=-1$을 해로 갖는 이차방정식이 **아닌** 것은?

① $x^2+2x+1=0$ ② $3(x+1)(x-4)=0$

③ $x^2+10x+9=0$ ④ $4x^2-4=0$

⑤ $-(x-1)(x-3)=0$

유형 03 이차방정식의 한 근이 주어질 때, 상수의 값 구하기

이차방정식에 주어진 한 근을 대입하여 상수의 값을 구한다.

예 이차방정식 $x^2+x+2a=0$의 한 근이 $x=1$일 때, 상수 a의 값 구하기

➡ $x^2+x+2a=0$에 $x=1$을 대입하면

$1^2+1+2a=0$ ∴ $a=-1$

대표 문제

03 이차방정식 $2x^2-ax+a-6=0$의 한 근이 $x=-3$일 때, 상수 a의 값을 구하시오.

유형 04 이차방정식의 한 근이 문자로 주어질 때, 식의 값 구하기

이차방정식 $x^2+ax+b=0$의 한 근이 $x=m$일 때,

$m^2+am+b=0$ … ㉠

➡ ① $m^2+am=-b$ → ㉠에서 상수항을 우변으로 이항한다.

② $m+\dfrac{b}{m}=-a$ (단, $m \neq 0$) → ㉠의 양변을 m으로 나누어 정리한다.

를 이용하여 식의 값을 구한다.

대표 문제

04 이차방정식 $x^2-4x+2=0$의 한 근이 $x=a$일 때, a^2-4a+6의 값은?

① 2   ② 4   ③ 6

④ 8   ⑤ 10

유형 01 이차방정식의 뜻 ⓒ

Pick

05 대표 문제

다음 보기 중 x에 대한 이차방정식을 모두 고른 것은?

보기
ㄱ. $-2x+3=2x^2$ ㄴ. $(x-1)(x+2)$
ㄷ. $(x+1)^2=-x^2+2$ ㄹ. $2x(x+1)=5+2x^2$
ㅁ. $\dfrac{1}{x^2}+\dfrac{2}{x}+4=0$ ㅂ. $x^2(x+1)=x^3-x+5$

① ㄱ, ㄴ   ② ㄱ, ㄷ   ③ ㄴ, ㄹ
④ ㄱ, ㄷ, ㅂ   ⑤ ㄴ, ㄷ, ㄹ

06 중

이차방정식 $(x-1)(x-3)=4x-x^2$을 $2x^2+ax+b=0$ 꼴로 나타낼 때, 상수 a, b에 대하여 $a-b$의 값을 구하시오.

Pick

07 중

$(a+5)x^2+x=2x^2-3x$가 x에 대한 이차방정식일 때, 다음 중 상수 a의 값이 될 수 <u>없는</u> 것은?

① -5 ② -3 ③ -1
④ 3 ⑤ 5

유형 02 이차방정식의 해

08 대표 문제

다음 중 $x=3$을 해로 갖는 이차방정식은?

① $x^2=3$ ② $x^2-x=0$
③ $2x+3=x^2$ ④ $(x+3)^2=0$
⑤ $(x-4)(x-2)=1$

Pick

09 중

다음 중 [ ] 안의 수가 주어진 이차방정식의 해인 것은?

① $2x^2-x-15=0$ $[\ 0\ ]$
② $(x-3)(x+2)=0$ $[\ 2\ ]$
③ $3x^2+x=0$ $[-1]$
④ $x^2+\sqrt{2}x-4=0$ $[\ \sqrt{2}\ ]$
⑤ $6x^2+x-1=0$ $\left[\ \dfrac{1}{2}\ \right]$

10 중

x의 값이 -2, -1, 0, 1, 2일 때, 이차방정식 $x^2-4x+3=0$의 해를 구하시오.

11 중 서술형

자연수 x가 부등식 $5x-3\leq 4x+1$의 해일 때, 이차방정식 $x^2-3x-4=0$의 해를 구하시오.

• 정답과 해설 64쪽

유형 03 이차방정식의 한 근이 주어질 때, 상수의 값 구하기 ⓘ

12 대표 문제

이차방정식 $3x^2-2x+4a+3=0$의 한 근이 $x=-1$일 때, 상수 a의 값을 구하시오.

13 중

이차방정식 $2x^2+ax-42=0$과 $x^2-6x+b=0$의 공통인 해가 $x=3$일 때, 상수 a, b에 대하여 $a+b$의 값을 구하시오.

14 중

이차방정식 $x^2+(a-5)x-(3a-1)=0$의 한 근이 $x=4$이고 이차방정식 $2x^2+bx-a=0$의 한 근이 $x=-\dfrac{1}{2}$일 때, 상수 a, b에 대하여 $a-b$의 값을 구하시오.

15 중 [서술형]

이차방정식 $x^2-ax-b=0$의 한 근이 $x=3$이고 이차방정식 $9x^2+bx-a=0$의 한 근이 $x=\dfrac{1}{3}$일 때, 상수 a, b에 대하여 ab의 값을 구하시오.

유형 04 이차방정식의 한 근이 문자로 주어질 때, 식의 값 구하기

16 대표 문제

이차방정식 $3x^2-4x-5=0$의 한 근이 $x=a$일 때, $3a^2-4a-2$의 값을 구하시오.

17 중

이차방정식 $x^2+5x-5=0$의 한 근이 $x=m$이고 이차방정식 $x^2-2x-4=0$의 한 근이 $x=n$일 때, $m^2+5m+3n^2-6n$의 값은?

① 11 　　　② 13 　　　③ 15
④ 17 　　　⑤ 19

18 중

이차방정식 $x^2-6x+1=0$의 한 근이 $x=a$일 때, $a^2+\dfrac{1}{a^2}$의 값을 구하시오.

19 상

이차방정식 $x^2+x-1=0$의 한 근이 $x=\alpha$일 때, $\alpha^5+\alpha^4-\alpha^3+\alpha^2+\alpha+1$의 값을 구하시오.

• 정답과 해설 65쪽

유형 05 **$AB=0$의 성질을 이용한 이차방정식의 풀이**

두 수 또는 두 식 A, B에 대하여

$AB=0$이면 ➡ $A=0$ 또는 $B=0$

참고 '$A=0$ 또는 $B=0$'은 다음 세 가지 중 하나가 성립함을 의미한다.

(1) $A=0$, $B \neq 0$

(2) $A \neq 0$, $B=0$

(3) $A=0$, $B=0$

예 $\underset{A}{(x+2)}\underset{B}{(x-3)}=0$이면 $\underset{A}{x+2=0}$ 또는 $\underset{B}{x-3=0}$

$\therefore x=-2$ 또는 $x=3$

대표 문제

20 이차방정식 $(3x+2)(2x-1)=0$의 해는?

① $x=-\dfrac{2}{3}$ 또는 $x=-\dfrac{1}{2}$

② $x=-\dfrac{2}{3}$ 또는 $x=\dfrac{1}{2}$

③ $x=-\dfrac{1}{2}$ 또는 $x=\dfrac{2}{3}$

④ $x=\dfrac{1}{2}$ 또는 $x=\dfrac{2}{3}$

⑤ $x=\dfrac{3}{2}$ 또는 $x=2$

유형 06 **인수분해를 이용한 이차방정식의 풀이** 중요

이차방정식의 좌변을 두 일차식의 곱으로 인수분해할 수 있을 때는 $AB=0$의 성질을 이용하여 이차방정식을 푼다.

예 $x^2-8x+7=0$이면 $\underset{A}{(x-1)}\underset{B}{(x-7)}=0$

$\underset{A}{x-1=0}$ 또는 $\underset{B}{x-7=0}$ $\therefore x=1$ 또는 $x=7$

참고 인수분해를 이용하여 이차방정식을 풀 때는 반드시 우변을 0으로 만들고 푼다. 이때 괄호가 있으면 곱셈 공식이나 분배법칙을 이용하여 괄호를 푼 후 우변을 0으로 만든다.

대표 문제

21 이차방정식 $x^2+2x-15=0$의 해는?

① $x=-5$ 또는 $x=-2$

② $x=-5$ 또는 $x=2$

③ $x=-5$ 또는 $x=3$

④ $x=-3$ 또는 $x=5$

⑤ $x=3$ 또는 $x=5$

유형 07 **한 근이 주어질 때, 다른 한 근 구하기** 중요

이차방정식의 한 근이 $x=p$일 때, 다른 한 근은 다음과 같은 순서대로 구한다.

❶ $x=p$를 주어진 이차방정식에 대입하여 상수의 값을 구한다.

❷ 구한 상수의 값을 이차방정식에 대입하여 푼다.

❸ 두 근 중 $x=p$를 제외한 다른 한 근을 구한다.

대표 문제

22 이차방정식 $x^2-2ax+a+5=0$의 한 근이 $x=2$일 때, 다른 한 근을 구하시오. (단, a는 상수)

• 정답과 해설 65쪽

유형 08 **이차방정식의 중근**

(1) 이차방정식의 두 해가 중복될 때, 이 해를 이차방정식의 **중근**이라 한다.

(2) 이차방정식이 $a(x-p)^2=0\,(a\neq0)$ 꼴로 나타나면 이 이차방정식은 중근 $x=p$를 갖는다. └ (완전제곱식)=0 꼴

예 $x^2+2x+1=0$의 좌변을 인수분해하면 $(x+1)^2=0$
∴ $x=-1$ → 중근

대표 문제

23 다음 이차방정식 중 중근을 갖는 것을 모두 고르면?

(정답 2개)

① $x^2-6x=16$ ② $2x^2-8x+8=0$

③ $x^2-64=0$ ④ $(x+2)(x-4)=-9$

⑤ $x^2+3x=5x+15$

유형 09 **이차방정식이 중근을 가질 조건** 중요

이차방정식 $x^2+ax+b=0$이 중근을 가질 조건

➡ (완전제곱식)=0 꼴로 나타낼 수 있어야 한다.

➡ $b=\left(\dfrac{a}{2}\right)^2$ ── (상수항)=$\left(\dfrac{일차항의\ 계수}{2}\right)^2$

참고 이차방정식의 x^2의 계수가 1이 아니면 먼저 양변을 x^2의 계수로 나눈다.

대표 문제

24 이차방정식 $x^2+8x+10-a=0$이 중근을 가질 때, 상수 a의 값을 구하시오.

유형 10 **두 이차방정식의 공통인 근**

이차방정식 $ax^2+bx+c=0$의 두 근이 $x=p$ 또는 $x=q$

이차방정식 $a'x^2+b'x+c'=0$의 두 근이 $x=p$ 또는 $x=r$

➡ 두 이차방정식의 공통인 근은 $x=p$ (단, $q\neq r$)

대표 문제

25 다음 두 이차방정식의 공통인 근을 구하시오.

$$x^2+4x-5=0, \qquad 2x^2-5x+3=0$$

유형 05 $AB=0$의 성질을 이용한 이차방정식의 풀이

26 대표 문제

이차방정식 $(5x-1)(x-2)=0$의 두 근의 합을 구하시오.

Pick

27 중

다음 이차방정식 중 해가 $x=-\dfrac{1}{2}$ 또는 $x=3$인 것은?

① $x(x+3)=0$ ② $(2x+1)(x-3)=0$

③ $x(2x-1)=0$ ④ $(x+3)(2x-1)=0$

⑤ $(x+4)(3x-2)=0$

28 중

다음 이차방정식 중 두 근의 차가 5인 것은?

① $2x(x-3)=0$ ② $(x+1)(x-3)=0$

③ $3x(x-2)=0$ ④ $(x-1)(x+4)=0$

⑤ $(x+3)(x+2)=0$

29 중

다음 이차방정식 중 해가 나머지 넷과 다른 하나는?

① $(1+2x)(1-3x)=0$ ② $(1+3x)(x-2)=0$

③ $\left(\dfrac{1}{2}+x\right)\left(2x-\dfrac{2}{3}\right)=0$ ④ $(2x+1)(3x-1)=0$

⑤ $\left(x+\dfrac{1}{2}\right)\left(x-\dfrac{1}{3}\right)=0$

유형 06 인수분해를 이용한 이차방정식의 풀이 **중요**

30 대표 문제

이차방정식 $2x^2+13x-24=0$의 두 근의 차는?

① 8   ② $\dfrac{17}{2}$ ③ 9

④ $\dfrac{19}{2}$ ⑤ 10

Pick

31 중

이차방정식 $(2x-3)(x+1)=4x$의 두 근을 a, b라 할 때, $a+2b$의 값은? (단, $a>b$)

① -7 ② -4 ③ -1

④ 2   ⑤ 5

32 중 서술형

이차방정식 $6x^2-5x-56=0$의 두 근 사이에 있는 모든 정수의 합을 구하시오.

33 중

이차방정식 $(x+1)(x-2)=-2x+4$의 두 근을 a, b라 할 때, 이차방정식 $x^2+ax+b=0$을 풀면? (단, $a>b$)

① $x=-3$ 또는 $x=-1$　　② $x=-3$ 또는 $x=1$

③ $x=-\dfrac{1}{3}$ 또는 $x=1$　　④ $x=3$ 또는 $x=-1$

⑤ $x=3$ 또는 $x=1$

34 중

이차방정식 $2x^2-9x-5=0$의 두 근 중 작은 근이 이차방정식 $x^2+4x+k=0$의 한 근일 때, 상수 k의 값은?

① -5　　② $-\dfrac{9}{4}$　　③ $\dfrac{7}{4}$

④ $\dfrac{13}{4}$　　⑤ 6

35 중 서술형

이차방정식 $x^2+kx+(k-1)=0$의 일차항의 계수와 상수항을 바꾸어 풀었더니 한 근이 $x=-2$였다. 처음 이차방정식의 해를 구하시오. (단, k는 상수)

36 상

일차함수 $y=ax+3$의 그래프가 점 $(a-2,\ -a^2-5a+5)$를 지나고 제4사분면을 지나지 않을 때, 상수 a의 값은?

① -2　　② $-\dfrac{1}{2}$　　③ $\dfrac{1}{2}$

④ 2　　⑤ $\dfrac{7}{3}$

유형 07 한 근이 주어질 때, 다른 한 근 구하기

37 대표 문제

이차방정식 $x^2-ax-4a-3=0$의 한 근이 $x=9$일 때, 상수 a의 값과 다른 한 근을 차례로 구하시오.

38 중

이차방정식 $(a+1)x^2-3x+a=0$의 해가 $x=1$ 또는 $x=b$일 때, $a+b$의 값은? (단, a는 상수)

① $\dfrac{1}{2}$　　② 1　　③ $\dfrac{3}{2}$

④ 2　　⑤ $\dfrac{5}{2}$

39 중

이차방정식 $3x^2-2x+a=0$의 한 근이 $x=-\dfrac{4}{3}$이고 다른 한 근은 이차방정식 $x^2+bx-10=0$의 근일 때, 상수 a, b에 대하여 ab의 값을 구하시오.

Pick
40 상

x에 대한 이차방정식 $(a-1)x^2-(a^2+1)x+2(a+1)=0$의 한 근이 $x=2$일 때, 다른 한 근은? (단, a는 상수)

① $x=-1$ ② $x=0$ ③ $x=1$

④ $x=3$ ⑤ $x=4$

유형 08 이차방정식의 중근

Pick
41 대표 문제

다음 보기의 이차방정식 중 중근을 갖지 <u>않는</u> 것을 모두 고르시오.

> **보기**
>
> ㄱ. $x^2=1$ ㄴ. $x^2=\dfrac{2}{5}x-\dfrac{1}{25}$
>
> ㄷ. $4x^2+4x+1=0$ ㄹ. $x(x-3)=-5x-1$
>
> ㅁ. $(x+1)^2=5x^2+7x+2$

42 중

이차방정식 $x^2+\dfrac{1}{2}x+\dfrac{1}{16}=0$이 $x=a$를 중근으로 갖고, 이차방정식 $9x^2-6x+1=0$이 $x=b$를 중근으로 가질 때, $a+b$의 값을 구하시오.

유형 09 이차방정식이 중근을 가질 조건

43 대표 문제

$x^2+6x+k-1=0$이 중근을 가질 때, 상수 k의 값은?

① 9   ② 10   ③ 11

④ 12   ⑤ 13

Pick
44 중

이차방정식 $x^2+2ax-5a+14=0$이 중근을 갖도록 하는 상수 a의 값을 모두 고르면? (정답 2개)

① -7 ② -2 ③ 1

④ 2 ⑤ 7

45 중

이차방정식 $x^2-4x+k+1=0$이 중근을 가질 때, 이차방정식 $(k-8)x^2+4x+1=0$의 해를 구하시오. (단, k는 상수)

• 정답과 해설 68쪽

46 중

다음 두 이차방정식이 중근을 가질 때, 상수 a, b에 대하여 $a-b$의 값은?

$$3x^2-12x+a=0, \qquad \frac{1}{4}x^2+x+b=0$$

① 10   ② 11   ③ 12

④ 13   ⑤ 14

47 상 서술형

이차방정식 $x^2+2(k-1)x-k+3=0$이 중근 $x=a$를 가질 때, $k+a$의 값을 구하시오. (단, $k>0$)

유형 10   **두 이차방정식의 공통인 근**

Pick
48 대표 문제

두 이차방정식 $x^2-7x+6=0$, $3x^2-4x+1=0$을 동시에 만족시키는 해를 구하시오.

49 중

다음 두 이차방정식의 공통이 아닌 두 근의 곱을 구하시오.

$$5x^2-8x+3=0, \qquad 2(x^2+2x)-1=x^2+4$$

50 중

두 이차방정식 $x^2-4x=0$, $x^2-5x+4=0$의 공통인 근이 이차방정식 $x^2-2ax-5=0$의 한 근일 때, 상수 a의 값은?

① $\dfrac{1}{2}$ ② $\dfrac{3}{4}$ ③ $\dfrac{9}{8}$

④ $\dfrac{11}{8}$ ⑤ $\dfrac{7}{4}$

51 중

이차방정식 $2x^2-4x+a=0$이 중근을 가질 때, 다음 두 이차방정식의 공통인 근을 구하시오. (단, a는 상수)

$$x^2-(3a-4)x-3=0, \qquad ax^2+x-a+1=0$$

52 상

다음 두 이차방정식이 공통인 근을 가질 때, 모든 상수 a의 값의 합을 구하시오.

$$x^2+2ax+2a-1=0, \qquad x^2-(a+5)x+5a=0$$

• 정답과 해설 68쪽

유형 11 **제곱근을 이용한 이차방정식의 풀이**

(1) 이차방정식 $x^2=q\,(q\geq0)$의 해
→ $x=\pm\sqrt{q}$ → $x=\sqrt{q}$ 또는 $x=-\sqrt{q}$
(2) 이차방정식 $(x+p)^2=q\,(q\geq0)$의 해
→ $x=-p\pm\sqrt{q}$
예 (1) $x^2=2$ → $x=\pm\sqrt{2}$
(2) $(x+1)^2=2$ → $x+1=\pm\sqrt{2}$ → $x=-1\pm\sqrt{2}$

대표 문제

53 이차방정식 $3(x-2)^2=15$의 해는?
① $x=\pm\sqrt{5}$ ② $x=\pm2$
③ $x=-3\pm\sqrt{15}$ ④ $x=-2\pm\sqrt{5}$
⑤ $x=2\pm\sqrt{5}$

유형 12 **이차방정식 $(x+p)^2=q$가 근을 가질 조건**

이차방정식 $(x+p)^2=q$가
(1) 서로 다른 두 근을 가질 조건 → $q>0$ ┐
(2) 중근을 가질 조건 → $q=0$ ├ 근을 가질 조건 → $q\geq0$
(3) 근을 갖지 않을 조건 → $q<0$ ┘

대표 문제

54 이차방정식 $(x+1)^2=a$가 해를 가질 때, 다음 중 상수 a의 값이 될 수 <u>없는</u> 것은?
① -1 ② 0 ③ $\dfrac{1}{2}$
④ 1 ⑤ $\dfrac{3}{2}$

유형 13~14 **완전제곱식을 이용한 이차방정식의 풀이** 〔중요〕

이차방정식 $ax^2+bx+c=0$의 좌변이 인수분해되지 않을 때는 다음과 같은 순서대로 이차방정식을 $(x+p)^2=q$ 꼴로 고친 후 제곱근을 이용하여 해를 구한다.
└ (완전제곱식)=(수)

	$ax^2+bx+c=0$
❶ x^2의 계수로 양변을 나누어 x^2의 계수를 1로 만든다.	$x^2+\dfrac{b}{a}x+\dfrac{c}{a}=0$
❷ 상수항을 우변으로 이항한다.	$x^2+\dfrac{b}{a}x=-\dfrac{c}{a}$
❸ 양변에 $\left(\dfrac{x\text{의 계수}}{2}\right)^2$을 더한다.	$x^2+\dfrac{b}{a}x+\left(\dfrac{b}{2a}\right)^2=-\dfrac{c}{a}+\left(\dfrac{b}{2a}\right)^2$
❹ $(x+p)^2=q$ 꼴로 고친다.	$\left(x+\dfrac{b}{2a}\right)^2=\dfrac{b^2-4ac}{4a^2}$
❺ 제곱근을 이용하여 해를 구한다.	$x=\dfrac{-b\pm\sqrt{b^2-4ac}}{2a}$

대표 문제

55 이차방정식 $x^2-6x+3=0$을 $(x+a)^2=b$ 꼴로 나타낼 때, 상수 a, b에 대하여 $a+b$의 값은?
① -9 ② -3 ③ 0
④ 3 ⑤ 6

56 다음은 완전제곱식을 이용하여 이차방정식 $x^2+3x+1=0$을 푸는 과정이다. ⑺~⑽에 알맞은 수를 구하시오.

$$x^2+3x+1=0\text{에서 }x^2+3x=-1$$
$$x^2+3x+\boxed{⑺}=-1+\boxed{⑺}$$
$$\left(x+\boxed{⑻}\right)^2=\boxed{⑼}$$
$$x+\boxed{⑻}=\boxed{⑽}$$
$$\therefore x=\boxed{⑾}$$

• 정답과 해설 69쪽

유형 15 이차방정식의 근의 공식

(1) 이차방정식 $ax^2+bx+c=0\,(a\neq0)$의 근은

➡ $x=\dfrac{-b\pm\sqrt{b^2-4ac}}{2a}$ (단, $b^2-4ac\geq0$)

예 이차방정식 $x^2+5x+2=0$의 근을 구하면 $\longrightarrow$ $a=1$, $b=5$, $c=2$ 대입

$x=\dfrac{-5\pm\sqrt{5^2-4\times1\times2}}{2\times1}=\dfrac{-5\pm\sqrt{17}}{2}$

(2) 이차방정식 $ax^2+2b'x+c=0\,(a\neq0)$의 근은

$\longrightarrow$ 일차항의 계수가 짝수

➡ $x=\dfrac{-b'\pm\sqrt{b'^2-ac}}{a}$ (단, $b'^2-ac\geq0$)

예 이차방정식 $3x^2+8x+2=0$의 근을 구하면 $\longrightarrow$ $a=3$, $b'=4$, $c=2$ 대입

$x=\dfrac{-4\pm\sqrt{4^2-3\times2}}{3}=\dfrac{-4\pm\sqrt{10}}{3}$

참고 • 이차방정식 $ax^2+bx+c=0$의 좌변이 인수분해되지 않으면 근의 공식을 이용하여 푼다.
• 일차항의 계수가 짝수일 때, (2)의 공식을 이용하면 계산이 더 편리하다.

대표 문제

57 이차방정식 $3x^2-7x+3=0$의 근이 $x=\dfrac{A\pm\sqrt{B}}{6}$일 때, 유리수 A, B에 대하여 $A-B$의 값은?

① -20 ② -6 ③ 3

④ 6   ⑤ 20

유형 16 여러 가지 이차방정식의 풀이

(1) 계수에 소수가 있으면 양변에 10의 거듭제곱을 곱하여 계수를 정수로 바꾸어 정리한 후 이차방정식을 푼다.

(2) 계수에 분수가 있으면 양변에 분모의 최소공배수를 곱하여 계수를 정수로 바꾸어 정리한 후 이차방정식을 푼다.

대표 문제

58 다음 이차방정식을 푸시오.

(1) $0.2x^2-0.9x+0.4=0$

(2) $\dfrac{1}{6}x^2+\dfrac{1}{4}x-\dfrac{1}{12}=0$

유형 17 공통부분이 있는 이차방정식의 풀이

❶ 공통부분을 A로 놓고 A에 대한 이차방정식을 만든다.
❷ 인수분해 또는 근의 공식을 이용하여 A의 값을 구한다.
❸ A에 원래의 식을 대입하여 해를 구한다.

예 $(x+1)^2-2(x+1)+1=0$ $x+1=A$로 놓기
$A^2-2A+1=0$ A에 대한 이차방정식 풀기
$(A-1)^2=0$ ∴ $A=1$ $A=x+1$을 대입
$x+1=1$이므로 $x=0$

대표 문제

59 이차방정식 $6(x-2)^2-5(x-2)+1=0$을 푸시오.

유형 11 제곱근을 이용한 이차방정식의 풀이

60 대표 문제

이차방정식 $2(x-3)^2=20$의 해가 $x=a\pm\sqrt{b}$일 때, 유리수 a, b에 대하여 $a+b$의 값은?

① 3   ② 7   ③ 10

④ 13   ⑤ 21

Pick

61 중 서술형

이차방정식 $5(x+a)^2=b$의 해가 $x=4\pm\sqrt{3}$일 때, 유리수 a, b에 대하여 $a-b$의 값을 구하시오.

62 중

이차방정식 $4(x-5)^2=a$의 두 근의 차가 3일 때, 상수 a의 값은?

① 1   ② 4   ③ 9

④ 16   ⑤ 25

63 상

이차방정식 $(x-4)^2=15k$의 해가 모두 정수가 되도록 하는 가장 작은 자연수 k의 값을 구하시오.

유형 12 이차방정식 $(x+p)^2=q$가 근을 가질 조건

Pick

64 대표 문제

이차방정식 $\left(x+\dfrac{2}{3}\right)^2-k+7=0$이 해를 가질 때, 다음 중 상수 k의 값이 될 수 없는 것은?

① 5   ② 7   ③ 9

④ 11   ⑤ 13

65 하

x에 대한 이차방정식 $(x+a)^2=2b$가 서로 다른 두 근을 가질 조건은?

① $b=0$ ② $b>0$ ③ $b\geq0$

④ $ab>0$ ⑤ $ab<0$

66 중

다음 보기 중 이차방정식 $(x+2)^2=2-k$에 대한 설명으로 옳은 것을 모두 고른 것은? (단, k는 상수)

> **보기**
> ㄱ. $k=-2$이면 정수인 서로 다른 두 근을 갖는다.
> ㄴ. $k=0$이면 중근을 갖는다.
> ㄷ. $k=3$이면 근을 갖지 않는다.
> ㄹ. 근을 가질 조건은 $k\leq2$이다.

① ㄱ   ② ㄱ, ㄴ   ③ ㄴ, ㄹ
④ ㄱ, ㄷ, ㄹ   ⑤ ㄴ, ㄷ, ㄹ

유형 13   완전제곱식 꼴로 고치기

Pick
67 대표 문제

이차방정식 $x^2-4x-5=0$을 $(x+p)^2=q$ 꼴로 나타낼 때, 상수 p, q에 대하여 $p+q$의 값은?

① -7 ② -3 ③ 3
④ 7 ⑤ 11

---

68 중

이차방정식 $\dfrac{1}{2}x^2+6x-3=0$을 $(x+6)^2=k$ 꼴로 나타낼 때, 상수 k의 값은?

① 41 ② 42 ③ 43
④ 44 ⑤ 45

---

69 중 서술형

이차방정식 $(2x-1)(x-5)=-7x+8$을 $(x+p)^2=q$ 꼴로 나타낼 때, 상수 p, q에 대하여 $p+2q$의 값을 구하시오.

유형 14   완전제곱식을 이용한 이차방정식의 풀이 🔵중요

Pick
70 대표 문제

다음은 완전제곱식을 이용하여 이차방정식 $x^2-7x+3=0$을 푸는 과정이다. 상수 A, B, C에 대하여 $A+B+C$의 값은?

> $x^2-7x+3=0$에서 $x^2-7x=-3$
> $x^2-7x+A=-3+A$
> $(x-B)^2=C$, $x-B=\pm\sqrt{C}$
> $\therefore x=B\pm\sqrt{C}$

① 22 ② 25 ③ 33
④ 35 ⑤ 40

---

71 중

다음은 이차방정식 $2x^2-12x-4=0$을 완전제곱식을 이용하여 푸는 과정을 여섯 장의 카드에 나누어 적은 것이다. ㈎~㈐의 카드를 풀이 순서대로 나열하시오.

㈎ $x^2-6x+9=2+9$	㈏ $x^2-6x=2$
㈐ $x=3\pm\sqrt{11}$	㈑ $(x-3)^2=11$
㈒ $x-3=\pm\sqrt{11}$	㈓ $x^2-6x-2=0$

72 중

이차방정식 $x^2-8x=a$를 완전제곱식을 이용하여 풀면 해가 $x=4\pm\sqrt{7}$이다. 상수 a의 값을 구하시오.

유형 15 이차방정식의 근의 공식 _{중요}

73 대표 문제

이차방정식 $2x^2-3x-3=0$의 해가 $x=\dfrac{A\pm\sqrt{B}}{4}$일 때, 유리수 A, B에 대하여 $A+B$의 값은?

① 33   ② 34   ③ 35
④ 36   ⑤ 37

---

74 중

이차방정식 $(x+6)(x-3)=x-12$를 풀면?

① $x=-1\pm\sqrt{7}$ ② $x=1\pm\sqrt{7}$
③ $x=\dfrac{-1\pm\sqrt{7}}{2}$ ④ $x=\dfrac{1\pm\sqrt{7}}{2}$
⑤ $x=\dfrac{-1\pm\sqrt{7}}{4}$

---

75 중

이차방정식 $x^2+7x+4k+1=0$의 해가 $x=\dfrac{-7\pm\sqrt{13}}{2}$일 때, 상수 k의 값은?

① -3 ② -1 ③ 1
④ 2   ⑤ 3

---

76 중 서술형

이차방정식 $3x^2-5x+p=0$의 해가 $x=\dfrac{q\pm\sqrt{109}}{6}$일 때, 유리수 p, q에 대하여 pq의 값을 구하시오.

---

77 중

이차방정식 $(x-2)(x-3)=4x-12$의 두 근을 a, b라 할 때, 이차방정식 $x^2+(a+b)x+b=0$을 풀면? (단, $a>b$)

① $x=\dfrac{-9\pm\sqrt{6}}{2}$ ② $x=\dfrac{-9\pm\sqrt{69}}{2}$
③ $x=\dfrac{-9\pm\sqrt{93}}{2}$ ④ $x=\dfrac{9\pm\sqrt{69}}{2}$
⑤ $x=\dfrac{9\pm\sqrt{93}}{2}$

78 중

이차방정식 $x^2-4x-1=0$의 두 근 사이에 있는 정수의 개수는?

① 2 　　　　② 3 　　　　③ 4

④ 5 　　　　⑤ 6

Pick
79 상

이차방정식 $x^2-6x+a-3=0$의 해가 모두 유리수가 되도록 하는 자연수 a의 값을 모두 구하시오.

유형 16　**여러 가지 이차방정식의 풀이**　중요

80 대표 문제

이차방정식 $0.2x^2-\dfrac{4}{5}x-0.3=0$의 해가 $x=\dfrac{A\pm\sqrt{B}}{2}$일 때, 유리수 A, B에 대하여 $A+B$의 값을 구하시오.

81 중

다음 두 이차방정식의 공통인 해를 구하시오.

$$\frac{1}{3}x^2+\frac{1}{2}x-\frac{5}{6}=0, \qquad 0.1x^2+0.45x+0.5=0$$

Pick
82 중

이차방정식 $\dfrac{1}{5}x^2+0.5x=\dfrac{3}{4}x+0.3$의 두 근의 합은?

① $-\dfrac{11}{4}$ 　　　　② $-\dfrac{5}{4}$ 　　　　③ -1

④ $\dfrac{5}{4}$ 　　　　⑤ $\dfrac{11}{4}$

83 중

이차방정식 $\dfrac{(x+1)(x+3)}{4}-\dfrac{x^2+1}{2}=\dfrac{3}{4}$의 해가 $x=a\pm\sqrt{b}$일 때, 유리수 a, b에 대하여 $a+b$의 값은?

① 0 　　　　② 2 　　　　③ 4

④ 6 　　　　⑤ 6

84 중

이차방정식 $0.6(x-2)^2=\dfrac{2(x+2)(x-3)}{5}$ 의 두 근을 α, β 라 할 때, $\alpha-\beta$의 값은? (단, $\alpha>\beta$)

① $\dfrac{1}{2}$ ② 1 ③ $\dfrac{3}{2}$

④ 2 ⑤ $\dfrac{5}{2}$

85 중   서술형

이차방정식 $\dfrac{3}{5}x^2-0.3x=0.5(2x-1)$의 두 근을 a, b라 할 때, 이차방정식 $x^2+ax+\dfrac{4}{3}b=0$의 해를 구하시오. (단, $a>b$)

86 상

이차방정식 $0.2x^2-x+0.7=0$의 두 근 중 큰 근을 a라 할 때, 부등식 $n<a<n+1$을 만족시키는 정수 n의 값을 구하시오.

유형 **17**   공통부분이 있는 이차방정식의 풀이

87 대표 문제

이차방정식 $(x+1)^2-3(x+1)=28$을 푸시오.

88 중

이차방정식 $0.1(x-2)^2+\dfrac{1}{2}(x-2)=\dfrac{3}{5}$의 음수인 해는?

① $x=-1$ ② $x=-2$ ③ $x=-3$

④ $x=-4$ ⑤ $x=-5$

89 상

$3x<y$이고 $(3x-y)(3x-y+4)=12$일 때, $3x-y$의 값은?

① -6 ② -5 ③ -4

④ -3 ⑤ -2

90 유형 01

다음 보기 중 x에 대한 이차방정식은 모두 몇 개인가?

보기
ㄱ. $x^2=3(x+1)$
ㄴ. $(2x-1)^2=4x^2+3x+1$
ㄷ. $x^2+2x=-x^2+3$
ㄹ. $x(x+2)=(x+1)(x-1)$
ㅁ. x^2-4x-2
ㅂ. $\dfrac{1}{x^2}+2x^2+3=2x^2$

① 1개   ② 2개   ③ 3개
④ 4개   ⑤ 5개

91 유형 01

$(ax+4)(4x-3)=x^2+3x(x-1)$이 x에 대한 이차방정식이 되기 위한 상수 a의 조건을 구하시오.

92 유형 02

다음 중 [ ] 안의 수가 주어진 이차방정식의 해가 아닌 것은?

① $x^2-16=0$ [4]
② $x^2+x-6=0$ [-3]
③ $x^2-6x+5=0$ [5]
④ $x^2-5x+4=0$ [1]
⑤ $2x^2+x-3=0$ $\left[\dfrac{3}{2} \right]$

93 유형 03

이차방정식 $ax^2+(a-2)x+1=0$의 한 근이 $x=2$일 때, 상수 a의 값을 구하시오.

94 유형 04

이차방정식 $x^2-2x-1=0$의 한 근이 $x=a$일 때, 다음 중 옳지 않은 것을 모두 고르면? (정답 2개)

① $a^2-2a-1=0$ ② $2a^2-4a=2$
③ $5-a^2+2a=6$ ④ $a-\dfrac{1}{a}=2$
⑤ $a^2+\dfrac{1}{a^2}=4$

95 유형 05

다음 중 이차방정식을 바르게 푼 것은?

① $(x-3)(x+2)=0$ ⇨ $x=-3$ 또는 $x=-2$
② $3x(5x-3)=0$ ⇨ $x=3$ 또는 $x=\dfrac{3}{5}$
③ $(3x-5)(2x+7)=0$ ⇨ $x=5$ 또는 $x=-7$
④ $(4x-1)(6x+1)=0$ ⇨ $x=4$ 또는 $x=-6$
⑤ $2(x-7)(3x+5)=0$ ⇨ $x=7$ 또는 $x=-\dfrac{5}{3}$

96 유형 06

이차방정식 $x(x-2)-(3x+1)(3x-1)=0$의 두 해의 차를 구하시오.

97 유형 06

일차함수 $y=ax+4$의 그래프가 점 $(a+1,\ 2a+6)$을 지나고 제3사분면을 지나지 않을 때, 상수 a의 값은?

① -2 ② -1 ③ 0
④ 1   ⑤ 2

98 유형 07

이차방정식 $4x^2-2ax+a-1=0$의 한 근이 $x=2$이고 다른 한 근이 $x=b$일 때, $a-b$의 값은? (단, a는 상수)

① $\dfrac{5}{2}$ ② $\dfrac{7}{2}$ ③ $\dfrac{9}{2}$

④ $\dfrac{11}{2}$ ⑤ $\dfrac{13}{2}$

99 유형 07

x에 대한 이차방정식 $(a-1)x^2+(a^2+3)x-3a-9=0$의 한 근이 $x=3$일 때, 다른 한 근을 구하시오.

100 유형 08

다음 이차방정식 중 중근을 갖는 것은?

① $x^2+x-42=0$
② $(4x+1)(x+3)=x-6$
③ $x^2-6x+8=0$
④ $x^2-10x-25=0$
⑤ $5x(x-1)=25-5x$

101 유형 09

이차방정식 $x^2-kx+\dfrac{4}{9}=0$이 중근을 가질 때, 상수 k의 값을 모두 고르면? (정답 2개)

① $-\dfrac{4}{3}$ ② -1 ③ $-\dfrac{2}{3}$

④ $\dfrac{2}{3}$ ⑤ $\dfrac{4}{3}$

102 유형 10

다음 두 이차방정식의 공통인 근을 구하시오.

$$x^2-2x-15=0, \qquad 2x^2+5x-3=0$$

103 유형 11

이차방정식 $4(x+a)^2=24$의 해가 $x=5\pm\sqrt{b}$일 때, 유리수 a, b에 대하여 ab의 값은?

① -40 ② -30 ③ -20
④ 20 ⑤ 30

104 유형 12

이차방정식 $(x+2)^2=\dfrac{4k-4}{3}$가 근을 갖지 않도록 하는 상수 k의 값의 범위를 구하시오.

105 유형 13

이차방정식 $x^2+10x+3=0$을 $(x+a)^2=b$ 꼴로 나타낼 때, 상수 a, b에 대하여 $a+b$의 값을 구하시오.

• 정답과 해설 74쪽

106 〔유형 14〕

다음은 완전제곱식을 이용하여 이차방정식 $5x^2+9x+3=0$ 을 푸는 과정이다. 실수 A, B, C, D, E의 값을 각각 구하시오.

> 양변을 A로 나누면 $x^2+\dfrac{9}{5}x+\dfrac{3}{5}=0$
>
> 상수항을 우변으로 이항하면 $x^2+\dfrac{9}{5}x=-\dfrac{3}{5}$
>
> 양변에 B를 더하면 $x^2+\dfrac{9}{5}x+B=-\dfrac{3}{5}+B$
>
> $(x+C)^2=D$ $\qquad$ $\therefore x=E$

107 〔유형 15〕

이차방정식 $3x^2+7x+p=0$의 해가 $x=\dfrac{q\pm\sqrt{37}}{6}$일 때, 유리수 p, q에 대하여 $p+q$의 값을 구하시오.

108 〔유형 15〕

이차방정식 $x^2-8x+a+9=0$의 해가 모두 정수가 되도록 하는 모든 자연수 a의 값의 합을 구하시오.

109 〔유형 16〕

이차방정식 $0.2x^2-x=-\dfrac{6}{5}$의 두 근을 α, β라 할 때, $\alpha-\beta$의 값은? (단, $\alpha>\beta$)

① -3 ② -1 ③ 1
④ 3 ⑤ 5

서술형 문제

110 〔유형 03〕

이차방정식 $(a+2)x^2-ax+2a=0$의 한 근이 $x=1$이고 이차방정식 $x^2+x+b=0$의 한 근이 $x=-3$일 때, 상수 a, b에 대하여 $a+b$의 값을 구하시오.

111 〔유형 06〕

이차방정식 $(x+1)(x-8)=-18$의 두 근 중 $x>2$를 만족시키는 근이 이차방정식 $x^2-3x+a=0$의 한 근일 때, 상수 a의 값을 구하시오.

112 〔유형 16〕

이차방정식 $\dfrac{(x+1)(2x-3)}{2}=0.3(x-2)(x+2)$의 해를 구하시오.

113 이차방정식 $x^2-5x-1=0$의 한 근을 $x=a$라 할 때, $\sqrt{a(a-5)}+\dfrac{a^2-1}{a}$의 값을 구하시오.

114 $(a^2+3a)x^2+ax-1=4x^2+x$가 x에 대한 이차방정식이 되도록 하는 상수 a의 조건은?

① $a\neq-4$
② $a=-4$ 또는 $a=1$
③ $a\neq-4$ 또는 $a\neq1$
④ $a=-4$이고 $a=1$
⑤ $a\neq-4$이고 $a\neq1$

115 이차방정식 $1000^2x^2-999\times1001x-1=0$의 두 근 중 큰 근을 α라 하고, 이차방정식 $x^2+1000x-1001=0$의 두 근 중 작은 근을 β라 할 때, $\alpha-\beta$의 값은?

① 0
② $\dfrac{1}{1000}$
③ $\dfrac{1}{1002}$
④ 1000
⑤ 1002

116 이차방정식 $ax^2-\dfrac{1}{2}bx+a-b=0$의 한 근이 $x=3$일 때, 다른 한 근은? (단, a, b는 상수, $a\neq0$)

① $x=-3$
② $x=-2$
③ $x=-1$
④ $x=1$
⑤ $x=2$

117 A, B 두 개의 주사위를 동시에 던져 나온 눈의 수를 각각 a, b라 할 때, 이차방정식 $x^2-\dfrac{2}{3}ax+b=0$이 중근을 가질 확률은?

① $\dfrac{1}{4}$
② $\dfrac{1}{6}$
③ $\dfrac{1}{9}$
④ $\dfrac{1}{12}$
⑤ $\dfrac{1}{18}$

118 두 자리의 자연수 a, b에 대하여 이차방정식 $x^2+ax+9b=0$이 중근을 갖는다. a의 값이 최소가 되도록 b의 값을 정할 때, $a+b$의 값은?

① 27
② 40
③ 55
④ 72
⑤ 91

119 방정식 $3(2x+y)^2-32x-16y-12=0$을 만족시키는 자연수 x, y의 순서쌍 (x, y)의 개수를 구하시오.

이차방정식의 활용

유형 모아 보기 ✳ **01** 이차방정식의 근의 개수

유형 01 이차방정식의 근의 개수

이차방정식 $ax^2+bx+c=0\,(a\neq0)$의 근의 개수는 근의 공식
$x=\dfrac{-b\pm\sqrt{b^2-4ac}}{2a}$에서 b^2-4ac의 부호에 의해 결정된다.

(1) $b^2-4ac>0$ ➡ 서로 다른 두 근 ➡ 근이 **2개** ⎫
(2) $b^2-4ac=0$ ➡ 중근　　　　　 ➡ 근이 **1개** ⎬ 근이 존재한다.
(3) $b^2-4ac<0$ ➡ 근이 없다.　　 ➡ 근이 **0개** ⎭

예	이차방정식	b^2-4ac의 부호	근의 개수
	$x^2-x-4=0$	$(-1)^2-4\times1\times(-4)=17>0$	2
	$x^2+2x+1=0$	$2^2-4\times1\times1=0$	1
	$2x^2-3x+3=0$	$(-3)^2-4\times2\times3=-15<0$	0

참고 b가 짝수($b=2b'$)일 때, b'^2-ac의 부호를 이용하면 더 편리하다.

대표 문제

01 다음 이차방정식 중 서로 다른 두 근을 갖는 것은?

① $x^2+x+\dfrac{1}{4}=0$　　② $9x^2-12x+4=0$

③ $4x^2+x+4=0$　　④ $3x^2-2x+1=0$

⑤ $x^2+3x-5=0$

유형 02 근의 개수에 따른 상수의 값의 범위 구하기

이차방정식 $ax^2+bx+c=0\,(a\neq0)$에서 다음을 이용하여 부등식
을 세운 후 상수의 값의 범위를 구한다.

(1) 서로 다른 두 근을 가질 때 ➡ $b^2-4ac>0$
(2) 중근을 가질 때　　　　　　➡ $b^2-4ac=0$
(3) 근을 갖지 않을 때　　　　　➡ $b^2-4ac<0$

참고 이차방정식 $ax^2+bx+c=0\,(a\neq0)$이 근을 가질 조건은
➡ $b^2-4ac\geq0$

대표 문제

02 이차방정식 $2x^2+4x-1+m=0$이 서로 다른 두 근을
가질 때, 상수 m의 값의 범위는?

① $m>-3$　　② $m>-2$　　③ $m\geq2$

④ $m<3$　　⑤ $m\leq3$

유형 03 이차방정식이 중근을 가질 조건 〈중요〉

이차방정식 $ax^2+bx+c=0\,(a\neq0)$이 중근을 가질 조건은
➡ $b^2-4ac=0$ → $b=2b'$이면 $b'^2-ac=0$

대표 문제

03 이차방정식 $x^2+5x+a+6=0$이 중근을 가질 때, 상수
a의 값을 구하시오.

유형 01 이차방정식의 근의 개수

04 대표 문제

다음 이차방정식 중 근의 개수가 나머지 넷과 다른 하나는?

① $3x^2-4x=0$

② $x^2-5x-6=0$

③ $x^2+5x+10=0$

④ $4x^2+9x+2=0$

⑤ $4x^2+12x+5=0$

05 중

다음 보기의 이차방정식 중 근이 존재하지 않는 것을 모두 고르시오.

보기

ㄱ. $x^2+4=0$

ㄴ. $3x^2-2x+\dfrac{1}{3}=0$

ㄷ. $x^2+3x=18$

ㄹ. $2x^2-x+7=0$

ㅁ. $2x^2-x=3(x-7)$

06 중
Pick

다음 중 이차방정식 $x^2-8x+a=0$에 대한 설명으로 옳지 않은 것은?

① $a=16$이면 중근을 갖는다.

② $a=8$이면 서로 다른 두 근을 갖는다.

③ $a=12$이면 서로 다른 두 근을 갖는다.

④ $a=-9$이면 근을 갖지 않는다.

⑤ $a=20$이면 근을 갖지 않는다.

유형 02 근의 개수에 따른 상수의 값의 범위 구하기

07 대표 문제

이차방정식 $2x^2+3x+\dfrac{k+1}{8}=0$이 근을 갖지 않을 때, 상수 k의 값의 범위는?

① $k<-8$

② $k\leq-8$

③ $k<8$

④ $k\geq8$

⑤ $k>8$

08 중 서술형

이차방정식 $2x^2-5x+k-2=0$이 근을 갖도록 하는 가장 큰 정수 k의 값을 구하시오.

09 중
Pick

x에 대한 이차방정식 $x^2-(2a+3)x+a^2=0$이 서로 다른 두 근을 가질 때, 다음 중 상수 a의 값이 될 수 있는 것을 모두 고르면? (정답 2개)

① -3

② -2

③ -1

④ 0

⑤ 1

유형 03 이차방정식이 중근을 가질 조건 중요

10 대표 문제

이차방정식 $3x^2+12x+8=2k-12$가 중근을 가질 때, 상수 k의 값은?

① 3   ② 4   ③ 5

④ 6   ⑤ 7

11 중

이차방정식 $4x^2+2(k-3)x+k=0$이 중근을 갖도록 하는 모든 상수 k의 값의 합은?

① 0   ② 3   ③ 5

④ 8   ⑤ 10

Pick
12 중 서술형

이차방정식 $(x-1)(x-2)=a$가 중근 $x=b$를 가질 때, $8ab$의 값을 구하시오. (단, a는 상수)

13 중

이차방정식 $x^2+mx+36=0$이 양수인 중근을 갖도록 하는 상수 m의 값과 이때의 중근을 차례로 구하시오.

14 중

이차방정식 $3x^2+2kx+2k-3=0$이 중근을 가질 때, 이차방정식 $x^2+2kx+8=0$의 두 근의 합은? (단, k는 상수)

① -6 ② -4 ③ -2

④ 2   ⑤ 6

Pick
15 중

이차방정식 $x^2+(a-1)x+1=0$은 중근을 갖고 이차방정식 $x^2-2x+a=0$은 근을 갖지 않을 때, 상수 a의 값은?

① -1 ② 0   ③ 1

④ 2   ⑤ 3

16 상

x에 대한 이차방정식 $(k^2-1)x^2-(k+1)x+3=0$이 중근을 가질 때, 상수 k의 값을 구하시오.

• 정답과 해설 78쪽

유형 04 두 근이 주어질 때, 이차방정식 구하기 _{중요}

(1) 두 근이 α, β이고 x^2의 계수가 a $(a \neq 0)$인 이차방정식은
  ➡ $a(x-\alpha)(x-\beta)=0$
  예 두 근이 1, 2이고 x^2의 계수가 1인 이차방정식은
  ➡ $(x-1)(x-2)=0$, 즉 $x^2-3x+2=0$

(2) 중근이 α이고 x^2의 계수가 a $(a \neq 0)$인 이차방정식은
  ➡ $a(x-\alpha)^2=0$
  예 중근이 -1이고 x^2의 계수가 2인 이차방정식은
  ➡ $2(x+1)^2=0$, 즉 $2x^2+4x+2=0$

대표 문제

17 두 근이 4, -2이고 x^2의 계수가 3인 이차방정식은?

① $3x^2-2x-8=0$ ② $3x^2+2x-8=0$
③ $3x^2-6x-24=0$ ④ $3x^2-6x+24=0$
⑤ $3x^2+6x-24=0$

유형 05 두 근의 차 또는 비가 주어질 때, 상수의 값 구하기

두 근에 대한 조건에 따라 두 근을 다음과 같이 놓고 이차방정식을 세워 계수를 비교한다.

(1) 두 근의 차가 k이다.
  ➡ 두 근을 a, $a+k$로 놓는다.

(2) 한 근이 다른 근의 k배이다.
  ➡ 두 근을 a, ka로 놓는다. (단, $a \neq 0$)

(3) 두 근의 비가 $p : q$이다.
  ➡ 두 근을 ap, aq로 놓는다. (단, $a \neq 0$)

대표 문제

18 이차방정식 $x^2-5x+k=0$의 두 근의 차가 3일 때, 상수 k의 값은?

① -6 ② -1 ③ 4
④ 8 ⑤ 12

유형 06 잘못 보고 푼 이차방정식 구하기

계수 또는 상수항을 잘못 보고 푼 이차방정식이 $x^2+ax+b=0$일 때

(1) x의 계수를 잘못 보고 푼 경우
  ➡ 상수항은 제대로 보았으므로 상수항은 b

(2) 상수항을 잘못 보고 푼 경우
  ➡ x의 계수는 제대로 보았으므로 x의 계수는 a

대표 문제

19 이차방정식 $x^2+ax+b=0$을 푸는데 진형이는 x의 계수를 잘못 보고 풀어 $x=-6$ 또는 $x=1$의 해를 얻었고, 유진이는 상수항을 잘못 보고 풀어 $x=-3$ 또는 $x=4$의 해를 얻었다. 이때 상수 a, b의 값을 각각 구하시오.

유형 04 두 근이 주어질 때, 이차방정식 구하기 **중요**

20 대표 문제

이차방정식 $12x^2+ax+b=0$의 두 근이 $\frac{1}{3}$, $-\frac{1}{4}$일 때, 상수 a, b에 대하여 ab의 값은?

① -1 ② 0 ③ 1

④ 2 ⑤ 3

21 하

이차방정식 $x^2+ax+b=0$이 중근 $x=5$를 가질 때, 상수 a, b에 대하여 $b-a$의 값은?

① -35 ② -15 ③ 15

④ 35 ⑤ 45

22 중 서술형

이차방정식 $x^2+ax+b=0$의 두 근이 -2, 3일 때, 이차방정식 $bx^2+ax+1=0$을 푸시오. (단, a, b는 상수)

23 중

이차방정식 $x^2-4x+m=0$이 중근을 가질 때, m, $m+1$을 두 근으로 하고 x^2의 계수가 1인 이차방정식은?
(단, m은 상수)

① $x^2-x-42=0$ ② $x^2-5x+6=0$

③ $x^2-9x+20=0$ ④ $x^2-15x+56=0$

⑤ $x^2-17x+72=0$

24 중

일차함수 $y=ax+b$의 그래프가 오른쪽 그림과 같을 때, a, b를 두 근으로 하고 x^2의 계수가 3인 이차방정식은?

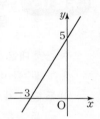

① $3x^2-25x-20=0$

② $3x^2-25x+20=0$

③ $3x^2-20x-25=0$

④ $3x^2-20x+25=0$

⑤ $3x^2-10x+5=0$

25 중

이차방정식 $6x^2-x-2=0$의 두 근을 α, β라 할 때, $\alpha-1$, $\beta-1$을 두 근으로 하고 x^2의 계수가 6인 이차방정식을 $ax^2+bx+c=0$ 꼴로 나타내시오. (단, a, b, c는 상수)

유형 05 두 근의 차 또는 비가 주어질 때, 상수의 값 구하기

26 대표 문제

이차방정식 $3x^2-6x+k=0$의 두 근의 차가 6일 때, 상수 k의 값은?

① -24 ② -12 ③ 6

④ 12 ⑤ 24

27 중

서로 다른 두 근을 갖는 이차방정식 $x^2-15x+a=0$의 한 근이 다른 근의 4배일 때, 상수 a의 값을 구하시오.

28 상

이차방정식 $x^2-4(m+1)x+12m=0$의 두 근의 비가 $1:3$일 때, 상수 m의 값은?

① -1 ② 0 ③ 1

④ 2 ⑤ 3

유형 06 잘못 보고 푼 이차방정식 구하기

Pick
29 대표 문제

이차방정식 $x^2+ax+b=0$을 푸는데 시현이는 x의 계수를 잘못 보고 풀어 $x=-5$ 또는 $x=4$의 해를 얻었고, 민서는 상수항을 잘못 보고 풀어 중근 $x=-4$를 얻었다. 이때 상수 a, b에 대하여 $a-b$의 값은?

① -28 ② -12 ③ -6

④ 12 ⑤ 28

30 중 서술형

이차방정식 $x^2+ax+b=0$의 x의 계수와 상수항을 서로 바꾸어 풀었더니 해가 $x=-2$ 또는 $x=4$이었다. 처음 이차방정식의 해를 구하시오. (단, a, b는 상수)

31 상

이차방정식 $x^2+ax+b=0$을 푸는데 수지는 x의 계수를 잘못 보고 풀어 $x=-1$ 또는 $x=8$의 해를 얻었고, 정우는 상수항을 잘못 보고 풀어 $x=3\pm\sqrt{2}$의 해를 얻었다. 이때 유리수 a, b에 대하여 ab의 값을 구하시오.

유형 07 식이 주어진 문제

(1) 이차방정식을 활용하여 문제를 해결하는 과정
  ❶ 문제의 뜻을 이해하고, 구하려는 값을 미지수로 놓는다.
  ❷ 문제의 뜻에 맞게 이차방정식을 세운다.
  ❸ 이차방정식을 푼다.
  ❹ 구한 해가 문제의 뜻에 맞는지 확인한다.
(2) 식이 주어진 문제
  주어진 식을 이용하여 이차방정식을 세운다.
  주의 개수, 횟수 등은 자연수이어야 한다.

대표 문제

32 자연수 1부터 n까지의 합은 $\dfrac{n(n+1)}{2}$이다. 합이 136

이 되려면 1부터 얼마까지의 자연수를 더해야 하는가?

① 14   ② 16   ③ 17
④ 19   ⑤ 20

유형 08 수에 대한 문제

(1) 어떤 수에 대한 문제
  어떤 수를 x로 놓고, 주어진 조건을 이용하여 이차방정식을 세운다.
(2) 자리의 숫자에 대한 문제
  십의 자리 숫자가 x, 일의 자리 숫자가 y인 두 자리의 자연수
  ➡ $10x+y$

대표 문제

33 어떤 자연수를 제곱해야 할 것을 잘못하여 2배를 하였더니 제곱을 한 것보다 24만큼 작아졌다고 한다. 다음 물음에 답하시오.

(1) 어떤 자연수를 x라 할 때, x에 대한 이차방정식을
  $x^2+ax+b=0$ 꼴로 나타내시오. (단, a, b는 상수)

(2) x의 값을 구하시오.

유형 09 연속하는 수에 대한 문제 중요

(1) 연속하는 두 자연수 ➡ x, $x+1$ (단, x는 자연수)
(2) 연속하는 세 자연수
  ➡ $x-1$, x, $x+1$ (단, x는 1보다 큰 자연수)
    또는 x, $x+1$, $x+2$ (단, x는 자연수)
(3) 연속하는 두 짝수 ➡ x, $x+2$ (단, x는 짝수)
(4) 연속하는 두 홀수 ➡ x, $x+2$ (단, x는 홀수)

대표 문제

34 연속하는 두 자연수의 제곱의 합이 145일 때, 이 두 자연수의 곱을 구하시오.

유형 10 실생활에 대한 문제

나이, 사람 수, 개수, 날짜 등에 대한 문제는 구하는 것을 x로 놓고 이차방정식을 세운 후 푼다.

참고 현재 x살인 사람의 ➡ a년 전의 나이: $(x-a)$살
➡ b년 후의 나이: $(x+b)$살

대표 문제

35 누나와 동생의 나이의 차는 6살이다. 누나의 나이의 제곱은 동생의 나이의 제곱의 3배보다 18살 적을 때, 동생의 나이를 구하시오.

유형 11 쏘아 올린 물체에 대한 문제 **중요**

(1) 시각 t에서의 물체의 높이가
$(at^2+bt+c)\,$m로 주어지면 높이가 $h\,$m
일 때의 시각은 이차방정식
$$at^2+bt+c=h$$
의 해이다. (단, $t \geq 0$)

(2) 쏘아 올린 물체에 대한 문제를 해결할 때는 다음에 주의한다.
① 쏘아 올린 물체의 높이가 $h\,$m인 경우는 올라갈 때와 내려올 때 두 번 생긴다. (단, 가장 높이 올라간 경우는 제외한다.)
② 물체가 지면에 떨어졌을 때의 높이는 $0\,$m이다.
③ 시각 t에 대한 식에서 $t \geq 0$이다.

예 지면에서 초속 $20\,$m로 똑바로 위로 쏘아 올린 공의 t초 후의 높이가 $(-5t^2+20t)\,$m일 때, 쏘아 올린 공이 지면에 떨어질 때까지 걸리는 시간
➡ $-5t^2+20t=0$에서 $t^2-4t=0$
$t(t-4)=0$ ∴ $t=0$ 또는 $t=4$
이때 $t>0$이므로 $t=4$
따라서 공이 지면에 떨어질 때까지 걸리는 시간은 4초이다.

대표 문제

36 지면으로부터의 높이가 $10\,$m인 지점에서 초속 $40\,$m로 똑바로 위로 쏘아 올린 물 로켓의 x초 후의 지면으로부터의 높이는 $(-5x^2+40x+10)\,$m라 한다. 물 로켓의 높이가 처음으로 $70\,$m가 되는 것은 물 로켓을 발사한 지 몇 초 후인가?

① 1초 후 ② 2초 후 ③ 3초 후
④ 4초 후 ⑤ 5초 후

유형 07 식이 주어진 문제

37 대표 문제

n각형의 대각선의 개수는 $\dfrac{n(n-3)}{2}$일 때, 대각선의 개수가 54인 다각형은?

① 팔각형   ② 구각형   ③ 십각형
④ 십이각형   ⑤ 십사각형

Pick
38 중

n개의 팀이 리그전을 치를 때, 총 경기 수는 $\dfrac{n(n-1)}{2}$이다.
어느 학교에서 열린 배구 리그전에서 치른 총 경기 수가 36이었을 때, 경기에 참가한 배구 팀은 모두 몇 팀인지 구하시오.

39 상

다음 그림과 같이 각 단계마다 바둑돌의 개수를 늘려 가며 직사각형 모양으로 배열하려고 한다. 물음에 답하시오.

[1단계]   [2단계]   [3단계]   [4단계]

(1) n단계에 사용된 바둑돌의 개수를 n에 대한 식으로 나타내시오.

(2) 168개의 바둑돌로 만든 직사각형 모양은 몇 단계인지 구하시오.

유형 08 수에 대한 문제

40 대표 문제

어떤 자연수에서 3을 빼서 제곱해야 할 것을 잘못하여 이 수에 3을 더하여 3배를 하였는데 그 결과가 같았다. 이때 어떤 자연수를 구하시오.

41 중

어떤 자연수와 그 수의 제곱이 합이 30일 때, 어떤 자연수를 구하시오.

Pick
42 중

어떤 두 자연수의 차는 4이고, 작은 수의 제곱은 큰 수의 6배보다 16만큼 클 때, 두 자연수의 합을 구하시오.

43 중 서술형

어떤 자연수와 그보다 2만큼 더 작은 수와의 곱을 구하려다 잘못하여 2만큼 더 큰 수와의 곱을 구하였더니 143이 되었다. 처음에 구하려고 했던 두 수의 곱을 구하시오.

44 상

다음 조건을 모두 만족시키는 두 자리의 자연수는?

┌─ 조건 ──────────────────────────┐
⑺ 십의 자리 숫자와 일의 자리 숫자의 합은 13이다.
⑻ 각 자리 숫자의 곱은 원래의 자연수보다 34만큼 작다.
└──────────────────────────────┘

① 49　　　　② 58　　　　③ 67
④ 76　　　　⑤ 85

유형 09　연속하는 수에 대한 문제　중요

Pick
45 대표 문제

연속하는 두 자연수의 곱이 두 수의 제곱의 합보다 7만큼 작을 때, 두 자연수를 구하시오.

46 하

연속하는 두 홀수의 곱이 195일 때, 이 두 홀수의 합은?

① 24　　　　② 26　　　　③ 28
④ 30　　　　⑤ 32

---

47 중

연속하는 세 자연수가 있다. 가장 큰 수의 제곱은 나머지 두 수를 곱한 것의 2배보다 31만큼 작다고 할 때, 가장 큰 수는?

① 5　　　　② 6　　　　③ 7
④ 8　　　　⑤ 9

48 중　서술형

연속하는 세 짝수가 있다. 가장 큰 수와 가장 작은 수의 곱이 나머지 수의 5배보다 2만큼 클 때, 이 세 짝수의 합을 구하시오.

유형 10　실생활에 대한 문제

49 대표 문제

현재 아버지의 나이는 46살, 아들의 나이는 10살이다. 아버지의 나이의 3배와 아들의 나이의 제곱이 같아지는 것은 몇 년 후인가?

① 2년 후　　　　② 3년 후　　　　③ 4년 후
④ 5년 후　　　　⑤ 6년 후

50 중

어떤 책을 펼쳤더니 펼쳐진 두 면의 쪽수의 곱이 182였다고 한다. 이때 두 면의 쪽수의 합을 구하시오.

Pick
51 중 서술형

사과 180개를 남김없이 학생들에게 똑같이 나누어 주었더니 한 학생이 받은 사과의 개수가 학생 수보다 3만큼 적었다. 이때 학생은 모두 몇 명인지 구하시오.

Pick
52 중

다음은 보람이와 윤주의 대화 내용이다.

> 보람: 8월에 2박 3일 동안 택견 캠프에 가기로 했어.
> 윤주: 나도 택견 캠프에 가고 싶은데, 언제부터야?
> 보람: 사흘의 날짜를 각각 제곱하여 더했더니 245더라.

위의 대화에서 택견 캠프가 시작되는 날짜는?

① 7일   ② 8일   ③ 9일
④ 10일   ⑤ 11일

53 중

인도의 수학자 바스카라가 쓴 책에는 이차방정식에 관련된 다음과 같은 시가 있다. 이때 숲에 있는 원숭이는 모두 몇 마리인지 구하시오. (단, 원숭이는 20마리를 넘지 않는다.)

> 인도 어느 밀림의 숲속엔
> 원숭이 무리들이 신나게 놀고 있네.
> 무리의 $\frac{1}{8}$의 제곱은 숲속을 날뛰며 돌아다닌다네.
> 산들바람이 불 때마다
> 캬− 캬− 소리를 서로 외친다네.
> 돌아다니지 않고 남아 있는 원숭이는 12마리.
> 원숭이는 숲에 모두 몇 마리나 있는 것인지…….

유형 11   쏘아 올린 물체에 대한 문제   중요

Pick
54 대표 문제

지면에서 초속 30 m로 똑바로 위로 던져 올린 물체의 x초 후의 높이는 $(30x-5x^2)$ m라 한다. 이 물체의 높이가 45 m가 되는 것은 물체를 던져 올린 지 몇 초 후인지 구하시오.

55 중

지면으로부터 5 m의 높이의 건물의 꼭대기에서 초속 24 m로 똑바로 위로 차 올린 공의 t초 후의 지면으로부터의 높이는 $(-5t^2+24t+5)$ m라 한다. 차 올린 공이 지면에 떨어질 때까지 걸리는 시간은 몇 초인가?

① 1초   ② 3초   ③ 5초
④ 7초   ⑤ 9초

56 중

지면에서 초속 65 m로 똑바로 위로 쏘아 올린 물체의 t초 후의 높이는 $(65t-5t^2)$ m라 한다. 이 물체가 지면으로부터 높이가 60 m 이상인 지점을 지나는 것은 몇 초 동안인가?

① 8초   ② 9초   ③ 10초
④ 11초   ⑤ 12초

• 정답과 해설 82쪽

유형 12 도형에 대한 문제

도형의 넓이를 구하는 공식을 이용하여 이차방정식을 세운다.

(1) (삼각형의 넓이)$=\dfrac{1}{2} \times$ (밑변의 길이) $\times$ (높이)

(2) (직사각형의 넓이)$=$(가로의 길이) $\times$ (세로의 길이)

(3) (사다리꼴의 넓이)
$$=\dfrac{1}{2} \times \{(\text{윗변의 길이})+(\text{아랫변의 길이})\} \times (\text{높이})$$

(4) (원의 넓이)$=\pi \times$ (반지름의 길이)^2

참고 서로 닮은 두 평면도형의 닮음비가 $m : n$이면
넓이의 비는 ➡ $m^2 : n^2$

대표 문제

57 세로의 길이가 가로의 길이보다 8 cm만큼 긴 직사각형의 넓이가 84 cm²일 때, 이 직사각형의 가로의 길이는?

① 6 cm   ② 8 cm   ③ 10 cm

④ 12 cm   ⑤ 14 cm

유형 13 변의 길이를 줄이거나 늘인 도형에 대한 문제

(1) 한 변의 길이가 x cm인 정사각형의 가로의 길이를 a cm만큼 늘이고, 세로의 길이를 b cm만큼 줄인 직사각형의 넓이는
➡ $(x+a)(x-b)$ cm²

(2) 반지름의 길이가 x cm인 원의 반지름의 길이를 a cm만큼 늘인 원의 넓이는
➡ $\pi(x+a)^2$ cm²

참고 길이가 매초 a만큼 늘어나면 x초 후의 길이는
➡ (처음 길이)$+ax$
길이가 매초 b만큼 줄어들면 x초 후의 길이는
➡ (처음 길이)$-bx$

대표 문제

58 오른쪽 그림과 같은 정사각형에서 가로의 길이를 1 cm만큼 늘이고, 세로의 길이를 2 cm만큼 줄였더니 넓이가 868 cm²가 되었다. 처음 정사각형의 한 변의 길이는?

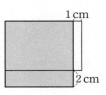

① 27 cm   ② 28 cm   ③ 29 cm

④ 30 cm   ⑤ 31 cm

• 정답과 해설 82쪽

유형 14 맞닿아 있는 도형에 대한 문제

오른쪽 그림과 같이 크기가 다른 두 정사각
형이 맞닿아 있을 때
➡ 작은 정사각형의 한 변의 길이가 x이
면 큰 정사각형의 한 변의 길이는 $a-x$
이다.

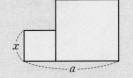

대표 문제

59 오른쪽 그림과 같이 크기가 다른
두 정사각형을 맞닿게 붙여 놓았다. 두
정사각형의 넓이의 합이 $74\,\mathrm{cm}^2$일 때,
작은 정사각형의 한 변의 길이를 구하
시오.

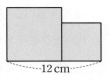

유형 15 길의 폭에 대한 문제

다음 그림과 같은 직사각형에서 색칠한 부분의 넓이가 모두 같음
을 이용하여 넓이에 대한 이차방정식을 세운다.

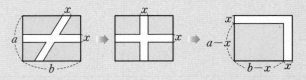

➡ (색칠한 부분의 넓이)$=(a-x)(b-x)$

대표 문제

60 오른쪽 그림과 같이 가로, 세로
의 길이가 각각 $30\,\mathrm{m}$, $24\,\mathrm{m}$인 직사
각형 모양의 땅에 폭이 일정한 십자
형의 도로를 만들었다. 도로를 제외
한 땅의 넓이가 $520\,\mathrm{m}^2$일 때, 이 도로의 폭을 구하시오.

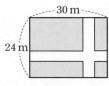

유형 16 상자 만들기에 대한 문제

구하는 길이를 x라 하고 상자의 가로, 세로의 길이와 높이를 각각
x에 대한 식으로 나타낸 다음 직육면체의 부피를 구하는 공식을
이용하여 이차방정식을 세운다.
➡ (직육면체의 부피)$=$(가로의 길이)$\times$(세로의 길이)$\times$(높이)

대표 문제

61 오른쪽 그림과 같이 정사각형
모양의 종이의 네 귀퉁이에서 한
변의 길이가 $3\,\mathrm{cm}$인 정사각형을
잘라 내고 나머지로 부피가
$147\,\mathrm{cm}^3$인 뚜껑이 없는 직육면체
모양의 상자를 만들려고 한다. 이때 처음 정사각형 모양의
종이의 한 변의 길이를 구하시오.

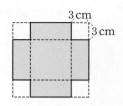

유형 12 도형에 대한 문제

62 대표 문제

밑변의 길이가 높이보다 4 cm만큼 짧은 삼각형의 넓이가 48 cm²일 때, 이 삼각형의 밑변의 길이를 구하시오.

Pick

63 중

오른쪽 그림과 같이 $\overline{AD}=\overline{CD}$인 사다리꼴 ABCD에서 ∠C=∠D=90°이고 $\overline{BC}=8$ cm이다. □ABCD의 넓이가 42 cm²일 때, $\overline{AD}$의 길이를 구하시오.

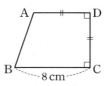

64 중

다음은 조선 시대의 수학책 "구일집(九一集)"에 있는 문제이다. 이 문제의 답을 구하시오.

> 크고 작은 두 개의 정사각형이 있다. 두 정사각형의 넓이의 합은 468 m²이고, 큰 정사각형의 한 변의 길이는 작은 정사각형의 한 변의 길이보다 6 m만큼 길다. 작은 정사각형의 한 변의 길이는 얼마인가?

Pick

65 중

길이가 24 cm인 끈을 두 도막으로 잘라서 크기가 다른 두 개의 정사각형을 만들려고 한다. 두 정사각형의 넓이의 비가 1 : 2가 되도록 할 때, 작은 정사각형의 한 변의 길이를 구하시오.

66 중 서술형

오른쪽 그림은 한 변의 길이가 8 cm인 정사각형 ABCD에서 $\overline{AE}=\overline{BF}=\overline{CG}=\overline{DH}$가 되도록 네 점 E, F, G, H를 잡아 □EFGH를 그린 것이다. □EFGH는 한 변의 길이가 6 cm인 정사각형일 때, $\overline{AH}$의 길이를 구하시오. (단, $\overline{AH}<\overline{DH}$)

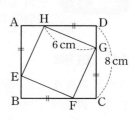

67 상

오른쪽 그림과 같이 일차함수 $y=-2x+15$의 그래프 위의 한 점 P(a, b)에서 x축, y축에 내린 수선의 발을 각각 Q, R라 하자. □OQPR의 넓이가 18일 때, 점 P의 좌표를 구하시오. (단, 점 O는 원점, 점 P는 제1사분면 위의 점이고, a, b는 정수이다.)

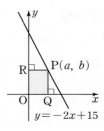

Pick

68 상

오른쪽 그림과 같이 $\overline{AB}=\overline{AC}$이고 $\overline{BC}=10$ cm, ∠A=36°인 이등변삼각형 ABC에서 ∠B의 이등분선과 $\overline{AC}$의 교점을 D라 할 때, $\overline{AB}$의 길이를 구하시오.

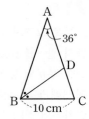

유형 13 | 변의 길이를 줄이거나 늘인 도형에 대한 문제 [중요]

69 대표 문제

오른쪽 그림과 같은 정사각형 모양의 꽃밭에서 가로의 길이를 2 m만큼 늘이고, 세로의 길이를 4 m만큼 늘였더니 넓이가 35 m²가 되었다. 처음 꽃밭의 한 변의 길이를 구하시오.

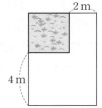

70 [중]

가로의 길이와 세로의 길이가 각각 8 cm, 12 cm인 직사각형에서 가로의 길이는 매초 2 cm씩 늘어나고, 세로의 길이는 매초 1 cm씩 줄어들고 있다. 이때 변화되는 직사각형의 넓이가 처음 직사각형의 넓이와 같아지는 것은 몇 초 후인지 구하시오.

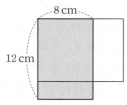

71 [중]

오른쪽 그림과 같이 어떤 원의 반지름의 길이를 6 cm만큼 늘였더니 색칠한 부분의 넓이가 처음 원의 넓이의 3배가 되었다. 이때 처음 원의 반지름의 길이를 구하시오.

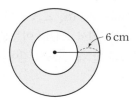

72 [상] 서술형

오른쪽 그림과 같은 직사각형 ABCD에서 점 P는 점 A에서 출발하여 점 B까지 $\overline{AB}$를 따라 매초 3 cm씩 움직이고, 점 Q는 점 B에서 출발하여 점 C까지 $\overline{BC}$를 따라 매초 2 cm씩 움직인다. 두 점 P, Q가 동시에 출발할 때, △PBQ의 넓이가 27 cm²가 되는 것은 출발한 지 몇 초 후인지 구하시오.

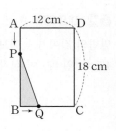

유형 14 | 맞닿아 있는 도형에 대한 문제

73 대표 문제

오른쪽 그림과 같이 길이가 10 cm인 $\overline{AB}$ 위에 한 점 P를 잡고, $\overline{AP}$를 한 변으로 하는 정사각형과 $\overline{BP}$를 빗변이 아닌 한 변으로 하는 직각이등변삼각형을 만들었다. 두 도형의 넓이의 합이 34 cm²일 때, $\overline{AP}$의 길이를 구하시오.
(단, $\overline{AP}$의 길이는 자연수)

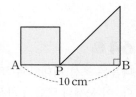

74 [중]

오른쪽 그림과 같이 세 반원으로 이루어진 도형에서 $\overline{AB} = 8$ cm이고 색칠한 부분의 넓이가 3π cm²일 때, $\overline{AC}$의 길이를 구하시오.
(단, $\overline{AC} > \overline{BC}$)

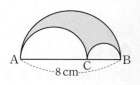

75 상

오른쪽 그림에서 두 직사각형 ABCD와 DEFC는 서로 닮은 도형이다. □ABFE는 정사각형이고 $\overline{AB}=1$일 때, $\overline{BC}$의 길이를 구하시오.

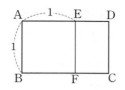

78 중

오른쪽 그림과 같이 가로, 세로의 길이가 각각 14 m, 10 m인 직사각형 모양의 잔디밭에 폭이 일정한 길을 만들었다. 길을 제외한 잔디밭의 넓이가 80 m²일 때, 이 길의 폭을 구하시오.

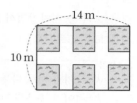

유형 15 길의 폭에 대한 문제

76 대표 문제

오른쪽 그림과 같이 가로, 세로의 길이가 각각 12 m, 9 m인 직사각형 모양의 땅에 폭이 일정한 두 개의 길을 만들었다. 길을 제외한 땅의 넓이가 54 m²일 때, x의 값은?

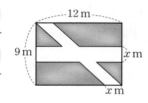

① 1　　　　② 2　　　　③ 3
④ 4　　　　⑤ 5

유형 16 상자 만들기에 대한 문제

79 대표 문제

오른쪽 그림은 직사각형 모양의 종이의 네 귀퉁이에서 한 변의 길이가 2 cm인 정사각형을 잘라 낸 것이다. 이 종이를 접어 윗면이 없는 직육면체 모양의 상자를 만들었더니 부피가 300 cm³가 되었다. 처음 직사각형 모양의 종이의 가로의 길이가 세로의 길이보다 5 cm만큼 길 때, 처음 직사각형 모양의 종이의 가로의 길이를 구하시오.

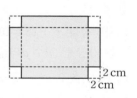

---

77 중

오른쪽 그림과 같이 가로, 세로의 길이가 각각 40 m, 30 m인 직사각형 모양의 땅에 폭이 일정한 길을 내어 두 개의 꽃밭 P, Q를 만들었다. 꽃밭 P, Q의 넓이의 합이 875 m²일 때, 이 길의 폭을 구하시오.

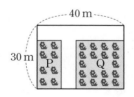

80 중 서술형

폭이 40 cm인 철판의 양쪽을 같은 너비만큼 수직으로 접어 올려 오른쪽 그림과 같이 빗금 친 부분의 넓이가 200 cm²인 물받이를 만들려고 한다. 이때 물받이의 높이를 구하시오. (단, 철판의 두께는 생각하지 않는다.)

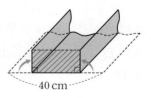

81 〔유형 01〕

다음 보기 중 이차방정식 $x^2-4x+k=0$에 대한 설명으로 옳은 것을 모두 고르시오.

┌보기┐
ㄱ. $k=1$이면 서로 다른 두 근을 갖는다.
ㄴ. $k=4$이면 중근을 갖는다.
ㄷ. $k=0$이면 근이 없다.
ㄹ. $k=-5$이면 서로 다른 양수인 두 근을 갖는다.

82 〔유형 02〕

이차방정식 $x^2+15=10x-2a$가 서로 다른 두 근을 갖도록 하는 가장 큰 정수 a의 값은?

① 1 　　　　② 2 　　　　③ 3
④ 4 　　　　⑤ 5

83 〔유형 03〕

이차방정식 $(x+6)(x-2)=-a$가 중근 $x=b$를 가질 때, $a+b$의 값은? (단, a는 상수)

① -18 　　　② -14 　　　③ 8
④ 14 　　　　⑤ 18

84 〔유형 04〕

이차방정식 $x^2-4x+2=0$의 두 근을 p, q라 할 때, $p-2$, $q-2$를 두 근으로 하고 x^2의 계수가 3인 이차방정식은?

① $3x^2-6=0$ 　　　　② $3x^2-2=0$
③ $3x^2-2x-6=0$ 　　④ $3x^2+2x-6=0$
⑤ $3x^2+2x+6=0$

85 〔유형 06〕

x^2의 계수가 1인 이차방정식을 푸는데 x의 계수를 잘못 보고 풀었더니 $x=-3$ 또는 $x=4$의 해를 얻었고, 상수항을 잘못 보고 풀었더니 $x=1$ 또는 $x=3$의 해를 얻었다. 이때 처음 이차방정식의 해를 구하시오.

86 〔유형 07〕

n명이 서로 한 번씩 악수를 하면 그 총횟수는 $\dfrac{n(n-1)}{2}$이 된다. 어떤 모임에 참가한 모든 학생들이 서로 한 번씩 악수한 총횟수가 45일 때, 이 모임에 참가한 학생은 모두 몇 명인지 구하시오.

87 〔유형 08〕

차가 3인 두 자연수의 제곱의 합이 149일 때, 두 자연수의 합은?

① 10 　　　　② 14 　　　　③ 17
④ 20 　　　　⑤ 24

88 〔유형 09〕

연속하는 두 짝수의 제곱의 합이 두 수의 곱보다 52만큼 클 때, 이 두 짝수의 합은?

① 8 ② 10 ③ 12
④ 14 ⑤ 16

89 〔유형 10〕

민제와 은지의 생일은 모두 7월이고, 은지는 민제보다 일주일 후 같은 요일에 태어났다고 한다. 두 사람의 생일의 날짜의 곱이 144일 때, 민제의 생일을 구하시오.

90 〔유형 11〕

지면에서 초속 25 m로 똑바로 위로 쏘아 올린 물체의 x초 후의 높이가 $(25x-5x^2)$ m라 한다. 물체가 지면으로부터의 높이가 20 m인 지점을 두 번째로 지나는 것은 물체를 쏘아 올린 지 몇 초 후인가?

① 1초 후 ② 2초 후 ③ 3초 후
④ 4초 후 ⑤ 5초 후

91 〔유형 12〕

아랫변의 길이는 높이의 2배이고, 높이는 윗변의 길이보다 1 cm만큼 긴 사다리꼴이 있다. 이 사다리꼴의 넓이가 70 cm²일 때, 사다리꼴의 높이를 구하시오.

92 〔유형 12〕

길이가 18 cm인 끈을 두 도막으로 잘라서 크기가 다른 두 개의 정삼각형을 만들려고 한다. 두 정삼각형의 넓이의 비가 3 : 2가 되도록 할 때, 큰 정삼각형의 한 변의 길이는?

① $(18-3\sqrt{6})$ cm ② $(6+6\sqrt{6})$ cm
③ $(18-6\sqrt{6})$ cm ④ $(-12+6\sqrt{6})$ cm
⑤ $(12-3\sqrt{6})$ cm

93 〔유형 12〕

오른쪽 그림과 같이 $\overline{AC}=\overline{BC}=4$ cm인 이등변삼각형 ABC에서 $\overline{AD}$는 ∠A의 이등분선이고 ∠B=72°일 때, $\overline{AB}$의 길이를 구하시오.

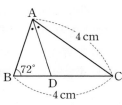

94 〔유형 13〕

오른쪽 그림과 같이 가로와 세로의 길이가 각각 26 cm, 16 cm인 직사각형 ABCD가 있다. 점 P는 점 B에서 출발하여 점 C까지 $\overline{BC}$를 따라 매초 2 cm씩 움

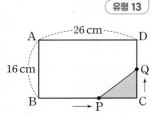

직이고, 점 Q는 점 C에서 출발하여 점 D까지 $\overline{CD}$를 따라 매초 1 cm씩 움직인다. 두 점 P, Q가 동시에 출발할 때, △PCQ의 넓이가 처음으로 36 cm²가 되는 것은 출발한 지 몇 초 후인지 구하시오.

• 정답과 해설 86쪽

Pick 점검하기

95 유형 14

오른쪽 그림과 같이 세 반원으로 이루어진 도형에서 $\overline{AB}=12\,\text{cm}$이고 색칠한 부분의 넓이가 $8\pi\,\text{cm}^2$일 때, $\overline{AC}$의 길이를 구하시오.

(단, $\overline{AC}<\overline{CB}$)

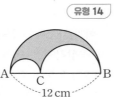
12 cm

96 유형 15

오른쪽 그림과 같이 가로, 세로의 길이가 각각 40 m, 25 m인 직사각형 모양의 땅에 폭이 일정한 길을 만들고 남은 부분을 꽃밭으로 만들려고 한다. 꽃밭의 넓이가 $700\,\text{m}^2$일 때, 길의 폭을 구하시오.

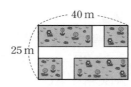
40 m
25 m

97 유형 16

오른쪽 그림은 가로, 세로의 길이가 각각 9 cm, 11 cm인 직사각형 모양의 종이의 네 귀퉁이에서 크기가 같은 정사각형을 잘라 낸 것이다. 이 종이를 접어 윗면이 없는 직육면체 모양의 상자를 만들었더니 밑넓이가 $35\,\text{cm}^2$일 때, 잘라 낸 정사각형의 한 변의 길이는?

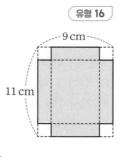
9 cm
11 cm

① $\dfrac{1}{2}\,\text{cm}$ ② $1\,\text{cm}$ ③ $\dfrac{3}{2}\,\text{cm}$

④ $2\,\text{cm}$ ⑤ $\dfrac{5}{2}\,\text{cm}$

서술형 문제

98 유형 03

다음 조건을 모두 만족시키는 상수 k의 값을 구하시오.

┌조건┐
㈎ 이차방정식 $x^2+2x-k+3=0$이 근을 갖지 않는다.
㈏ 이차방정식 $x^2+(k-1)x+4=0$이 중근을 갖는다.

99 유형 04

이차방정식 $3x^2+ax+b=0$의 두 근이 $-\dfrac{2}{3}$, 1일 때, 상수 a, b에 대하여 $a-2b$의 값을 구하시오.

100 유형 10

어느 학교에서는 강당에 직사각형 형태로 120명의 좌석을 배치하려고 한다. 가로줄 수가 세로줄 수보다 많고 가로줄 수와 세로줄 수의 합이 22일 때, 가로줄은 모두 몇 줄인지 구하시오.

101 오른쪽 그림과 같이 8등분된 원판을 돌려 멈춘 칸에 적힌 수를 이차방정식 $x^2-4x+\square=0$의 빈칸에 써넣는 놀이를 하려고 한다. 원판을 한 번 돌렸을 때, 완성한 이차방정식이 서로 다른 두 근을 가질 확률을 구하시오.

(단, 경계선에 멈추는 경우는 생각하지 않는다.)

102 1인당 입장료가 900원인 박물관에 하루 평균 400명이 입장한다고 한다. 1인당 입장료를 x원 올렸더니 입장객 수는 이전보다 하루 평균 $\dfrac{x}{3}$명 감소했지만 입장료 총수입은 변함이 없었을 때, 양수 x의 값을 구하시오.

103 예지와 우진이의 집은 서로 800 m 떨어져 있다. 예지는 초속 x m로 우진이네 집으로 자전거를 타고 가고, 우진이는 초속 x^2 m로 예지네 집으로 차를 타고 가면 40초 후에 만난다고 한다. 위와 같은 속도로 예지네 집에서 우진이네 집으로 예지와 우진이가 동시에 출발할 때, 예지와 우진이의 도착 시간의 차이는? (단, 이동 속도는 항상 동일하다.)

① 72초   ② 128초   ③ 150초
④ 160초   ⑤ 200초

104 오른쪽 그림과 같이 $\overline{AB}=\overline{BC}=15$ cm인 직각이등변삼각형 ABC의 빗변 AC 위의 한 점 D에서 $\overline{AB}$, $\overline{BC}$에 내린 수선의 발을 각각 E, F라 하자. $\square$BFDE의 넓이가 56 cm²일 때, $\overline{BF}$의 길이를 구하시오. (단, $\overline{BF}>\overline{BE}$)

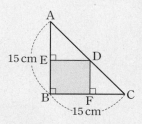

105 오른쪽 그림과 같이 한 변의 길이가 1 cm인 정오각형에서 두 대각선 $\overline{AC}$, $\overline{BE}$의 교점을 P라 하면 △ABC와 △APB는 서로 닮은 도형이다. 대각선 AC의 길이를 x cm라 할 때, 다음 물음에 답하시오.

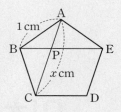

(1) $\overline{CP}$의 길이를 구하시오.

(2) x의 값을 구하시오.

106 오른쪽 그림과 같이 모양과 크기가 같은 직사각형 모양의 엽서 5장을 넓이가 336 cm²인 직사각형 모양의 판에 빈틈없이 붙였더니 가로의 길이가 3 cm인 직사각형 모양의 공간이 남았다. 이때 엽서 한 장의 넓이를 구하시오.

이차함수와 그 그래프

유형 01 이차함수의 뜻

함수 $y = f(x)$에서 y가 x에 대한 이차식
$$y = ax^2 + bx + c \ (a,\ b,\ c는\ 상수,\ a \neq 0)$$
로 나타날 때, 이 함수를 x에 대한 **이차함수**라 한다.

⑩ $y = x^2 + 2x + 2$ ➡ 이차함수이다.
  $y = 3x - 1$ ➡ 이차함수가 아니다.

대표 문제

01 다음 중 y가 x에 대한 이차함수인 것은?

① $y = x(2x + 3) - 5$ ② $x^2 + 2x - 1 = 0$

③ $y = \dfrac{1}{2}x + 5$ ④ $y = x^2 - x(x + 4)$

⑤ $y = (2x + 4)(x^2 - 2)$

유형 02 이차함수의 함숫값

이차함수 $f(x) = ax^2 + bx + c$에서 함숫값 $f(k)$

➡ $f(x) = ax^2 + bx + c$에 $x = k$를 대입하여 얻은 값

➡ $f(k) = ak^2 + bk + c \rightarrow x$ 대신 k를 대입

⑩ $f(x) = -x^2 + 2x + 1$에서
  $f(3) = \underbrace{-3^2 + 2 \times 3 + 1}_{x=3을\ 대입} = -2$

대표 문제

02 이차함수 $f(x) = 2x^2 - 5x - 3$에서 $f(-1) - f(1)$의 값을 구하시오.

유형 03 이차함수 $y = ax^2$의 그래프

이차함수 $y = ax^2$에서

(1) a의 부호: 그래프의 모양을 결정

   ➡ $a > 0$이면 아래로 볼록, $a < 0$이면 위로 볼록

(2) a의 절댓값: 그래프의 폭을 결정

   ➡ a의 절댓값이 클수록 폭이 좁아진다.

대표 문제

03 다음 이차함수 중 그 그래프가 아래로 볼록하면서 폭이 가장 넓은 것은?

① $y = -\dfrac{7}{3}x^2$ ② $y = -\dfrac{3}{2}x^2$ ③ $y = \dfrac{1}{2}x^2$

④ $y = \dfrac{5}{6}x^2$ ⑤ $y = 2x^2$

유형 04 이차함수 $y = ax^2$, $y = -ax^2$의 그래프 사이의 관계

두 이차함수

$$y = \underset{\uparrow\qquad\uparrow}{ax^2,\ y = -ax^2}$$
절댓값이 같고 부호가 서로 반대

의 그래프는 x축에 서로 대칭이다.

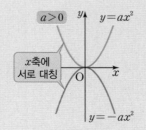

대표 문제

04 이차함수 $y = ax^2$의 그래프가 $y = -\dfrac{2}{3}x^2$의 그래프와 x축에 서로 대칭일 때, 상수 a의 값을 구하시오.

유형 05 이차함수 $y=ax^2$의 그래프의 성질 중요

(1) 꼭짓점의 좌표: 원점 $(0, 0)$
(2) 축의 방정식: $x=0$(y축)
(3) $a>0$일 때 아래로 볼록하고, $a<0$일 때 위로 볼록하다.
(4) a의 절댓값이 클수록 그래프의 폭이 좁아진다.

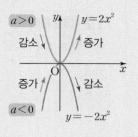

참고 • 포물선: $y=ax^2$의 그래프와 같은 모양의 곡선
• 축: 선대칭도형인 포물선의 대칭축
• 꼭짓점: 포물선과 축의 교점

대표 문제

05 다음 중 이차함수 $y=-3x^2$의 그래프에 대한 설명으로 옳지 않은 것을 모두 고르면? (정답 2개)
① 원점을 지난다.
② y축에 대칭이다.
③ 위로 볼록한 포물선이다.
④ 제2사분면과 제4사분면을 지난다.
⑤ $x<0$일 때, x의 값이 증가하면 y의 값은 감소한다.

유형 06 이차함수 $y=ax^2$의 그래프 위의 점 중요

점 (p, q)가 이차함수 $y=ax^2$의 그래프 위에 있다.
➡ 이차함수 $y=ax^2$의 그래프가 점 (p, q)를 지난다.
➡ $y=ax^2$에 $x=p$, $y=q$를 대입하면 등식이 성립한다.
➡ $q=ap^2$

대표 문제

06 이차함수 $y=ax^2$의 그래프가 두 점 $(2, -8)$, $(1, b)$를 지날 때, $a+b$의 값은? (단, a는 상수)
① -10 ② -8 ③ -6
④ -4 ⑤ -2

유형 07 이차함수 $y=ax^2$의 식 구하기

원점을 꼭짓점으로 하고 y축을 축으로 하는 포물선을 그래프로 하는 이차함수의 식은 다음과 같은 순서대로 구한다.
❶ 구하는 이차함수의 식을 $y=ax^2$ $(a\neq0)$으로 놓는다.
❷ 그래프가 지나는 점의 좌표를 대입하여 a의 값을 구한다.

대표 문제

07 원점을 꼭짓점으로 하고 점 $(2, 6)$을 지나는 포물선을 그래프로 하는 이차함수의 식을 구하시오.

유형 08 이차함수 $y=ax^2$의 그래프의 응용

이차함수 $y=ax^2$의 그래프 위의 두 점 A, B에 대하여 선분 AB가 x축에 평행할 때, $y=ax^2$의 그래프는 y축에 대칭이므로
➡ 점 B의 x좌표를 k로 놓으면 점 A의 x좌표는 $-k$이다.
➡ 두 점 A, B의 y좌표는 같다.

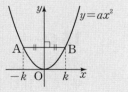

대표 문제

08 오른쪽 그림과 같이 이차함수 $y=ax^2$의 그래프 위에 두 점 A$(-3, 3)$, B$(3, 3)$이 있다. 이 그래프 위에 y좌표가 같고, 거리가 12인 두 점 C, D를 잡을 때, □ABCD의 넓이를 구하시오.

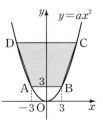

유형 완성하기

유형 01 이차함수의 뜻 중요

09 대표 문제

다음 보기 중 y가 x에 대한 이차함수인 것을 모두 고른 것은?

보기
ㄱ. $y=2x+3$ 　　　ㄴ. $y=x(10-x)$

ㄷ. $y=1$ 　　　　　ㄹ. $y=(x-2)(x+3)-x^2$

ㅁ. $y=x^2+5x$ 　　ㅂ. $y=\dfrac{1}{x^2}$

① ㄱ, ㄷ   　　② ㄴ, ㅁ   　　③ ㄱ, ㄷ, ㄹ

④ ㄴ, ㄹ, ㅁ   　　⑤ ㄷ, ㅁ, ㅂ

Pick
10 중 多보기

다음 중 y가 x에 대한 이차함수인 것을 모두 고르면?

① 자동차가 시속 $100\,\mathrm{km}$로 x시간 동안 달린 거리 $y\,\mathrm{km}$

② 한 모서리의 길이가 $x\,\mathrm{cm}$인 정육면체의 부피 $y\,\mathrm{cm}^3$

③ 한 변의 길이가 $x\,\mathrm{cm}$인 정삼각형의 둘레의 길이 $y\,\mathrm{cm}$

④ 밑면의 반지름의 길이가 $x\,\mathrm{cm}$, 높이가 $10\,\mathrm{cm}$인 원기둥의 부피 $y\,\mathrm{cm}^3$

⑤ 둘레의 길이가 $20\,\mathrm{cm}$, 세로의 길이가 $x\,\mathrm{cm}$인 직사각형의 가로의 길이 $y\,\mathrm{cm}$

⑥ 하루 24시간 중 낮의 길이가 x시간일 때의 밤의 길이 y시간

⑦ 가로의 길이가 $x\,\mathrm{cm}$, 세로의 길이가 $(x+4)\,\mathrm{cm}$인 직사각형의 넓이 $y\,\mathrm{cm}^2$

Pick
11 중

$y=kx^2+(x-3)(x-1)$이 x에 대한 이차함수가 되기 위한 상수 k의 조건을 구하시오.

유형 02 이차함수의 함숫값

12 대표 문제

이차함수 $f(x)=x^2+2x-3$에서 $f(2)+f(-2)$의 값은?

① 0 　　② 2 　　③ 4

④ 6 　　⑤ 8

Pick
13 중

이차함수 $f(x)=ax^2-4x+5$에서 $f(3)=11$일 때, 상수 a의 값을 구하시오.

14 중

이차함수 $f(x)=2x^2-3x-1$에서 $f(a)=1$일 때, 정수 a의 값을 구하시오.

15 중

이차함수 $f(x)=x^2+ax-b$에서 $f(-2)=-7$, $f(2)=5$일 때, $f(1)$의 값을 구하시오. (단, a, b는 상수)

유형 03 이차함수 $y=ax^2$의 그래프

16 대표 문제

다음 이차함수 중 그 그래프가 위로 볼록하면서 폭이 가장 좁은 것은?

① $y=-4x^2$ ② $y=-\dfrac{5}{2}x^2$ ③ $y=-\dfrac{1}{6}x^2$

④ $y=\dfrac{1}{3}x^2$ ⑤ $y=5x^2$

17 중

다음 보기의 이차함수에 대하여 그래프의 폭이 가장 넓은 것부터 차례로 나열하시오.

보기
ㄱ. $y=x^2$ ㄴ. $y=3x^2$ ㄷ. $y=-2x^2$
ㄹ. $y=\dfrac{1}{2}x^2$ ㅁ. $y=-\dfrac{3}{4}x^2$

Pick
18 중

세 이차함수 $y=ax^2$,
$y=-3x^2$, $y=-\dfrac{3}{4}x^2$의 그래
프가 오른쪽 그림과 같을 때,
다음 중 상수 a의 값이 될 수
없는 것은?

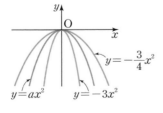

① $-\dfrac{7}{2}$ ② -2 ③ $-\dfrac{3}{2}$

④ $-\dfrac{5}{4}$ ⑤ -1

19 상

두 이차함수 $y=3x^2$, $y=-x^2$의 그래프가 오른쪽 그림과 같을 때, 다음 이차함수 중 그 그래프가 색칠한 부분을 지나지 <u>않는</u> 것은?

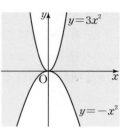

① $y=2x^2$ ② $y=\dfrac{2}{3}x^2$

③ $y=-\dfrac{1}{3}x^2$ ④ $y=-\dfrac{1}{2}x^2$

⑤ $y=-3x^2$

유형 04 이차함수 $y=ax^2$, $y=-ax^2$의 그래프 사이의 관계

20 대표 문제

다음 이차함수 중 그 그래프가 $y=5x^2$의 그래프와 x축에 서로 대칭인 것은?

① $y=-5x^2$ ② $y=-x^2$ ③ $y=-\dfrac{1}{5}x^2$

④ $y=\dfrac{1}{5}x^2$ ⑤ $y=x^2$

21 중

다음 이차함수 중 그 그래프가 x축에 서로 대칭인 것은 모두 몇 쌍인지 구하시오.

$$y=-\dfrac{1}{3}x^2, \quad y=7x^2, \quad y=\dfrac{3}{4}x^2, \quad y=-\dfrac{1}{4}x^2$$
$$y=-\dfrac{3}{4}x^2, \quad y=x^2, \quad y=\dfrac{1}{2}x^2, \quad y=-7x^2$$

22

x의 각 값에 대하여 이차함수 $y=ax^2$의 함숫값은 이차함수 $y=2x^2$의 함숫값의 5배이다. 또 이차함수 $y=ax^2$의 그래프와 이차함수 $y=bx^2$의 그래프는 x축에 서로 대칭일 때, 상수 a, b에 대하여 ab의 값을 구하시오.

유형 05   이차함수 $y=ax^2$의 그래프의 성질   중요

23 대표 문제

다음 중 이차함수 $y=2x^2$의 그래프에 대한 설명으로 옳지 않은 것을 모두 고르면? (정답 2개)

① 꼭짓점은 원점 $(0, 0)$이다.
② 축의 방정식은 $y=0$이다.
③ 아래로 볼록한 포물선이다.
④ $y=-2x^2$의 그래프와 x축에 서로 대칭이다.
⑤ 제3사분면과 제4사분면을 지난다.

Pick
24 중

다음 중 보기의 이차함수의 그래프에 대한 설명으로 옳지 않은 것은?

┌ 보기 ┐
ㄱ. $y=2x^2$ ㄴ. $y=\frac{1}{5}x^2$ ㄷ. $y=-\frac{3}{4}x^2$
ㄹ. $y=\frac{3}{4}x^2$ ㅁ. $y=-5x^2$ ㅂ. $y=-2x^2$
└────────┘

① 각 그래프의 꼭짓점은 모두 같다.
② 축의 방정식은 모두 $x=0$이다.
③ $x>0$일 때, x의 값이 증가하면 y의 값은 감소하는 그래프는 모두 2개이다.
④ 모든 실수 x에 대하여 $y\leq0$인 그래프는 ㄷ, ㅁ, ㅂ이다.
⑤ 아래로 볼록한 그래프는 ㄱ, ㄴ, ㄹ이다.

25 중

다음 보기 중 이차함수 $y=ax^2$의 그래프에 대한 설명으로 옳은 것을 모두 고르면? (단, a는 상수)

┌ 보기 ┐
ㄱ. $a<0$이면 아래로 볼록하다.
ㄴ. 원점을 꼭짓점으로 하는 포물선이다.
ㄷ. a의 절댓값이 작을수록 그래프의 폭이 넓어진다.
ㄹ. $a>0$이면, $x>0$일 때 x의 값이 증가하면 y의 값은 감소한다.
└────────┘

① ㄱ, ㄴ   ② ㄴ, ㄷ   ③ ㄴ, ㄹ
④ ㄱ, ㄷ, ㄹ   ⑤ ㄴ, ㄷ, ㄹ

유형 06   이차함수 $y=ax^2$의 그래프 위의 점   중요

Pick
26 대표 문제

이차함수 $y=ax^2$의 그래프가 두 점 $(3, 6)$, $(b, 24)$를 지날 때, 양수 b의 값을 구하시오. (단, a는 상수)

27 하

다음 중 이차함수 $y=2x^2$의 그래프 위의 점이 아닌 것은?

① $(0, 0)$ ② $(1, 2)$ ③ $\left(-\frac{1}{4}, 1\right)$
④ $(2, 8)$ ⑤ $\left(\frac{1}{2}, \frac{1}{2}\right)$

28 중 [서술형]

이차함수 $y=3x^2$의 그래프는 점 $(1, a)$를 지나고, 이차함수 $y=bx^2$의 그래프와 x축에 서로 대칭일 때, $a+b$의 값을 구하시오. (단, b는 상수)

29 중

이차함수 $y=-4x^2$의 그래프가 점 $(a, 3a)$를 지날 때, a의 값은? (단, $a \neq 0$)

① -1 ② $-\dfrac{3}{4}$ ③ $-\dfrac{1}{2}$

④ $-\dfrac{1}{4}$ ⑤ 1

Pick
30 상

이차함수 $y=-\dfrac{3}{4}x^2$의 그래프와 x축에 서로 대칭인 그래프가 점 $\left(a-1, a+\dfrac{3}{4}\right)$을 지날 때, 모든 a의 값의 합은?

① $-\dfrac{3}{2}$ ② $-\dfrac{1}{3}$ ③ 0

④ 1 ⑤ $\dfrac{10}{3}$

유형 07 이차함수 $y=ax^2$의 식 구하기

31 대표 문제

원점을 꼭짓점으로 하고 점 $(-1, -6)$을 지나는 포물선을 그래프로 하는 이차함수의 식은?

① $y=-7x^2$ ② $y=-6x^2$ ③ $y=-3x^2$

④ $y=-x^2$ ⑤ $y=x^2$

Pick
32 중 [서술형]

이차함수 $y=f(x)$의 그래프가 오른쪽 그림과 같이 원점을 꼭짓점으로 하고 점 $(2, 5)$를 지날 때, $f(-4)$의 값을 구하시오.

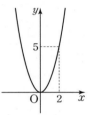

33 중

원점을 꼭짓점으로 하고 y축을 축으로 하는 포물선이 두 점 $(3, -18)$, $(-2, p)$를 지날 때, p의 값을 구하시오.

34 중

원점을 꼭짓점으로 하고 점 $(-6, 12)$를 지나는 이차함수의 그래프와 x축에 서로 대칭인 그래프가 점 $(m, -27)$을 지날 때, 음수 m의 값을 구하시오.

유형 08 이차함수 $y=ax^2$의 그래프의 응용

35 대표 문제

오른쪽 그림과 같이 이차함수
$y=ax^2$의 그래프 위에 두 점
$A(-2, -1)$, $D(2, -1)$이 있다.
이 그래프 위에 y좌표가 같고, 거리
가 8인 두 점 B, C를 잡을 때,
□ABCD의 넓이는?

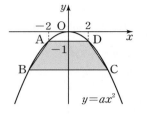

① 8   ② 12   ③ 16

④ 18   ⑤ 20

Pick
36 중

오른쪽 그림과 같이 직선
$y=16$이 이차함수 $y=ax^2$의
그래프와 만나는 두 점을 A,
E, 이차함수 $y=x^2$의 그래프와
만나는 두 점을 B, D, y축과
만나는 점을 C라 하자.

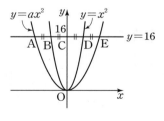

$\overline{AB}=\overline{BC}=\overline{CD}=\overline{DE}$일 때, 상수 a의 값을 구하시오.
(단, 두 점 D, E는 제1사분면 위의 점이다.)

37 상 서술형

오른쪽 그림과 같이 이차함수
$y=-5x^2$의 그래프 위에 선분 AB
가 x축과 평행하도록 두 점 A, B
를 잡고, 이차함수 $y=ax^2$의 그래
프 위에 □ABCD가 사다리꼴이
되도록 두 점 C, D를 잡았다. 점 B
의 x좌표는 1, $\overline{CD}=3\overline{AB}$이고
□ABCD의 넓이가 40일 때, 상수
a의 값을 구하시오. (단, $a>0$)

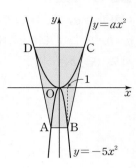

38 상

오른쪽 그림에서 □ABCD는 정사
각형이고, 각 변은 x축 또는 y축에
평행하다. 두 점 A, D는 이차함수
$y=x^2$의 그래프 위의 점이고, 두
점 B, C는 이차함수 $y=-\dfrac{1}{3}x^2$의
그래프 위의 점일 때, □ABCD의
넓이는?

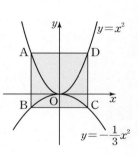

① $\dfrac{3}{2}$ ② $\dfrac{9}{4}$ ③ 3

④ $\dfrac{9}{2}$ ⑤ 9

유형 모아 보기 ✳

• 정답과 해설 93쪽

유형 09   이차함수 $y=ax^2+q$의 그래프의 성질 🔵중요

(1) 이차함수 $y=ax^2+q$의 그래프
이차함수 $y=ax^2$의 그래프를 y축
의 방향으로 q만큼 평행이동한
그래프

(2) 꼭짓점의 좌표: $(0, q)$

(3) 축의 방정식: $x=0$ (y축)

예 $y=x^2 \xrightarrow[\text{3만큼 평행이동}]{y축의 방향으로} y=x^2+3$

➡ 꼭짓점의 좌표: $(0, 0) \longrightarrow (0, 3)$

➡ 축의 방정식: $x=0 \longrightarrow x=0$

대표 문제

39 이차함수 $y=2x^2$의 그래프를 y축의 방향으로 -1만큼 평행이동한 그래프가 점 $(-1, k)$를 지날 때, k의 값은?

① -3 ② $-\dfrac{1}{2}$ ③ 1

④ $\dfrac{3}{2}$ ⑤ 3

유형 10   이차함수 $y=a(x-p)^2$의 그래프의 성질 🔵중요

(1) 이차함수 $y=a(x-p)^2$의 그래프
이차함수 $y=ax^2$의 그래프를
x축의 방향으로 p만큼 평행
이동한 그래프

(2) 꼭짓점의 좌표: $(p, 0)$

(3) 축의 방정식: $x=p$

예 $y=x^2 \xrightarrow[\text{3만큼 평행이동}]{x축의 방향으로} y=(x-3)^2$

➡ 꼭짓점의 좌표: $(0, 0) \longrightarrow (3, 0)$

➡ 축의 방정식: $x=0 \longrightarrow x=3$

참고 $y=a(x-p)^2$의 그래프의 증가·감소
➡ 축 $x=p$를 기준으로 바뀐다.

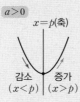

$a>0$

$x=p$(축)

감소   증가
$(x<p)$ | $(x>p)$

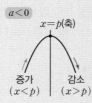

$a<0$

$x=p$(축)

증가   감소
$(x<p)$ | $(x>p)$

대표 문제

40 이차함수 $y=x^2$의 그래프를 x축의 방향으로 k만큼 평행이동한 그래프가 점 $(5, 36)$을 지날 때, 양수 k의 값은?

① 5 ② 7 ③ 9

④ 11 ⑤ 13

유형 09 이차함수 $y=ax^2+q$의 그래프의 성질 🔵중요

41 대표 문제

이차함수 $y=\dfrac{2}{3}x^2$의 그래프를 y축의 방향으로 k만큼 평행이동한 그래프가 점 $(-3, 2)$를 지날 때, k의 값을 구하시오.

42 🔵하

이차함수 $y=-3x^2$의 그래프를 y축의 방향으로 2만큼 평행이동한 그래프의 꼭짓점의 좌표와 축의 방정식을 차례로 구한 것은?

① $(-2, 0)$, $y=0$ ② $(0, 2)$, $y=0$

③ $(0, -2)$, $x=0$ ④ $(0, 2)$, $x=0$

⑤ $(-3, 2)$, $x=-3$

43 🔵중

다음 중 이차함수 $y=\dfrac{1}{3}x^2-1$의 그래프로 적당한 것은?

①   ②   ③

④   ⑤

44 🔵중 多 보기

다음 중 이차함수 $y=-\dfrac{1}{2}x^2+2$의 그래프에 대한 설명으로 옳지 <u>않은</u> 것을 모두 고르면?

① 위로 볼록한 포물선이다.

② 축의 방정식은 $y=0$이다.

③ 꼭짓점의 좌표는 $(0, 2)$이다.

④ 이차함수 $y=\dfrac{1}{2}x^2$의 그래프를 y축의 방향으로 2만큼 평행이동한 것이다.

⑤ 모든 사분면을 지난다.

⑥ $x<0$일 때, x의 값이 증가하면 y의 값은 감소한다.

45 🔵중

이차함수 $y=ax^2+q$의 그래프가 오른쪽 그림과 같을 때, 상수 a, q에 대하여 $a-q$의 값을 구하시오.

46 🔵중

다음 중 주어진 조건을 모두 만족시키는 포물선을 그래프로 하는 이차함수의 식은?

> ┌ 조건 ┐
> (가) 위로 볼록한 포물선이다.
> (나) 꼭짓점의 좌표는 $(0, 1)$이고, y축을 축으로 한다.
> (다) $y=x^2$의 그래프보다 폭이 좁다.

① $y=\dfrac{1}{5}x^2+1$ ② $y=2x^2-1$

③ $y=-\dfrac{1}{4}x^2+1$ ④ $y=-\dfrac{5}{2}x^2+1$

⑤ $y=-5x^2-1$

유형 10 이차함수 $y=a(x-p)^2$의 그래프의 성질

47 대표 문제

이차함수 $y=\dfrac{4}{3}x^2$의 그래프를 x축의 방향으로 p만큼 평행이동한 그래프가 점 $(2, 12)$를 지날 때, 이 이차함수의 그래프의 꼭짓점의 좌표를 구하시오. (단, $p>0$)

48 중

다음 중 이차함수 $y=-2(x+1)^2$의 그래프로 적당한 것은?

①   ②   ③

④   ⑤

Pick
49 중

이차함수 $y=5(x-7)^2$의 그래프에서 x의 값이 증가할 때 y의 값도 증가하는 x의 값의 범위는?

① $x<-7$　　　② $x>-7$　　　③ $x>-3$

④ $x<7$　　　⑤ $x>7$

Pick
50 중 多 보기

다음 중 이차함수 $y=\dfrac{1}{3}(x-1)^2$의 그래프에 대한 설명으로 옳지 않은 것을 모두 고르면?

① 축의 방정식은 $x=1$이다.

② 꼭짓점의 좌표는 $(1, 0)$이다.

③ 제3사분면과 제4사분면을 지난다.

④ $x<1$일 때, x의 값이 증가하면 y의 값은 감소한다.

⑤ 이차함수 $y=\dfrac{1}{3}x^2$의 그래프를 x축의 방향으로 -1만큼 평행이동한 것이다.

⑥ 이차함수 $y=\dfrac{1}{3}x^2$의 그래프와 폭이 같다.

Pick
51 중 서술형

이차함수 $y=a(x-p)^2$의 그래프가 오른쪽 그림과 같을 때, 상수 a, p에 대하여 $a+p$의 값을 구하시오.

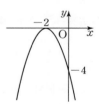

52 상

오른쪽 그림과 같이 두 이차함수 $y=x^2-9$, $y=a(x-b)^2$의 그래프가 서로의 꼭짓점을 지난다. 이때 상수 a, b에 대하여 $a+b$의 값을 구하시오.
(단, $b>0$)

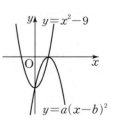

• 정답과 해설 94쪽

유형 11 이차함수 $y=a(x-p)^2+q$의 그래프의 성질 🔴중요

(1) 이차함수 $y=a(x-p)^2+q$의 그래프
이차함수 $y=ax^2$의 그래프를 x축의 방향으로 p만큼, y축의 방향으로 q만큼 평행이동한 그래프

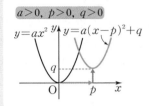

(2) 꼭짓점의 좌표: (p, q)
(3) 축의 방정식: $x=p$

예 $y=x^2$ $\xrightarrow[\text{$y$축의 방향으로 2만큼 평행이동}]{\text{x축의 방향으로 3만큼}}$ $y=(x-3)^2+2$
➡ 꼭짓점의 좌표: $(0, 0) \longrightarrow (3, 2)$
➡ 축의 방정식: $x=0 \longrightarrow x=3$

대표 문제

53 이차함수 $y=-\dfrac{1}{2}(x-5)^2-4$의 그래프는 $y=-\dfrac{1}{2}x^2$의 그래프를 x축의 방향으로 p만큼, y축의 방향으로 q만큼 평행이동한 것이다. 이때 $p-q$의 값을 구하시오.

유형 12 이차함수 $y=a(x-p)^2+q$의 그래프의 평행이동

이차함수 $y=a(x-p)^2+q$의 그래프를 x축의 방향으로 m만큼, y축의 방향으로 n만큼 평행이동하면

$$\underset{\text{y 대신 $y-n$ 대입}}{y-n}=a(\underset{\text{x 대신 $x-m$ 대입}}{x-m}-p)^2+q$$
➡ $y=a(x-m-p)^2+q+n$

(1) 꼭짓점의 좌표: $(p, q) \longrightarrow (p+m, q+n)$
(2) 축의 방정식: $x=p \longrightarrow x=p+m$

대표 문제

54 이차함수 $y=-3(x-2)^2+3$의 그래프를 x축의 방향으로 a만큼, y축의 방향으로 b만큼 평행이동하면 $y=-3x^2$의 그래프와 일치한다. 이때 $a+b$의 값은?

① -5 ② -1 ③ 0
④ 1 ⑤ 5

유형 13 이차함수 $y=a(x-p)^2+q$의 그래프에서 a, p, q의 부호 🔴중요

이차함수 $y=a(x-p)^2+q$의 그래프에서
(1) a의 부호 ➡ 그래프의 모양에 따라 결정
   ① 아래로 볼록($\cup$) ➡ $a>0$
   ② 위로 볼록($\cap$) ➡ $a<0$
(2) p, q의 부호 ➡ 꼭짓점의 위치에 따라 결정 → 꼭짓점의 좌표: (p, q)
   ① 제1사분면 ➡ $p>0$, $q>0$
   ② 제2사분면 ➡ $p<0$, $q>0$
   ③ 제3사분면 ➡ $p<0$, $q<0$
   ④ 제4사분면 ➡ $p>0$, $q<0$

대표 문제

55 이차함수 $y=a(x-p)^2+q$의 그래프가 오른쪽 그림과 같을 때, 상수 a, p, q의 부호는?

① $a>0$, $p>0$, $q>0$
② $a>0$, $p<0$, $q>0$
③ $a>0$, $p<0$, $q<0$
④ $a<0$, $p<0$, $q>0$
⑤ $a<0$, $p<0$, $q<0$

유형 11 이차함수 $y=a(x-p)^2+q$의 그래프의 성질 (중요)

56 대표 문제

이차함수 $y=a(x-3)^2-1$의 그래프는 $y=5x^2$의 그래프를 x축의 방향으로 b만큼, y축의 방향으로 c만큼 평행이동한 것이다. 이때 $a+b+c$의 값을 구하시오. (단, a는 상수)

57 (하)

이차함수 $y=\dfrac{1}{7}x^2$의 그래프를 x축의 방향으로 -1만큼, y축의 방향으로 4만큼 평행이동한 그래프의 축의 방정식은 $x=m$, 꼭짓점의 좌표는 (a, b)일 때, $m+a+b$의 값은?

① -6 ② -2 ③ 2
④ 4   ⑤ 6

58 (하)

다음 이차함수의 그래프 중 이차함수 $y=4x^2$의 그래프를 평행이동하여 완전히 포갤 수 있는 것은?

① $y=(x+4)^2$ ② $y=-4x^2+1$
③ $y=\dfrac{1}{4}x^2$ ④ $y=4(x-1)^2+3$
⑤ $y=-4(x-3)^2+1$

59 (중) 서술형

이차함수 $y=2x^2$의 그래프를 x축의 방향으로 -3만큼, y축의 방향으로 -4만큼 평행이동한 그래프가 점 $(-4, a)$를 지날 때, a의 값을 구하시오.

60 (중)

이차함수 $y=-\dfrac{1}{2}(x+4)^2+7$의 그래프가 지나지 <u>않는</u> 사분면은?

① 제1사분면   ② 제2사분면   ③ 제3사분면
④ 제4사분면   ⑤ 모든 사분면을 지난다.

61 (중)

이차함수 $y=2(x-5)^2+3$의 그래프에서 x의 값이 증가할 때, y의 값도 증가하는 x의 값의 범위는?

① $x>5$ ② $x<5$ ③ $x>0$
④ $x>-5$ ⑤ $x<-5$

Pick
62 중

다음 보기 중 이차함수 $y=\dfrac{1}{3}(x+2)^2-1$의 그래프에 대한 설명으로 옳지 <u>않은</u> 것을 모두 고르시오.

┌─ 보기 ─────────────────────────────────┐
ㄱ. 꼭짓점의 좌표는 $(-2, -1)$이다.

ㄴ. 점 $\left(0, \dfrac{1}{3}\right)$을 지난다.

ㄷ. 위로 볼록한 포물선이다.

ㄹ. 제4사분면을 지난다.

ㅁ. $y=\dfrac{1}{3}x^2$의 그래프를 x축의 방향으로 -2만큼, y축의 방향으로 -1만큼 평행이동한 것이다.
└──────────────────────────────────────┘

Pick
63 중

이차함수 $y=a(x-p)^2+q$의 그래프가 오른쪽 그림과 같을 때, 상수 a, p, q에 대하여 apq의 값은?

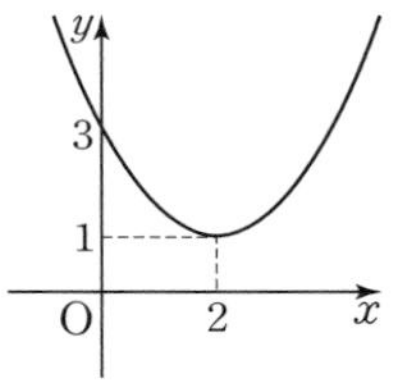

① $\dfrac{1}{2}$　　　② 1

③ $\dfrac{3}{2}$　　　④ 2

⑤ $\dfrac{5}{2}$

64 상

이차함수 $y=-(x-p)^2+2p^2$의 그래프의 꼭짓점이 직선 $y=5x+3$ 위에 있을 때, 상수 p의 값을 모두 구하시오.

유형 12　이차함수 $y=a(x-p)^2+q$의 그래프의 평행이동

Pick
65 대표 문제

이차함수 $y=-2(x-4)^2+5$의 그래프를 x축의 방향으로 a만큼, y축의 방향으로 b만큼 평행이동하면 이차함수 $y=-2(x-3)^2+1$의 그래프와 일치한다. 이때 $a+b$의 값은?

① -5　　　② -2　　　③ 0

④ 2　　　⑤ 5

66 중

이차함수 $y=(x+3)^2-2$의 그래프를 x축의 방향으로 -2만큼, y축의 방향으로 5만큼 평행이동한 그래프의 꼭짓점의 좌표를 (p, q), 축의 방정식을 $x=m$이라 할 때, $p+q+m$의 값을 구하시오.

67 중　서술형

이차함수 $y=4(x-2)^2-5$의 그래프를 x축의 방향으로 k만큼, y축의 방향으로 $-5k$만큼 평행이동하면 점 $(2, 1)$을 지난다. 이때 정수 k의 값을 구하시오.

유형 13 이차함수 $y=a(x-p)^2+q$의 그래프에서 a, p, q의 부호 (중요)

68 대표 문제

이차함수 $y=a(x+p)^2+q$의 그래프가 오른쪽 그림과 같을 때, 상수 a, p, q의 부호는?

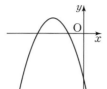

① $a>0$, $p>0$, $q>0$
② $a>0$, $p<0$, $q>0$
③ $a<0$, $p>0$, $q>0$
④ $a<0$, $p>0$, $q<0$
⑤ $a<0$, $p<0$, $q>0$

69 (중)

이차함수 $y=ax^2+q$의 그래프가 오른쪽 그림과 같을 때, 다음 중 항상 옳은 것은?

(단, a, q는 상수)

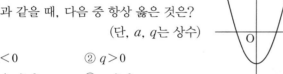

① $a<0$ ② $q>0$
③ $a+q>0$ ④ $aq>0$
⑤ $a-q>0$

70 (중)

이차함수 $y=a(x-p)^2+q$의 그래프가 오른쪽 그림과 같을 때, 이차함수 $y=q(x-a)^2+p$의 그래프가 지나는 사분면을 모두 구하시오.

(단, a, p, q는 상수)

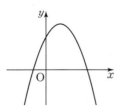

71 (중)

이차함수 $y=a(x+p)^2$의 그래프가 오른쪽 그림과 같을 때, 다음 중 이차함수 $y=ax^2+p$의 그래프로 적당한 것은? (단, a, p는 상수)

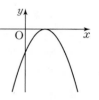

① ② ③

④ ⑤

Pⁱck
72 (상)

일차함수 $y=ax-b$의 그래프가 오른쪽 그림과 같을 때, 다음 중 이차함수 $y=a(x+b)^2$의 그래프로 적당한 것은?

(단, a, b는 상수)

① ② ③

④ ⑤

73 〔유형 01〕

다음 보기 중 y가 x에 대한 이차함수인 것을 모두 고른 것은?

┌ 보기 ┐
ㄱ. 하루에 200원씩 저금할 때, x일 동안 모은 금액 y원
ㄴ. 농도가 $x\,\%$인 소금물 $(200+x)\,\text{g}$에 들어 있는 소금의 양 $y\,\text{g}$
ㄷ. 반지름의 길이가 $x\,\text{cm}$인 구의 겉넓이 $y\,\text{cm}^2$
ㄹ. 한 개에 x원인 지우개 $(x+30)$개의 값 y원
ㅁ. 윗변의 길이가 $x\,\text{cm}$, 아랫변의 길이가 $(x+2)\,\text{cm}$, 높이가 $4\,\text{cm}$인 사다리꼴의 넓이 $y\,\text{cm}^2$

① ㄱ, ㄷ   ② ㄴ, ㅁ   ③ ㄱ, ㄴ, ㄹ
④ ㄴ, ㄷ, ㄹ   ⑤ ㄷ, ㄹ, ㅁ

74 〔유형 01〕

$y=4x^2-x(a^2x-3)+2$가 x에 대한 이차함수일 때, 다음 중 상수 a의 값이 될 수 없는 것을 모두 고르면? (정답 2개)

① -4 ② -2 ③ 0
④ 2 ⑤ 4

75 〔유형 02〕

이차함수 $f(x)=-x^2+ax+5$에서 $f(-1)=2$, $f(3)=b$일 때, ab의 값은? (단, a는 상수)

① 0 ② 1 ③ 2
④ 3 ⑤ 4

76 〔유형 03〕

오른쪽 그림은 보기의 이차함수의 그래프를 나타낸 것이다. 이차함수의 식과 그 그래프를 바르게 짝 지으시오.

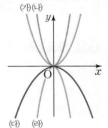

┌ 보기 ┐
ㄱ. $y=-\dfrac{3}{2}x^2$ ㄴ. $y=\dfrac{3}{2}x^2$
ㄷ. $y=\dfrac{3}{4}x^2$ ㄹ. $y=-\dfrac{1}{3}x^2$

77 〔유형 04 ✦ 05〕

다음 중 보기의 이차함수의 그래프에 대한 설명으로 옳지 않은 것을 모두 고르면? (정답 2개)

┌ 보기 ┐
ㄱ. $y=x^2$ ㄴ. $y=-x^2$ ㄷ. $y=\dfrac{1}{4}x^2$
ㄹ. $y=-4x^2$ ㅁ. $y=3x^2$ ㅂ. $y=\dfrac{3}{5}x^2$

① 모두 원점을 꼭짓점으로 하는 포물선이다.
② 위로 볼록한 그래프는 ㄱ, ㄷ, ㅁ, ㅂ이다.
③ 그래프의 폭이 가장 넓은 것은 ㄹ이다.
④ ㄱ과 ㄴ의 그래프는 x축에 서로 대칭이다.
⑤ $x<0$일 때, x의 값이 증가하면 y의 값은 감소하는 그래프는 모두 4개이다.

78 〔유형 06〕

이차함수 $y=ax^2$의 그래프가 두 점 $(-3, 18)$, $\left(\dfrac{1}{2}, b\right)$를 지날 때, ab의 값을 구하시오. (단, a는 상수)

79 유형 07

오른쪽 그림과 같이 이차함수 $y=f(x)$의 그래프가 원점을 꼭짓점으로 하고 두 점 $(4, -6)$, $(-2, k)$를 지날 때, k의 값은?

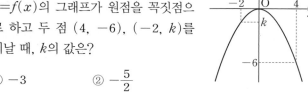

① -3 ② $-\dfrac{5}{2}$

③ -2 ④ $-\dfrac{3}{2}$

⑤ -1

80 유형 08

오른쪽 그림과 같이 직선 $y=4$ 가 이차함수 $y=x^2$과 만나는 두 점을 A, D, 이차함수 $y=ax^2$의 그래프와 만나는 두 점을 B, C 라 하자. $\overline{AB}=\overline{BC}=\overline{CD}$일 때, 상수 a의 값을 구하시오.

(단, 두 점 C, D는 제1사분면 위의 점이다.)

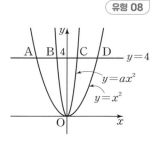

81 유형 09

오른쪽 그림은 이차함수 $y=-2x^2$의 그래프를 y축의 방향으로 평행이동한 그래프이다. 이 이차함수의 그래프가 점 $(2, k)$를 지날 때, k의 값을 구하시오.

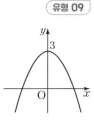

82 유형 09

이차함수 $y=ax^2+q$의 그래프가 두 점 $(3, -7)$, $(-2, -2)$를 지날 때, 상수 a, q에 대하여 $\dfrac{a}{q}$의 값을 구하시오.

83 유형 10

이차함수 $y=-4(x+p)^2$의 그래프가 점 $(1, -16)$을 지날 때, x의 값이 증가하면 y의 값도 증가하는 x의 값의 범위는?

(단, $p>-3$)

① $x<-1$ ② $x>-1$ ③ $x>2$

④ $x<3$ ⑤ $x>3$

84 유형 09 ✱ 10

다음 중 두 이차함수 $y=2x^2-3$, $y=-2(x-3)^2$의 그래프에 대한 설명으로 옳은 것은?

① 그래프의 폭이 같다.

② 축의 방정식이 같다.

③ 꼭짓점의 좌표가 같다.

④ 두 그래프 모두 아래로 볼록한 포물선이다.

⑤ 두 그래프 모두 이차함수 $y=2x^2$의 그래프를 평행이동한 것이다.

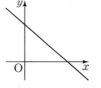
85 유형 11

다음 중 이차함수 $y=-2(x+3)^2-1$의 그래프에 대한 설명으로 옳은 것은?

① x축과 한 점에서 만난다.
② 직선 $x=3$을 축으로 하는 위로 볼록한 포물선이다.
③ 꼭짓점의 좌표는 $(-2, -1)$이다.
④ y축과 점 $(0, -1)$에서 만난다.
⑤ $x>-3$일 때, x의 값이 증가하면 y의 값은 감소한다.

86 유형 12

이차함수 $y=\dfrac{1}{3}(x+2)^2+1$의 그래프를 x축의 방향으로 p만큼, y축의 방향으로 q만큼 평행이동하면 이차함수 $y=\dfrac{1}{3}x^2-2$의 그래프와 완전히 포개어질 때, $p+q$의 값은?

① -5　　　　② -3　　　　③ -1
④ 3　　　　⑤ 5

87 유형 13

일차함수 $y=ax+b$의 그래프가 오른쪽 그림과 같을 때, 다음 중 이차함수 $y=ax^2-b$의 그래프로 적당한 것은?
(단, a, b는 상수)

① 　② 　③

④ 　⑤

88 유형 06

이차함수 $y=\dfrac{3}{2}x^2$의 그래프와 x축에 서로 대칭인 그래프가 점 $(k, -6)$을 지날 때, 모든 k의 값의 곱을 구하시오.

89 유형 10

이차함수 $y=ax^2$의 그래프를 x축의 방향으로 p만큼 평행이동한 그래프의 축의 방정식이 $x=3$이다. 평행이동한 그래프가 점 $(2, 5)$를 지날 때, ap의 값을 구하시오. (단, a는 상수)

90 유형 11

꼭짓점의 좌표가 $(-1, 5)$이고 점 $(0, 2)$를 지나는 포물선을 그래프로 하는 이차함수의 식을 $y=a(x-p)^2+q$라 할 때, 상수 a, p, q에 대하여 $ap+q$의 값을 구하시오.

91 오른쪽 그림과 같이 제1사분면 위에 각 변이 각각 x축 또는 y축에 평행한 정사각형 ABCD가 있다. 두 점 B, D는 이차함수 $y=\frac{1}{2}x^2$의 그래프 위의 점이고, 점 D의 x좌표는 점 B의 x좌표의 3배일 때, □ABCD의 둘레의 길이는?

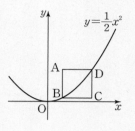

① 1   ② 2   ③ 3
④ 4   ⑤ 5

92 오른쪽 그림과 같이 두 점 A, D는 이차함수 $y=ax^2$의 그래프 위의 점이고 두 점 B, C는 x축 위의 점이다. □ABCD가 평행사변형일 때, 상수 a의 값을 구하시오.

(단, $a>0$)

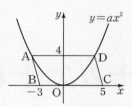

93 이차함수 $y=a(x-2)^2+7$의 그래프가 모든 사분면을 지날 때, 다음 중 상수 a의 값이 될 수 있는 것은?

① -5 ② -3 ③ -1
④ 1   ⑤ 3

94 다음 그림과 같이 직선 $y=k$가 두 이차함수 $y=-(x-p)^2+q$, $y=-(x-1)^2+4$의 그래프와 세 점 A, B, C에서 만난다. 점 B는 y축 위의 점이고 $\overline{AB}=2\overline{BC}$일 때, 상수 k, p, q에 대하여 $k+p+q$의 값을 구하시오.

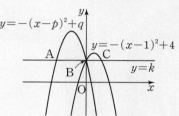

95 오른쪽 그림과 같이 두 이차함수 $y=\frac{1}{3}x^2+2$, $y=\frac{1}{3}x^2-1$의 그래프와 두 직선 $x=-1$, $x=2$로 둘러싸인 부분의 넓이는?

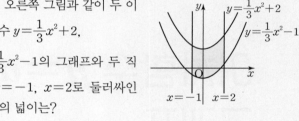

① 3   ② 6   ③ 9
④ 12   ⑤ 15

96 이차함수 $y=-4(x+2a-4)^2-5a+13$의 그래프의 축이 y축의 오른쪽에 있을 때, 이 이차함수의 그래프의 꼭짓점은 어느 사분면 위에 있는지 구하시오. (단, a는 상수)

10.

이차함수 $y=ax^2+bx+c$의 그래프

유형 01 **이차함수 $y=ax^2+bx+c$를 $y=a(x-p)^2+q$ 꼴로 고치기**

이차함수 $y=ax^2+bx+c$를 완전제곱식을 이용하여 $y=a(x-p)^2+q$ 꼴로 고친다. ── $y=$(완전제곱식)$+$(수) 꼴

➡ $y=ax^2+bx+c=a\left(x^2+\dfrac{b}{a}x\right)+c$

$\qquad =a\left\{x^2+\dfrac{b}{a}x+\left(\dfrac{b}{2a}\right)^2-\left(\dfrac{b}{2a}\right)^2\right\}+c$

$\qquad =a\left\{x^2+\dfrac{b}{a}x+\left(\dfrac{b}{2a}\right)^2\right\}-\dfrac{b^2}{4a}+c$

$\qquad =a\left(x+\dfrac{b}{2a}\right)^2-\dfrac{b^2-4ac}{4a}$

(예) $y=-2x^2+4x+3=-2(x^2-2x)+3$

$\qquad =-2(x^2-2x+1-1)+3$

$\qquad =-2(x^2-2x+1)+2+3$

$\qquad =-2(x-1)^2+5$

대표 문제

01 이차함수 $y=-3x^2+2x+1$을 $y=-3(x-p)^2+q$ 꼴로 나타낼 때, 상수 p, q에 대하여 $p-q$의 값은?

① -1　　　② $-\dfrac{1}{3}$　　　③ 0

④ $\dfrac{1}{3}$　　　⑤ 1

유형 02 〈중요〉 **이차함수 $y=ax^2+bx+c$의 그래프의 꼭짓점의 좌표와 축의 방정식**

이차함수 $y=ax^2+bx+c$를 $y=a(x-p)^2+q$ 꼴로 고친 후 그래프의 꼭짓점의 좌표와 축의 방정식을 구한다.

(1) 꼭짓점의 좌표: (p, q)

(2) 축의 방정식: $x=p$

(예) $y=-2x^2+4x+3=-2(x-1)^2+5$에서

➡ 꼭짓점의 좌표: $(1, 5)$

➡ 축의 방정식: $x=1$

대표 문제

02 이차함수 $y=2x^2-8x-5$의 그래프의 꼭짓점의 좌표가 (a, b), 축의 방정식이 $x=c$일 때, $a+b+c$의 값을 구하시오.

유형 03 〈중요〉 **이차함수 $y=ax^2+bx+c$의 그래프 그리기**

❶ $y=a(x-p)^2+q$ 꼴로 고쳐서 꼭짓점의 좌표를 구한다.

➡ 꼭짓점의 좌표: (p, q)

❷ y축과 만나는 점을 표시한다.

➡ 점 $(0, c)$ ── $y=ax^2+bx+c$에서 $x=0$일 때, $y=c$

❸ a의 부호에 따라 그래프의 모양을 결정하여 그래프를 그린다.

➡ $a>0$이면 아래로 볼록($\cup$)한 포물선

$\quad a<0$이면 위로 볼록($\cap$)한 포물선

대표 문제

03 이차함수 $y=x^2-3x+2$의 그래프가 지나지 <u>않는</u> 사분면은?

① 제1사분면　　　② 제2사분면　　　③ 제3사분면

④ 제4사분면　　　⑤ 제1, 2사분면

유형 04 이차함수 $y=ax^2+bx+c$의 그래프에서 증가 또는 감소하는 범위

이차함수 $y=ax^2+bx+c$의 그래프에서 증가 또는 감소하는 범위는 $y=a(x-p)^2+q$ 꼴로 고쳐서 그래프를 그렸을 때

➡ 축 $x=p$를 기준으로 바뀐다.

(1) $a>0$일 때
(2) $a<0$일 때

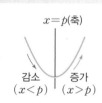

$x=p$(축)
감소 $(x<p)$ 증가 $(x>p)$

$x=p$(축)
증가 $(x<p)$ 감소 $(x>p)$

대표 문제

04 이차함수 $y=-\dfrac{1}{2}x^2+3x-5$의 그래프에서 x의 값이 증가할 때, y의 값도 증가하는 x의 값의 범위는?

① $x>2$ ② $x<3$ ③ $x>3$

④ $x<5$ ⑤ $x>5$

유형 05 이차함수 $y=ax^2+bx+c$의 그래프가 x축, y축과 만나는 점의 좌표

이차함수 $y=ax^2+bx+c$의 그래프가

(1) x축과 만나는 점의 x좌표 ➡ $y=0$을 대입

➡ 이차방정식 $ax^2+bx+c=0$의 해

(2) y축과 만나는 점의 y좌표 ➡ $x=0$을 대입

➡ c

대표 문제

05 오른쪽 그림과 같이 이차함수 $y=x^2+x-2$의 그래프가 x축과 만나는 두 점의 x좌표가 각각 p, q이고 y축과 만나는 점의 y좌표가 r일 때, pqr의 값을 구하시오. (단, $p<q$)

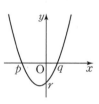

유형 06 이차함수 $y=ax^2+bx+c$의 그래프의 평행이동

이차함수 $y=ax^2+bx+c$의 그래프를 x축의 방향으로 m만큼, y축의 방향으로 n만큼 평행이동한 그래프의 식은 다음과 같은 순서대로 구한다.

❶ 이차함수 $y=ax^2+bx+c$를 $y=a(x-p)^2+q$ 꼴로 고친다.

❷ x 대신 $x-m$, y 대신 $y-n$을 대입한다.

➡ $y-n=a(x-m-p)^2+q$

∴ $y=a(x-m-p)^2+q+n$

대표 문제

06 이차함수 $y=-2x^2-12x-19$의 그래프를 x축의 방향으로 a만큼, y축의 방향으로 b만큼 평행이동하면 $y=-2x^2-8x-7$의 그래프와 일치한다. 이때 $a+b$의 값을 구하시오.

유형 01 이차함수 $y=ax^2+bx+c$를 $y=a(x-p)^2+q$ 꼴로 고치기

07 대표 문제

이차함수 $y=\frac{1}{2}x^2+4x-1$을 $y=a(x-p)^2+q$ 꼴로 나타낼 때, 상수 a, p, q에 대하여 $a+p-q$의 값은?

① $\frac{7}{2}$
② 4
③ $\frac{9}{2}$
④ 5
⑤ $\frac{11}{2}$

08 중

두 이차함수 $y=3x^2-4x+k$, $y=a(x+b)^2-\frac{4}{3}$의 그래프가 일치할 때, 상수 a, b, k에 대하여 $ab+k$의 값은?

① -2
② -1
③ 0
④ 1
⑤ 2

Pick
09 중 서술형

이차함수 $y=-2x^2+6x-5$의 그래프는 이차함수 $y=-2x^2$의 그래프를 x축의 방향으로 p만큼, y축의 방향으로 q만큼 평행이동한 것이다. 이때 pq의 값을 구하시오.

유형 02 이차함수 $y=ax^2+bx+c$의 그래프의 꼭짓점의 좌표와 축의 방정식 중요

10 대표 문제

이차함수 $y=-x^2-10x-21$의 그래프의 축의 방정식과 꼭짓점의 좌표를 차례로 구하면?

① $x=-5$, $(-5, 4)$
② $x=-5$, $(5, 4)$
③ $x=0$, $(-5, 4)$
④ $x=5$, $(-5, 4)$
⑤ $x=5$, $(5, 4)$

Pick
11 중

다음 이차함수 중 그 그래프의 축이 좌표평면에서 가장 오른쪽에 있는 것은?

① $y=-(x+4)(x-4)$
② $y=x^2+4x+3$
③ $y=-3x^2+2x$
④ $y=x^2+2x+1$
⑤ $y=x^2+x+2$

12 중

이차함수 $y=-\frac{1}{4}x^2+2px+1$의 그래프의 축의 방정식이 $x=-2$일 때, 상수 p의 값은?

① -2
② $-\frac{1}{2}$
③ 0
④ $\frac{1}{2}$
⑤ 2

Pick
13 중

두 이차함수 $y=-x^2+2x+a$, $y=\frac{1}{2}x^2-bx+1$의 그래프의 꼭짓점이 일치할 때, 상수 a, b에 대하여 $a+b$의 값을 구하시오.

• 정답과 해설 100쪽

14 중 서술형

이차함수 $y=x^2+4x+2m-1$의 그래프의 꼭짓점이 직선 $2x+y=7$ 위에 있을 때, 상수 m의 값을 구하시오.

15 중

이차함수 $y=-3x^2+6x+k$의 그래프의 꼭짓점이 제4사분면 위에 있을 때, 상수 k의 값이 될 수 없는 것은?

① -10 ② -8 ③ -6
④ -4 ⑤ -2

16 중

일차함수 $y=ax+b$의 그래프가 오른쪽 그림과 같을 때, 이차함수 $y=ax^2-bx+3$의 그래프의 꼭짓점의 좌표를 구하시오.
(단, a, b는 상수)

17 상 Pick

이차함수 $y=ax^2-2ax+b$의 그래프가 점 $(3, 13)$을 지나고 꼭짓점이 직선 $y=-3x+8$ 위에 있을 때, $a-b$의 값을 구하시오. (단, a, b는 상수)

유형 03 이차함수 $y=ax^2+bx+c$의 그래프 그리기 중요

Pick
18 대표 문제

이차함수 $y=-x^2+4x-1$의 그래프가 지나지 <u>않는</u> 사분면은?

① 제1사분면 ② 제2사분면 ③ 제3사분면
④ 제4사분면 ⑤ 모든 사분면을 지난다.

19 중

다음 중 이차함수 $y=x^2-2x+2$의 그래프는?

①   ②

③   ④

⑤

20 중

이차함수 $y=-x^2+3x+7a+1$의 그래프가 모든 사분면을 지나도록 하는 상수 a의 값의 범위는?

① $a<0$ ② $a<-1$ ③ $a<-\dfrac{1}{7}$
④ $a>-1$ ⑤ $a>-\dfrac{1}{7}$

21 대표 문제

이차함수 $y=\dfrac{1}{3}x^2-2x+5$의 그래프에서 x의 값이 증가할 때, y의 값은 감소하는 x의 값의 범위를 구하시오.

Pick
22 중

이차함수 $y=-x^2+kx+6$의 그래프가 점 $(4, -2)$를 지난다. 이 그래프에서 x의 값이 증가할 때, y의 값은 감소하는 x의 값의 범위는? (단, k는 상수)

① $x>-1$ ② $x>0$ ③ $x>1$
④ $x<1$ ⑤ $x<2$

23 중

이차함수 $y=x^2+2kx+k$의 그래프에서 $x<-3$이면 x의 값이 증가할 때 y의 값은 감소하고, $x>-3$이면 x의 값이 증가할 때 y의 값도 증가한다. 이 그래프의 꼭짓점의 좌표를 구하시오. (단, k는 상수)

24 대표 문제

이차함수 $y=-2x^2+5x+3$의 그래프가 x축과 만나는 두 점의 x좌표가 각각 p, q이고, y축과 만나는 점의 y좌표가 r일 때, $p+q-r$의 값은? (단, $p<q$)

① $-\dfrac{5}{2}$ ② $-\dfrac{1}{2}$ ③ 0
④ 1 ⑤ $\dfrac{3}{2}$

25 중

오른쪽 그림과 같이 이차함수 $y=x^2+2x-15$의 그래프가 x축과 만나는 두 점을 각각 A, B라 할 때, $\overline{AB}$의 길이를 구하시오.

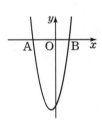

26 중

오른쪽 그림과 같이 이차함수 $y=\dfrac{1}{2}x^2-2x-6$의 그래프가 x축과 만나는 두 점을 각각 A, E, y축과 만나는 점을 B, 꼭짓점을 C라 하자. 또 점 B를 지나고 x축에 평행한 직선이 그래프와 만나는 점을 D라 할 때, 다음 중 옳지 <u>않은</u> 것은?

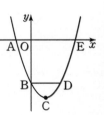

① $A(-2, 0)$ ② $B(0, -6)$ ③ $C(2, -8)$
④ $D(3, -6)$ ⑤ $E(6, 0)$

Pick
27 상

이차함수 $y=-x^2+2x+k$의 그래프가 x축과 두 점 A, B에서 만나고 두 점 A, B 사이의 거리가 4일 때, 상수 k의 값은?

① 1   ② 2   ③ 3

④ 4   ⑤ 5

유형 06 이차함수 $y=ax^2+bx+c$의 그래프의 평행이동

28 대표 문제

이차함수 $y=x^2-4x-2$의 그래프를 x축의 방향으로 m만큼, y축의 방향으로 n만큼 평행이동하면 $y=x^2-8x+7$의 그래프와 일치한다. 이때 $m+n$의 값을 구하시오.

Pick
29 중

이차함수 $y=-\dfrac{1}{3}x^2+2x+1$의 그래프를 x축의 방향으로 1만큼, y축의 방향으로 -2만큼 평행이동한 그래프의 식을 $y=ax^2+bx+c$라 할 때, 상수 a, b, c에 대하여 $a+b+c$의 값은?

① -4 ② -3 ③ -2

④ -1 ⑤ 0

---

30 중 서술형

이차함수 $y=2x^2-8x+9$의 그래프를 x축의 방향으로 -1만큼, y축의 방향으로 4만큼 평행이동한 그래프가 점 $(2, k)$를 지날 때, k의 값을 구하시오.

Pick
31 중

이차함수 $y=-\dfrac{1}{2}x^2+x-3$의 그래프를 x축의 방향으로 1만큼, y축의 방향으로 4만큼 평행이동한 그래프에서 x의 값이 증가할 때, y의 값은 감소하는 x의 값의 범위는?

① $x>-3$ ② $x>0$ ③ $x>2$

④ $x<2$ ⑤ $x<3$

---

32 상

오른쪽 그림과 같이 두 이차함수
$y=-x^2+2x+2$,
$y=-x^2+10x-22$의 그래프의
꼭짓점을 각각 A, B라 할 때, 색칠한 부분의 넓이를 구하시오.

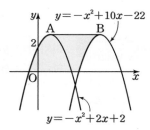

유형 07 이차함수 $y=ax^2+bx+c$의 그래프의 성질

(1) 그래프의 모양 ➡ a의 부호로 판단

그래프의 폭 ➡ a의 절댓값으로 판단

(2) 꼭짓점의 좌표, 축의 방정식

➡ $y=a(x-p)^2+q$ 꼴로 고쳐서 구하기

(3) y축과 만나는 점 ➡ $(0,\, c)$

(4) 그래프가 증가 또는 감소하는 범위

➡ 축을 기준으로 그래프의 모양에 따라 판단

(5) x축과 만나는 점의 x좌표 ➡ $ax^2+bx+c=0$의 해

(6) 지나는 사분면 ➡ 그래프로 그려 보기

대표 문제

33 다음 중 이차함수 $y=2x^2+8x+6$의 그래프에 대한 설명으로 옳은 것은?

① 위로 볼록한 포물선이다.

② 꼭짓점의 좌표는 $(2,\, -2)$이다.

③ 축의 방정식은 $x=2$이다.

④ 제1사분면을 지나지 않는다.

⑤ x축과 두 점 $(-3,\, 0)$, $(-1,\, 0)$에서 만난다.

유형 08 이차함수 $y=ax^2+bx+c$의 그래프에서 a, b, c의 부호 〔중요〕

(1) a의 부호: 그래프의 모양에 따라 결정

① 아래로 볼록(∪) ➡ $a>0$

② 위로 볼록(∩) ➡ $a<0$

(2) b의 부호: 축의 위치에 따라 결정

① y축의 왼쪽 ➡ $ab>0$

② y축과 일치 ➡ $b=0$ ⌐ a, b는 같은 부호

③ y축의 오른쪽 ➡ $ab<0$ ⌐ a, b는 다른 부호

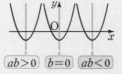

$\boxed{ab>0}$ $\boxed{b=0}$ $\boxed{ab<0}$

(3) c의 부호: y축과 만나는 점의 위치에 따라 결정

① x축보다 위쪽 ➡ $c>0$

② 원점 ➡ $c=0$

③ x축보다 아래쪽 ➡ $c<0$

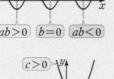

$\boxed{c>0}$

$\boxed{c=0}$

$\boxed{c<0}$

대표 문제

34 이차함수 $y=ax^2+bx+c$의 그래프가 오른쪽 그림과 같을 때, 상수 a, b, c의 부호는?

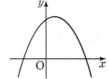

① $a>0, b>0, c>0$

② $a>0, b>0, c<0$

③ $a<0, b>0, c>0$

④ $a<0, b>0, c<0$

⑤ $a<0, b<0, c<0$

유형 09 이차함수 $y=ax^2+bx+c$의 그래프와 삼각형의 넓이 〔중요〕

이차함수 $y=ax^2+bx+c$의 그래프 위의 점을 꼭짓점으로 하는 삼각형의 넓이를 구할 때, 다음과 같이 필요한 점의 좌표를 구한다.

(1) 꼭짓점 A의 좌표

➡ $y=a(x-p)^2+q$ 꼴로 고치면 $A(p,\, q)$

(2) x축과 만나는 두 점 B, C의 좌표

➡ 이차방정식 $ax^2+bx+c=0$의 해가 $\alpha, \beta\,(\alpha<\beta)$이면

$B(\alpha,\, 0)$, $C(\beta,\, 0)$

(3) y축과 만나는 점 D의 좌표 ➡ $D(0,\, c)$

$y=ax^2+bx+c$

대표 문제

35 오른쪽 그림과 같이 이차함수 $y=-x^2+6x+7$의 그래프가 x축과 만나는 두 점을 각각 A, B, 꼭짓점을 C라 할 때, $\triangle ABC$의 넓이를 구하시오.

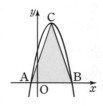

유형 07 이차함수 $y=ax^2+bx+c$의 그래프의 성질

Pick
36 대표 문제

다음 중 이차함수 $y=-\dfrac{1}{2}x^2+2x-3$의 그래프에 대한 설명으로 옳지 않은 것은?

① 축의 방정식은 $x=2$이다.
② 꼭짓점의 좌표는 $(2, -1)$이다.
③ y축과 만나는 점의 좌표는 $(0, -3)$이다.
④ $x>2$일 때, x의 값이 증가하면 y의 값도 증가한다.
⑤ 이차함수 $y=\dfrac{1}{3}x^2$의 그래프보다 폭이 좁은 포물선이다.

37 하

다음 이차함수 중 그 그래프가 위로 볼록하면서 폭이 가장 넓은 것은?

① $y=(2x-1)^2$
② $y=-5x^2+1$
③ $y=4x(x-1)$
④ $y=-x^2+8x-1$
⑤ $y=-3x^2+6x+9$

38 중

이차함수 $y=-2x^2+4x-5$의 그래프를 x축의 방향으로 -2만큼, y축의 방향으로 -1만큼 평행이동한 그래프에 대한 설명으로 옳은 것을 보기에서 모두 고르시오.

┌ 보기 ┐
ㄱ. 축의 방정식은 $x=-1$이다.
ㄴ. y축과 만나는 점의 좌표는 $(0, -4)$이다.
ㄷ. 모든 사분면을 지난다.
ㄹ. $x>-1$일 때, x의 값이 증가하면 y의 값은 감소한다.
└────────────────────────────────┘

39 상 多보기

다음 중 이차함수 $y=ax^2+bx+c$의 그래프에 대한 설명으로 옳지 않은 것을 모두 고르면? (단, a, b, c는 상수)

① $a>0$이면 그래프는 아래로 볼록하다.
② y축과 만나는 점의 y좌표는 c이다.
③ x축과 만나는 점의 개수는 2이다.
④ 꼭짓점의 좌표는 $\left(-\dfrac{b}{2a},\ -\dfrac{b^2-4ac}{2a}\right)$이다.
⑤ $a<0$이면 $x<-\dfrac{b}{2a}$일 때, x의 값이 증가하면 y의 값도 증가한다.
⑥ 평행이동하여 $y=-ax^2$의 그래프와 포개어진다.

유형 08 이차함수 $y=ax^2+bx+c$의 그래프에서 a, b, c의 부호 중요

40 대표 문제

이차함수 $y=ax^2+bx+c$의 그래프가 오른쪽 그림과 같을 때, 상수 a, b, c의 부호는?

① $a>0$, $b>0$, $c>0$
② $a>0$, $b>0$, $c<0$
③ $a>0$, $b<0$, $c>0$
④ $a<0$, $b>0$, $c<0$
⑤ $a<0$, $b<0$, $c<0$

41 ⑧

이차함수 $y=ax^2+bx+c$의 그래프가 오른쪽 그림과 같을 때, 다음 중 옳은 것은? (단, a, b, c는 상수)

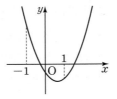

① $ab>0$ ② $ac>0$

③ $bc<0$ ④ $a+b+c>0$

⑤ $4a-2b+c>0$

42 ⑧

이차함수 $y=ax^2+bx+c$의 그래프가 오른쪽 그림과 같을 때, 다음 중 일차방정식 $ax+by+c=0$의 그래프로 적당한 것은?

(단, a, b, c는 상수)

① 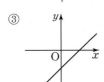   ②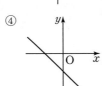

③ 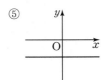   ④

⑤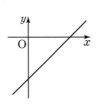

43 ⑧

일차함수 $y=ax+b$의 그래프가 오른쪽 그림과 같을 때, 이차함수 $y=x^2+ax+b$의 그래프의 꼭짓점은 제몇 사분면 위의 점인지 구하시오. (단, a, b는 상수)

44 ⑧

$a+b<0$, $ab>0$일 때, 다음 중 이차함수 $y=ax^2+x+b$의 그래프로 적당한 것은?

① 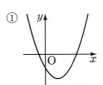   ②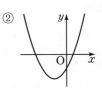

③   ④

⑤

45 ⑧

이차함수 $y=ax^2+bx+c$의 그래프가 제3사분면만을 지나지 않을 때, 다음 중 이차함수 $y=bx^2+cx+a$의 그래프로 적당한 것은? (단, a, b, c는 상수, $c\neq0$)

① 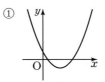   ②

③ 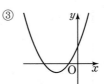   ④

⑤

Pick
46 대표 문제

오른쪽 그림과 같이 이차함수
$y=2x^2-12x+10$의 그래프가 x축과 만나는 두 점을 각각 A, B, 꼭짓점을 C라 할 때, △ABC의 넓이는?

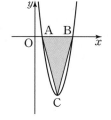

① 4 ② 8
③ 16 ④ 24
⑤ 32

Pick
47 중

오른쪽 그림과 같이 이차함수
$y=-x^2-x+2$의 그래프가 x축과 만나는 두 점을 각각 A, B, y축과 만나는 점을 C라 할 때, △ABC의 넓이를 구하시오.

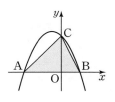

48 중 서술형

오른쪽 그림과 같이 이차함수
$y=\frac{1}{4}x^2-x-4$의 그래프가 y축과 만나는 점을 A, 꼭짓점을 B라 할 때, △OAB의 넓이를 구하시오. (단, O는 원점)

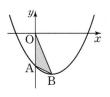

49 중

오른쪽 그림과 같이 이차함수
$y=-2x^2+4x+4$의 그래프의 꼭짓점을 P, x축과의 교점을 각각 A, B, y축과의 교점을 C라 할 때, △ABC와 △ABP의 넓이의 비는?

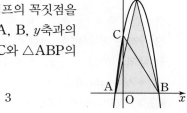

① 1:2 ② 2:3
③ 3:5 ④ 5:7
⑤ 5:9

50 중

오른쪽 그림은 이차함수
$y=x^2+ax+b$의 그래프이다. 이 그래프의 꼭짓점을 A, x축과 만나는 두 점을 각각 O, B라 할 때, △OAB의 넓이를 구하시오.
  (단, O는 원점, a, b는 상수)

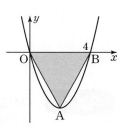

51 상

오른쪽 그림과 같이 이차함수
$y=-\frac{1}{2}x^2+2x+6$의 그래프의 꼭짓점을 A, y축과 만나는 점을 B, x축의 양의 부분과 만나는 점을 C라 할 때,
□ABOC의 넓이는? (단, O는 원점)

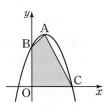

① 30 ② 32 ③ 34
④ 36 ⑤ 38

유형 10 이차함수의 식 구하기 – 꼭짓점의 좌표와
다른 한 점이 주어질 때 ^{중요}

꼭짓점의 좌표 (p, q)와 그래프 위의 한 점 (x_1, y_1)이 주어질 때

❶ 구하는 이차함수의 식을 $y = a(x-p)^2 + q$로 놓는다.

❷ ❶의 식에 점 (x_1, y_1)의 좌표를 대입한다.

➡ 상수 a의 값을 구한다.

참고 꼭짓점의 좌표에 따라 이차함수의 식을 다음과 같이 놓을 수 있다.

   (1) $(0, 0)$ ➡ $y = ax^2$ (2) $(0, q)$ ➡ $y = ax^2 + q$
   (3) $(p, 0)$ ➡ $y = a(x-p)^2$ (4) (p, q) ➡ $y = a(x-p)^2 + q$

예 꼭짓점의 좌표가 $(2, 1)$이고 점 $(4, -3)$을 지나는 포물선을 그래프로 하는 이차함수의 식 구하기

❶ 이차함수의 식을 $y = a(x-2)^2 + 1$로 놓고

❷ $x = 4, y = -3$을 대입하면

   $-3 = a(4-2)^2 + 1$ ∴ $a = -1$

 ➡ $y = -(x-2)^2 + 1 = -x^2 + 4x - 3$

대표 문제

52 꼭짓점의 좌표가 $(-1, -9)$이고 점 $(2, 9)$를 지나는 포물선을 그래프로 하는 이차함수의 식은?

① $y = -x^2 + x - 7$

② $y = 2x^2 + 4x - 7$

③ $y = 2x^2 - 4x + 1$

④ $y = 3x^2 + 6x - 6$

⑤ $y = 3x^2 - 6x + 7$

유형 11 이차함수의 식 구하기 – 축의 방정식과
두 점이 주어질 때

축의 방정식 $x = p$와 그래프 위의 두 점 (x_1, y_1), (x_2, y_2)가 주어질 때

❶ 구하는 이차함수의 식을 $y = a(x-p)^2 + q$로 놓는다.

❷ ❶의 식에 두 점 (x_1, y_1), (x_2, y_2)의 좌표를 각각 대입한다.

➡ 상수 a, q의 값을 구한다.

참고 축의 방정식에 따라 이차함수의 식을 다음과 같이 놓을 수 있다.

   (1) $x = 0$ ➡ $y = ax^2 + q$
   (2) $x = p$ ➡ $y = a(x-p)^2 + q$

예 축의 방정식이 $x = 3$이고 두 점 $(1, 0)$, $(2, -3)$을 지나는 포물선을 그래프로 하는 이차함수의 식 구하기

❶ 이차함수의 식을 $y = a(x-3)^2 + q$로 놓고

❷ $x = 1, y = 0$을 대입하면

   $0 = a(1-3)^2 + q, 4a + q = 0$ ⋯ ㉠

   $x = 2, y = -3$을 대입하면

   $-3 = a(2-3)^2 + q, a + q = -3$ ⋯ ㉡

   ㉠, ㉡을 연립하여 풀면 $a = 1, q = -4$

 ➡ $y = (x-3)^2 - 4 = x^2 - 6x + 5$

대표 문제

53 축의 방정식이 $x = -2$이고 두 점 $(1, -6)$, $(-3, 2)$를 지나는 포물선을 그래프로 하는 이차함수의 식을 $y = ax^2 + bx + c$ 꼴로 나타내시오. (단, a, b, c는 상수)

유형 12 이차함수의 식 구하기 – 서로 다른 세 점이
주어질 때

그래프 위의 세 점 (x_1, y_1), (x_2, y_2), (x_3, y_3)이 주어질 때

❶ 구하는 이차함수의 식을 $y=ax^2+bx+c$로 놓는다.

❷ ❶의 식에 세 점 (x_1, y_1), (x_2, y_2), (x_3, y_3)의 좌표를 각각
대입한다.

➡ 상수 a, b, c의 값을 구한다.

⑩ 세 점 $(0, 1)$, $(-1, 4)$, $(1, 2)$를 지나는 포물선을 그래프로 하는 이차함
수의 식 구하기

❶ 이차함수의 식을 $y=ax^2+bx+c$로 놓고

❷ $x=0$, $y=1$을 대입하면 $1=c$

즉, $y=ax^2+bx+1$이므로 이 식에

$x=-1$, $y=4$를 대입하면

$4=a-b+1$ $\cdots$ ㉠

$x=1$, $y=2$를 대입하면

$2=a+b+1$ $\cdots$ ㉡

㉠, ㉡을 연립하여 풀면 $a=2$, $b=-1$

➡ $y=2x^2-x+1$

참고 그래프가 지나는 세 점 중 x좌표가 0인 점의 좌표를 먼저 대입하여 c의
값을 구한 후 나머지 점의 좌표를 대입하면 편리하다.

대표 문제

54 세 점 $(-1, 7)$, $(1, -5)$, $(0, -2)$를 지나는 포물선
을 그래프로 하는 이차함수의 식을 $y=ax^2+bx+c$라 할
때, 상수 a, b, c에 대하여 $a-b-c$의 값은?

① 7　　　　② 9　　　　③ 11

④ 13　　　　⑤ 15

유형 13 이차함수의 식 구하기 – x축과 만나는 두 점과
다른 한 점이 주어질 때

x축과 만나는 두 점 $(m, 0)$, $(n, 0)$과 그래프 위의 한 점 (x_1, y_1)
이 주어질 때

❶ 구하는 이차함수의 식을 $y=a(x-m)(x-n)$으로 놓는다.

❷ ❶의 식에 점 (x_1, y_1)의 좌표를 대입한다.

➡ 상수 a의 값을 구한다.

⑩ x축과 두 점 $(-2, 0)$, $(3, 0)$에서 만나고 점 $(1, -6)$을 지나는 포물선
을 그래프로 하는 이차함수의 식 구하기

❶ 이차함수의 식을 $y=a(x+2)(x-3)$으로 놓고

❷ $x=1$, $y=-6$을 대입하면

$-6=a(1+2)(1-3)$ $\therefore a=1$

➡ $y=(x+2)(x-3)=x^2-x-6$

참고 x축과 만나는 두 점과 다른 한 점이 주어질 때, 이차함수의 식 구하기는
서로 다른 세 점이 주어질 때와 같은 방법으로도 구할 수 있다.

대표 문제

55 x축과 두 점 $(-1, 0)$, $(3, 0)$에서 만나고 y축과 점
$(0, 3)$에서 만나는 포물선을 그래프로 하는 이차함수의 식을
$y=ax^2+bx+c$ 꼴로 나타내시오. (단, a, b, c는 상수)

유형 완성하기

유형 10 이차함수의 식 구하기 – 꼭짓점의 좌표와 다른 한 점이 주어질 때 〔중요〕

56 〔대표 문제〕

꼭짓점의 좌표가 $(-1, 2)$이고 y축과의 교점의 y좌표가 -1인 포물선을 그래프로 하는 이차함수의 식을 $y=ax^2+bx+c$라 할 때, $a-2b+c$의 값을 구하시오. (단, a, b, c는 상수)

57 〔중〕

오른쪽 그림과 같은 이차함수의 그래프를 평행이동하면 완전히 포개어지는 것은?

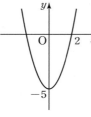

① $y=-3x^2-2$

② $y=2\left(x+\dfrac{1}{3}\right)^2$

③ $y=\dfrac{5}{4}x^2+x+1$

④ $y=3(x+1)^2-2$

⑤ $y=-\dfrac{2}{3}(x-4)^2+2$

58 〔중〕 〔서술형〕

꼭짓점의 좌표가 $(2, -3)$이고 점 $(-2, 1)$을 지나는 포물선이 y축과 만나는 점의 좌표를 구하시오.

Pick
59 〔중〕

오른쪽 그림과 같은 이차함수의 그래프가 점 $(6, k)$를 지날 때, k의 값을 구하시오.

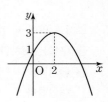

60 〔중〕

이차함수 $y=3(x+2)^2+4$의 그래프와 꼭짓점의 좌표가 같고, 이차함수 $y=\dfrac{1}{2}x^2-x-4$의 그래프와 y축에서 만나는 포물선을 그래프로 하는 이차함수의 식은?

① $y=-2x^2-8x-4$ ② $y=-2x^2+8x-8$

③ $y=2x^2+8x-4$ ④ $y=2x^2+8x+8$

⑤ $y=2x^2-8x+4$

61 〔상〕

다음 중 아래 조건을 모두 만족시키는 이차함수의 그래프 위의 점인 것은?

┌─〔조건〕─────────────────────────
│ ㈎ x축과 한 점에서 만난다.
│ ㈏ 축의 방정식은 $x=-2$이다.
│ ㈐ 점 $(-4, 6)$을 지난다.
└──────────────────────────────

① $\left(-3, -\dfrac{3}{2}\right)$ ② $\left(-1, \dfrac{1}{2}\right)$ ③ $(0, 3)$

④ $\left(1, \dfrac{9}{2}\right)$ ⑤ $(2, 24)$

유형 11   이차함수의 식 구하기 – 축의 방정식과 두 점이 주어질 때

62 대표 문제

직선 $x=1$을 축으로 하고 두 점 $(2, -4)$, $(-1, -1)$을 지나는 포물선을 그래프로 하는 이차함수의 식을 $y=ax^2+bx+c$라 할 때, 상수 a, b, c에 대하여 $a-b-c$의 값은?

① -5 ② -3 ③ 3
④ 5 ⑤ 7

Pick
63 중

오른쪽 그림과 같이 직선 $x=2$를 축으로 하는 이차함수의 그래프의 꼭짓점의 y좌표를 구하시오.

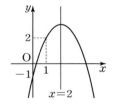

64 중

이차함수 $y=-2x^2+ax+b$의 그래프가 직선 $x=-3$을 축으로 하고 점 $(-1, -5)$를 지날 때, 상수 a, b에 대하여 $a+b$의 값은?

① 3 ② -3 ③ -18
④ -27 ⑤ -45

65 상

다음 조건을 모두 만족시키는 포물선을 그래프로 하는 이차함수의 식을 $y=ax^2+bx+c$ 꼴로 나타내시오.

(단, a, b, c는 상수)

┌ 조건 ┐
㈎ 점 $(1, 15)$를 지난다.
㈏ 이차함수 $y=4x^2$의 그래프와 폭이 같다.
㈐ $x<-1$이면 x의 값이 증가할 때 y의 값은 감소하고, $x>-1$이면 x의 값이 증가할 때 y의 값도 증가한다.

유형 12   이차함수의 식 구하기 – 서로 다른 세 점이 주어질 때

Pick
66 대표 문제

세 점 $(-1, 6)$, $(0, 3)$, $(1, 2)$를 지나는 이차함수의 그래프의 꼭짓점의 좌표를 구하시오.

67 중

이차함수 $y=ax^2-2x+b$의 그래프가 세 점 $(0, 1)$, $(1, c)$, $(-2, 17)$을 지날 때, $a+b+c$의 값을 구하시오.

(단, a, b는 상수)

68 중

이차함수 $y = ax^2 + bx + c$의 그래프가 오른쪽 그림과 같을 때, 상수 a, b, c에 대하여 $4a - 2b - c$의 값은?

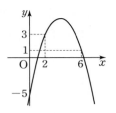

① -15　　　　② -9

③ 4　　　　④ 10

⑤ 13

69 중

세 점 $(0, -3)$, $(-4, -3)$, $(1, -8)$을 지나는 이차함수의 그래프가 x축과 만나는 두 점을 각각 A, B라 할 때, $\overline{AB}$의 길이를 구하시오.

유형 13 이차함수의 식 구하기 – x축과 만나는 두 점과 다른 한 점이 주어질 때

70 대표 문제

이차함수 $y = ax^2 + bx + c$의 그래프가 점 $(4, 3)$을 지나고, x축과 두 점 $(1, 0)$, $(5, 0)$에서 만날 때, 상수 a, b, c에 대하여 $a - b - c$의 값을 구하시오.

71 하

이차함수 $y = 5x^2$의 그래프를 평행이동하면 완전히 포개어지고, x축과 두 점 $(2, 0)$, $(-3, 0)$에서 만나는 이차함수의 그래프가 y축과 만나는 점의 좌표는?

① $(0, -1)$　　　② $(0, 1)$　　　③ $(0, -15)$

④ $(0, 30)$　　　⑤ $(0, -30)$

Pick
72 중

오른쪽 그림과 같은 이차함수의 그래프의 꼭짓점의 좌표를 (p, q)라 할 때, $4p - 5q$의 값을 구하시오.

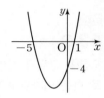

73 상

이차함수 $y = x^2 + ax + b$의 그래프는 y축을 축으로 하고, x축과 만나는 두 점 사이의 거리가 8이다. 상수 a, b에 대하여 $a - b$의 값은?

① 4　　　　② 10　　　　③ 16

④ 24　　　　⑤ 30

74 (유형 01)

이차함수 $y=3x^2+6x-2$의 그래프는 이차함수 $y=ax^2$의 그래프를 x축의 방향으로 p만큼, y축의 방향으로 q만큼 평행이동한 것이다. 이때 $a+p+q$의 값은? (단, a는 상수)

① -3 ② -2 ③ -1

④ 2 ⑤ 3

75 (유형 02)

다음 이차함수 중 그 그래프의 꼭짓점이 제2사분면 위에 있는 것은?

① $y=4x^2-8x$ ② $y=-3x^2-6x-2$

③ $y=x^2+4x+1$ ④ $y=-2x^2+4x+1$

⑤ $y=-(x+1)(x-2)$

76 (유형 02)

두 이차함수 $y=-x^2-2x+a$, $y=-\dfrac{1}{3}x^2+bx+1$의 꼭짓점이 일치할 때, 상수 a, b에 대하여 $a-b$의 값은?

① $-\dfrac{5}{3}$ ② $-\dfrac{1}{3}$ ③ $\dfrac{1}{3}$

④ 1 ⑤ $\dfrac{5}{3}$

77 (유형 03)

다음 이차함수 중 그 그래프가 모든 사분면을 지나는 것은?

① $y=-x^2-4x-2$ ② $y=x^2-4x$

③ $y=3(x+2)^2-4$ ④ $y=-2x^2+8x-10$

⑤ $y=2x^2-4x-1$

78 (유형 04)

이차함수 $y=-\dfrac{2}{3}x^2+kx-8$의 그래프가 점 $(3, -2)$를 지난다. 이 그래프에서 x의 값이 증가할 때, y의 값도 증가하는 x의 값의 범위를 구하시오. (단, k는 상수)

79 (유형 05)

이차함수 $y=x^2-6x+k$의 그래프가 x축과 두 점 A, B에서 만나고 $\overline{AB}=2\sqrt{10}$일 때, 상수 k의 값은?

① -2 ② -1 ③ 0

④ 1 ⑤ 2

80

유형 06

이차함수 $y=\dfrac{1}{3}x^2-2x+1$의 그래프를 x축의 방향으로 -1만큼, y축의 방향으로 -2만큼 평행이동하였더니 이차함수 $y=\dfrac{1}{3}x^2+ax+b$의 그래프와 일치하였다. 이때 $a+b$의 값을 구하시오. (단, a, b는 상수)

81

유형 06

이차함수 $y=2x^2-4x+7$의 그래프를 x축의 방향으로 k만큼 평행이동한 그래프에서 $x<-4$이면 x의 값이 증가할 때 y의 값은 감소하고, $x>-4$이면 x의 값이 증가할 때 y의 값도 증가한다. 이때 k의 값은?

① -5 ② -3 ③ -1
④ 1 ⑤ 3

82

유형 07

다음 중 이차함수 $y=-x^2+4x+5$의 그래프에 대한 설명으로 옳지 <u>않은</u> 것은?

① 꼭짓점의 좌표는 $(2, 9)$이다.
② $x>2$일 때, x의 값이 증가하면 y의 값은 감소한다.
③ x축과 만나는 두 점 사이의 거리는 6이다.
④ 이차함수 $y=-x^2$의 그래프를 x축의 방향으로 -2만큼, y축의 방향으로 9만큼 평행이동한 것이다.
⑤ 모든 사분면을 지난다.

83

유형 08

이차함수 $y=ax^2+bx+c$의 그래프가 오른쪽 그림과 같을 때, 다음 보기 중 항상 음수인 것을 모두 고르시오.
(단, a, b, c는 상수)

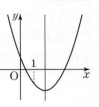

| 보기 |
ㄱ. ac ㄴ. $a+b+c$ ㄷ. abc
ㄹ. $a-b+c$ ㅁ. $2a-b$ ㅂ. $2a+b$

84

유형 09

오른쪽 그림과 같이 이차함수 $y=x^2-x-6$의 그래프가 x축과 만나는 두 점을 각각 A, B, y축과 만나는 점을 C라 할 때, △ABC의 넓이는?

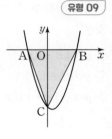

① 13 ② $\dfrac{27}{2}$
③ 14 ④ $\dfrac{29}{2}$
⑤ 15

85

유형 10

오른쪽 그림과 같은 이차함수의 그래프를 x축의 방향으로 3만큼, y축의 방향으로 -2만큼 평행이동한 그래프가 y축과 만나는 점의 y좌표를 구하시오.

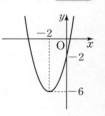

86

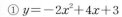

오른쪽 그림과 같이 직선 $x=1$을 축으로 하는 포물선을 그래프로 하는 이차함수의 식은?

① $y=-2x^2+4x+3$

② $y=-2x^2-4x+3$

③ $y=-\dfrac{1}{2}x^2+x+3$

④ $y=-x^2+2x+3$

⑤ $y=-x^2-2x+3$

87

유형 12

이차함수 $y=f(x)$에 대하여 $f(0)=5$, $f(2)=3$, $f(4)=5$일 때, 이차함수 $y=f(x)$의 그래프의 꼭짓점의 좌표를 구하시오.

88

유형 13

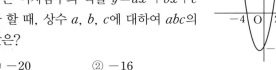

오른쪽 그림과 같은 포물선을 그래프로 하는 이차함수의 식을 $y=ax^2+bx+c$라 할 때, 상수 a, b, c에 대하여 abc의 값은?

① -20 ② -16

③ -4 ④ 16

⑤ 20

서술형 문제

89

유형 02

이차함수 $y=x^2-2ax+b$의 그래프가 점 $(4, 7)$을 지나고, 꼭짓점이 직선 $y=2x$ 위의 점일 때, 상수 a, b에 대하여 $\dfrac{b}{a}$의 값을 구하시오.

90

유형 09

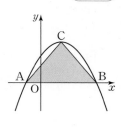

오른쪽 그림과 같이 이차함수 $y=-\dfrac{1}{4}x^2+2x+k$의 그래프와 x축이 만나는 점을 각각 A, B라 하면 $\overline{AB}=12$이다. 점 C가 그래프의 꼭짓점일 때, $\triangle$ABC의 넓이를 구하시오.

(단, k는 상수)

91

유형 10

꼭짓점의 좌표가 $(3, -7)$이고 점 $(-1, 9)$를 지나는 이차함수의 그래프가 점 $(1, k)$를 지날 때, k의 값을 구하시오.

• 정답과 해설 110쪽

92 이차함수 $y=ax^2+bx+c$의 그래프의 꼭짓점의 좌표가 $(2, -2)$이고 이 그래프가 제3사분면을 지나지 않을 때, 상수 a의 값의 범위를 구하시오.

93 한 개의 주사위를 두 번 던져서 첫 번째에 나온 눈의 수를 a, 두 번째에 나온 눈의 수를 b라 할 때, 이차함수 $y=x^2-6x+a+2b$의 그래프의 꼭짓점이 제4사분면 위에 있을 확률은?

① $\dfrac{11}{36}$ ② $\dfrac{1}{3}$ ③ $\dfrac{13}{36}$

④ $\dfrac{7}{18}$ ⑤ $\dfrac{5}{12}$

94 오른쪽 그림과 같이 직사각형 ABCD가 이차함수 $y=-x^2+8x$의 그래프와 x축으로 둘러싸인 부분에 내접하고 있다. □ABCD의 둘레의 길이가 26일 때, $\overline{BC}$의 길이를 구하시오.

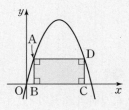

95 오른쪽 그림은 두 이차함수 $y=x^2$, $y=x^2-8x$의 그래프이다. 직선 l이 이차함수 $y=x^2-8x$의 그래프의 축일 때, 색칠한 부분의 넓이를 구하시오.

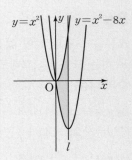

96 오른쪽 그림과 같이 이차함수 $y=-x^2+2x+3$의 그래프의 꼭짓점을 A, y축과의 교점을 B, x축의 양의 부분과의 교점을 C라 할 때, △ABC의 넓이를 구하시오.

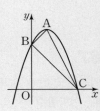

97 오른쪽 그림은 포물선 모양의 놀이 기구 레일의 일부분이다. 지점 O에서 지점 P까지의 높이가 4 m이고 지점 O에서 3 m 떨어진 지점 Q에서 지점 R까지의 높이가 5 m일 때,

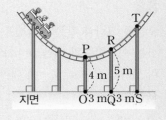

지점 O에서 6 m 떨어진 지점 S에서 지점 T까지의 높이를 구하시오. (단, 점 P는 포물선의 꼭짓점이다.)

수	0	1	2	3	4	5	6	7	8	9
1.0	1.000	1.005	1.010	1.015	1.020	1.025	1.030	1.034	1.039	1.044
1.1	1.049	1.054	1.058	1.063	1.068	1.072	1.077	1.082	1.086	1.091
1.2	1.095	1.100	1.105	1.109	1.114	1.118	1.122	1.127	1.131	1.136
1.3	1.140	1.145	1.149	1.153	1.158	1.162	1.166	1.170	1.175	1.179
1.4	1.183	1.187	1.192	1.196	1.200	1.204	1.208	1.212	1.217	1.221
1.5	1.225	1.229	1.233	1.237	1.241	1.245	1.249	1.253	1.257	1.261
1.6	1.265	1.269	1.273	1.277	1.281	1.285	1.288	1.292	1.296	1.300
1.7	1.304	1.308	1.311	1.315	1.319	1.323	1.327	1.330	1.334	1.338
1.8	1.342	1.345	1.349	1.353	1.356	1.360	1.364	1.367	1.371	1.375
1.9	1.378	1.382	1.386	1.389	1.393	1.396	1.400	1.404	1.407	1.411
2.0	1.414	1.418	1.421	1.425	1.428	1.432	1.435	1.439	1.442	1.446
2.1	1.449	1.453	1.456	1.459	1.463	1.466	1.470	1.473	1.476	1.480
2.2	1.483	1.487	1.490	1.493	1.497	1.500	1.503	1.507	1.510	1.513
2.3	1.517	1.520	1.523	1.526	1.530	1.533	1.536	1.539	1.543	1.546
2.4	1.549	1.552	1.556	1.559	1.562	1.565	1.568	1.572	1.575	1.578
2.5	1.581	1.584	1.587	1.591	1.594	1.597	1.600	1.603	1.606	1.609
2.6	1.612	1.616	1.619	1.622	1.625	1.628	1.631	1.634	1.637	1.640
2.7	1.643	1.646	1.649	1.652	1.655	1.658	1.661	1.664	1.667	1.670
2.8	1.673	1.676	1.679	1.682	1.685	1.688	1.691	1.694	1.697	1.700
2.9	1.703	1.706	1.709	1.712	1.715	1.718	1.720	1.723	1.726	1.729
3.0	1.732	1.735	1.738	1.741	1.744	1.746	1.749	1.752	1.755	1.758
3.1	1.761	1.764	1.766	1.769	1.772	1.775	1.778	1.780	1.783	1.786
3.2	1.789	1.792	1.794	1.797	1.800	1.803	1.806	1.808	1.811	1.814
3.3	1.817	1.819	1.822	1.825	1.828	1.830	1.833	1.836	1.838	1.841
3.4	1.844	1.847	1.849	1.852	1.855	1.857	1.860	1.863	1.865	1.868
3.5	1.871	1.873	1.876	1.879	1.881	1.884	1.887	1.889	1.892	1.895
3.6	1.897	1.900	1.903	1.905	1.908	1.910	1.913	1.916	1.918	1.921
3.7	1.924	1.926	1.929	1.931	1.934	1.936	1.939	1.942	1.944	1.947
3.8	1.949	1.952	1.954	1.957	1.960	1.962	1.965	1.967	1.970	1.972
3.9	1.975	1.977	1.980	1.982	1.985	1.987	1.990	1.992	1.995	1.997
4.0	2.000	2.002	2.005	2.007	2.010	2.012	2.015	2.017	2.020	2.022
4.1	2.025	2.027	2.030	2.032	2.035	2.037	2.040	2.042	2.045	2.047
4.2	2.049	2.052	2.054	2.057	2.059	2.062	2.064	2.066	2.069	2.071
4.3	2.074	2.076	2.078	2.081	2.083	2.086	2.088	2.090	2.093	2.095
4.4	2.098	2.100	2.102	2.105	2.107	2.110	2.112	2.114	2.117	2.119
4.5	2.121	2.124	2.126	2.128	2.131	2.133	2.135	2.138	2.140	2.142
4.6	2.145	2.147	2.149	2.152	2.154	2.156	2.159	2.161	2.163	2.166
4.7	2.168	2.170	2.173	2.175	2.177	2.179	2.182	2.184	2.186	2.189
4.8	2.191	2.193	2.195	2.198	2.200	2.202	2.205	2.207	2.209	2.211
4.9	2.214	2.216	2.218	2.220	2.223	2.225	2.227	2.229	2.232	2.234
5.0	2.236	2.238	2.241	2.243	2.245	2.247	2.249	2.252	2.254	2.256
5.1	2.258	2.261	2.263	2.265	2.267	2.269	2.272	2.274	2.276	2.278
5.2	2.280	2.283	2.285	2.287	2.289	2.291	2.293	2.296	2.298	2.300
5.3	2.302	2.304	2.307	2.309	2.311	2.313	2.315	2.317	2.319	2.322
5.4	2.324	2.326	2.328	2.330	2.332	2.335	2.337	2.339	2.341	2.343

수	0	1	2	3	4	5	6	7	8	9
5.5	2.345	2.347	2.349	2.352	2.354	2.356	2.358	2.360	2.362	2.364
5.6	2.366	2.369	2.371	2.373	2.375	2.377	2.379	2.381	2.383	2.385
5.7	2.387	2.390	2.392	2.394	2.396	2.398	2.400	2.402	2.404	2.406
5.8	2.408	2.410	2.412	2.415	2.417	2.419	2.421	2.423	2.425	2.427
5.9	2.429	2.431	2.433	2.435	2.437	2.439	2.441	2.443	2.445	2.447
6.0	2.449	2.452	2.454	2.456	2.458	2.460	2.462	2.464	2.466	2.468
6.1	2.470	2.472	2.474	2.476	2.478	2.480	2.482	2.484	2.486	2.488
6.2	2.490	2.492	2.494	2.496	2.498	2.500	2.502	2.504	2.506	2.508
6.3	2.510	2.512	2.514	2.516	2.518	2.520	2.522	2.524	2.526	2.528
6.4	2.530	2.532	2.534	2.536	2.538	2.540	2.542	2.544	2.546	2.548
6.5	2.550	2.551	2.553	2.555	2.557	2.559	2.561	2.563	2.565	2.567
6.6	2.569	2.571	2.573	2.575	2.577	2.579	2.581	2.583	2.585	2.587
6.7	2.588	2.590	2.592	2.594	2.596	2.598	2.600	2.602	2.604	2.606
6.8	2.608	2.610	2.612	2.613	2.615	2.617	2.619	2.621	2.623	2.625
6.9	2.627	2.629	2.631	2.632	2.634	2.636	2.638	2.640	2.642	2.644
7.0	2.646	2.648	2.650	2.651	2.653	2.655	2.657	2.659	2.661	2.663
7.1	2.665	2.666	2.668	2.670	2.672	2.674	2.676	2.678	2.680	2.681
7.2	2.683	2.685	2.687	2.689	2.691	2.693	2.694	2.696	2.698	2.700
7.3	2.702	2.704	2.706	2.707	2.709	2.711	2.713	2.715	2.717	2.718
7.4	2.720	2.722	2.724	2.726	2.728	2.729	2.731	2.733	2.735	2.737
7.5	2.739	2.740	2.742	2.744	2.746	2.748	2.750	2.751	2.753	2.755
7.6	2.757	2.759	2.760	2.762	2.764	2.766	2.768	2.769	2.771	2.773
7.7	2.775	2.777	2.778	2.780	2.782	2.784	2.786	2.787	2.789	2.791
7.8	2.793	2.795	2.796	2.798	2.800	2.802	2.804	2.805	2.807	2.809
7.9	2.811	2.812	2.814	2.816	2.818	2.820	2.821	2.823	2.825	2.827
8.0	2.828	2.830	2.832	2.834	2.835	2.837	2.839	2.841	2.843	2.844
8.1	2.846	2.848	2.850	2.851	2.853	2.855	2.857	2.858	2.860	2.862
8.2	2.864	2.865	2.867	2.869	2.871	2.872	2.874	2.876	2.877	2.879
8.3	2.881	2.883	2.884	2.886	2.888	2.890	2.891	2.893	2.895	2.897
8.4	2.898	2.900	2.902	2.903	2.905	2.907	2.909	2.910	2.912	2.914
8.5	2.915	2.917	2.919	2.921	2.922	2.924	2.926	2.927	2.929	2.931
8.6	2.933	2.934	2.936	2.938	2.939	2.941	2.943	2.944	2.946	2.948
8.7	2.950	2.951	2.953	2.955	2.956	2.958	2.960	2.961	2.963	2.965
8.8	2.966	2.968	2.970	2.972	2.973	2.975	2.977	2.978	2.980	2.982
8.9	2.983	2.985	2.987	2.988	2.990	2.992	2.993	2.995	2.997	2.998
9.0	3.000	3.002	3.003	3.005	3.007	3.008	3.010	3.012	3.013	3.015
9.1	3.017	3.018	3.020	3.022	3.023	3.025	3.027	3.028	3.030	3.032
9.2	3.033	3.035	3.036	3.038	3.040	3.041	3.043	3.045	3.046	3.048
9.3	3.050	3.051	3.053	3.055	3.056	3.058	3.059	3.061	3.063	3.064
9.4	3.066	3.068	3.069	3.071	3.072	3.074	3.076	3.077	3.079	3.081
9.5	3.082	3.084	3.085	3.087	3.089	3.090	3.092	3.094	3.095	3.097
9.6	3.098	3.100	3.102	3.103	3.105	3.106	3.108	3.110	3.111	3.113
9.7	3.114	3.116	3.118	3.119	3.121	3.122	3.124	3.126	3.127	3.129
9.8	3.130	3.132	3.134	3.135	3.137	3.138	3.140	3.142	3.143	3.145
9.9	3.146	3.148	3.150	3.151	3.153	3.154	3.156	3.158	3.159	3.161

수	0	1	2	3	4	5	6	7	8	9
10	3.162	3.178	3.194	3.209	3.225	3.240	3.256	3.271	3.286	3.302
11	3.317	3.332	3.347	3.362	3.376	3.391	3.406	3.421	3.435	3.450
12	3.464	3.479	3.493	3.507	3.521	3.536	3.550	3.564	3.578	3.592
13	3.606	3.619	3.633	3.647	3.661	3.674	3.688	3.701	3.715	3.728
14	3.742	3.755	3.768	3.782	3.795	3.808	3.821	3.834	3.847	3.860
15	3.873	3.886	3.899	3.912	3.924	3.937	3.950	3.962	3.975	3.987
16	4.000	4.012	4.025	4.037	4.050	4.062	4.074	4.087	4.099	4.111
17	4.123	4.135	4.147	4.159	4.171	4.183	4.195	4.207	4.219	4.231
18	4.243	4.254	4.266	4.278	4.290	4.301	4.313	4.324	4.336	4.347
19	4.359	4.370	4.382	4.393	4.405	4.416	4.427	4.438	4.450	4.461
20	4.472	4.483	4.494	4.506	4.517	4.528	4.539	4.550	4.561	4.572
21	4.583	4.593	4.604	4.615	4.626	4.637	4.648	4.658	4.669	4.680
22	4.690	4.701	4.712	4.722	4.733	4.743	4.754	4.764	4.775	4.785
23	4.796	4.806	4.817	4.827	4.837	4.848	4.858	4.868	4.879	4.889
24	4.899	4.909	4.919	4.930	4.940	4.950	4.960	4.970	4.980	4.990
25	5.000	5.010	5.020	5.030	5.040	5.050	5.060	5.070	5.079	5.089
26	5.099	5.109	5.119	5.128	5.138	5.148	5.158	5.167	5.177	5.187
27	5.196	5.206	5.215	5.225	5.235	5.244	5.254	5.263	5.273	5.282
28	5.292	5.301	5.310	5.320	5.329	5.339	5.348	5.357	5.367	5.376
29	5.385	5.394	5.404	5.413	5.422	5.431	5.441	5.450	5.459	5.468
30	5.477	5.486	5.495	5.505	5.514	5.523	5.532	5.541	5.550	5.559
31	5.568	5.577	5.586	5.595	5.604	5.612	5.621	5.630	5.639	5.648
32	5.657	5.666	5.675	5.683	5.692	5.701	5.710	5.718	5.727	5.736
33	5.745	5.753	5.762	5.771	5.779	5.788	5.797	5.805	5.814	5.822
34	5.831	5.840	5.848	5.857	5.865	5.874	5.882	5.891	5.899	5.908
35	5.916	5.925	5.933	5.941	5.950	5.958	5.967	5.975	5.983	5.992
36	6.000	6.008	6.017	6.025	6.033	6.042	6.050	6.058	6.066	6.075
37	6.083	6.091	6.099	6.107	6.116	6.124	6.132	6.140	6.148	6.156
38	6.164	6.173	6.181	6.189	6.197	6.205	6.213	6.221	6.229	6.237
39	6.245	6.253	6.261	6.269	6.277	6.285	6.293	6.301	6.309	6.317
40	6.325	6.332	6.340	6.348	6.356	6.364	6.372	6.380	6.387	6.395
41	6.403	6.411	6.419	6.427	6.434	6.442	6.450	6.458	6.465	6.473
42	6.481	6.488	6.496	6.504	6.512	6.519	6.527	6.535	6.542	6.550
43	6.557	6.565	6.573	6.580	6.588	6.595	6.603	6.611	6.618	6.626
44	6.633	6.641	6.648	6.656	6.663	6.671	6.678	6.686	6.693	6.701
45	6.708	6.716	6.723	6.731	6.738	6.745	6.753	6.760	6.768	6.775
46	6.782	6.790	6.797	6.804	6.812	6.819	6.826	6.834	6.841	6.848
47	6.856	6.863	6.870	6.877	6.885	6.892	6.899	6.907	6.914	6.921
48	6.928	6.935	6.943	6.950	6.957	6.964	6.971	6.979	6.986	6.993
49	7.000	7.007	7.014	7.021	7.029	7.036	7.043	7.050	7.057	7.064
50	7.071	7.078	7.085	7.092	7.099	7.106	7.113	7.120	7.127	7.134
51	7.141	7.148	7.155	7.162	7.169	7.176	7.183	7.190	7.197	7.204
52	7.211	7.218	7.225	7.232	7.239	7.246	7.253	7.259	7.266	7.273
53	7.280	7.287	7.294	7.301	7.308	7.314	7.321	7.328	7.335	7.342
54	7.348	7.355	7.362	7.369	7.376	7.382	7.389	7.396	7.403	7.409

수	0	1	2	3	4	5	6	7	8	9
55	7.416	7.423	7.430	7.436	7.443	7.450	7.457	7.463	7.470	7.477
56	7.483	7.490	7.497	7.503	7.510	7.517	7.523	7.530	7.537	7.543
57	7.550	7.556	7.563	7.570	7.576	7.583	7.589	7.596	7.603	7.609
58	7.616	7.622	7.629	7.635	7.642	7.649	7.655	7.662	7.668	7.675
59	7.681	7.688	7.694	7.701	7.707	7.714	7.720	7.727	7.733	7.740
60	7.746	7.752	7.759	7.765	7.772	7.778	7.785	7.791	7.797	7.804
61	7.810	7.817	7.823	7.829	7.836	7.842	7.849	7.855	7.861	7.868
62	7.874	7.880	7.887	7.893	7.899	7.906	7.912	7.918	7.925	7.931
63	7.937	7.944	7.950	7.956	7.962	7.969	7.975	7.981	7.987	7.994
64	8.000	8.006	8.012	8.019	8.025	8.031	8.037	8.044	8.050	8.056
65	8.062	8.068	8.075	8.081	8.087	8.093	8.099	8.106	8.112	8.118
66	8.124	8.130	8.136	8.142	8.149	8.155	8.161	8.167	8.173	8.179
67	8.185	8.191	8.198	8.204	8.210	8.216	8.222	8.228	8.234	8.240
68	8.246	8.252	8.258	8.264	8.270	8.276	8.283	8.289	8.295	8.301
69	8.307	8.313	8.319	8.325	8.331	8.337	8.343	8.349	8.355	8.361
70	8.367	8.373	8.379	8.385	8.390	8.396	8.402	8.408	8.414	8.420
71	8.426	8.432	8.438	8.444	8.450	8.456	8.462	8.468	8.473	8.479
72	8.485	8.491	8.497	8.503	8.509	8.515	8.521	8.526	8.532	8.538
73	8.544	8.550	8.556	8.562	8.567	8.573	8.579	8.585	8.591	8.597
74	8.602	8.608	8.614	8.620	8.626	8.631	8.637	8.643	8.649	8.654
75	8.660	8.666	8.672	8.678	8.683	8.689	8.695	8.701	8.706	8.712
76	8.718	8.724	8.729	8.735	8.741	8.746	8.752	8.758	8.764	8.769
77	8.775	8.781	8.786	8.792	8.798	8.803	8.809	8.815	8.820	8.826
78	8.832	8.837	8.843	8.849	8.854	8.860	8.866	8.871	8.877	8.883
79	8.888	8.894	8.899	8.905	8.911	8.916	8.922	8.927	8.933	8.939
80	8.944	8.950	8.955	8.961	8.967	8.972	8.978	8.983	8.989	8.994
81	9.000	9.006	9.011	9.017	9.022	9.028	9.033	9.039	9.044	9.050
82	9.055	9.061	9.066	9.072	9.077	9.083	9.088	9.094	9.099	9.105
83	9.110	9.116	9.121	9.127	9.132	9.138	9.143	9.149	9.154	9.160
84	9.165	9.171	9.176	9.182	9.187	9.192	9.198	9.203	9.209	9.214
85	9.220	9.225	9.230	9.236	9.241	9.247	9.252	9.257	9.263	9.268
86	9.274	9.279	9.284	9.290	9.295	9.301	9.306	9.311	9.317	9.322
87	9.327	9.333	9.338	9.343	9.349	9.354	9.359	9.365	9.370	9.375
88	9.381	9.386	9.391	9.397	9.402	9.407	9.413	9.418	9.423	9.429
89	9.434	9.439	9.445	9.450	9.455	9.460	9.466	9.471	9.476	9.482
90	9.487	9.492	9.497	9.503	9.508	9.513	9.518	9.524	9.529	9.534
91	9.539	9.545	9.550	9.555	9.560	9.566	9.571	9.576	9.581	9.586
92	9.592	9.597	9.602	9.607	9.612	9.618	9.623	9.628	9.633	9.638
93	9.644	9.649	9.654	9.659	9.664	9.670	9.675	9.680	9.685	9.690
94	9.695	9.701	9.706	9.711	9.716	9.721	9.726	9.731	9.737	9.742
95	9.747	9.752	9.757	9.762	9.767	9.772	9.778	9.783	9.788	9.793
96	9.798	9.803	9.808	9.813	9.818	9.823	9.829	9.834	9.839	9.844
97	9.849	9.854	9.859	9.864	9.869	9.874	9.879	9.884	9.889	9.894
98	9.899	9.905	9.910	9.915	9.920	9.925	9.930	9.935	9.940	9.945
99	9.950	9.955	9.960	9.965	9.970	9.975	9.980	9.985	9.990	9.995

내신 만점 유형서

만렙

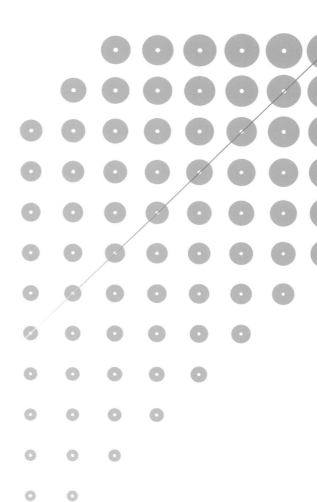

정답과 해설

중등수학 **3´1**

ABOVE IMAGINATION

우리는 남다른 상상과 혁신으로
교육 문화의 새로운 전형을 만들어
모든 이의 행복한 경험과 성장에 기여한다

1 제곱근의 뜻과 성질

01 제곱근의 뜻과 표현

유형 모아 보기 & 완성하기

8~12쪽

01 답 ②, ④

x가 a의 제곱근이므로 $x^2=a$ 또는 $x=\pm\sqrt{a}$
따라서 옳은 것은 ②, ④이다.

02 답 −2

$(-6)^2=36$의 음의 제곱근은 -6이므로 $A=-6$
$\sqrt{256}=16$의 양의 제곱근은 4이므로 $B=4$
$\therefore A+B=-6+4=-2$

03 답 ④

① 제곱근 11은 $\sqrt{11}$이다.
② 0의 제곱근은 0이다.
③ -4는 음수이므로 제곱근이 없다.
④ $\sqrt{81}=9$의 음의 제곱근은 -3이다.
⑤ 제곱근 10은 $\sqrt{10}$이고, 10의 제곱근은 $\pm\sqrt{10}$이므로 같지 않다.
따라서 옳은 것은 ④이다.

04 답 $\sqrt{42}$ cm

(직사각형의 넓이)$=7\times6=42$(cm²)
정사각형의 한 변의 길이를 x cm라 하면 $x^2=42$
이때 $x>0$이므로 $x=\sqrt{42}$
따라서 정사각형의 한 변의 길이는 $\sqrt{42}$ cm이다.

05 답 $\sqrt{21}$ cm

$\overline{AC}=\sqrt{11^2-10^2}=\sqrt{21}$ (cm)

06 답 ②

x는 7의 제곱근이므로 $x^2=7$ 또는 $x=\pm\sqrt{7}$
따라서 바르게 나타낸 것은 ②이다.

07 답 ④

음수의 제곱근은 없으므로 제곱근이 없는 수는 -1, $-\dfrac{1}{9}$이다.

08 답 ⑤

$A^2=16$, $B^2=8$이므로 $A^2-B^2=16-8=8$

09 답 12

$(-10)^2=100$의 양의 제곱근은 10이므로 $A=10$
$\sqrt{16}=4$의 음의 제곱근은 -2이므로 $B=-2$
$\therefore A-B=10-(-2)=12$

10 답 ②, ⑤

① $\sqrt{64}=8$의 제곱근 $\Rightarrow$ $\pm\sqrt{8}$

② $(-15)^2=225$의 제곱근 $\Rightarrow$ ±15

③ 0.36의 제곱근 $\Rightarrow$ ±0.6

④ $\sqrt{\dfrac{16}{25}}=\dfrac{4}{5}$의 제곱근 $\Rightarrow$ $\pm\sqrt{\dfrac{4}{5}}$

⑤ $10^2=100$의 제곱근 $\Rightarrow$ ±10

따라서 옳은 것은 ②, ⑤이다.

11 답 $-\dfrac{5}{3}$

$2.\dot{7}=\dfrac{27-2}{9}=\dfrac{25}{9}$

따라서 $2.\dot{7}$의 음의 제곱근은 $-\sqrt{\dfrac{25}{9}}=-\dfrac{5}{3}$이다.

12 답 $\sqrt{6}$

144의 제곱근은 ±12이고 $a>b$이므로 $a=12$, $b=-12$ $\cdots$ (i)

$\therefore \sqrt{a-2b}=\sqrt{12-2\times(-12)}=\sqrt{36}=6$ $\cdots$ (ii)

따라서 6의 양의 제곱근은 $\sqrt{6}$이다. $\cdots$ (iii)

채점 기준	
(i) a, b의 값 구하기	40 %
(ii) $\sqrt{a-2b}$의 값 구하기	30 %
(iii) $\sqrt{a-2b}$의 양의 제곱근 구하기	30 %

13 답 ③

$121=11^2$이므로 $\sqrt{121}=11$

$\dfrac{1}{36}=\left(\dfrac{1}{6}\right)^2$이므로 $\sqrt{\dfrac{1}{36}}=\dfrac{1}{6}$

$81=9^2$이므로 $-\sqrt{81}=-9$

따라서 근호를 사용하지 않고 나타낼 수 있는 수는 $\sqrt{121}$, $\sqrt{\dfrac{1}{36}}$, $-\sqrt{81}$의 3개이다.

14 답 ②, ⑤

① $7.\dot{1}=\dfrac{71-7}{9}=\dfrac{64}{9}$의 제곱근 $\Rightarrow$ $\pm\sqrt{\dfrac{64}{9}}=\pm\dfrac{8}{3}$

③ $\sqrt{256}=16$의 제곱근 $\Rightarrow$ $\pm\sqrt{16}=\pm4$

④ $\dfrac{49}{36}$의 제곱근 $\Rightarrow$ $\pm\sqrt{\dfrac{49}{36}}=\pm\dfrac{7}{6}$

따라서 근호를 사용하지 않고 제곱근을 나타낼 수 없는 수는 ②, ⑤이다.

15 답 ⑤

ㄴ. 16의 양의 제곱근은 $\sqrt{16}=4$이다.

ㄷ. $225=15^2$이므로 $-\sqrt{225}=-15$이다.

ㄹ. $3^2=9$의 음의 제곱근은 -3이다.

ㅁ. $\sqrt{\dfrac{25}{64}}=\dfrac{5}{8}$의 양의 제곱근은 $\sqrt{\dfrac{5}{8}}$이다.

따라서 근호를 사용하지 않고 나타낼 수 있는 수는 ㄴ, ㄷ, ㄹ이다.

16 답 ㄷ, ㄹ

ㄷ. 6의 제곱근은 $\pm\sqrt{6}$이다.

ㄹ. $\sqrt{49}=7$의 양의 제곱근은 $\sqrt{7}$이다.

따라서 옳지 않은 것은 ㄷ, ㄹ이다.

17 답 ①, ③

① $(\pm5)^2=25$이므로 -5는 25의 음의 제곱근이다.

② $\dfrac{9}{64}$의 제곱근은 $\pm\dfrac{3}{8}$이다.

③ $(-3)^2=9$의 제곱근은 ±3이다.

④ 제곱근 100은 $\sqrt{100}=10$이다.

⑤ $\sqrt{0.04}$는 0.04의 양의 제곱근이다.

⑥ 양수의 제곱근은 2개, 0의 제곱근은 1개, 음수의 제곱근은 없다.

따라서 옳은 것은 ①, ③이다.

18 답 ②

①, ③, ④, ⑤ ±2　　②$\sqrt{4}=2$

따라서 그 값이 나머지 넷과 다른 하나는 ②이다.

19 답 $\sqrt{30}\,\text{cm}$

$(\text{삼각형의 넓이})=\dfrac{1}{2}\times10\times6=30(\text{cm}^2)$

정사각형의 한 변의 길이를 x cm라 하면 $x^2=30$

이때 $x>0$이므로 $x=\sqrt{30}$

따라서 정사각형의 한 변의 길이는 $\sqrt{30}$ cm이다.

20 답 $\sqrt{41}\,\text{cm}$

$(\text{두 정사각형의 넓이의 합})=4^2+5^2=34(\text{cm}^2)$

새로 만든 정사각형의 한 변의 길이를 x cm라 하면 $x^2=41$

이때 $x>0$이므로 $x=\sqrt{41}$

따라서 새로 만든 정사각형의 한 변의 길이는 $\sqrt{41}$ cm이다.

21 답 $\sqrt{21}\,\text{cm}$

$(\text{A의 한 변의 길이})=\sqrt{4}=2(\text{cm})$

$(\text{B의 한 변의 길이})=2\times\dfrac{3}{2}=3(\text{cm})$

$(\text{B의 넓이})=3^2=9(\text{cm}^2)$

$(\text{C의 넓이})=9\times\dfrac{7}{3}=21(\text{cm}^2)$

C의 한 변의 길이를 x cm라 하면 $x^2=21$

이때 $x>0$이므로 $x=\sqrt{21}$

따라서 C의 한 변의 길이는 $\sqrt{21}$ cm이다.

22 답 ④

$\overline{BD}=\sqrt{5^2+3^2}=\sqrt{34}(\text{cm})$

23 답 $\sqrt{265}\,\text{cm}$

$\triangle$ADC에서 $\overline{CD}=\sqrt{13^2-12^2}=\sqrt{25}=5(\text{cm})$이므로

$\overline{BD}=16-5=11(\text{cm})$

따라서 $\triangle$ABD에서 $\overline{AB}=\sqrt{11^2+12^2}=\sqrt{265}(\text{cm})$

24 답 $\sqrt{149}\,\mathrm{cm}$

두 정사각형 ABCD, GCEF의 한 변의 길이는 각각

$\sqrt{49}=7(\mathrm{cm})$, $\sqrt{9}=3(\mathrm{cm})$

즉, $\overline{\mathrm{AB}}=7(\mathrm{cm})$, $\overline{\mathrm{BE}}=7+3=10(\mathrm{cm})$이므로 ···(i)

$\triangle\mathrm{ABE}$에서 $\overline{\mathrm{AE}}=\sqrt{7^2+10^2}=\sqrt{149}(\mathrm{cm})$ ···(ii)

채점 기준	
(i) $\overline{\mathrm{AB}}$, $\overline{\mathrm{BE}}$의 길이 구하기	50 %
(ii) $\overline{\mathrm{AE}}$의 길이 구하기	50 %

02 제곱근의 성질 (1)

유형 모아 보기 & 완성하기 13~16쪽

25 답 ⑤

① $\sqrt{7^2}=7$

② $(\sqrt{7})^2=7$

③ $(-\sqrt{7})^2=7$

④ $\sqrt{(-7)^2}=7$

⑤ $\sqrt{(-7)^2}=7$이므로 $-\sqrt{(-7)^2}=-7$

따라서 그 값이 나머지 넷과 다른 하나는 ⑤이다.

26 답 0

$\sqrt{100}-\sqrt{(-15)^2}+(-\sqrt{5})^2=10-15+5=0$

27 답 (1) $-a$ (2) $-a$

(1) $-\sqrt{a^2}=-a$

(2) $a<0$일 때, $-a>0$이므로 $\sqrt{(-a)^2}=-a$

28 답 $-2a+3b$

$a<0$, $b>0$일 때, $2a<0$, $-2b<0$이므로

$\sqrt{4a^2}+\sqrt{b^2}+\sqrt{(-2b)^2}=\sqrt{(2a)^2}+\sqrt{b^2}+\sqrt{(-2b)^2}$

$\qquad\qquad\qquad\qquad\quad=-2a+b+\{-(-2b)\}$

$\qquad\qquad\qquad\qquad\quad=-2a+b+2b=-2a+3b$

29 답 ②

$1<a<2$일 때, $a-1>0$, $a-2<0$이므로

$\sqrt{(a-1)^2}+\sqrt{(a-2)^2}=a-1+\{-(a-2)\}$

$\qquad\qquad\qquad\qquad\quad=a-1-a+2=1$

30 답 ②

① $-\sqrt{36}=-6$

② $\sqrt{(-6)^2}=6$

③ $(\sqrt{6})^2=6$이므로 $-(\sqrt{6})^2=-6$

④ $(-\sqrt{6})^2=6$이므로 $-(-\sqrt{6})^2=-6$

⑤ $\sqrt{6^2}=6$이므로 $-\sqrt{6^2}=-6$

따라서 그 값이 나머지 넷과 다른 하나는 ②이다.

31 답 ⑤

① $\sqrt{\left(\frac{1}{2}\right)^2}=\frac{1}{2}$이므로 $-\sqrt{\left(\frac{1}{2}\right)^2}=-\frac{1}{2}$

② $\sqrt{(-10)^2}=10$

③ $(-\sqrt{0.3})^2=0.3$

④ $(\sqrt{4})^2=4$

⑤ $\sqrt{(-5)^2}=5$이므로 $-\sqrt{(-5)^2}=-5$

따라서 옳은 것은 ⑤이다.

32 답 ④

① $\left(\frac{1}{3}\right)^2=\frac{1}{9}$

② $\left(-\sqrt{\frac{1}{4}}\right)^2=\frac{1}{4}$

③ $\sqrt{0.01}=0.1=\frac{1}{10}$

④ $\sqrt{(-0.5)^2}=0.5=\frac{1}{2}$

⑤ $\sqrt{\left(-\frac{1}{9}\right)^2}=\frac{1}{9}$이므로 $-\sqrt{\left(-\frac{1}{9}\right)^2}=-\frac{1}{9}$

따라서 가장 큰 수는 ④이다.

33 답 12

$(-\sqrt{64})^2=64$의 양의 제곱근은 $\sqrt{64}=8$이므로

$a=8$ ···(i)

$\sqrt{(-16)^2}=16$의 음의 제곱근은 $-\sqrt{16}=-4$이므로

$b=-4$ ···(ii)

$\therefore a-b=8-(-4)=12$ ···(iii)

채점 기준	
(i) a의 값 구하기	40 %
(ii) b의 값 구하기	40 %
(iii) $a-b$의 값 구하기	20 %

34 답 ③

$\sqrt{(-5)^2}\times\sqrt{3^2}-(-\sqrt{11})^2=5\times3-11=4$

35 답 ④

① $\sqrt{7^2}+\sqrt{(-9)^2}=7+9=16$

② $\sqrt{16}\div(-\sqrt{4^2})=4\div(-4)=-1$

③ $(\sqrt{11})^2-(-\sqrt{14})^2=11-14=-3$

④ $-(-\sqrt{3})^2\times\sqrt{49}=-3\times7=-21$

⑤ $\sqrt{\frac{4}{25}}\times\{-\sqrt{(-10)^2}\}=\frac{2}{5}\times(-10)=-4$

따라서 옳은 것은 ④이다.

36 답 3

$\sqrt{144}-(-\sqrt{13})^2+(\sqrt{7})^2\times\sqrt{\left(-\frac{4}{7}\right)^2}=12-13+7\times\frac{4}{7}=3$

37 답 25

$A = \sqrt{225} - \sqrt{36} \div (-\sqrt{3})^2 = 15 - 6 \div 3$
$\quad = 15 - 2 = 13$

$B = \sqrt{(-10)^2} \times \sqrt{0.04} + \sqrt{\left(\dfrac{2}{3}\right)^2} \div \left(-\sqrt{\dfrac{1}{15}}\right)^2$

$\quad = 10 \times 0.2 + \dfrac{2}{3} \div \dfrac{1}{15}$

$\quad = 2 + \dfrac{2}{3} \times 15 = 2 + 10 = 12$

$\therefore A + B = 13 + 12 = 25$

38 답 ⑤

⑤ $-a < 0$이므로 $\sqrt{(-a)^2} = -(-a) = a$

39 답 ③, ④

$a < 0$일 때, $-a > 0$이므로

ㄱ. $\sqrt{(-a)^2} = -a$

ㄴ. $(\sqrt{-a})^2 = -a$

ㄷ. $-\sqrt{(-a)^2} = -(-a) = a$

ㄹ. $(-\sqrt{-a})^2 = (\sqrt{-a})^2 = -a$

ㅁ. $-\sqrt{a^2} = -(-a) = a$

따라서 같은 값을 갖는 것끼리 바르게 짝 지은 것은 ③, ④이다.

40 답 ③, ④

$a > 0$일 때

① $4a > 0$이므로 $\sqrt{16a^2} = \sqrt{(4a)^2} = 4a$

② $3a > 0$이므로 $(-\sqrt{3a})^2 = 3a$

③ $-2a < 0$이므로 $\sqrt{(-2a)^2} = -(-2a) = 2a$

④ $-9a < 0$이므로 $-\sqrt{(-9a)^2} = -\{-(-9a)\} = -9a$

⑤ $8a > 0$이므로 $-\sqrt{64a^2} = -\sqrt{(8a)^2} = -8a$

따라서 옳지 않은 것은 ③, ④이다.

41 답 ④

$a > 0$, $b < 0$일 때, $-3a < 0$, $6b < 0$이므로

$\sqrt{(-3a)^2} - \sqrt{36b^2} - 2\sqrt{a^2} = \sqrt{(-3a)^2} - \sqrt{(6b)^2} - 2\sqrt{a^2}$
$\qquad = -(-3a) - (-6b) - 2a$
$\qquad = 3a + 6b - 2a = a + 6b$

42 답 ④

$a < 0$일 때, $-5a > 0$, $3a < 0$이므로

$\sqrt{a^2} - \sqrt{(-5a)^2} + \sqrt{9a^2} = \sqrt{a^2} - \sqrt{(-5a)^2} + \sqrt{(3a)^2}$
$\qquad = -a - (-5a) + (-3a)$
$\qquad = -a + 5a - 3a = a$

43 답 $-7a + 8b$

$a - b < 0$에서 $a < b$이고 $ab < 0$이므로 $a < 0$, $b > 0$이다.
따라서 $7a < 0$, $-9b < 0$이므로

$\sqrt{49a^2} + \sqrt{(-9b)^2} - \sqrt{b^2} = \sqrt{(7a)^2} + \sqrt{(-9b)^2} - \sqrt{b^2}$
$\qquad = -7a + \{-(-9b)\} - b$
$\qquad = -7a + 9b - b = -7a + 8b$

44 답 ④

$-1 < x < 5$일 때, $x - 5 < 0$, $x + 1 > 0$이므로

$\sqrt{(x-5)^2} - \sqrt{(x+1)^2} = -(x-5) - (x+1)$
$\qquad = -x + 5 - x - 1$
$\qquad = -2x + 4$

45 답 ⑤

$a > 2$일 때, $2 - a < 0$, $a - 2 > 0$이므로

$\sqrt{(2-a)^2} + \sqrt{(a-2)^2} = -(2-a) + (a-2)$
$\qquad = -2 + a + a - 2$
$\qquad = 2a - 4$

46 답 ④

$3 < a < 7$일 때, $3 - a < 0$, $7 - a > 0$, $a > 0$이므로

$\sqrt{(3-a)^2} - \sqrt{(7-a)^2} + \sqrt{a^2}$
$= -(3-a) - (7-a) + a$
$= -3 + a - 7 + a + a$
$= 3a - 10$

47 답 $4a$

$ab < 0$에서 a, b의 부호는 서로 다르고, $a > b$이므로

$a > 0$, $b < 0$ ⋯ (i)

따라서 $2a > 0$, $b - 2a < 0$, $-b > 0$이므로

$\sqrt{4a^2} + \sqrt{(b-2a)^2} - \sqrt{(-b)^2}$
$= \sqrt{(2a)^2} + \sqrt{(b-2a)^2} - \sqrt{(-b)^2}$
$= 2a + \{-(b-2a)\} - (-b)$ ⋯ (ii)
$= 2a - b + 2a + b$
$= 4a$ ⋯ (iii)

채점 기준

(i) a, b의 부호 정하기	30 %
(ii) 주어진 식을 근호를 사용하지 않고 나타내기	40 %
(iii) 식을 간단히 하기	30 %

48 답 ③

$a > b > c > 0$일 때, $a - b > 0$, $b - c > 0$, $c - a < 0$이므로

$\sqrt{(a-b)^2} - \sqrt{(b-c)^2} + \sqrt{(c-a)^2}$
$= a - b - (b-c) + \{-(c-a)\}$
$= a - b - b + c - c + a$
$= 2a - 2b$

49 답 ③

그래프가 오른쪽 아래로 향하므로 $a < 0$
y절편이 양수이므로 $b > 0$
즉, $3a < 0$, $-4b < 0$, $b - a > 0$이므로

$\sqrt{9a^2} + \sqrt{(-4b)^2} - \sqrt{(b-a)^2}$
$= \sqrt{(3a)^2} + \sqrt{(-4b)^2} - \sqrt{(b-a)^2}$
$= -3a + \{-(-4b)\} - (b-a)$
$= -3a + 4b - b + a$
$= -2a + 3b$

유형 모아 보기 & 완성하기 17~20쪽

50 답 **10**

$\sqrt{40a}=\sqrt{2^3\times5\times a}$가 자연수가 되려면 $a=2\times5\times$ (자연수)^2 꼴이어야 한다.

따라서 가장 작은 자연수 a의 값은 $2\times5=10$이다.

51 답 **7**

$\sqrt{\dfrac{28}{x}}=\sqrt{\dfrac{2^2\times7}{x}}$이 자연수가 되려면 x는 28의 약수이면서

$7\times$ (자연수)^2 꼴이어야 한다.

따라서 가장 작은 자연수 x의 값은 7이다.

52 답 ③

$\sqrt{13+a}$가 자연수가 되려면 $13+a$가 13보다 큰 (자연수)^2 꼴인 수이어야 하므로

$13+a=16,\ 25,\ 36,\ \cdots$

$\therefore a=3,\ 12,\ 23,\ \cdots$

따라서 가장 작은 자연수 a의 값은 3이다.

53 답 ⑤

$\sqrt{19-n}$이 자연수가 되려면 $19-n$이 19보다 작은 (자연수)^2 꼴인 수이어야 하므로

$19-n=1,\ 4,\ 9,\ 16$

$\therefore n=18,\ 15,\ 10,\ 3$

따라서 자연수 n의 값이 아닌 것은 ⑤이다.

54 답 ③

$\sqrt{180x}=\sqrt{2^2\times3^2\times5\times x}$가 자연수가 되려면 $x=5\times$ (자연수)^2 꼴이어야 한다.

따라서 가장 작은 자연수 x의 값은 5이다.

55 답 **6**

$\sqrt{\dfrac{147}{2}x}=\sqrt{\dfrac{3\times7^2\times x}{2}}$가 자연수가 되려면 $x=2\times3\times$ (자연수)^2 꼴이어야 한다.

따라서 가장 작은 자연수 x의 값은 $2\times3=6$이다.

56 답 ②

$\sqrt{63x}=\sqrt{3^2\times7\times x}$가 자연수가 되려면 $x=7\times$ (자연수)^2 꼴이어야 한다.

따라서 두 자리의 자연수 x는 $7\times2^2=28,\ 7\times3^2=63$의 2개이다.

57 답 **210**

$\sqrt{60n}=\sqrt{2^2\times3\times5\times n}$이 자연수가 되려면 $n=3\times5\times$ (자연수)^2 꼴이어야 한다.

따라서 $10\le n<150$인 자연수 n은

$3\times5\times1^2=15,\ 3\times5\times2^2=60,\ 3\times5\times3^2=135$

이므로 구하는 합은 $15+60+135=210$

58 답 ⑤

$v=\sqrt{2\times9.8\times h}=\sqrt{\dfrac{2\times7^2\times h}{5}}$가 자연수가 되려면

$h=2\times5\times$ (자연수)^2 꼴이어야 한다.

따라서 두 자리의 자연수 h는

$2\times5\times1^2=10,\ 2\times5\times2^2=40,\ 2\times5\times3^2=90$

이므로 두 자리의 자연수 h의 값 중에서 가장 큰 수는 90이다.

59 답 **35**

$\sqrt{\dfrac{315}{x}}=\sqrt{\dfrac{3^2\times5\times7}{x}}$이 자연수가 되려면 x는 315의 약수이면서

$5\times7\times$ (자연수)^2 꼴이어야 한다.

따라서 가장 작은 자연수 x의 값은 $5\times7=35$이다.

60 답 **6**

넓이가 $\dfrac{216}{x}$인 정사각형 모양의 색종이의 한 변의 길이는 $\sqrt{\dfrac{216}{x}}$

$\sqrt{\dfrac{216}{x}}=\sqrt{\dfrac{2^3\times3^3}{x}}$이 자연수가 되려면 x는 216의 약수이면서

$2\times3\times$ (자연수)^2 꼴이어야 한다.

따라서 가장 작은 자연수 x의 값은 $2\times3=6$이다.

61 답 **100**

$\sqrt{\dfrac{72}{a}}=\sqrt{\dfrac{2^3\times3^2}{a}}$이 자연수가 되려면 a는 72의 약수이면서

$2\times$ (자연수)^2 꼴이어야 한다.

즉, 자연수 a는

$2,\ 2^3=8,\ 2\times3^2=18,\ 2^3\times3^2=72$ ⋯ (i)

따라서 모든 자연수 a의 값의 합은

$2+8+18+72=100$ ⋯ (ii)

채점 기준	
(i) a의 값 구하기	60 %
(ii) 모든 자연수 a의 값의 합 구하기	40 %

62 답 ⑤

$\sqrt{\dfrac{96}{a}}=\sqrt{\dfrac{2^5\times3}{a}}$이 1보다 큰 자연수가 되려면 a는 96보다 작은 96의 약수이면서 $2\times3\times$ (자연수)^2 꼴이어야 한다.

따라서 가장 큰 자연수 a의 값은 $2^3\times3=24$이다.

63 답 ②

(i) $\sqrt{\dfrac{108}{a}}=\sqrt{\dfrac{2^2\times3^3}{a}}$이 자연수가 되려면 a는 108의 약수이면서

$3\times(자연수)^2$ 꼴이어야 한다.

$\therefore a=3,\ 3\times2^2,\ 3^3,\ 3^3\times2^2$

(ii) $\sqrt{12a}=\sqrt{2^2\times3\times a}$가 자연수가 되려면 $a=3\times(자연수)^2$ 꼴이어

야 한다.

$\therefore a=3,\ 3\times2^2,\ 3^3,\ 3\times4^2,\ 3\times5^2,\ \cdots$

따라서 (i), (ii)를 모두 만족시키는 두 자리의 자연수 a는

$3\times2^2=12,\ 3^3=27$의 2개이다.

64 답 9

$\sqrt{16+x}$가 자연수가 되려면 $16+x$가 16보다 큰 $(자연수)^2$ 꼴인 수이

어야 하므로

$16+x=25,\ 36,\ 49,\ \cdots$

$\therefore x=9,\ 20,\ 33,\ \cdots$

따라서 가장 작은 자연수 x의 값은 9이다.

65 답 ④

$\sqrt{27+a}$가 자연수가 되려면 $27+a$가 27보다 큰 $(자연수)^2$ 꼴인 수이

어야 하므로

$27+a=36,\ 49,\ 64,\ 81,\ 100,\ \cdots$

$\therefore a=9,\ 22,\ 37,\ 54,\ 73,\ \cdots$

따라서 자연수 a의 값이 아닌 것은 ④이다.

66 답 5

$\sqrt{50+n}$이 자연수가 되려면 $50+n$이 50보다 큰 $(자연수)^2$ 꼴인 수이

어야 하므로

$50+n=64,\ 81,\ 100,\ 121,\ 144,\ 169,\ \cdots$

$\therefore n=14,\ 31,\ 50,\ 71,\ 94,\ 119,\ \cdots$

따라서 100 이하의 자연수 n은 14, 31, 50, 71, 94의 5개이다.

67 답 17

$\sqrt{115+a}$가 자연수가 되려면 $115+a$가 115보다 큰 $(자연수)^2$ 꼴인

수이어야 하므로

$115+a=121,\ 144,\ 169,\ \cdots$

$\therefore a=6,\ 29,\ 54,\ \cdots$

따라서 가장 작은 자연수 $a=6$ ⋯ (i)

이때 $b=\sqrt{115+6}=\sqrt{121}=11$이므로 ⋯ (ii)

$a+b=6+11=17$ ⋯ (iii)

채점 기준	
(i) a의 값 구하기	60 %
(ii) b의 값 구하기	30 %
(iii) $a+b$의 값 구하기	10 %

68 답 ①

$\sqrt{16-x}$가 정수가 되려면 $16-x$가 0 또는 16보다 작은 $(자연수)^2$ 꼴

인 수이어야 하므로

$16-x=0,\ 1,\ 4,\ 9$

$\therefore x=16,\ 15,\ 12,\ 7$

따라서 자연수 x의 값이 아닌 것은 ①이다.

69 답 ④

$\sqrt{50-a}$가 자연수가 되려면 $50-a$가 50보다 작은 $(자연수)^2$ 꼴인 수

이어야 하므로

$50-a=1,\ 4,\ 9,\ 16,\ 25,\ 36,\ 49$

$\therefore a=49,\ 46,\ 41,\ 34,\ 25,\ 14,\ 1$

따라서 자연수 a의 개수는 7이다.

70 답 22

$\sqrt{30-2x}$가 정수가 되려면 $30-2x$가 0 또는 30보다 작은 $(자연수)^2$

꼴인 수이어야 하므로

$30-2x=0,\ 1,\ 4,\ 9,\ 16,\ 25$

$\therefore x=15,\ \dfrac{29}{2},\ 13,\ \dfrac{21}{2},\ 7,\ \dfrac{5}{2}$

이때 x는 자연수이므로 $x=15,\ 13,\ 7$

따라서 x의 값 중 가장 큰 수 $A=15$, 가장 작은 수 $B=7$이므로

$A+B=15+7=22$

71 답 $45\,\text{m}^2$

정사각형 모양의 두 밭 A, B의 한 변의 길이는 각각 $\sqrt{12n}\,\text{m}$,

$\sqrt{36-n}\,\text{m}$이다.

$\sqrt{12n}=\sqrt{2^2\times3\times n}$이 자연수가 되려면 $n=3\times(자연수)^2$ 꼴이어야

하므로 자연수 n은

$3\times1^2=3,\ 3\times2^2=12,\ 3\times3^2=27,\ 3\times4^2=48,\ \cdots$ ⋯ ㉠

또 $\sqrt{36-n}$이 자연수가 되려면 $36-n$은 36보다 작은 $(자연수)^2$ 꼴

인 수이어야 하므로

$36-n=1,\ 4,\ 9,\ 16,\ 25$

$\therefore n=35,\ 32,\ 27,\ 20,\ 11$ ⋯ ㉡

㉠, ㉡에서 $n=27$이므로 ⋯ (i)

(A의 한 변의 길이)$=\sqrt{12\times27}=18\,(\text{m})$

(B의 한 변의 길이)$=\sqrt{36-27}=3\,(\text{m})$ ⋯ (ii)

따라서 밭 C의 넓이는

$3\times(18-3)=45\,(\text{m}^2)$ ⋯ (iii)

채점 기준	
(i) n의 값 구하기	50 %
(ii) 두 밭 A, B의 한 변의 길이 구하기	30 %
(iii) 밭 C의 넓이 구하기	20 %

유형 모아 보기 & 완성하기

21~23쪽

72 답 ⑤

① $5<6$이므로 $\sqrt{5}<\sqrt{6}$ ∴ $-\sqrt{5}>-\sqrt{6}$

② $0.3=\sqrt{0.09}$이고 $0.3>0.09$이므로

$\sqrt{0.3}>\sqrt{0.09}$ ∴ $\sqrt{0.3}>0.3$

③ $5=\sqrt{25}$이고 $25>24$이므로 $\sqrt{25}>\sqrt{24}$ ∴ $5>\sqrt{24}$

④ $\dfrac{1}{3}=\sqrt{\dfrac{1}{9}}$이고 $\dfrac{1}{9}>\dfrac{1}{10}$이므로

$\sqrt{\dfrac{1}{9}}>\sqrt{\dfrac{1}{10}}$ ∴ $\dfrac{1}{3}>\sqrt{\dfrac{1}{10}}$

⑤ $2<3$이므로 $\sqrt{2}<\sqrt{3}$ ∴ $\dfrac{\sqrt{2}}{2}<\dfrac{\sqrt{3}}{2}$

따라서 옳은 것은 ⑤이다.

73 답 ③

$3<\sqrt{3x}<5$에서 $3=\sqrt{9}$, $5=\sqrt{25}$이므로

$\sqrt{9}<\sqrt{3x}<\sqrt{25}$, $9<3x<25$ ∴ $3<x<\dfrac{25}{3}$

따라서 자연수 x는 4, 5, 6, 7, 8의 5개이다.

74 답 19

$\sqrt{1}=1$, $\sqrt{4}=2$, $\sqrt{9}=3$, $\sqrt{16}=4$이므로

$f(1)=f(2)=f(3)=1$

$f(4)=f(5)=f(6)=f(7)=f(8)=2$

$f(9)=f(10)=3$

∴ $f(1)+f(2)+f(3)+\cdots+f(10)$

$=1\times3+2\times5+3\times2$

$=19$

75 답 ⑤

① $7<8$이므로 $\sqrt{7}<\sqrt{8}$

② $2=\sqrt{4}$이고 $\sqrt{3}<\sqrt{4}$이므로 $\sqrt{3}<2$ ∴ $-\sqrt{3}>-2$

③ $4=\sqrt{16}$이고 $18>16$이므로 $\sqrt{18}>\sqrt{16}$ ∴ $\sqrt{18}>4$

④ $\dfrac{1}{6}=\sqrt{\dfrac{1}{36}}$이고 $\dfrac{1}{36}<\dfrac{1}{12}$이므로

$\sqrt{\dfrac{1}{36}}<\sqrt{\dfrac{1}{12}}$ ∴ $\dfrac{1}{6}<\sqrt{\dfrac{1}{12}}$

⑤ $0.2=\sqrt{0.04}$이고 $0.04<0.2$이므로 $\sqrt{0.04}<\sqrt{0.2}$

∴ $0.2<\sqrt{0.2}$

따라서 옳지 않은 것은 ⑤이다.

76 답 ②

② $0.25=\dfrac{1}{4}=\sqrt{\dfrac{1}{16}}$

④ $\dfrac{1}{5}=\sqrt{\dfrac{1}{25}}$

이때 $\dfrac{1}{25}<\dfrac{1}{16}<\dfrac{1}{3}<5<12$이므로

$\sqrt{\dfrac{1}{25}}<\sqrt{\dfrac{1}{16}}<\sqrt{\dfrac{1}{3}}<\sqrt{5}<\sqrt{12}$에서

$\dfrac{1}{5}<0.25<\sqrt{\dfrac{1}{3}}<\sqrt{5}<\sqrt{12}$

따라서 두 번째로 작은 수는 ②이다.

77 답 18

음수끼리 대소를 비교하면

$2=\sqrt{4}$이고 $4<8$에서 $\sqrt{4}<\sqrt{8}$이므로

$-\sqrt{4}>-\sqrt{8}$ ∴ $-2>-\sqrt{8}$ ⋯ ㉠

양수끼리 대소를 비교하면

$\sqrt{(-3)^2}=\sqrt{9}$이고 $\dfrac{1}{2}<9<10$이므로

$\sqrt{\dfrac{1}{2}}<\sqrt{(-3)^2}<\sqrt{10}$ ⋯ ㉡

㉠, ㉡에서 $-\sqrt{8}<-2<0<\sqrt{\dfrac{1}{2}}<\sqrt{(-3)^2}<\sqrt{10}$ ⋯ (i)

따라서 가장 작은 수 $a=-\sqrt{8}$, 가장 큰 수 $b=\sqrt{10}$이므로 ⋯ (ii)

$a^2+b^2=(-\sqrt{8})^2+(\sqrt{10})^2=8+10=18$ ⋯ (iii)

채점 기준

(i) 주어진 수의 대소 비교하기	60%
(ii) a, b의 값 구하기	20%
(iii) a^2+b^2의 값 구하기	20%

만렙비법 먼저 음수와 양수로 구분한 후, 각각의 대소를 비교한다.

78 답 ④

$0<a<1$이므로

① $0<a<1$ ② $0<a^2<1$ ③ $0<\sqrt{a}<1$

④ $\dfrac{1}{a}>1$ ⑤ $\sqrt{\dfrac{1}{a}}>1$

이때 $a>a^2$에서 $\dfrac{1}{a}<\dfrac{1}{a^2}$이므로 $\sqrt{\dfrac{1}{a}}<\dfrac{1}{a}$

즉, $\dfrac{1}{a}$의 값이 가장 크다.

다른 풀이

$a=\dfrac{1}{4}$이라 하면

① $a=\dfrac{1}{4}$ ② $a^2=\left(\dfrac{1}{4}\right)^2=\dfrac{1}{16}$ ③ $\sqrt{a}=\sqrt{\dfrac{1}{4}}=\dfrac{1}{2}$

④ $\dfrac{1}{a}=4$ ⑤ $\sqrt{\dfrac{1}{a}}=\sqrt{4}=2$

따라서 그 값이 가장 큰 것은 ④이다.

79 답 ④

$8<\sqrt{5x}\le10$에서 $8=\sqrt{64}$, $10=\sqrt{100}$이므로

$\sqrt{64}<\sqrt{5x}\le\sqrt{100}$, $64<5x\le100$

∴ $\dfrac{64}{5}<x\le20$

따라서 자연수 x는 13, 14, 15, 16, 17, 18, 19, 20의 8개이다.

80 답 ⑤

$-4<-\sqrt{3n}<-2$에서 $2<\sqrt{3n}<4$이고,
$2=\sqrt{4}$, $4=\sqrt{16}$이므로
$\sqrt{4}<\sqrt{3n}<\sqrt{16}$, $4<3n<16$
$\therefore \dfrac{4}{3}<n<\dfrac{16}{3}$
따라서 자연수 n의 값은 2, 3, 4, 5이므로 자연수 n의 값이 아닌 것은 ⑤이다.

81 답 ⑤

$3\leq\sqrt{x-2}<4$에서 $3=\sqrt{9}$, $4=\sqrt{16}$이므로
$\sqrt{9}\leq\sqrt{x-2}<\sqrt{16}$, $9\leq x-2<16$
$\therefore 11\leq x<18$
따라서 자연수 x는 11, 12, 13, 14, 15, 16, 17의 7개이다.

82 답 ③

$\sqrt{5}<x<\sqrt{22}$에서 $\sqrt{5}<\sqrt{x^2}<\sqrt{22}$
$\therefore 5<x^2<22$
이때 x는 자연수이므로 $x^2=9$, 16
따라서 자연수 x의 값은 3, 4이므로 구하는 합은
$3+4=7$

83 답 3

㈎에서 $\sqrt{12-x}$가 자연수가 되려면 $12-x$가 12보다 작은 (자연수)^2 꼴인 수이어야 하므로
$12-x=1$, 4, 9
$\therefore x=11$, 8, $\underline{3}$ $\qquad\qquad$ ···(i)
㈏에서 $\sqrt{6}<x<\sqrt{35}$이므로
$\sqrt{6}<\sqrt{x^2}<\sqrt{35}$ $\quad\therefore 6<x^2<35$
이때 x는 자연수이므로 $x^2=9$, 16, 25
$\therefore x=\underline{3}$, 4, 5 $\qquad\qquad$ ···(ii)
따라서 ㈎, ㈏를 모두 만족시키는 자연수 x의 값은 3이다. ···(iii)

채점 기준

(i) $\sqrt{12-x}$가 자연수가 되도록 하는 자연수 x의 값 구하기	40%	
(ii) $\sqrt{5}<x<\sqrt{35}$를 만족시키는 자연수 x의 값 구하기	40%	
(iii) ㈎, ㈏를 모두 만족시키는 자연수 x의 값 구하기	20%	

84 답 9

$\sqrt{1}=1$, $\sqrt{4}=2$, $\sqrt{9}=3$이므로
$N(1)=N(3)=1$
$N(5)=N(7)=2$
$N(9)=3$
$\therefore N(1)+N(3)+N(5)+N(7)+N(9)$
$\quad=1\times2+2\times2+3\times1=9$

85 답 ①

$\sqrt{196}<\sqrt{200}<\sqrt{225}$, 즉 $14<\sqrt{200}<15$이므로
$f(200)=(\sqrt{200}$ 이하의 자연수의 개수$)=14$
$\sqrt{9}<\sqrt{10}<\sqrt{16}$, 즉 $3<\sqrt{10}<4$이므로
$f(10)=(\sqrt{10}$ 이하의 자연수의 개수$)=3$
$\therefore f(200)-f(10)=14-3=11$

86 답 14

$f(1)=f(2)=f(3)=1$
$f(4)=f(5)=f(6)=f(7)=f(8)=2$
$f(9)=f(10)=\cdots=f(15)=3$
이므로
$f(1)+f(2)+f(3)+\cdots+f(15)$
$=1\times3+2\times5+3\times7=34$
따라서
$f(1)+f(2)+f(3)+\cdots+f(14)$
$=34-f(15)=34-3=31$
이므로 구하는 x의 값은 14이다.

Pick 점검하기

24~26쪽

87 답 6

$(-5)^2=25$의 음의 제곱근은 -5이므로 $A=-5$
$\sqrt{121}=11$의 양의 제곱근은 $\sqrt{11}$이므로 $B=\sqrt{11}$
$\therefore A+B^2=-5+(\sqrt{11})^2=-5+11=6$

88 답 ③

① 100의 제곱근 $\Rightarrow \pm\sqrt{100}=\pm10$
② $\sqrt{625}=25$의 제곱근 $\Rightarrow \pm\sqrt{25}=\pm5$
④ $1.\dot{7}=\dfrac{17-1}{9}=\dfrac{16}{9}$의 제곱근 $\Rightarrow \pm\sqrt{\dfrac{16}{9}}=\pm\dfrac{4}{3}$
⑤ 0.16의 제곱근 $\Rightarrow \pm\sqrt{0.16}=\pm0.4$
따라서 근호를 사용하지 않고 제곱근을 나타낼 수 없는 수는 ③이다.

89 답 ㄱ, ㄷ, ㅁ

ㄴ. $0.\dot{4}=\dfrac{4}{9}$의 양의 제곱근은 $\dfrac{2}{3}$이다.
ㄷ. $\sqrt{16}=4$의 제곱근은 ±2이다.
ㄹ. 제곱하여 0.3이 되는 수는 $\pm\sqrt{0.3}$의 2개이다.
ㅁ. $\dfrac{1}{36}$의 제곱근은 $\pm\dfrac{1}{6}$의 2개이고, 두 제곱근의 합은 0이다.
ㅂ. 넓이가 10인 정사각형의 한 변의 길이는 $\sqrt{10}$이다.
따라서 옳은 것은 ㄱ, ㄷ, ㅁ이다.

90 답 $\sqrt{58}\,\mathrm{cm}$

새로운 정사각형의 넓이는 $3^2+7^2=58(\mathrm{cm}^2)$

새로운 정사각형의 한 변의 길이를 $x\,\mathrm{cm}$라 하면 $x^2=58$

이때 $x>0$이므로 $x=\sqrt{58}$

따라서 새로 만들어진 정사각형의 한 변의 길이는 $\sqrt{58}\,\mathrm{cm}$이다.

91 답 ⑤

⑤ $-\sqrt{(-0.7)^2}=-0.7$

92 답 4

$A=\sqrt{2^4}\times\sqrt{(-3)^2}+\sqrt{400}\div\sqrt{(-5)^2}$

$\quad=\sqrt{4^2}\times\sqrt{(-3)^2}+\sqrt{20^2}\div\sqrt{(-5)^2}$

$\quad=4\times3+20\div5$

$\quad=12+4=16$

$\therefore\ \sqrt{A}=\sqrt{16}=4$

93 답 ②, ⑤

① $2a<0$이므로 $\sqrt{(2a)^2}=-2a$

② $3a<0$이므로 $-\sqrt{9a^2}=-\sqrt{(3a)^2}=-(-3a)=3a$

③ $-3a>0$이므로 $\sqrt{(-3a)^2}=-3a$

④ $4a<0$이므로 $-\sqrt{16a^2}=-\sqrt{(4a)^2}=-(-4a)=4a$

⑤ $-7a>0$이므로 $-\sqrt{(-7a)^2}=-(-7a)=7a$

따라서 옳지 않은 것은 ②, ⑤이다.

94 답 ①

$ab<0$에서 a, b의 부호는 서로 다르고, $a<b$이므로

$a<0$, $b>0$

따라서 $-5a>0$, $6b>0$, $-b<0$이므로

$\sqrt{(-5a)^2}-\sqrt{36b^2}+\sqrt{(-b)^2}$

$=\sqrt{(-5a)^2}-\sqrt{(6b)^2}+\sqrt{(-b)^2}$

$=-5a-6b+\{-(-b)\}$

$=-5a-6b+b$

$=-5a-5b$

95 답 ②

ㄱ. $x<-1$이면 $x+1<0$, $1-x>0$이므로

$\quad A=\sqrt{(x+1)^2}-\sqrt{(1-x)^2}$

$\qquad=-(x+1)-(1-x)$

$\qquad=-x-1-1+x=-2$

ㄴ. $-1<x<1$이면 $x+1>0$, $1-x>0$이므로

$\quad A=\sqrt{(x+1)^2}-\sqrt{(1-x)^2}$

$\qquad=x+1-(1-x)$

$\qquad=x+1-1+x=2x$

ㄷ. $x>1$이면 $x+1>0$, $1-x<0$이므로

$\quad A=\sqrt{(x+1)^2}-\sqrt{(1-x)^2}$

$\qquad=x+1-\{-(1-x)\}$

$\qquad=x+1+1-x=2$

따라서 옳은 것은 ㄱ, ㄴ이다.

96 답 ③

$\sqrt{75a}=\sqrt{3\times5^2\times a}$가 자연수가 되려면 $a=3\times(\text{자연수})^2$ 꼴인 수이어야 한다.

a의 값이 가장 작을 때 $a+b$의 값도 가장 작으므로

$a=3$

이때 $b=\sqrt{75\times3}=\sqrt{3^2\times5^2}=\sqrt{(3\times5)^2}=15$이므로

$a+b=3+15=18$

97 답 3

$\sqrt{\dfrac{135}{x}}=\sqrt{\dfrac{3^3\times5}{x}}$가 자연수가 되려면 x는 135의 약수이면서

$3\times5\times(\text{자연수})^2$ 꼴이어야 한다.

이때 y의 값이 가장 크려면 x의 값은 가장 작아야 하므로

$x=3\times5=15$

$\therefore\ y=\sqrt{\dfrac{135}{15}}=\sqrt{9}=3$

98 답 ②

$\sqrt{29+x}$가 자연수가 되려면 $29+x$가 29보다 큰 $(\text{자연수})^2$ 꼴인 수이어야 하므로

$29+x=36,\ 49,\ 64,\ 81,\ 100,\ 121,\ 144,\ \cdots$

$\therefore\ x=7,\ 20,\ 35,\ 52,\ 71,\ 92,\ 115,\ \cdots$

따라서 두 자리의 자연수 x는 20, 35, 52, 71, 92의 5개이다.

99 답 ⑤

$\sqrt{20-a}$가 자연수가 되려면 $20-a$가 20보다 작은 $(\text{자연수})^2$ 꼴인 수이어야 하므로

$20-a=1,\ 4,\ 9,\ 16$

$\therefore\ a=19,\ 16,\ 11,\ 4$

따라서 모든 자연수 a의 값의 합은

$19+16+11+4=50$

100 답 ③

① $6=\sqrt{36}$이고 $36>34$이므로

$\quad\sqrt{36}>\sqrt{34}$ $\quad\therefore\ 6>\sqrt{34}$

② $0.1=\sqrt{0.01}$이고 $0.01<0.1$이므로

$\quad\sqrt{0.01}<\sqrt{0.1}$ $\quad\therefore\ 0.1<\sqrt{0.1}$

③ $-\sqrt{(-3)^2}=-\sqrt{9}$이고 $9<10$에서 $\sqrt{9}<\sqrt{10}$이므로

$\quad-\sqrt{9}>-\sqrt{10}$ $\quad\therefore\ -\sqrt{(-3)^2}>-\sqrt{10}$

④ $\dfrac{1}{3}<\dfrac{1}{2}$이므로 $\sqrt{\dfrac{1}{3}}<\sqrt{\dfrac{1}{2}}$

⑤ $8=\sqrt{64}$이고 $65>64$에서 $\sqrt{65}>\sqrt{64}$이므로

$\quad-\sqrt{65}<-\sqrt{64}$ $\quad\therefore\ -\sqrt{65}<-8$

따라서 옳지 않은 것은 ③이다.

101 답 ③

$2<\sqrt{2x+4}\le4$에서 $2=\sqrt{4}$, $4=\sqrt{16}$이므로

$\sqrt{4}<\sqrt{2x+4}\le\sqrt{16}$

$4<2x+4\le16$

$0<2x\le12$

$\therefore 0<x\le6$

따라서 자연수 x의 값은 1, 2, 3, 4, 5, 6이므로

$M=6$, $m=1$

$\therefore M+m=6+1=7$

102 답 $2b$

$1<a<b$에서 $1-a<0$, $b+1>0$, $a-b<0$이므로 $\cdots$ (i)

$\sqrt{(1-a)^2}+\sqrt{(b+1)^2}+\sqrt{(a-b)^2}$

$=-(1-a)+(b+1)+\{-(a-b)\}$ $\cdots$ (ii)

$=-1+a+b+1-a+b$

$=2b$ $\cdots$ (iii)

채점 기준	
(i) $1-a$, $b+1$, $a-b$의 부호 구하기	40 %
(ii) 주어진 식을 근호를 사용하지 않고 나타내기	40 %
(iii) 식을 간단히 하기	20 %

103 답 18

㈎에서 $4<\sqrt{2x}<7$이고, $4=\sqrt{16}$, $7=\sqrt{49}$이므로

$\sqrt{16}<\sqrt{2x}<\sqrt{49}$

$16<2x<49$

$\therefore 8<x<\dfrac{49}{2}$

이를 만족시키는 자연수 x의 값은 9, 10, 11, 12, $\cdots$, 24이다.

$\cdots$ (i)

㈏에서 $\sqrt{72x}=\sqrt{2^3\times3^2\times x}$가 자연수가 되려면 $x=2\times$(자연수)^2 꼴이어야 하므로 x의 값은

$2\times1^2=2$, $2\times2^2=8$, $2\times3^2=18$, $2\times4^2=32$, $\cdots$ $\cdots$ (ii)

따라서 ㈎, ㈏를 모두 만족시키는 자연수 x의 값은 18이다. $\cdots$ (iii)

채점 기준	
(i) ㈎를 만족시키는 자연수 x의 값 구하기	40 %
(ii) ㈏를 만족시키는 자연수 x의 값 구하기	40 %
(iii) ㈎, ㈏를 모두 만족시키는 자연수 x의 값 구하기	20 %

104 답 35

$\sqrt{9}=3$, $\sqrt{16}=4$, $\sqrt{25}=5$이므로

$N(11)=N(12)=N(13)=N(14)=N(15)=3$ $\cdots$ (i)

$N(16)=N(17)=N(18)=N(19)=N(20)=4$ $\cdots$ (ii)

$\therefore N(11)+N(12)+N(13)+\cdots+N(20)$

$\quad=3\times5+4\times5=35$ $\cdots$ (iii)

채점 기준	
(i) $N(x)=3$을 만족시키는 x의 값 구하기	40 %
(ii) $N(x)=4$를 만족시키는 x의 값 구하기	40 %
(iii) $N(11)+N(12)+N(13)+\cdots+N(20)$의 값 구하기	20 %

105 답 ③

나열된 수들의 규칙성을 찾아보면

$\underset{\text{1개}}{\sqrt{1}}=\sqrt{1^2}=1$

$\underset{\text{2개}}{\sqrt{1+3}}=\sqrt{4}=\sqrt{2^2}=2$

$\underset{\text{3개}}{\sqrt{1+3+5}}=\sqrt{9}=\sqrt{3^2}=3$

$\underset{\text{4개}}{\sqrt{1+3+5+7}}=\sqrt{16}=\sqrt{4^2}=4$

$\underset{\text{5개}}{\sqrt{1+3+5+7+9}}=\sqrt{25}=\sqrt{5^2}=5$

$\vdots$

따라서 10번째에 나열되는 수는

$\underset{\text{10개}}{\sqrt{1+3+5+7+9+\cdots+19}}=\sqrt{10^2}=10$

다른 풀이

$\sqrt{1+3+5+7+9+\cdots+17+19}$

$=\sqrt{(1+19)+(3+17)+\cdots+(9+11)}$

$=\sqrt{20\times5}$

$=\sqrt{100}=10$

106 답 5 cm

처음 정사각형의 넓이는 $20^2=400(\text{cm}^2)$이고, 정사각형을 한 번 접으면 그 넓이는 전 단계 정사각형의 넓이의 $\dfrac{1}{2}$이 되므로

[1단계] ~ [4단계]에서 생기는 정사각형의 넓이는 각각 다음과 같다.

[1단계] $400\times\dfrac{1}{2}=200(\text{cm}^2)$

[2단계] $200\times\dfrac{1}{2}=100(\text{cm}^2)$

[3단계] $100\times\dfrac{1}{2}=50(\text{cm}^2)$

[4단계] $50\times\dfrac{1}{2}=25(\text{cm}^2)$

[4단계]에서 생기는 정사각형의 한 변의 길이를 x cm라 하면

$x^2=25$

이때 $x>0$이므로 $x=5$

따라서 [4단계]에서 생기는 정사각형의 한 변의 길이는 5 cm이다.

107 답 $-3a+4b$

$\sqrt{a^2}=a$에서 $a>0$

$\sqrt{(-b)^2}=-b$에서 $-b>0$이므로 $b<0$

따라서 $-3a<0$, $6a>0$, $4b<0$이므로

$\sqrt{(-3a)^2}-\sqrt{36a^2}-\sqrt{16b^2}=\sqrt{(-3a)^2}-\sqrt{(6a)^2}-\sqrt{(4b)^2}$

$\qquad\qquad\qquad=-(-3a)-6a-(-4b)$

$\qquad\qquad\qquad=3a-6a+4b$

$\qquad\qquad\qquad=-3a+4b$

108 답 $2a$

$0<a<1$에서 $\dfrac{1}{a}>1$이므로 $a<\dfrac{1}{a}$이다.

따라서 $a+\dfrac{1}{a}>0$, $a-\dfrac{1}{a}<0$이므로

$$\sqrt{\left(a+\dfrac{1}{a}\right)^2}-\sqrt{\left(a-\dfrac{1}{a}\right)^2}=a+\dfrac{1}{a}-\left\{-\left(a-\dfrac{1}{a}\right)\right\}$$
$$=a+\dfrac{1}{a}+a-\dfrac{1}{a}=2a$$

109 답 $\dfrac{1}{6}$

서로 다른 두 개의 주사위를 동시에 던질 때 일어날 수 있는 모든 경우의 수는 $6\times 6=36$

$\sqrt{50ab}=\sqrt{2\times 5^2\times ab}$ 가 자연수가 되려면 $ab=2\times$(자연수)^2 꼴이어야 한다. 이때 ab가 될 수 있는 수는

$2\times 1^2=2$, $2\times 2^2=8$, $2\times 3^2=18$

이므로 a, b의 순서쌍 (a, b)는 다음과 같다.

(ⅰ) $ab=2$일 때, (a, b)는 $(1, 2)$, $(2, 1)$의 2가지

(ⅱ) $ab=8$일 때, (a, b)는 $(2, 4)$, $(4, 2)$의 2가지

(ⅲ) $ab=18$일 때, (a, b)는 $(3, 6)$, $(6, 3)$의 2가지

(ⅰ)~(ⅲ)에서 $\sqrt{50ab}$가 자연수가 되는 경우의 수는

$2+2+2=6$

따라서 구하는 확률은 $\dfrac{6}{36}=\dfrac{1}{6}$

110 답 24

$\sqrt{200-x}-\sqrt{101+y}$가 가장 큰 정수가 되려면 $\sqrt{200-x}$는 가장 큰 정수, $\sqrt{101+y}$는 가장 작은 정수이어야 한다.

$\sqrt{200-x}$가 가장 큰 정수가 되려면 $200-x$가 200보다 작은 (자연수)^2 꼴인 수 중 가장 큰 수이어야 하므로

$200-x=196$

$\therefore x=4$

$\sqrt{101+y}$가 가장 작은 정수가 되려면 $101+y$가 101보다 큰 (자연수)^2 꼴인 수 중 가장 작은 수이어야 하므로

$101+y=121$

$\therefore y=20$

$\therefore x+y=24$

111 답 ④

$f(x)=5$인 자연수 x는

$5\le \sqrt{x}<6$

이때 $5=\sqrt{25}$, $6=\sqrt{36}$이므로

$\sqrt{25}\le \sqrt{x}<\sqrt{36}$

$\therefore 25\le x<36$

따라서 자연수 x는 25, 26, 27, $\cdots$, 35의 11개이다.

2 무리수와 실수

---

01 무리수와 실수

유형 모아 보기 & 완성하기   30~35쪽

01 답 ④

$0.\dot{3}=\dfrac{3}{9}=\dfrac{1}{3}$ ⇨ 유리수, $\sqrt{16}=\sqrt{4^2}=4$ ⇨ 유리수

따라서 무리수는 π, $1+\sqrt{2}$, $-\sqrt{10}$, 3.141141114…의 4개이다.

02 답 ③

ㄱ. 실수 중 무리수가 아닌 수는 유리수이다.

ㄹ. 모든 실수는 양의 실수, 0, 음의 실수로 구분할 수 있다.

ㅁ. 정수는 유리수이다.

따라서 옳은 것은 ㄴ, ㄷ이다.

03 답 P: $4-\sqrt{2}$, Q: $4+\sqrt{2}$

$\overline{AC}=\sqrt{1^2+1^2}=\sqrt{2}$

$\overline{AP}=\overline{AC}=\sqrt{2}$이므로 점 P에 대응하는 수는 $4-\sqrt{2}$이고,

$\overline{AQ}=\overline{AC}=\sqrt{2}$이므로 점 Q에 대응하는 수는 $4+\sqrt{2}$이다.

04 답 ㄴ, ㄹ

ㄴ. 수직선은 유리수와 무리수, 즉 실수에 대응하는 점들로 완전히 메울 수 있다.

ㄹ. 서로 다른 두 자연수 사이에는 무수히 많은 무리수가 있다.

따라서 옳지 않은 것은 ㄴ, ㄹ이다.

05 답 (1) 2.037   (2) 3.507

(1) $\sqrt{4.15}=2.037$

(2) $\sqrt{12.3}=3.507$

06 답 ②

② $\sqrt{0.\dot{4}}=\sqrt{\dfrac{4}{9}}=\sqrt{\left(\dfrac{2}{3}\right)^2}=\dfrac{2}{3}$이므로 유리수이다.

07 답 $-\pi$, $\sqrt{0.4}$, $\sqrt{2}-2$

순환소수가 아닌 무한소수는 무리수이다.

$\sqrt{9}=3$ ⇨ 유리수

$2.3\dot{1}\dot{5}=\dfrac{2315-2}{999}=\dfrac{2313}{999}=\dfrac{257}{111}$ ⇨ 유리수

$\sqrt{1.44}=1.2$ ⇨ 유리수

따라서 무리수는 $-\pi$, $\sqrt{0.4}$, $\sqrt{2}-2$이다.

08 답 ④

① 넓이가 12인 정사각형의 한 변의 길이는 $\sqrt{12}$이다.

② 넓이가 18인 정사각형의 한 변의 길이는 $\sqrt{18}$이다.

③ 넓이가 27인 정사각형의 한 변의 길이는 $\sqrt{27}$이다.

④ 넓이가 $\sqrt{16}=4$인 정사각형의 한 변의 길이는 $\sqrt{4}=2$이다.

⑤ 넓이가 $\sqrt{36}=6$인 정사각형의 한 변의 길이는 $\sqrt{6}$이다.

따라서 정사각형의 한 변의 길이가 유리수인 것은 ④이다.

09 답 ㄴ, ㄹ

ㄱ. (유리수)+(유리수)=(유리수)이므로 $a+2$는 유리수이다.

ㄴ. (유리수)+(무리수)=(무리수)이므로 $a+\sqrt{5}$는 무리수이다.

ㄷ. $a=0$인 경우 $\sqrt{2}a=0$으로 유리수이다.

ㄹ. (유리수)−(무리수)=(무리수)이므로 $a-\sqrt{11}$은 무리수이다.

ㅁ. (유리수)×(유리수)=(유리수)이므로 $4a$는 유리수이다.

따라서 항상 무리수인 것은 ㄴ, ㄹ이다.

10 답 34

$\sqrt{x}$가 유리수이려면 x가 어떤 유리수의 제곱이어야 한다.

40 이하의 자연수 중 어떤 유리수의 제곱인 수는 1^2, 2^2, 3^2, 4^2, 5^2, 6^2의 6개이다.

따라서 $\sqrt{x}$가 무리수가 되도록 하는 자연수 x의 개수는

$40-6=34$

만렙비법 먼저 $\sqrt{x}$가 유리수가 되도록 하는 x의 개수를 구한다.

11 답 ①

ㄴ. 무한소수 중 순환소수는 유리수이다.

따라서 옳지 않은 것은 ㄴ이다.

12 답 ③, ⑤

① 무리수는 순환소수가 아닌 무한소수로 나타낼 수 있다.

② 유한소수는 모두 유리수이다.

④ $\sqrt{4}=2$, $\sqrt{9}=3$ 등과 같이 근호 안의 수가 어떤 유리수의 제곱인 수는 유리수이다. 즉, 근호를 없앨 수 없는 수만 무리수이다.

⑤ (유리수)+(무리수)=(무리수)이다.

따라서 옳은 것은 ③, ⑤이다.

13 답 ①, ⑤

② $\sqrt{3}$은 근호를 사용하지 않고 나타낼 수 없다.

③ 순환소수가 아닌 무한소수이다.

④ $\sqrt{3}$은 무리수이므로 $\dfrac{(정수)}{(0이\ 아닌\ 정수)}$ 꼴로 나타낼 수 없다.

⑤ 제곱하면 $(\sqrt{3})^2=3$이므로 유리수가 된다.

따라서 옳은 것은 ①, ⑤이다.

14 답 ③

③ 실수 중 정수가 아닌 수는 정수가 아닌 유리수 또는 무리수이다.

15 답 ③

(개)에 해당하는 수는 무리수이므로 세 수가 모두 무리수인 것을 찾는다.

① $0.\dot{1}=\dfrac{1}{9}$ ⇨ 유리수, 0 ⇨ 유리수, $\sqrt{1}=1$ ⇨ 유리수

② -2 ⇨ 유리수, $-\dfrac{1}{4}$ ⇨ 유리수, $-0.\dot{1}\dot{3}=-\dfrac{13}{99}$ ⇨ 유리수

④ -3.14 ⇨ 유리수

⑤ $\sqrt{(-3)^2}=3$ ⇨ 유리수

따라서 세 수가 모두 (개)에 해당하는 수인 것은 ③이다.

16 답 3

실수의 개수에서 유리수의 개수를 뺀 것은 무리수의 개수와 같다.

$2.888\cdots=2.\dot{8}=\dfrac{28-2}{9}=\dfrac{26}{9}$ ⇨ 유리수

$-\sqrt{25}=-5$ ⇨ 유리수, $\sqrt{\dfrac{9}{64}}=\dfrac{3}{8}$ ⇨ 유리수

따라서 주어진 수 중 무리수는 $-\sqrt{3.7}$, $\sqrt{14}$, $\sqrt{0.001}$의 3개이므로

$a-b=3$

다른 풀이

실수는 $-\sqrt{3.7}$, $\dfrac{2}{3}$, 0, $\sqrt{14}$, $2.888\cdots$, $-\sqrt{25}$, $\sqrt{\dfrac{9}{64}}$, $\sqrt{0.001}$의 8개이므로 $a=8$

유리수는 $\dfrac{2}{3}$, 0, $2.888\cdots=2.\dot{8}=\dfrac{28-2}{9}=\dfrac{26}{9}$, $-\sqrt{25}=-5$,

$\sqrt{\dfrac{9}{64}}=\dfrac{3}{8}$의 5개이므로 $b=5$

∴ $a-b=8-5=3$

17 답 ④

① $\overline{BD}=\sqrt{1^2+1^2}=\sqrt{2}$

② $\overline{CP}=\overline{CA}=\sqrt{1^2+1^2}=\sqrt{2}$

③ $P(3-\sqrt{2})$

④ $Q(2+\sqrt{2})$

⑤ $\overline{PB}=\overline{CP}-\overline{BC}=\sqrt{2}-1$

따라서 옳지 않은 것은 ④이다.

18 답 $-1+\sqrt{6}$

정사각형 ABCD의 넓이가 6이므로 한 변의 길이는 $\sqrt{6}$

따라서 $\overline{AP}=\overline{AB}=\sqrt{6}$이므로 점 P에 대응하는 수는

$-1+\sqrt{6}$

19 답 ④

한 변의 길이가 1인 정사각형의 대각선의 길이는

$\sqrt{1^2+1^2}=\sqrt{2}$이므로

① 점 A에 대응하는 수는 $-1-\sqrt{2}$

② 점 B에 대응하는 수는 $-\sqrt{2}$

③ 점 C에 대응하는 수는 $-2+\sqrt{2}$

④ 점 D에 대응하는 수는 $-1+\sqrt{2}$

⑤ 점 E에 대응하는 수는 $2-\sqrt{2}$

따라서 $-1+\sqrt{2}$에 대응하는 점은 ④이다.

20 답 ④

$\overline{AP}=\overline{AB}=\sqrt{1^2+3^2}=\sqrt{10}$이므로

점 P에 대응하는 수는 $-2+\sqrt{10}$이다.

21 답 $P(-1-\sqrt{13})$, $Q(1+\sqrt{20})$

$\overline{AP}=\overline{AC}=\sqrt{2^2+3^2}=\sqrt{13}$이므로 점 P의 좌표는 $P(-1-\sqrt{13})$

$\overline{DQ}=\overline{DF}=\sqrt{4^2+2^2}=\sqrt{20}$이므로 점 Q의 좌표는 $Q(1+\sqrt{20})$

22 답 ㄴ, ㄷ

정사각형 ㉮의 한 변의 길이는 $\sqrt{1^2+2^2}=\sqrt{5}$

정사각형 ㉯의 한 변의 길이는 $\sqrt{3^2+1^2}=\sqrt{10}$

ㄱ, ㄴ. 정사각형 ㉮의 한 변의 길이는 $\sqrt{5}$이므로 점 A에 대응하는 수는 $-3-\sqrt{5}$이고, 점 B에 대응하는 수는 $-3+\sqrt{5}$이다.

ㄷ, ㄹ. 정사각형 ㉯의 한 변의 길이는 $\sqrt{10}$이므로 점 C에 대응하는 수는 $1-\sqrt{10}$이고, 점 D에 대응하는 수는 $1+\sqrt{10}$이다.

따라서 옳은 것은 ㄴ, ㄷ이다.

23 답 $-2-\sqrt{13}$

$\overline{AC}=\sqrt{3^2+2^2}=\sqrt{13}$ ⋯ (i)

$\overline{AQ}=\overline{AC}=\sqrt{13}$이고 점 Q에 대응하는 수가 $\sqrt{13}-2$이므로

점 A에 대응하는 수는 -2 ⋯ (ii)

$\overline{AP}=\overline{AC}=\sqrt{13}$이므로

점 P에 대응하는 수는 $-2-\sqrt{13}$ ⋯ (iii)

채점 기준	
(i) $\overline{AC}$의 길이 구하기	30 %
(ii) 점 A에 대응하는 수 구하기	40 %
(iii) 점 P에 대응하는 수 구하기	30 %

24 답 ②, ③

② 정수 0과 1 사이에는 정수가 하나도 없다.

③ 서로 다른 두 무리수 사이에는 무수히 많은 실수, 즉 무수히 많은 무리수와 유리수가 있다.

따라서 옳지 않은 것은 ②, ③이다.

25 답 ㄴ, ㄹ

ㄱ. 3에 가장 가까운 무리수는 정할 수 없다.

ㄷ. 3과 $\sqrt{11}$ 사이에는 무수히 많은 유리수가 있다.

따라서 옳은 것은 ㄴ, ㄹ이다.

26 답 ②, ⑤

① 0과 1 사이에는 무수히 많은 무리수가 있다.

③ 유리수이면서 무리수인 수는 없으므로 유리수와 무리수는 수직선 위의 같은 점에 대응하지 않는다.

④ $\sqrt{10}$과 $\sqrt{14}$ 사이에는 무수히 많은 무리수가 있다.

⑥ 0에 가장 가까운 유리수는 정할 수 없다.

따라서 옳은 것은 ②, ⑤이다.

27 답 0.146

$\sqrt{58.2}=7.629$, $\sqrt{56}=7.483$이므로

$\sqrt{58.2}-\sqrt{56}=7.629-7.483=0.146$

28 답 ③

$\sqrt{2.83}=1.682$이므로 $a=1.682$

$\sqrt{3.06}=1.749$이므로 $b=3.06$

∴ $1000a+100b=1682+306=1988$

29 답 8

$\sqrt{6.11}=2.472$이므로 $a=6.11$ ⋯ (i)

$\sqrt{6.03}=2.456$이므로 $b=6.03$ ⋯ (ii)

$100(a-b)=100\times(6.11-6.03)=100\times0.08=8$ ⋯ (iii)

채점 기준	
(i) a의 값 구하기	40 %
(ii) b의 값 구하기	40 %
(iii) $100(a-b)$의 값 구하기	20 %

02 실수의 대소 관계

유형 모아 보기 & 완성하기

30 답 ④

① $3-(\sqrt{3}+1)=2-\sqrt{3}=\sqrt{4}-\sqrt{3}>0$ ∴ $3>\sqrt{3}+1$

② $2-(5-\sqrt{6})=-3+\sqrt{6}=-\sqrt{9}+\sqrt{6}<0$ ∴ $2<5-\sqrt{6}$

③ $7-(6+\sqrt{2})=1-\sqrt{2}=\sqrt{1}-\sqrt{2}<0$ ∴ $7<6+\sqrt{2}$

④ $4>\sqrt{8}$이므로 양변에 $\sqrt{3}$을 더하면
$4+\sqrt{3}>\sqrt{8}+\sqrt{3}$, 즉 $4+\sqrt{3}>\sqrt{3}+\sqrt{8}$

⑤ $\sqrt{7}>\sqrt{5}$이므로 양변에서 3을 빼면
$\sqrt{7}-3>\sqrt{5}-3$

따라서 옳은 것은 ④이다.

31 답 ⑤

$a-b=(1+\sqrt{3})-2=\sqrt{3}-1=\sqrt{3}-\sqrt{1}>0$

∴ $a>b$

$b-c=2-(\sqrt{5}-1)=3-\sqrt{5}=\sqrt{9}-\sqrt{5}>0$

∴ $b>c$

∴ $c<b<a$

32 답 ④

$\sqrt{4}<\sqrt{8}<\sqrt{9}$에서 $2<\sqrt{8}<3$이므로

$2-1<\sqrt{8}-1<3-1$ ∴ $1<\sqrt{8}-1<2$

따라서 수직선 위의 점 중에서 $\sqrt{8}-1$에 대응하는 점은 점 D이다.

33 답 ③

$\sqrt{4}<\sqrt{5}<\sqrt{9}$에서 $2<\sqrt{5}<3$

$\sqrt{16}<\sqrt{17}<\sqrt{25}$에서 $4<\sqrt{17}<5$

① $\sqrt{5}<\sqrt{11}<\sqrt{17}$

② $\sqrt{5}+0.5<3.5$이므로 $\sqrt{5}<\sqrt{5}+0.5<\sqrt{17}$

③ $1<\sqrt{17}-3<2$이므로 $\sqrt{17}-3<\sqrt{5}$

④ $3.9<\sqrt{17}-0.1$이므로 $\sqrt{5}<\sqrt{17}-0.1<\sqrt{17}$

⑤ $\dfrac{\sqrt{5}+\sqrt{17}}{2}$은 $\sqrt{5}$와 $\sqrt{17}$의 평균이므로 $\sqrt{5}<\dfrac{\sqrt{5}+\sqrt{17}}{2}<\sqrt{17}$

따라서 $\sqrt{5}$와 $\sqrt{17}$ 사이에 있는 수가 아닌 것은 ③이다.

34 답 ③

$1<\sqrt{2}<2$에서 $6<5+\sqrt{2}<7$이므로 $a=6$

∴ $b=(5+\sqrt{2})-6=\sqrt{2}-1$

∴ $a-b=6-(\sqrt{2}-1)=7-\sqrt{2}$

35 답 ⑤

① $3-(\sqrt{3}+2)=1-\sqrt{3}=\sqrt{1}-\sqrt{3}<0$ ∴ $3<\sqrt{3}+2$

② $(5-\sqrt{2})-3=2-\sqrt{2}=\sqrt{4}-\sqrt{2}>0$ ∴ $5-\sqrt{2}>3$

③ $\sqrt{\dfrac{1}{2}}>\sqrt{\dfrac{1}{3}}$에서 $-\sqrt{\dfrac{1}{2}}<-\sqrt{\dfrac{1}{3}}$이므로 양변에 6을 더하면

  $6-\sqrt{\dfrac{1}{2}}<6-\sqrt{\dfrac{1}{3}}$

④ $4>\sqrt{5}$이므로 양변에 $\sqrt{2}$를 더하면 $\sqrt{2}+4>\sqrt{2}+\sqrt{5}$

⑤ $5>\sqrt{7}$이므로 양변에서 $\sqrt{8}$을 빼면 $5-\sqrt{8}>\sqrt{7}-\sqrt{8}$

따라서 옳지 않은 것은 ⑤이다.

36 답 ④

① $\sqrt{6}>\sqrt{5}$에서 $-\sqrt{6}<-\sqrt{5}$이므로 양변에 1을 더하면

  $1-\sqrt{6}<1-\sqrt{5}$

② $(\sqrt{3}-3)-(-1)=\sqrt{3}-2=\sqrt{3}-\sqrt{4}<0$

  ∴ $\sqrt{3}-3<-1$

③ $\sqrt{5}<\sqrt{8}$이므로 양변에 $\sqrt{3}$을 더하면 $\sqrt{5}+\sqrt{3}<\sqrt{8}+\sqrt{3}$

④ $3>\sqrt{7}$이므로 양변에서 $\sqrt{2}$를 빼면 $3-\sqrt{2}>-\sqrt{2}+\sqrt{7}$

⑤ $(\sqrt{13}+2)-6=\sqrt{13}-4=\sqrt{13}-\sqrt{16}<0$

  ∴ $\sqrt{13}+2<6$

따라서 부등호의 방향이 나머지 넷과 다른 하나는 ④이다.

37 답 ②

ㄱ. $\sqrt{\dfrac{1}{6}}<\sqrt{\dfrac{1}{5}}$이므로 양변에 $\sqrt{3}$을 더하면

  $\sqrt{\dfrac{1}{6}}+\sqrt{3}<\sqrt{\dfrac{1}{5}}+\sqrt{3}$

ㄴ. $(6-\sqrt{3})-4=2-\sqrt{3}=\sqrt{4}-\sqrt{3}>0$

  ∴ $6-\sqrt{3}>4$

ㄷ. $\sqrt{11}<\sqrt{13}$이므로 양변에서 1을 빼면 $\sqrt{11}-1<\sqrt{13}-1$

ㄹ. $\sqrt{2}<\sqrt{3}$에서 $-\sqrt{2}>-\sqrt{3}$이므로 양변에 2를 더하면

  $2-\sqrt{2}>2-\sqrt{3}$

ㅁ. $(-3-\sqrt{5})-(-5)=2-\sqrt{5}=\sqrt{4}-\sqrt{5}<0$

  ∴ $-3-\sqrt{5}<-5$

ㅂ. $10-(\sqrt{98}+1)=9-\sqrt{98}=\sqrt{81}-\sqrt{98}<0$

  ∴ $10<\sqrt{98}+1$

따라서 옳은 것은 ㄴ, ㄷ, ㅁ의 3개이다.

38 답 ④

$a-c=(\sqrt{2}+1)-2=\sqrt{2}-1>0$ ∴ $a>c$

$b-c=(1-\sqrt{3})-2=-1-\sqrt{3}<0$ ∴ $b<c$

∴ $b<c<a$

39 답 $c<a<b$

$a=\sqrt{5}+1$, $b=\sqrt{3}+\sqrt{5}$에서

$1<\sqrt{3}$이므로 양변에 $\sqrt{5}$를 더하면 $\sqrt{5}+1<\sqrt{3}+\sqrt{5}$

∴ $a<b$ ⋯(ⅰ)

$a=\sqrt{5}+1$, $c=3$에서

$a-c=(\sqrt{5}+1)-3=\sqrt{5}-2=\sqrt{5}-\sqrt{4}>0$

∴ $a>c$ ⋯(ⅱ)

∴ $c<a<b$ ⋯(ⅲ)

채점 기준

(ⅰ) a, b의 대소 비교하기	40%
(ⅱ) a, c의 대소 비교하기	40%
(ⅲ) a, b, c의 대소 비교하기	20%

40 답 원 C

넓이가 가장 작은 원은 반지름의 길이가 가장 짧은 원이다.

$(\sqrt{13}+1)-4=\sqrt{13}-3=\sqrt{13}-\sqrt{9}>0$ ∴ $\sqrt{13}+1>4$

$4-(\sqrt{29}-2)=6-\sqrt{29}=\sqrt{36}-\sqrt{29}>0$ ∴ $4>\sqrt{29}-2$

따라서 $\sqrt{29}-2<4<\sqrt{13}+1$이므로 넓이가 가장 작은 원은 반지름의 길이가 $\sqrt{29}-2$인 원 C이다.

41 답 $3+\sqrt{7}$

$-1-\sqrt{7}$은 음수이고 $\sqrt{3}+\sqrt{7}$, $3+\sqrt{7}$, 6은 양수이다.

$\sqrt{3}+\sqrt{7}$, $3+\sqrt{7}$에서 $\sqrt{3}<3$이므로 양변에 $\sqrt{7}$을 더하면

$\sqrt{3}+\sqrt{7}<3+\sqrt{7}$

$(3+\sqrt{7})-6=-3+\sqrt{7}=-\sqrt{9}+\sqrt{7}<0$

∴ $3+\sqrt{7}<6$

따라서 크기가 큰 것부터 차례로 나열하면

6, $3+\sqrt{7}$, $\sqrt{3}+\sqrt{7}$, $-1-\sqrt{7}$

이므로 두 번째에 오는 수는 $3+\sqrt{7}$이다.

42 답 ③

$\sqrt{4}<\sqrt{6}<\sqrt{9}$에서 $2<\sqrt{6}<3$이므로

$2-3<\sqrt{6}-3<3-3$ ∴ $-1<\sqrt{6}-3<0$

따라서 수직선 위의 점 중에서 $\sqrt{6}-3$에 대응하는 점은 점 C이다.

43 답 ②

$\sqrt{36}<\sqrt{46}<\sqrt{49}$에서 $6<\sqrt{46}<7$

따라서 $\sqrt{46}$에 대응하는 점은 구간 B에 있다.

44 답 ④

① $\sqrt{4}<\sqrt{5}<\sqrt{9}$에서 $2<\sqrt{5}<3$

② $\sqrt{1}<\sqrt{2}<\sqrt{4}$에서 $1<\sqrt{2}<2$ ∴ $2<1+\sqrt{2}<3$

③ $\sqrt{9}<\sqrt{12}<\sqrt{16}$에서 $3<\sqrt{12}<4$ ∴ $2<\sqrt{12}-1<3$

④ $\sqrt{16}<\sqrt{17}<\sqrt{25}$에서 $4<\sqrt{17}<5$ ∴ $3<\sqrt{17}-1<4$

⑤ $\sqrt{4}<\sqrt{5}<\sqrt{9}$에서 $2<\sqrt{5}<3$ ∴ $4<2+\sqrt{5}<5$

따라서 점 A에 대응하는 수로 가장 적당한 수는 ④이다.

45 답 점 D, 점 A, 점 C, 점 B

$\sqrt{9}<\sqrt{10}<\sqrt{16}$에서 $3<\sqrt{10}<4$ ➡ 점 D

$\sqrt{4}<\sqrt{6}<\sqrt{9}$에서 $2<\sqrt{6}<3$이므로

$-3<-\sqrt{6}<-2$ ➡ 점 A

$\sqrt{1}<\sqrt{3}<\sqrt{4}$에서 $1<\sqrt{3}<2$이므로

$2<\sqrt{3}+1<3$ ➡ 점 C

$-3<-\sqrt{6}<-2$에서 $-3+1<-\sqrt{6}+1<-2+1$

$\therefore -2<-\sqrt{6}+1<-1$ ➡ 점 B

따라서 $\sqrt{10}$, $-\sqrt{6}$, $\sqrt{3}+1$, $-\sqrt{6}+1$에 대응하는 점은 차례로 점 D, 점 A, 점 C, 점 B이다.

46 답 ④

$\sqrt{4}<\sqrt{7}<\sqrt{9}$에서 $2<\sqrt{7}<3$이다.

① $\pi=3.14\cdots$이므로 $\sqrt{7}<\pi<4$

② $\sqrt{7}+0.2<3.2$이므로 $\sqrt{7}<\sqrt{7}+0.2<4$

③ $\sqrt{7}<\sqrt{13}<\sqrt{16}$이므로 $\sqrt{7}<\sqrt{13}<4$

④ $2<\sqrt{7}<3$에서 $-2<\sqrt{7}-4<-1$이므로

$\qquad -1<\dfrac{\sqrt{7}-4}{2}<-\dfrac{1}{2}$　$\therefore \dfrac{\sqrt{7}-4}{2}<\sqrt{7}$

⑤ $\dfrac{\sqrt{7}+4}{2}$는 $\sqrt{7}$과 4의 평균이므로 $\sqrt{7}<\dfrac{\sqrt{7}+4}{2}<4$

따라서 $\sqrt{7}$과 4 사이에 있는 수가 아닌 것은 ④이다.

47 답 8

$\sqrt{9}<\sqrt{10}<\sqrt{16}$에서 $3<\sqrt{10}<4$이므로

$-4<-\sqrt{10}<-3$ ··· (ⅰ)

$\sqrt{9}<\sqrt{13}<\sqrt{16}$에서 $3<\sqrt{13}<4$이므로

$4<1+\sqrt{13}<5$ ··· (ⅱ)

따라서 $-\sqrt{10}$과 $1+\sqrt{13}$ 사이에 있는 정수는

-3, -2, -1, 0, 1, 2, 3, 4의 8개이다. ··· (ⅲ)

채점 기준	
(ⅰ) $-\sqrt{10}$의 범위 구하기	30 %
(ⅱ) $1+\sqrt{13}$의 범위 구하기	30 %
(ⅲ) $-\sqrt{10}$과 $1+\sqrt{13}$ 사이에 있는 정수의 개수 구하기	40 %

48 답 ⑤

$\sqrt{1}<\sqrt{2}<\sqrt{4}$에서 $1<\sqrt{2}<2$이고, $\sqrt{9}<\sqrt{11}<\sqrt{16}$에서 $3<\sqrt{11}<4$이다.

① $\sqrt{2}$와 $\sqrt{11}$ 사이에 있는 정수는 2, 3의 2개이다.

④ $\sqrt{2}+0.5<2.5$　$\therefore \sqrt{2}<\sqrt{2}+0.5<\sqrt{11}$

⑤ $-4<-\sqrt{11}<-3$에서 $0<4-\sqrt{11}<1$이므로 $4-\sqrt{11}<\sqrt{2}$

따라서 옳지 않은 것은 ⑤이다.

49 답 ⑤

$2<\sqrt{5}<3$에서 $3<1+\sqrt{5}<4$이므로 $a=3$

$\therefore b=(1+\sqrt{5})-3=\sqrt{5}-2$

$\therefore b-a=(\sqrt{5}-2)-3=\sqrt{5}-5$

50 답 $6-\sqrt{2}$

$2<\sqrt{7}<3$에서 $a=2$ ··· (ⅰ)

$1<\sqrt{2}<2$에서 $-2<-\sqrt{2}<-1$, $1<3-\sqrt{2}<2$

$\therefore b=(3-\sqrt{2})-1=2-\sqrt{2}$ ··· (ⅱ)

$\therefore 2a+b=2\times2+(2-\sqrt{2})=6-\sqrt{2}$ ··· (ⅲ)

채점 기준	
(ⅰ) a의 값 구하기	40 %
(ⅱ) b의 값 구하기	40 %
(ⅲ) $2a+b$의 값 구하기	20 %

51 답 ①

$2<\sqrt{6}<3$에서 $a=\sqrt{6}-2$　$\therefore \sqrt{6}=a+2$

$2<\sqrt{6}<3$에서 $-3<-\sqrt{6}<-2$, $1<4-\sqrt{6}<2$이므로

$4-\sqrt{6}$의 소수 부분은

$(4-\sqrt{6})-1=3-\sqrt{6}=3-(a+2)=1-a$

52 답 ⑤

$\sqrt{n}$의 정수 부분이 3이므로

$3\leq\sqrt{n}<4$

즉, $\sqrt{9}\leq\sqrt{n}<\sqrt{16}$에서 $9\leq n<16$

따라서 자연수 n은 9, 10, 11, 12, 13, 14, 15의 7개이다.

Pick 점검하기 41~42쪽

53 답 ③

$0.888\cdots=0.\dot{8}=\dfrac{8}{9}$ ➡ 유리수

$\sqrt{\dfrac{1}{36}}=\dfrac{1}{6}$ ➡ 유리수

$-\sqrt{9}-3=-3-3=-6$ ➡ 유리수

$3.5\dot{2}\dot{1}=\dfrac{3521-35}{990}=\dfrac{3486}{990}=\dfrac{581}{165}$ ➡ 유리수

따라서 무리수는 $\pi+5$, $\sqrt{8}-2$, $\sqrt{\dfrac{25}{8}}$의 3개이다.

54 답 ①, ④

② 무한소수 중 순환소수는 유리수이고, 순환소수가 아닌 무한소수는 무리수이다.

③ 정수가 아닌 유리수는 유한소수 또는 순환소수로 나타낼 수 있다.

⑤ 무리수는 모두 무한소수로 나타낼 수 있지만 순환소수로 나타낼 수는 없다.

따라서 옳은 것은 ①, ④이다.

55 답 ①, ⑤

㈎에 해당하는 수는 무리수이다.

② $\sqrt{5^2}=5$ ➡ 유리수

③ $-\sqrt{\dfrac{49}{25}}=-\dfrac{7}{5}$ ⇨ 유리수

④ $3.\dot{1}\dot{4}=\dfrac{314-3}{99}=\dfrac{311}{99}$ ⇨ 유리수

⑤ $\sqrt{144}=12$의 양의 제곱근은 $\sqrt{12}$ ⇨ 무리수

따라서 ㈎에 해당하는 수는 ①, ⑤이다.

56 답 ⑤

$\sqrt{9}-2=3-2=1$, $\sqrt{1.69}=\sqrt{1.3^2}=1.3$, $-\sqrt{\dfrac{48}{3}}=-\sqrt{16}=-4$

① 순환소수가 아닌 무한소수, 즉 무리수는 7π의 1개이다.

② 자연수는 $\sqrt{9}-2$의 1개이다.

③ 정수는 $\sqrt{9}-2$, $-\sqrt{\dfrac{48}{3}}$의 2개이다.

④ 유리수는 $\sqrt{9}-2$, $\dfrac{5}{6}$, $\sqrt{1.69}$, -5.25, $-\sqrt{\dfrac{48}{3}}$의 5개이다.

⑤ 정수가 아닌 유리수는 $\dfrac{5}{6}$, $\sqrt{1.69}$, -5.25의 3개이다.

따라서 옳은 것은 ⑤이다.

57 답 ①

각 정사각형은 한 변의 길이가 1이므로 대각선의 길이는 $\sqrt{1^2+1^2}=\sqrt{2}$이다.

① 점 A에 대응하는 수는 $-\sqrt{2}$

② 점 B에 대응하는 수는 $1-\sqrt{2}$

③ 점 C에 대응하는 수는 $2-\sqrt{2}$

④ 점 D에 대응하는 수는 $\sqrt{2}$

⑤ 점 E에 대응하는 수는 $2+\sqrt{2}$

따라서 각 점에 대응하는 수가 옳지 않은 것은 ①이다.

58 답 ㄱ, ㄴ, ㄷ, ㅁ

ㄱ. $\sqrt{1}<\sqrt{3}<\sqrt{4}$에서 $1<\sqrt{3}<2$

$\sqrt{9}<\sqrt{14}<\sqrt{16}$에서 $3<\sqrt{14}<4$

따라서 $\sqrt{3}$과 $\sqrt{14}$ 사이에는 2, 3의 2개의 정수가 있다.

ㄹ. 1에 가장 가까운 무리수는 정할 수 없다.

따라서 옳은 것은 ㄱ, ㄴ, ㄷ, ㅁ이다.

59 답 617

$\sqrt{33.8}=5.814$이므로 $a=5.814$

$\sqrt{35.6}=5.967$이므로 $b=35.6$

$\therefore 100a+b=581.4+35.6=617$

60 답 ㄴ, ㄷ, ㅁ

ㄱ. $\sqrt{13}>\sqrt{9}$이므로 $\sqrt{13}>3$

ㄴ. $(\sqrt{8}-1)-2=\sqrt{8}-3=\sqrt{8}-\sqrt{9}<0$

$\therefore \sqrt{8}-1<2$

ㄷ. $4>\sqrt{4}$이므로 양변에서 $\sqrt{3}$을 빼면

$4-\sqrt{3}>\sqrt{4}-\sqrt{3}$

ㄹ. $3>\sqrt{8}$이므로 양변에 $\sqrt{7}$을 더하면

$\sqrt{7}+3>\sqrt{7}+\sqrt{8}$

ㅁ. $\sqrt{\dfrac{1}{6}}>\sqrt{\dfrac{1}{7}}$에서 $-\sqrt{\dfrac{1}{6}}<-\sqrt{\dfrac{1}{7}}$이므로 양변에 5를 더하면

$5-\sqrt{\dfrac{1}{6}}<5-\sqrt{\dfrac{1}{7}}$

따라서 옳은 것은 ㄴ, ㄷ, ㅁ이다.

61 답 ④

$\sqrt{9}<\sqrt{13}<\sqrt{16}$에서 $3<\sqrt{13}<4$이므로

$2+3<2+\sqrt{13}<2+4$ $\therefore 5<2+\sqrt{13}<6$

따라서 수직선에서 $2+\sqrt{13}$에 대응하는 점은 구간 D에 존재한다.

62 답 ②

$\sqrt{1}<\sqrt{3}<\sqrt{4}$에서 $1<\sqrt{3}<2$이므로

$-2<-\sqrt{3}<-1$ $\therefore -4<-2-\sqrt{3}<-3$

$\sqrt{4}<\sqrt{6}<\sqrt{9}$에서 $2<\sqrt{6}<3$이므로

$3<1+\sqrt{6}<4$

따라서 $-2-\sqrt{3}$과 $1+\sqrt{6}$ 사이에 있는 정수는 -3, -2, -1, 0, 1, 2, 3이므로 모든 정수의 합은

$-3+(-2)+(-1)+0+1+2+3=0$

63 답 $-\sqrt{10}-2$, -4, 0, $\sqrt{10}-\sqrt{3}$, $4-\sqrt{3}$

$4-\sqrt{3}$, $\sqrt{10}-\sqrt{3}$은 양수이고 $-\sqrt{10}-2$, -4는 음수이다.

$4-\sqrt{3}$, $\sqrt{10}-\sqrt{3}$에서

$4>\sqrt{10}$이므로 양변에서 $\sqrt{3}$을 빼면

$4-\sqrt{3}>\sqrt{10}-\sqrt{3}$ ···(i)

$-\sqrt{10}-2$, -4에서

$(-\sqrt{10}-2)-(-4)=-\sqrt{10}+2=-\sqrt{10}+\sqrt{4}<0$

$\therefore -\sqrt{10}-2<-4$ ···(ii)

따라서 크기가 작은 것부터 차례로 나열하면

$-\sqrt{10}-2$, -4, 0, $\sqrt{10}-\sqrt{3}$, $4-\sqrt{3}$ ···(iii)

채점 기준	
(i) 양수끼리 대소 비교하기	40%
(ii) 음수끼리 대소 비교하기	40%
(iii) 작은 것부터 차례로 나열하기	20%

64 답 $7-\sqrt{5}$

$\overline{AP}=\overline{AB}=\sqrt{1^2+2^2}=\sqrt{5}$이므로 점 P에 대응하는 수는

$3+\sqrt{5}$ ···(i)

$2<\sqrt{5}<3$에서 $5<3+\sqrt{5}<6$이므로

$a=5$

$\therefore b=(3+\sqrt{5})-5=\sqrt{5}-2$ ···(ii)

$\therefore a-b=5-(\sqrt{5}-2)=7-\sqrt{5}$ ···(iii)

채점 기준	
(i) 점 P에 대응하는 수 구하기	40%
(ii) a, b의 값 구하기	40%
(iii) $a-b$의 값 구하기	20%

65 답 91

(i) $\sqrt{3n}$이 유리수인 경우는 $n=3k^2$ (k는 자연수) 꼴일 때이므로

$3k^2 \leq 100$ ∴ $k^2 \leq \dfrac{100}{3} = 33.\times\times\times$

따라서 k는 1, 2, 3, 4, 5의 5개이다.

(ii) $\sqrt{5n}$이 유리수인 경우는 $n=5l^2$ (l은 자연수) 꼴일 때이므로

$5l^2 \leq 100$ ∴ $l^2 \leq 20$

따라서 l은 1, 2, 3, 4의 4개이다.

$3k^2$과 $5l^2$이 일치하는 경우는 없으므로 (i), (ii)에 의해 $\sqrt{3n}$, $\sqrt{5n}$이 모두 무리수가 되도록 하는 n의 개수는

$100 - (5+4) = 91$

만렙비법 먼저 $\sqrt{3n}$, $\sqrt{5n}$이 각각 유리수가 되도록 하는 n의 개수를 구한다.

66 답 $1+2\pi$

점 A와 점 P 사이의 거리는 원의 둘레의 길이와 같으므로

$2\pi \times 1 = 2\pi$

따라서 점 P에 대응하는 수는 $1+2\pi$이다.

67 답 $\dfrac{1}{36}$

$\sqrt{a}+\sqrt{b}$가 유리수가 되려면 $\sqrt{a}$, $\sqrt{b}$ 모두 유리수가 되어야 한다. 즉, a, b 모두 (자연수)^2 꼴이어야 하므로 a, b가 되는 경우의 수는 1, 4, 9, 16, 25의 5가지이다.

따라서 $\sqrt{a}+\sqrt{b}$가 유리수가 될 확률은

$\dfrac{5}{30} \times \dfrac{5}{30} = \dfrac{1}{36}$

68 답 ③

자연수의 양의 제곱근 중 무리수에 대응하는 점의 개수는

1과 2 사이에는 2개 ⟶ 2×1

2와 3 사이에는 4개 ⟶ 2×2

3과 4 사이에는 6개 ⟶ 2×3

이므로 n과 $n+1$ 사이에는 $2n$개이다.

따라서 1001과 1002 사이에 있는 자연수의 양의 제곱근 중 무리수에 대응하는 점의 개수는

$2 \times 1001 = 2002$

다른 풀이

$1001 = \sqrt{1001^2} = \sqrt{1002001}$, $1002 = \sqrt{1002^2} = \sqrt{1004004}$

∴ $1004004 - 1002001 - 1 = 2002$

만렙비법 먼저 두 자연수 n과 $n+1$ 사이에 있는 무리수에 대응하는 점의 개수를 n에 대한 식으로 나타낸다.

69 답 ④

$\overline{AP} = \overline{AB} = \sqrt{1^2+1^2} = \sqrt{2}$이므로 점 P에 대응하는 수는

$-1-\sqrt{2}$ ∴ $p = -1-\sqrt{2}$

$1 < \sqrt{2} < 2$에서 $-2 < -\sqrt{2} < -1$이므로

$-3 < -1-\sqrt{2} < -2$ ∴ $-3 < p < -2$

$\overline{CQ} = \overline{CD} = \sqrt{2^2+1^2} = \sqrt{5}$이므로 점 Q에 대응하는 수는

$1+\sqrt{5}$ ∴ $q = 1+\sqrt{5}$

$2 < \sqrt{5} < 3$에서 $3 < 1+\sqrt{5} < 4$ ∴ $3 < q < 4$

① $-2 < -3+\sqrt{2} < -1$이므로 $p < -3+\sqrt{2} < q$

② $2 < 4-\sqrt{2} < 3$이므로 $p < 4-\sqrt{2} < q$

③ $2 < 1+\sqrt{2} < 3$이므로 $p < 1+\sqrt{2} < q$

④ $-4 < -1-\sqrt{5} < -3$이므로 $-1-\sqrt{5} < p$

⑤ $3 < \sqrt{10} < 4$에서 $-4 < -\sqrt{10} < -3$이므로

$-2 < 2-\sqrt{10} < -1$ ∴ $p < 2-\sqrt{10} < q$

따라서 p와 q 사이에 있는 수가 아닌 것은 ④이다.

3 근호를 포함한 식의 계산

01 ㄴ, ㄷ   **02** ④   **03** ④   **04** ③   **05** ③

06 ①   **07** ④   **08** $-12\sqrt{10}$ **09** 6

10 2   **11** ③   **12** -2 **13** 21   **14** 33배

15 ④   **16** ③   **17** $\dfrac{2\sqrt{3}}{3}$ **18** ③   **19** 24

20 ④   **21** ③   **22** $\dfrac{4}{15}$ **23** $\dfrac{3}{2}$ **24** ④

25 ③   **26** ②   **27** ③   **28** ④   **29** ④

30 ②   **31** ④   **32** ③   **33** $\dfrac{12\sqrt{5}}{5}$ **34** 3

35 ③   **36** 2   **37** 3   **38** $\dfrac{\sqrt{6}}{\sqrt{7}}$ **39** $\dfrac{4\sqrt{3}}{15}$

40 ③   **41** 8   **42** $\dfrac{\sqrt{15}}{10}$ **43** $\dfrac{\sqrt{10}}{12}$ **44** ②

45 $10\sqrt{2}\,\text{cm}^2$ **46** $90\,\text{cm}^2$ **47** $2\sqrt{2}\,\text{cm}$

48 ⑤   **49** $24\sqrt{3}\,\text{cm}^2$ **50** ④   **51** ①

52 ②   **53** ③   **54** ③   **55** $3\sqrt{10}$

56 ③, ④   **57** ⑤   **58** $\dfrac{3}{4}$ **59** $-4+2\sqrt{6}$

60 ①   **61** ④   **62** ②   **63** ③   **64** ③

65 $\dfrac{\sqrt{2}}{4}$ **66** 16   **67** ②   **68** ④   **69** ③

70 ②   **71** $2-2\sqrt{5}$ **72** -8 **73** $\dfrac{2}{3}$

74 ①   **75** $-4\sqrt{14}$ **76** $\dfrac{2\sqrt{6}+3}{6}$

77 $-1-2\sqrt{6}$ **78** ④   **79** ①   **80** -4

81 $2\sqrt{5}-\dfrac{\sqrt{2}}{2}$ **82** 2   **83** $2\sqrt{15}+3$

84 $-1+2\sqrt{2}$ **85** ③   **86** ④   **87** ②

88 (1) $\dfrac{3}{2}$ (2) $-\dfrac{13}{4}$ **89** $(2\sqrt{6}+3)\,\text{cm}^2$

90 ④   **91** $(6\sqrt{2}+6\sqrt{6})\,\text{cm}$ **92** ⑤

93 $15+\sqrt{6}$ **94** ③   **95** $5-2\sqrt{2}$ **96** -2

97 $-4\sqrt{2}-6\sqrt{5}$ **98** $-\dfrac{\sqrt{2}+3}{2}$

99 $6+9\sqrt{2}$ **100** ⑤   **101** ④   **102** $c<b<a$

103 ⑤   **104** ⑤   **105** ③   **106** ④

107 $x=0.5604$, $y=17.94$ **108** ③   **109** $\dfrac{\sqrt{3}}{3}$

110 ④   **111** ③   **112** $-3+\sqrt{5}$ **113** 6

114 $5\sqrt{2}-\sqrt{3}$ **115** ⑤   **116** $\dfrac{13}{3}$

117 $a=-3$, $A=15$ **118** ④   **119** ⑤   **120** ③

121 $\dfrac{4\sqrt{5}}{5}\,\text{cm}$ **122** 6   **123** 1   **124** ④

125 $\dfrac{16\sqrt{10}}{3}\,\text{cm}^3$ **126** 10   **127** ③   **128** ①

129 $2+2\sqrt{3}$ **130** $\dfrac{\sqrt{5}}{2}$ **131** $(6\sqrt{2}+4)\,\text{cm}$

132 ②   **133** $-1+3\sqrt{5}$

01 제곱근의 곱셈과 나눗셈 (1)

유형 모아 보기 & 완성하기   46~51쪽

01 답 ㄴ, ㄷ

ㄱ. $\sqrt{3}\sqrt{5}=\sqrt{3\times5}=\sqrt{15}$

ㄴ. $\sqrt{14}\times\sqrt{\dfrac{1}{2}}=\sqrt{14\times\dfrac{1}{2}}=\sqrt{7}$

ㄷ. $(-\sqrt{2})\times(-\sqrt{8})=\sqrt{2\times8}=\sqrt{16}=4$

ㄹ. $4\sqrt{5}\times3\sqrt{2}=(4\times3)\times\sqrt{5\times2}=12\sqrt{10}$

따라서 옳은 것은 ㄴ, ㄷ이다.

02 답 ④

① $\sqrt{4}\div\sqrt{2}=\dfrac{\sqrt{4}}{\sqrt{2}}=\sqrt{\dfrac{4}{2}}=\sqrt{2}$

② $-\dfrac{\sqrt{6}}{\sqrt{3}}=-\sqrt{\dfrac{6}{3}}=-\sqrt{2}$

③ $\sqrt{\dfrac{8}{5}}\div\sqrt{\dfrac{4}{5}}=\dfrac{\sqrt{8}}{\sqrt{5}}\div\dfrac{\sqrt{4}}{\sqrt{5}}=\dfrac{\sqrt{8}}{\sqrt{5}}\times\dfrac{\sqrt{5}}{\sqrt{4}}=\sqrt{\dfrac{8}{5}\times\dfrac{5}{4}}=\sqrt{2}$

④ $-\sqrt{44}\div\sqrt{\dfrac{4}{11}}=-\sqrt{44}\div\dfrac{\sqrt{4}}{\sqrt{11}}=-\sqrt{44}\times\dfrac{\sqrt{11}}{\sqrt{4}}$
$=-\sqrt{44\times\dfrac{11}{4}}=-\sqrt{11^2}=-11$

⑤ $12\sqrt{30}\div(-2\sqrt{3})=-\dfrac{12\sqrt{30}}{2\sqrt{3}}=-\dfrac{12}{2}\sqrt{\dfrac{30}{3}}=-6\sqrt{10}$

따라서 옳지 않은 것은 ④이다.

03 답 ④

① $-\sqrt{12}=-\sqrt{2^2\times3}=-2\sqrt{3}$

② $\sqrt{810}=\sqrt{9^2\times10}=9\sqrt{10}$

③ $3\sqrt{3}=\sqrt{3^2\times3}=\sqrt{27}$

④ $-3\sqrt{7}=-\sqrt{3^2\times7}=-\sqrt{63}$

⑤ $\sqrt{98}=\sqrt{7^2\times2}=7\sqrt{2}$

따라서 옳지 않은 것은 ④이다.

04 답 ③

ㄱ. $\sqrt{\dfrac{13}{49}}=\sqrt{\dfrac{13}{7^2}}=\dfrac{\sqrt{13}}{7}$

ㄴ. $\dfrac{\sqrt{15}}{10}=\dfrac{\sqrt{15}}{\sqrt{10^2}}=\sqrt{\dfrac{15}{100}}=\sqrt{\dfrac{3}{20}}$

ㄷ. $-\sqrt{\dfrac{4}{18}}=-\sqrt{\dfrac{2}{9}}=-\sqrt{\dfrac{2}{3^2}}=-\dfrac{\sqrt{2}}{3}$

ㄹ. $\sqrt{0.08}=\sqrt{\dfrac{8}{100}}=\sqrt{\dfrac{2^2\times2}{10^2}}=\dfrac{2\sqrt{2}}{10}=\dfrac{\sqrt{2}}{5}$

따라서 옳은 것은 ㄱ, ㄹ이다.

05 답 ③

① $\sqrt{200}=\sqrt{2\times100}=\sqrt{2\times10^2}=10\sqrt{2}=10\times1.414=14.14$

② $\sqrt{2000}=\sqrt{20\times100}=\sqrt{20\times10^2}=10\sqrt{20}=10\times4.472=44.72$

③ $\sqrt{0.2}=\sqrt{\dfrac{20}{100}}=\sqrt{\dfrac{20}{10^2}}=\dfrac{\sqrt{20}}{10}=\dfrac{4.472}{10}=0.4472$

④ $\sqrt{0.002}=\sqrt{\dfrac{20}{10000}}=\sqrt{\dfrac{20}{100^2}}=\dfrac{\sqrt{20}}{100}=\dfrac{4.472}{100}=0.04472$

⑤ $\sqrt{0.0002}=\sqrt{\dfrac{2}{10000}}=\sqrt{\dfrac{2}{100^2}}=\dfrac{\sqrt{2}}{100}=\dfrac{1.414}{100}=0.01414$

따라서 옳지 않은 것은 ③이다.

06 답 ①

$\sqrt{140}=\sqrt{2^2\times5\times7}=2\times\sqrt{5}\times\sqrt{7}=2ab$

07 답 ④

① $\sqrt{2}\sqrt{7}=\sqrt{2\times7}=\sqrt{14}$

② $\sqrt{\dfrac{1}{3}}\times3\sqrt{6}=3\sqrt{\dfrac{1}{3}\times6}=3\sqrt{2}$

③ $(-\sqrt{35})\times\sqrt{\dfrac{1}{5}}=-\sqrt{35\times\dfrac{1}{5}}=-\sqrt{7}$

④ $(-\sqrt{14})\times\left(-\sqrt{\dfrac{1}{7}}\right)=\sqrt{14\times\dfrac{1}{7}}=\sqrt{2}$

⑤ $5\sqrt{3}\times3\sqrt{5}=15\sqrt{3\times5}=15\sqrt{15}$

따라서 옳지 않은 것은 ④이다.

08 답 $-12\sqrt{10}$

$4\sqrt{5}\times3\sqrt{6}\times\left(-\sqrt{\dfrac{1}{3}}\right)=-12\sqrt{5\times6\times\dfrac{1}{3}}=-12\sqrt{10}$

09 답 6

$\sqrt{\dfrac{6}{5}}\times\sqrt{\dfrac{15}{2}}=\sqrt{\dfrac{6}{5}\times\dfrac{15}{2}}=\sqrt{9}=3$　　∴ $a=3$　　$\cdots$ (i)

$b\sqrt{\dfrac{1}{7}}\times4\sqrt{\dfrac{14}{3}}=4b\sqrt{\dfrac{1}{7}\times\dfrac{14}{3}}=4b\sqrt{\dfrac{2}{3}}$

즉, $4b\sqrt{\dfrac{2}{3}}=-12\sqrt{\dfrac{2}{3}}$이므로

$4b=-12$　　∴ $b=-3$　　$\cdots$ (ii)

∴ $a-b=3-(-3)=6$　　$\cdots$ (iii)

채점 기준	
(i) a의 값 구하기	40 %
(ii) b의 값 구하기	50 %
(iii) $a-b$의 값 구하기	10 %

10 답 2

$\sqrt{2}\times\sqrt{5}\times\sqrt{a}\times\sqrt{20}\times\sqrt{2a}=\sqrt{2\times5\times a\times20\times2a}$
$=\sqrt{20^2\times a^2}$
$=\sqrt{(20a)^2}$

이때 a는 자연수이므로 $\sqrt{(20a)^2}=20a$

따라서 $20a=40$이므로 $a=2$

11 답 ③

① $\dfrac{\sqrt{30}}{\sqrt{5}}=\sqrt{\dfrac{30}{5}}=\sqrt{6}$

② $\sqrt{42}\div\sqrt{7}=\dfrac{\sqrt{42}}{\sqrt{7}}=\sqrt{\dfrac{42}{7}}=\sqrt{6}$

③ $\sqrt{12}\div\sqrt{3}=\dfrac{\sqrt{12}}{\sqrt{3}}=\sqrt{\dfrac{12}{3}}=\sqrt{4}=2$

④ $\sqrt{15}\div\sqrt{\dfrac{5}{2}}=\sqrt{15}\div\dfrac{\sqrt{5}}{\sqrt{2}}=\sqrt{15}\times\dfrac{\sqrt{2}}{\sqrt{5}}=\sqrt{15\times\dfrac{2}{5}}=\sqrt{6}$

⑤ $\sqrt{\dfrac{10}{3}}\div\sqrt{\dfrac{5}{9}}=\dfrac{\sqrt{10}}{\sqrt{3}}\div\dfrac{\sqrt{5}}{\sqrt{9}}=\dfrac{\sqrt{10}}{\sqrt{3}}\times\dfrac{\sqrt{9}}{\sqrt{5}}=\sqrt{\dfrac{10}{3}\times\dfrac{9}{5}}=\sqrt{6}$

따라서 그 값이 나머지 넷과 다른 하나는 ③이다.

12 답 -2

$\dfrac{\sqrt{15}}{2\sqrt{14}}\div\left(-\dfrac{2\sqrt{3}}{\sqrt{56}}\right)\div\dfrac{\sqrt{10}}{\sqrt{32}}=\dfrac{\sqrt{15}}{2\sqrt{14}}\times\left(-\dfrac{\sqrt{56}}{2\sqrt{3}}\right)\times\dfrac{\sqrt{32}}{\sqrt{10}}$
$=-\dfrac{1}{4}\sqrt{\dfrac{15}{14}\times\dfrac{56}{3}\times\dfrac{32}{10}}$
$=-\dfrac{\sqrt{64}}{4}=-\dfrac{8}{4}=-2$

13 답 21

$\dfrac{\sqrt{a}}{\sqrt{5}}\div\dfrac{\sqrt{7}}{\sqrt{10}}=\dfrac{\sqrt{a}}{\sqrt{5}}\times\dfrac{\sqrt{10}}{\sqrt{7}}=\sqrt{\dfrac{a}{5}\times\dfrac{10}{7}}=\sqrt{\dfrac{2a}{7}}$

즉, $\sqrt{\dfrac{2a}{7}}=\sqrt{6}$이므로

$\dfrac{2a}{7}=6$, $2a=42$　　∴ $a=21$

14 답 33배

$3x=3\sqrt{11}$, $\dfrac{1}{x}=\dfrac{1}{\sqrt{11}}$이므로

$3\sqrt{11}\div\dfrac{1}{\sqrt{11}}=3\sqrt{11}\times\sqrt{11}=3\sqrt{11\times11}=3\sqrt{11^2}=3\times11=33$

따라서 $3x$는 $\dfrac{1}{x}$의 33배이다.

> **다른 풀이**

$3x\div\dfrac{1}{x}=3x\times x=3x^2=3(\sqrt{11})^2=33$

따라서 $3x$는 $\dfrac{1}{x}$의 33배이다.

15 답 ④

ㄱ. $\sqrt{80}=\sqrt{4^2\times5}=4\sqrt{5}$

ㄴ. $5\sqrt{2}=\sqrt{5^2\times2}=\sqrt{50}$

ㄷ. $-4\sqrt{3}=-\sqrt{4^2\times3}=-\sqrt{48}$

ㄹ. $-\sqrt{28}=-\sqrt{2^2\times7}=-2\sqrt{7}$

따라서 옳은 것은 ㄴ, ㄹ이다.

16 답 ③

$4\sqrt{2}=\sqrt{4^2\times2}=\sqrt{32}$　　$\therefore a=32$

$\sqrt{56}=\sqrt{2^2\times14}=2\sqrt{14}$　　$\therefore b=2$

$\therefore a-b=32-2=30$

17 답 $\dfrac{2\sqrt{3}}{3}$

$\dfrac{2\sqrt{3}}{3}=\sqrt{\dfrac{12}{3}}$, $\dfrac{2}{3}=\sqrt{\dfrac{4}{3}}$, $\sqrt{3}=\dfrac{3\sqrt{3}}{3}=\sqrt{\dfrac{27}{3}}$이고

$\dfrac{\sqrt{2}}{3}<\dfrac{\sqrt{4}}{3}<\dfrac{\sqrt{12}}{3}<\dfrac{\sqrt{15}}{3}<\dfrac{\sqrt{27}}{3}$이므로

$\dfrac{\sqrt{2}}{3}<\dfrac{2}{3}<\dfrac{2\sqrt{3}}{3}<\dfrac{\sqrt{15}}{3}<\sqrt{3}$

따라서 크기가 작은 것부터 차례로 나열할 때, 세 번째에 오는 수는
$\dfrac{2\sqrt{3}}{3}$이다.

18 답 ③

$\sqrt{\dfrac{h}{4.9}}$에 $h=196$을 대입하면

$\sqrt{\dfrac{196}{4.9}}=\sqrt{\dfrac{1960}{49}}=\sqrt{40}=\sqrt{2^2\times10}=2\sqrt{10}$(초)

따라서 먹이가 지면에 닿을 때까지 걸리는 시간을 $a\sqrt{b}$초 꼴로 나타내면 $2\sqrt{10}$초이다.

19 답 24

$\sqrt{3}\times\sqrt{4}\times\sqrt{5}\times\sqrt{6}\times\sqrt{7}\times\sqrt{8}=\sqrt{3\times2^2\times5\times2\times3\times7\times2^3}$

$=\sqrt{2^6\times3^2\times5\times7}$

$=\sqrt{(2^3\times3)^2\times35}$

$=24\sqrt{35}$

$\therefore a=24$

20 답 ④

① $\sqrt{\dfrac{3}{100}}=\sqrt{\dfrac{3}{10^2}}=\dfrac{\sqrt{3}}{10}$

② $-\sqrt{0.13}=-\sqrt{\dfrac{13}{100}}=-\sqrt{\dfrac{13}{10^2}}=-\dfrac{\sqrt{13}}{10}$

③ $\dfrac{\sqrt{3}}{7}=\dfrac{\sqrt{3}}{\sqrt{7^2}}=\sqrt{\dfrac{3}{49}}$

④ $\sqrt{\dfrac{5}{16}}=\sqrt{\dfrac{5}{4^2}}=\dfrac{\sqrt{5}}{4}$

⑤ $-\dfrac{\sqrt{6}}{2}=-\dfrac{\sqrt{6}}{\sqrt{2^2}}=-\sqrt{\dfrac{6}{4}}=-\sqrt{\dfrac{3}{2}}$

따라서 옳지 않은 것은 ④이다.

21 답 ③

$\sqrt{0.18}=\sqrt{\dfrac{18}{100}}=\sqrt{\dfrac{3^2\times2}{10^2}}=\dfrac{3\sqrt{2}}{10}$　　$\therefore k=\dfrac{3}{10}$

22 답 $\dfrac{4}{15}$

$\sqrt{0.6}=\sqrt{\dfrac{60}{100}}=\sqrt{\dfrac{2^2\times15}{10^2}}=\dfrac{2\sqrt{15}}{10}=\dfrac{\sqrt{15}}{5}$　　$\therefore a=\dfrac{1}{5}$

$\sqrt{\dfrac{112}{9}}=\sqrt{\dfrac{4^2\times7}{3^2}}=\dfrac{4\sqrt{7}}{3}$　　$\therefore b=\dfrac{4}{3}$

$\therefore ab=\dfrac{1}{5}\times\dfrac{4}{3}=\dfrac{4}{15}$

23 답 $\dfrac{3}{2}$

$\dfrac{\sqrt{5}}{5\sqrt{2}}=\dfrac{\sqrt{5}}{\sqrt{5^2\times2}}=\dfrac{\sqrt{5}}{\sqrt{50}}=\sqrt{\dfrac{5}{50}}=\sqrt{\dfrac{1}{10}}$　　$\therefore a=\dfrac{1}{10}$　　… (i)

$\dfrac{\sqrt{3}}{3\sqrt{5}}=\dfrac{\sqrt{3}}{\sqrt{3^2\times5}}=\dfrac{\sqrt{3}}{\sqrt{45}}=\sqrt{\dfrac{3}{45}}=\sqrt{\dfrac{1}{15}}$　　$\therefore b=\dfrac{1}{15}$　　… (ii)

$\therefore \dfrac{a}{b}=a\times\dfrac{1}{b}=\dfrac{1}{10}\times15=\dfrac{3}{2}$　　… (iii)

채점 기준

(i) a의 값 구하기	40 %
(ii) b의 값 구하기	40 %
(iii) $\dfrac{a}{b}$의 값 구하기	20 %

24 답 ④

① $\sqrt{300}=\sqrt{3\times100}=\sqrt{3\times10^2}=10\sqrt{3}=17.32$

② $\sqrt{3000}=\sqrt{30\times100}=\sqrt{30\times10^2}=10\sqrt{30}=54.77$

③ $\sqrt{30000}=\sqrt{3\times10000}=\sqrt{3\times100^2}=100\sqrt{3}=173.2$

④ $\sqrt{0.3}=\sqrt{\dfrac{30}{100}}=\sqrt{\dfrac{30}{10^2}}=\dfrac{\sqrt{30}}{10}=0.5477$

⑤ $\sqrt{0.003}=\sqrt{\dfrac{30}{10000}}=\sqrt{\dfrac{30}{100^2}}=\dfrac{\sqrt{30}}{100}=0.05477$

따라서 옳지 않은 것은 ④이다.

25 답 ③

① $\sqrt{0.02}=\sqrt{\dfrac{2}{100}}=\sqrt{\dfrac{2}{10^2}}=\dfrac{\sqrt{2}}{10}=0.1414$

② $\sqrt{0.08}=\sqrt{\dfrac{8}{100}}=\sqrt{\dfrac{2^2\times2}{10^2}}=\dfrac{2\sqrt{2}}{10}=\dfrac{\sqrt{2}}{5}=0.2828$

③ $\sqrt{0.2}=\sqrt{\dfrac{20}{100}}=\sqrt{\dfrac{20}{10^2}}=\dfrac{\sqrt{20}}{10}$이므로 $\sqrt{20}$의 값이 주어져야 한다.

④ $\sqrt{18}=\sqrt{3^2\times2}=3\sqrt{2}=4.242$

⑤ $\sqrt{200}=\sqrt{2\times100}=\sqrt{2\times10^2}=10\sqrt{2}=14.14$

따라서 그 값을 구할 수 없는 것은 ③이다.

26 답 ②

① $\sqrt{0.302}=\sqrt{\dfrac{30.2}{100}}=\sqrt{\dfrac{30.2}{10^2}}=\dfrac{\sqrt{30.2}}{10}=\dfrac{5.495}{10}=0.5495$

② $\sqrt{0.416}=\sqrt{\dfrac{41.6}{100}}=\sqrt{\dfrac{41.6}{10^2}}=\dfrac{\sqrt{41.6}}{10}$이므로 $\sqrt{41.6}$의 값이 주어져야 한다.

③ $\sqrt{423}=\sqrt{4.23\times100}=\sqrt{4.23\times10^2}$
$=10\sqrt{4.23}=10\times2.057=20.57$

④ $\sqrt{0.0415}=\sqrt{\dfrac{4.15}{100}}=\sqrt{\dfrac{4.15}{10^2}}=\dfrac{\sqrt{4.15}}{10}=\dfrac{2.037}{10}=0.2037$

⑤ $\sqrt{314000}=\sqrt{31.4\times10000}=\sqrt{31.4\times100^2}$
$=100\sqrt{31.4}=100\times5.604=560.4$

따라서 그 값을 구할 수 없는 것은 ②이다.

27 답 ③

$\sqrt{36100}=\sqrt{3.61\times10000}=\sqrt{3.61\times100^2}=100\sqrt{3.61}$
$=100\times\sqrt{1.9^2}=100\times1.9=190$

28 답 ④

$212.1 = 100 \times 2.121 = 100\sqrt{4.5}$
$\qquad = \sqrt{4.5 \times 100^2} = \sqrt{4.5 \times 10000}$
$\qquad = \sqrt{45000}$

$\therefore a = 45000$

29 답 ④

$\sqrt{0.24} = \sqrt{\dfrac{24}{100}} = \sqrt{\dfrac{2^2 \times 6}{10^2}} = \dfrac{2\sqrt{6}}{10} = \dfrac{1}{5} \times \sqrt{2 \times 3}$

$\qquad = \dfrac{1}{5} \times \sqrt{2} \times \sqrt{3} = \dfrac{1}{5}ab$

30 답 ②

$\sqrt{180} = \sqrt{2^2 \times 3^2 \times 5} = 2 \times (\sqrt{3})^2 \times \sqrt{5} = 2x^2 y$

31 답 ④

① $\sqrt{1900} = \sqrt{19 \times 100} = 10\sqrt{19} = 10b$

② $\sqrt{760} = \sqrt{400 \times 1.9} = 20\sqrt{1.9} = 20a$

③ $\sqrt{0.019} = \sqrt{\dfrac{1.9}{100}} = \dfrac{\sqrt{1.9}}{10} = \dfrac{1}{10}a$

④ $\sqrt{0.304} = \sqrt{\dfrac{30.4}{100}} = \sqrt{\dfrac{16 \times 1.9}{100}} = \dfrac{4}{10}\sqrt{1.9} = \dfrac{2}{5}a$

⑤ $\sqrt{0.0019} = \sqrt{\dfrac{19}{10000}} = \dfrac{\sqrt{19}}{100} = \dfrac{1}{100}b$

따라서 옳지 않은 것은 ④이다.

---

02 제곱근의 곱셈과 나눗셈 (2)

유형 모아 보기 & 완성하기
52~54쪽

32 답 ③

① $\dfrac{8}{\sqrt{5}} = \dfrac{8 \times \sqrt{5}}{\sqrt{5} \times \sqrt{5}} = \dfrac{8\sqrt{5}}{5}$

② $\dfrac{4}{3\sqrt{2}} = \dfrac{4 \times \sqrt{2}}{3\sqrt{2} \times \sqrt{2}} = \dfrac{4\sqrt{2}}{6} = \dfrac{2\sqrt{2}}{3}$

③ $\dfrac{10}{\sqrt{2}} = \dfrac{10 \times \sqrt{2}}{\sqrt{2} \times \sqrt{2}} = \dfrac{10\sqrt{2}}{2} = 5\sqrt{2}$

④ $\dfrac{6\sqrt{3}}{\sqrt{2}} = \dfrac{6\sqrt{3} \times \sqrt{2}}{\sqrt{2} \times \sqrt{2}} = \dfrac{6\sqrt{6}}{2} = 3\sqrt{6}$

⑤ $\dfrac{\sqrt{6}}{\sqrt{20}} = \dfrac{\sqrt{6}}{2\sqrt{5}} = \dfrac{\sqrt{6} \times \sqrt{5}}{2\sqrt{5} \times \sqrt{5}} = \dfrac{\sqrt{30}}{10}$

따라서 옳지 않은 것은 ③이다.

33 답 $\dfrac{12\sqrt{5}}{5}$

$\dfrac{3\sqrt{6}}{\sqrt{10}} \div \dfrac{\sqrt{3}}{2\sqrt{5}} \times \sqrt{\dfrac{12}{15}} = \dfrac{3\sqrt{6}}{\sqrt{10}} \times \dfrac{2\sqrt{5}}{\sqrt{3}} \times \dfrac{2\sqrt{3}}{\sqrt{15}} = \dfrac{12}{\sqrt{5}}$

$\qquad\qquad = \dfrac{12 \times \sqrt{5}}{\sqrt{5} \times \sqrt{5}} = \dfrac{12\sqrt{5}}{5}$

34 답 3

삼각형의 넓이는

$\dfrac{1}{2} \times \sqrt{18} \times \sqrt{10} = \dfrac{1}{2} \times 3\sqrt{2} \times \sqrt{10} = 3\sqrt{5}$

직사각형의 넓이는 $x \times \sqrt{5} = \sqrt{5}x$

따라서 $\sqrt{5}x = 3\sqrt{5}$이므로 $x = \dfrac{3\sqrt{5}}{\sqrt{5}} = 3$

35 답 ③

① $\dfrac{9}{\sqrt{3}} = \dfrac{9 \times \sqrt{3}}{\sqrt{3} \times \sqrt{3}} = \dfrac{9\sqrt{3}}{3} = 3\sqrt{3}$

② $\dfrac{\sqrt{5}}{\sqrt{2}} = \dfrac{\sqrt{5} \times \sqrt{2}}{\sqrt{2} \times \sqrt{2}} = \dfrac{\sqrt{10}}{2}$

③ $\dfrac{2\sqrt{3}}{\sqrt{2}} = \dfrac{2\sqrt{3} \times \sqrt{2}}{\sqrt{2} \times \sqrt{2}} = \dfrac{2\sqrt{6}}{2} = \sqrt{6}$

④ $\dfrac{\sqrt{2}}{2\sqrt{3}} = \dfrac{\sqrt{2} \times \sqrt{3}}{2\sqrt{3} \times \sqrt{3}} = \dfrac{\sqrt{6}}{6}$

⑤ $\dfrac{6}{\sqrt{24}} = \dfrac{6}{2\sqrt{6}} = \dfrac{3}{\sqrt{6}} = \dfrac{3 \times \sqrt{6}}{\sqrt{6} \times \sqrt{6}} = \dfrac{3\sqrt{6}}{6} = \dfrac{\sqrt{6}}{2}$

따라서 옳은 것은 ③이다.

36 답 2

$\dfrac{3\sqrt{3}}{\sqrt{2}} = \dfrac{3\sqrt{3} \times \sqrt{2}}{\sqrt{2} \times \sqrt{2}} = \dfrac{3\sqrt{6}}{2}$ $\qquad \therefore a = \dfrac{3}{2}$ $\qquad$ ··· (i)

$\dfrac{20}{3\sqrt{5}} = \dfrac{20 \times \sqrt{5}}{3\sqrt{5} \times \sqrt{5}} = \dfrac{20\sqrt{5}}{15} = \dfrac{4\sqrt{5}}{3}$ $\qquad \therefore b = \dfrac{4}{3}$ $\qquad$ ··· (ii)

$\therefore ab = \dfrac{3}{2} \times \dfrac{4}{3} = 2$ $\qquad\qquad\qquad\qquad$ ··· (iii)

채점 기준	
(i) a의 값 구하기	40%
(ii) b의 값 구하기	40%
(iii) ab의 값 구하기	20%

37 답 3

$\dfrac{3\sqrt{a}}{2\sqrt{6}} = \dfrac{3\sqrt{a} \times \sqrt{6}}{2\sqrt{6} \times \sqrt{6}} = \dfrac{3\sqrt{6a}}{12} = \dfrac{\sqrt{6a}}{4}$

즉, $\dfrac{\sqrt{6a}}{4} = \dfrac{3\sqrt{2}}{4}$이므로

$\sqrt{6a} = 3\sqrt{2}$, $6a = 18$ $\qquad \therefore a = 3$

38 답 $\dfrac{\sqrt{6}}{\sqrt{7}}$

$\dfrac{1}{\sqrt{7}} = \dfrac{1 \times \sqrt{7}}{\sqrt{7} \times \sqrt{7}} = \dfrac{\sqrt{7}}{7}$, $\dfrac{\sqrt{6}}{\sqrt{7}} = \dfrac{\sqrt{6} \times \sqrt{7}}{\sqrt{7} \times \sqrt{7}} = \dfrac{\sqrt{42}}{7}$

$\sqrt{7} = \dfrac{7\sqrt{7}}{7} = \dfrac{\sqrt{343}}{7}$, $\dfrac{6}{7} = \dfrac{\sqrt{36}}{7}$이고

$\dfrac{\sqrt{6}}{7} < \dfrac{\sqrt{7}}{7} < \dfrac{\sqrt{36}}{7} < \dfrac{\sqrt{42}}{7} < \dfrac{\sqrt{343}}{7}$이므로

$\dfrac{\sqrt{6}}{7} < \dfrac{1}{\sqrt{7}} < \dfrac{6}{7} < \dfrac{\sqrt{6}}{\sqrt{7}} < \sqrt{7}$

따라서 크기가 큰 것부터 차례로 나열할 때, 두 번째에 오는 수는

$\dfrac{\sqrt{6}}{\sqrt{7}}$이다.

39 답 $\dfrac{4\sqrt{3}}{15}$

$$\dfrac{\sqrt{4}}{\sqrt{50}} \times \dfrac{2\sqrt{2}}{\sqrt{5}} \div \sqrt{\dfrac{3}{5}} = \dfrac{2}{5\sqrt{2}} \times \dfrac{2\sqrt{2}}{\sqrt{5}} \times \dfrac{\sqrt{5}}{\sqrt{3}} = \dfrac{4}{5\sqrt{3}}$$
$$= \dfrac{4 \times \sqrt{3}}{5\sqrt{3} \times \sqrt{3}} = \dfrac{4\sqrt{3}}{15}$$

40 답 ③

① $2\sqrt{10} \div \sqrt{2} \times \sqrt{5} = 2\sqrt{10} \times \dfrac{1}{\sqrt{2}} \times \sqrt{5} = 10$

② $8\sqrt{2} \times (-3\sqrt{6}) \div 4\sqrt{3} = 8\sqrt{2} \times (-3\sqrt{6}) \times \dfrac{1}{4\sqrt{3}} = -12$

③ $-\dfrac{\sqrt{8}}{\sqrt{18}} \div \sqrt{\dfrac{3}{10}} \times \sqrt{\dfrac{6}{5}} = -\dfrac{2\sqrt{2}}{3\sqrt{2}} \div \dfrac{\sqrt{3}}{\sqrt{10}} \times \dfrac{\sqrt{6}}{\sqrt{5}}$
$$= -\dfrac{2\sqrt{2}}{3\sqrt{2}} \times \dfrac{\sqrt{10}}{\sqrt{3}} \times \dfrac{\sqrt{6}}{\sqrt{5}} = -\dfrac{4}{3}$$

④ $\dfrac{\sqrt{15}}{2\sqrt{2}} \div \sqrt{10} \times 4\sqrt{3} = \dfrac{\sqrt{15}}{2\sqrt{2}} \times \dfrac{1}{\sqrt{10}} \times 4\sqrt{3} = 3$

⑤ $\sqrt{\dfrac{5}{12}} \times \left(-\dfrac{2\sqrt{6}}{\sqrt{5}}\right) \div (-\sqrt{3}) = \dfrac{\sqrt{5}}{2\sqrt{3}} \times \left(-\dfrac{2\sqrt{6}}{\sqrt{5}}\right) \times \left(-\dfrac{1}{\sqrt{3}}\right)$
$$= \dfrac{\sqrt{6}}{3}$$

따라서 옳지 않은 것은 ③이다.

41 답 8

$\sqrt{32} \times \sqrt{18} \div \sqrt{6} \times \sqrt{2} = 4\sqrt{2} \times 3\sqrt{2} \times \dfrac{1}{\sqrt{6}} \times \sqrt{2}$
$$= \dfrac{24}{\sqrt{3}} = \dfrac{24 \times \sqrt{3}}{\sqrt{3} \times \sqrt{3}}$$
$$= \dfrac{24\sqrt{3}}{3} = 8\sqrt{3}$$

$\therefore a = 8$

42 답 $\dfrac{\sqrt{15}}{10}$

한 대각선에 있는 세 수의 곱은

$$3\sqrt{3} \times \dfrac{\sqrt{6}}{3} \times \dfrac{1}{6} = \dfrac{\sqrt{18}}{6} = \dfrac{3\sqrt{2}}{6} = \dfrac{\sqrt{2}}{2}$$

따라서 $\sqrt{5} \times \dfrac{\sqrt{6}}{3} \times A = \dfrac{\sqrt{2}}{2}$이므로

$$A = \dfrac{\sqrt{2}}{2} \div \sqrt{5} \div \dfrac{\sqrt{6}}{3} = \dfrac{\sqrt{2}}{2} \times \dfrac{1}{\sqrt{5}} \times \dfrac{3}{\sqrt{6}} = \dfrac{3}{2\sqrt{15}}$$
$$= \dfrac{3 \times \sqrt{15}}{2\sqrt{15} \times \sqrt{15}} = \dfrac{3\sqrt{15}}{30} = \dfrac{\sqrt{15}}{10}$$

43 답 $\dfrac{\sqrt{10}}{12}$

$$A = \dfrac{\sqrt{15}}{3} \times \sqrt{5} \div 2\sqrt{30} = \dfrac{\sqrt{15}}{3} \times \sqrt{5} \times \dfrac{1}{2\sqrt{30}}$$
$$= \dfrac{\sqrt{5}}{6\sqrt{2}} = \dfrac{\sqrt{5} \times \sqrt{2}}{6\sqrt{2} \times \sqrt{2}} = \dfrac{\sqrt{10}}{12}$$

44 답 ②

평행사변형의 넓이는 $\sqrt{32} \times x = 4\sqrt{2}x$

삼각형의 넓이는 $\dfrac{1}{2} \times \sqrt{48} \times \sqrt{18} = \dfrac{1}{2} \times 4\sqrt{3} \times 3\sqrt{2} = 6\sqrt{6}$

따라서 $4\sqrt{2}x = 6\sqrt{6}$이므로 $x = \dfrac{6\sqrt{6}}{4\sqrt{2}} = \dfrac{3\sqrt{3}}{2}$

45 답 $10\sqrt{2}\,\text{cm}^2$

$\overline{BC} = \sqrt{10}\,\text{cm}, \ \overline{CD} = \sqrt{20} = 2\sqrt{5}\,(\text{cm})$

$\therefore \square ABCD = \overline{BC} \times \overline{CD} = \sqrt{10} \times 2\sqrt{5}$
$$= 2\sqrt{50} = 2 \times 5\sqrt{2}$$
$$= 10\sqrt{2}\,(\text{cm}^2)$$

46 답 $90\,\text{cm}^2$

$\overline{AB} = \sqrt{15^2 - (6\sqrt{5})^2} = \sqrt{45} = 3\sqrt{5}\,(\text{cm})$

$\therefore \square ABCD = 6\sqrt{5} \times 3\sqrt{5} = 90\,(\text{cm}^2)$

47 답 $2\sqrt{2}\,\text{cm}$

직육면체의 높이를 $h\,\text{cm}$라 하면 직육면체의 부피는

$\sqrt{15} \times \sqrt{6} \times h = 12\sqrt{5}$ $\qquad\qquad \cdots$ (i)

즉, $\sqrt{90}\,h = 12\sqrt{5}$에서 $3\sqrt{10}\,h = 12\sqrt{5}$

$\therefore h = \dfrac{12\sqrt{5}}{3\sqrt{10}} = \dfrac{4}{\sqrt{2}} = \dfrac{4 \times \sqrt{2}}{\sqrt{2} \times \sqrt{2}} = \dfrac{4\sqrt{2}}{2} = 2\sqrt{2}$

따라서 직육면체의 높이는 $2\sqrt{2}\,\text{cm}$이다. $\qquad \cdots$ (ii)

채점 기준	
(i) 직육면체의 부피를 높이에 대한 식으로 나타내기	40 %
(ii) 직육면체의 높이 구하기	60 %

48 답 ⑤

정육면체의 한 모서리의 길이를 $x\,\text{cm}$라 하면

$\overline{FH} = \sqrt{x^2 + x^2} = \sqrt{2}x\,(\text{cm})$

$\overline{DF} = \sqrt{(\sqrt{2}x)^2 + x^2} = \sqrt{3}x\,(\text{cm})$

즉, $\sqrt{3}x = 9$이므로 $x = \dfrac{9}{\sqrt{3}} = \dfrac{9\sqrt{3}}{3} = 3\sqrt{3}$

따라서 정육면체의 한 모서리의 길이는 $3\sqrt{3}\,\text{cm}$이다.

49 답 $24\sqrt{3}\,\text{cm}^2$

오른쪽 그림과 같이 꼭짓점 A에서 $\overline{BC}$에 내린 수선의 발을 H라 하면

$\overline{CH} = \dfrac{1}{2}\overline{BC} = \dfrac{1}{2} \times 4\sqrt{6} = 2\sqrt{6}\,(\text{cm})$

$\triangle AHC$에서

$\overline{AH} = \sqrt{(4\sqrt{6})^2 - (2\sqrt{6})^2} = \sqrt{72} = 6\sqrt{2}\,(\text{cm})$

$\therefore \triangle ABC = \dfrac{1}{2} \times 4\sqrt{6} \times 6\sqrt{2} = 24\sqrt{3}\,(\text{cm}^2)$

참고 한 변의 길이가 a인 정삼각형의 높이를 h, 넓이를 S라 하면

$h = \dfrac{\sqrt{3}}{2}a \longrightarrow h = \sqrt{a^2 - \left(\dfrac{a}{2}\right)^2} = \sqrt{\dfrac{3}{4}a^2}$

$S = \dfrac{\sqrt{3}}{4}a^2 \longrightarrow S = \dfrac{1}{2}ah = \dfrac{1}{2} \times a \times \dfrac{\sqrt{3}}{2}a$

유형 모아 보기 & 완성하기　　　　　55~60쪽

50 답 ④

① $\sqrt{7}+\sqrt{3}$은 더 이상 간단히 할 수 없다.

② $5\sqrt{7}-2\sqrt{7}=(5-2)\sqrt{7}=3\sqrt{7}$

③ $3\sqrt{2}+2\sqrt{3}$은 더 이상 간단히 할 수 없다.

④ $2\sqrt{6}-7\sqrt{6}+4\sqrt{6}=(2-7+4)\sqrt{6}=-\sqrt{6}$

⑤ $3\sqrt{5}+\sqrt{7}-\sqrt{5}=(3-1)\sqrt{5}+\sqrt{7}=2\sqrt{5}+\sqrt{7}$

따라서 옳은 것은 ④이다.

51 답 ①

$$7\sqrt{3}+\sqrt{96}+3\sqrt{6}-\sqrt{27}=7\sqrt{3}+4\sqrt{6}+3\sqrt{6}-3\sqrt{3}$$
$$=(7-3)\sqrt{3}+(4+3)\sqrt{6}$$
$$=4\sqrt{3}+7\sqrt{6}$$

따라서 $a=4$, $b=7$이므로

$a-b=4-7=-3$

52 답 ②

$$\frac{\sqrt{12}}{2}-\frac{\sqrt{6}}{\sqrt{8}}+\frac{1}{\sqrt{48}}=\frac{2\sqrt{3}}{2}-\frac{\sqrt{6}}{2\sqrt{2}}+\frac{1}{4\sqrt{3}}$$
$$=\sqrt{3}-\frac{\sqrt{3}}{2}+\frac{\sqrt{3}}{12}$$
$$=\left(1-\frac{1}{2}+\frac{1}{12}\right)\sqrt{3}=\frac{7\sqrt{3}}{12}$$

53 답 ③

$$\sqrt{2}(\sqrt{3}-2)-(\sqrt{24}-\sqrt{32})=\sqrt{2}(\sqrt{3}-2)-(2\sqrt{6}-4\sqrt{2})$$
$$=\sqrt{6}-2\sqrt{2}-2\sqrt{6}+4\sqrt{2}$$
$$=(-2+4)\sqrt{2}+(1-2)\sqrt{6}$$
$$=2\sqrt{2}-\sqrt{6}$$

54 답 ③

$$\frac{\sqrt{6}-\sqrt{8}}{3\sqrt{2}}=\frac{(\sqrt{6}-2\sqrt{2})\times\sqrt{2}}{3\sqrt{2}\times\sqrt{2}}=\frac{\sqrt{12}-4}{6}$$
$$=\frac{2\sqrt{3}-4}{6}=\frac{\sqrt{3}}{3}-\frac{2}{3}$$

따라서 $a=\dfrac{1}{3}$, $b=-\dfrac{2}{3}$이므로

$a+b=\dfrac{1}{3}+\left(-\dfrac{2}{3}\right)=-\dfrac{1}{3}$

다른 풀이

$$\frac{\sqrt{6}-\sqrt{8}}{3\sqrt{2}}=\frac{\sqrt{6}}{3\sqrt{2}}-\frac{\sqrt{8}}{3\sqrt{2}}=\frac{\sqrt{3}}{3}-\frac{2}{3}$$

따라서 $a=\dfrac{1}{3}$, $b=-\dfrac{2}{3}$이므로

$a+b=\dfrac{1}{3}+\left(-\dfrac{2}{3}\right)=-\dfrac{1}{3}$

55 답 $3\sqrt{10}$

$$\sqrt{2}(4\sqrt{5}-3)+\frac{6-\sqrt{20}}{\sqrt{2}}=4\sqrt{10}-3\sqrt{2}+\frac{6-2\sqrt{5}}{\sqrt{2}}$$
$$=4\sqrt{10}-3\sqrt{2}+\frac{(6-2\sqrt{5})\times\sqrt{2}}{\sqrt{2}\times\sqrt{2}}$$
$$=4\sqrt{10}-3\sqrt{2}+\frac{6\sqrt{2}-2\sqrt{10}}{2}$$
$$=4\sqrt{10}-3\sqrt{2}+3\sqrt{2}-\sqrt{10}$$
$$=3\sqrt{10}$$

56 답 ③, ④

① $\sqrt{9}+\sqrt{4}=3+2=5$

② $3\sqrt{6}-\sqrt{6}=(3-1)\sqrt{6}=2\sqrt{6}$

③ $3\sqrt{3}+7\sqrt{3}=(3+7)\sqrt{3}=10\sqrt{3}$

④ $\sqrt{10}-\sqrt{3}$은 더 이상 간단히 할 수 없다.

⑤ $\sqrt{5}-4\sqrt{5}=(1-4)\sqrt{5}=-3\sqrt{5}$

따라서 옳지 않은 것은 ③, ④이다.

57 답 ⑤

$A=2\sqrt{2}+4\sqrt{2}-3\sqrt{2}=(2+4-3)\sqrt{2}=3\sqrt{2}$

$B=4\sqrt{3}-\sqrt{3}+5\sqrt{3}=(4-1+5)\sqrt{3}=8\sqrt{3}$

$\therefore AB=3\sqrt{2}\times8\sqrt{3}=24\sqrt{6}$

58 답 $\dfrac{3}{4}$

$$\frac{3\sqrt{2}}{4}+\frac{\sqrt{7}}{3}-\frac{\sqrt{2}}{2}-\frac{5\sqrt{7}}{6}=\left(\frac{3}{4}-\frac{1}{2}\right)\sqrt{2}+\left(\frac{1}{3}-\frac{5}{6}\right)\sqrt{7}$$
$$=\frac{\sqrt{2}}{4}-\frac{\sqrt{7}}{2}　　\cdots(\text{i})$$

따라서 $a=\dfrac{1}{4}$, $b=-\dfrac{1}{2}$이므로　　$\cdots(\text{ii})$

$a-b=\dfrac{1}{4}-\left(-\dfrac{1}{2}\right)=\dfrac{3}{4}$　　$\cdots(\text{iii})$

채점 기준

(i) 주어진 등식의 좌변 간단히 하기	60%
(ii) a, b의 값 구하기	20%
(iii) $a-b$의 값 구하기	20%

59 답 $-4+2\sqrt{6}$

$4-\sqrt{6}=\sqrt{16}-\sqrt{6}>0$

$3\sqrt{6}-8=\sqrt{54}-\sqrt{64}<0$

$$\therefore \sqrt{(4-\sqrt{6})^2}-\sqrt{(3\sqrt{6}-8)^2}=4-\sqrt{6}-\{-(3\sqrt{6}-8)\}$$
$$=4-\sqrt{6}+3\sqrt{6}-8$$
$$=-4+2\sqrt{6}$$

만렙비법 $4-\sqrt{6}$, $3\sqrt{6}-8$의 부호를 각각 조사한 후, 제곱근의 성질을 이용하여 근호를 없앤다.

60 답 ①

$$\sqrt{5}-\sqrt{20}-\sqrt{72}+\sqrt{32}=\sqrt{5}-2\sqrt{5}-6\sqrt{2}+4\sqrt{2}$$
$$=(-6+4)\sqrt{2}+(1-2)\sqrt{5}$$
$$=-2\sqrt{2}-\sqrt{5}$$

따라서 $a=-2$, $b=-1$이므로

$a+b=-2+(-1)=-3$

61 답 ④

$4\sqrt{5}+3\sqrt{20}-\sqrt{45}=4\sqrt{5}+6\sqrt{5}-3\sqrt{5}$
$\qquad\qquad\qquad\quad=(4+6-3)\sqrt{5}=7\sqrt{5}$

62 답 ②

$\sqrt{45}+\sqrt{a}-2\sqrt{125}=-5\sqrt{5}$에서
$3\sqrt{5}+\sqrt{a}-10\sqrt{5}=-5\sqrt{5}$
$\sqrt{a}=2\sqrt{5}$ $\quad\therefore a=20$

63 답 ③

$\sqrt{75}-\sqrt{15}+\sqrt{48}=5\sqrt{3}-\sqrt{3\times5}+4\sqrt{3}$
$\qquad\qquad\qquad\quad=9\sqrt{3}-\sqrt{3}\times\sqrt{5}=9a-ab$

64 답 ③

$a\sqrt{\dfrac{3b}{a}}+b\sqrt{\dfrac{12a}{b}}=\sqrt{a^2\times\dfrac{3b}{a}}+\sqrt{b^2\times\dfrac{12a}{b}}$
$\qquad\qquad\qquad\quad=\sqrt{3ab}+\sqrt{12ab}$
$\qquad\qquad\qquad\quad=\sqrt{3ab}+2\sqrt{3ab}$
$\qquad\qquad\qquad\quad=3\sqrt{3ab}$
$\qquad\qquad\qquad\quad=3\sqrt{3\times15}=9\sqrt{5}$

65 답 $\dfrac{\sqrt{2}}{4}$

$\dfrac{\sqrt{72}}{3}-\dfrac{9}{\sqrt{8}}+\dfrac{1}{\sqrt{2}}=\dfrac{6\sqrt{2}}{3}-\dfrac{9}{2\sqrt{2}}+\dfrac{1}{\sqrt{2}}$
$\qquad\qquad\qquad\quad=2\sqrt{2}-\dfrac{9\sqrt{2}}{4}+\dfrac{\sqrt{2}}{2}$
$\qquad\qquad\qquad\quad=\left(2-\dfrac{9}{4}+\dfrac{1}{2}\right)\sqrt{2}=\dfrac{\sqrt{2}}{4}$

66 답 16

$2\sqrt{75}+\sqrt{108}-\dfrac{2}{\sqrt{2}}+\dfrac{6}{\sqrt{12}}=10\sqrt{3}+6\sqrt{3}-\dfrac{2\sqrt{2}}{2}+\dfrac{6}{2\sqrt{3}}$
$\qquad\qquad\qquad\qquad\qquad\quad=16\sqrt{3}-\sqrt{2}+\dfrac{3}{\sqrt{3}}$
$\qquad\qquad\qquad\qquad\qquad\quad=16\sqrt{3}-\sqrt{2}+\sqrt{3}$
$\qquad\qquad\qquad\qquad\qquad\quad=-\sqrt{2}+17\sqrt{3}$

따라서 $a=-1$, $b=17$이므로
$a+b=-1+17=16$

67 답 ②

$y=\dfrac{1}{2\sqrt{3}}$이므로
$x-y=2\sqrt{3}-\dfrac{1}{2\sqrt{3}}=2\sqrt{3}-\dfrac{\sqrt{3}}{6}=\dfrac{11\sqrt{3}}{6}$

68 답 ④

$a\sqrt{\dfrac{b}{a}}+\dfrac{\sqrt{b}}{b\sqrt{a}}=a\sqrt{\dfrac{b}{a}}+\dfrac{1}{b}\sqrt{\dfrac{b}{a}}$
$\qquad\qquad\qquad\quad=\sqrt{a^2\times\dfrac{b}{a}}+\sqrt{\dfrac{1}{b^2}\times\dfrac{b}{a}}$
$\qquad\qquad\qquad\quad=\sqrt{ab}+\dfrac{1}{\sqrt{ab}}$
$\qquad\qquad\qquad\quad=\sqrt{5}+\dfrac{1}{\sqrt{5}}=\sqrt{5}+\dfrac{\sqrt{5}}{5}=\dfrac{6\sqrt{5}}{5}$

다른 풀이

$a\sqrt{\dfrac{b}{a}}+\dfrac{\sqrt{b}}{b\sqrt{a}}=\dfrac{a\sqrt{b}}{\sqrt{a}}+\dfrac{\sqrt{b}}{b\sqrt{a}}$
$\qquad\qquad\qquad\quad=\dfrac{a\sqrt{ab}}{a}+\dfrac{\sqrt{ab}}{ab}$
$\qquad\qquad\qquad\quad=\sqrt{ab}+\dfrac{\sqrt{ab}}{ab}$
$\qquad\qquad\qquad\quad=\sqrt{5}+\dfrac{\sqrt{5}}{5}=\dfrac{6\sqrt{5}}{5}$

69 답 ③

$\sqrt{2}(\sqrt{6}-1)+\sqrt{6}(\sqrt{18}+\sqrt{3})=2\sqrt{3}-\sqrt{2}+6\sqrt{3}+3\sqrt{2}$
$\qquad\qquad\qquad\qquad\qquad\qquad=2\sqrt{2}+8\sqrt{3}$
따라서 $a=2$, $b=8$이므로
$ab=2\times8=16$

70 답 ②

$\sqrt{5}(\sqrt{10}-\sqrt{20})-\sqrt{50}=5\sqrt{2}-10-5\sqrt{2}=-10$

71 답 $2-2\sqrt{5}$

$\sqrt{3}\left(\dfrac{4}{\sqrt{6}}-\dfrac{10}{\sqrt{15}}\right)-\sqrt{8}+\sqrt{(-2)^2}=\dfrac{4}{\sqrt{2}}-\dfrac{10}{\sqrt{5}}-2\sqrt{2}+2$
$\qquad\qquad\qquad\qquad\qquad\qquad\quad=2\sqrt{2}-2\sqrt{5}-2\sqrt{2}+2$
$\qquad\qquad\qquad\qquad\qquad\qquad\quad=2-2\sqrt{5}$

72 답 -8

$\sqrt{3}a-\sqrt{5}b=\sqrt{3}(\sqrt{5}-\sqrt{3})-\sqrt{5}(\sqrt{5}+\sqrt{3})$
$\qquad\qquad\quad=\sqrt{15}-3-5-\sqrt{15}=-8$

73 답 $\dfrac{2}{3}$

$\dfrac{4+2\sqrt{2}}{3\sqrt{8}}=\dfrac{4+2\sqrt{2}}{6\sqrt{2}}=\dfrac{(4+2\sqrt{2})\times\sqrt{2}}{6\sqrt{2}\times\sqrt{2}}$
$\qquad\qquad=\dfrac{4\sqrt{2}+4}{12}=\dfrac{1}{3}+\dfrac{\sqrt{2}}{3}$
따라서 $a=\dfrac{1}{3}$, $b=\dfrac{1}{3}$이므로
$a+b=\dfrac{1}{3}+\dfrac{1}{3}=\dfrac{2}{3}$

74 답 ①

$\dfrac{10+\sqrt{10}}{\sqrt{5}}-\dfrac{6+\sqrt{6}}{\sqrt{3}}=\dfrac{(10+\sqrt{10})\times\sqrt{5}}{\sqrt{5}\times\sqrt{5}}-\dfrac{(6+\sqrt{6})\times\sqrt{3}}{\sqrt{3}\times\sqrt{3}}$
$\qquad\qquad\qquad\qquad=\dfrac{10\sqrt{5}+5\sqrt{2}}{5}-\dfrac{6\sqrt{3}+3\sqrt{2}}{3}$
$\qquad\qquad\qquad\qquad=2\sqrt{5}+\sqrt{2}-2\sqrt{3}-\sqrt{2}$
$\qquad\qquad\qquad\qquad=-2\sqrt{3}+2\sqrt{5}$
따라서 $a=-2$, $b=2$이므로
$ab=-2\times2=-4$

75 답 $-4\sqrt{14}$

$A=\dfrac{2\sqrt{7}-\sqrt{2}}{\sqrt{2}}=\dfrac{(2\sqrt{7}-\sqrt{2})\times\sqrt{2}}{\sqrt{2}\times\sqrt{2}}=\dfrac{2\sqrt{14}-2}{2}=\sqrt{14}-1$ ···(i)

$B=\dfrac{7\sqrt{2}+\sqrt{7}}{\sqrt{7}}=\dfrac{(7\sqrt{2}+\sqrt{7})\times\sqrt{7}}{\sqrt{7}\times\sqrt{7}}=\dfrac{7\sqrt{14}+7}{7}=\sqrt{14}+1$ ···(ii)

$\therefore A+B=\sqrt{14}-1+\sqrt{14}+1=2\sqrt{14}$

$A-B=\sqrt{14}-1-(\sqrt{14}+1)=-2$ ···(iii)

$\therefore (A+B)(A-B)=2\sqrt{14}\times(-2)=-4\sqrt{14}$ ···(iv)

채점 기준

(i) A의 분모 유리화하기	30 %
(ii) B의 분모 유리화하기	30 %
(iii) $A+B$, $A-B$의 값 구하기	20 %
(iv) $(A+B)(A-B)$의 값 구하기	20 %

76 답 $\dfrac{2\sqrt{6}+3}{6}$

$4<\sqrt{24}<5$이고 $\sqrt{24}=2\sqrt{6}$이므로
$2\sqrt{6}$의 정수 부분은 4, 소수 부분은 $2\sqrt{6}-4$
따라서 $a=4$, $b=2\sqrt{6}-4$이므로

$\dfrac{a+\sqrt{6}}{b+4}=\dfrac{4+\sqrt{6}}{(2\sqrt{6}-4)+4}=\dfrac{4+\sqrt{6}}{2\sqrt{6}}$

$=\dfrac{(4+\sqrt{6})\times\sqrt{6}}{2\sqrt{6}\times\sqrt{6}}=\dfrac{4\sqrt{6}+6}{12}$

$=\dfrac{2\sqrt{6}+3}{6}$

77 답 $-1-2\sqrt{6}$

$\sqrt{12}(\sqrt{2}-\sqrt{3})-\dfrac{8\sqrt{3}-\sqrt{50}}{\sqrt{2}}=2\sqrt{3}(\sqrt{2}-\sqrt{3})-\dfrac{(8\sqrt{3}-5\sqrt{2})\times\sqrt{2}}{\sqrt{2}\times\sqrt{2}}$

$=2\sqrt{6}-6-\dfrac{8\sqrt{6}-10}{2}$

$=2\sqrt{6}-6-4\sqrt{6}+5$

$=-1-2\sqrt{6}$

78 답 ④

$\dfrac{4}{\sqrt{2}}-\sqrt{6}(\sqrt{3}+\sqrt{2})=2\sqrt{2}-3\sqrt{2}-2\sqrt{3}$

$=-\sqrt{2}-2\sqrt{3}$

따라서 $a=-1$, $b=-2$이므로
$ab=-1\times(-2)=2$

79 답 ①

$2\sqrt{3}A-4\sqrt{2}B=2\sqrt{3}\left(3\sqrt{2}-\dfrac{1}{\sqrt{3}}\right)-4\sqrt{2}\left(\sqrt{2}+\dfrac{\sqrt{3}}{2}\right)$

$=6\sqrt{6}-2-8-2\sqrt{6}$

$=-10+4\sqrt{6}$

80 답 -4

$A=\dfrac{3}{\sqrt{6}}(\sqrt{6}-2\sqrt{3})=3-\dfrac{6}{\sqrt{2}}=3-3\sqrt{2}$

$B=\dfrac{5(2-\sqrt{2})}{\sqrt{2}}=\dfrac{(10-5\sqrt{2})\times\sqrt{2}}{\sqrt{2}\times\sqrt{2}}$

$=\dfrac{10\sqrt{2}-10}{2}=5\sqrt{2}-5$

$\therefore A+B=(3-3\sqrt{2})+(5\sqrt{2}-5)=-2+2\sqrt{2}$

따라서 $a=-2$, $b=2$이므로
$a-b=-2-2=-4$

81 답 $2\sqrt{5}-\dfrac{\sqrt{2}}{2}$

$A=\sqrt{\dfrac{5}{2}}\div\dfrac{\sqrt{10}}{\sqrt{3}}\times\sqrt{\dfrac{8}{3}}=\dfrac{\sqrt{5}}{\sqrt{2}}\times\dfrac{\sqrt{3}}{\sqrt{10}}\times\dfrac{\sqrt{8}}{\sqrt{3}}=\sqrt{2}$ ···(i)

$B=\sqrt{5}\left(\sqrt{2}-\dfrac{4}{\sqrt{5}}\right)+(\sqrt{18}+2\sqrt{5})\div\sqrt{2}$

$=\sqrt{5}\left(\sqrt{2}-\dfrac{4}{\sqrt{5}}\right)+\dfrac{3\sqrt{2}+2\sqrt{5}}{\sqrt{2}}$

$=\sqrt{10}-4+3+\dfrac{2\sqrt{5}}{\sqrt{2}}=\sqrt{10}-4+3+\sqrt{10}$

$=2\sqrt{10}-1$ ···(ii)

$\therefore \dfrac{B}{A}=\dfrac{2\sqrt{10}-1}{\sqrt{2}}=\dfrac{(2\sqrt{10}-1)\times\sqrt{2}}{\sqrt{2}\times\sqrt{2}}=2\sqrt{5}-\dfrac{\sqrt{2}}{2}$ ···(iii)

채점 기준

(i) A의 값 구하기	30 %
(ii) B의 값 구하기	40 %
(iii) $\dfrac{B}{A}$의 값 구하기	30 %

04 제곱근의 덧셈과 뺄셈 (2)

유형 모아 보기 & 완성하기
61~64쪽

82 답 2

$2\sqrt{3}(\sqrt{3}-\sqrt{2})+a(\sqrt{6}-4)=6-2\sqrt{6}+a\sqrt{6}-4a$

$=6-4a+(-2+a)\sqrt{6}$

이 식이 유리수가 되려면 $-2+a=0$이어야 하므로
$a=2$

83 답 $2\sqrt{15}+3$

사다리꼴 ABCD의 넓이는

$\dfrac{1}{2}\times\{\sqrt{10}+(\sqrt{10}+\sqrt{6})\}\times\sqrt{6}=\dfrac{\sqrt{6}}{2}(2\sqrt{10}+\sqrt{6})$

$=2\sqrt{15}+3$

84 답 $-1+2\sqrt{2}$

$\overline{CP}=\overline{CA}=\sqrt{1^2+1^2}=\sqrt{2}$이므로
점 P에 대응하는 수는 $1-\sqrt{2}$
$\overline{BQ}=\overline{BD}=\sqrt{1^2+1^2}=\sqrt{2}$이므로
점 Q에 대응하는 수는 $\sqrt{2}$

$\therefore \overline{PQ}=\sqrt{2}-(1-\sqrt{2})=-1+2\sqrt{2}$

85 답 ③

① $2\sqrt{3}=\sqrt{12}$이고 $\sqrt{12}>\sqrt{8}$이므로 $2\sqrt{3}>\sqrt{8}$

② $(\sqrt{5}+\sqrt{2})-3\sqrt{2}=\sqrt{5}-2\sqrt{2}=\sqrt{5}-\sqrt{8}<0$

　　∴ $\sqrt{5}+\sqrt{2}<3\sqrt{2}$

③ $(5-2\sqrt{6})-(5-\sqrt{26})=5-2\sqrt{6}-5+\sqrt{26}$

　　　　　　　　　$=-2\sqrt{6}+\sqrt{26}=-\sqrt{24}+\sqrt{26}>0$

　　∴ $5-2\sqrt{6}>5-\sqrt{26}$

④ $(5\sqrt{3}-\sqrt{7})-(3\sqrt{5}-\sqrt{7})=5\sqrt{3}-\sqrt{7}-3\sqrt{5}+\sqrt{7}$

　　　　　　　　　$=5\sqrt{3}-3\sqrt{5}=\sqrt{75}-\sqrt{45}>0$

　　∴ $5\sqrt{3}-\sqrt{7}>3\sqrt{5}-\sqrt{7}$

⑤ $(5\sqrt{3}-\sqrt{18})-(\sqrt{2}+\sqrt{12})=5\sqrt{3}-3\sqrt{2}-\sqrt{2}-2\sqrt{3}$

　　　　　　　　　$=3\sqrt{3}-4\sqrt{2}=\sqrt{27}-\sqrt{32}<0$

　　∴ $5\sqrt{3}-\sqrt{18}<\sqrt{2}+\sqrt{12}$

따라서 옳지 않은 것은 ③이다.

86 답 ④

$\sqrt{2}(4\sqrt{2}-5)-a(5-2\sqrt{2})=8-5\sqrt{2}-5a+2a\sqrt{2}$

　　　　　　　　　$=8-5a+(-5+2a)\sqrt{2}$

이 식이 유리수가 되려면 $-5+2a=0$이어야 하므로

$2a=5$　　∴ $a=\dfrac{5}{2}$

87 답 ②

$\sqrt{75}+\dfrac{3}{\sqrt{3}}-\sqrt{12}-x\sqrt{3}=5\sqrt{3}+\sqrt{3}-2\sqrt{3}-x\sqrt{3}$

　　　　　　　　　$=(4-x)\sqrt{3}$

이 식이 유리수가 되려면 $4-x=0$이어야 하므로 $x=4$

88 답 (1) $\dfrac{3}{2}$　(2) $-\dfrac{13}{4}$

⑴ $A=\sqrt{3}\left(\dfrac{a\sqrt{3}}{6}-3\right)+\sqrt{6}\left(a\sqrt{2}-\dfrac{2\sqrt{2}}{\sqrt{3}}\right)$

　　$=\dfrac{a}{2}-3\sqrt{3}+2a\sqrt{3}-4$

　　$=\dfrac{a}{2}-4+(-3+2a)\sqrt{3}$

　A가 유리수가 되려면 $-3+2a=0$이어야 하므로

　$2a=3$　　∴ $a=\dfrac{3}{2}$

⑵ $A=\dfrac{a}{2}-4=\dfrac{1}{2}\times\dfrac{3}{2}-4=-\dfrac{13}{4}$

89 답 $(2\sqrt{6}+3)\,\mathrm{cm}^2$

삼각형의 넓이는

$\dfrac{1}{2}\times(\sqrt{8}+\sqrt{3})\times\sqrt{12}=\dfrac{1}{2}\times(2\sqrt{2}+\sqrt{3})\times2\sqrt{3}$

　　　　　　　　　$=2\sqrt{6}+3\,(\mathrm{cm}^2)$

90 답 ④

세 정사각형의 한 변의 길이는 왼쪽부터 차례로 $\sqrt{8}\,\mathrm{cm}$, $\sqrt{50}\,\mathrm{cm}$, $\sqrt{18}\,\mathrm{cm}$이므로

$\overline{\mathrm{AB}}=\sqrt{8}+\sqrt{50}=2\sqrt{2}+5\sqrt{2}=7\sqrt{2}\,(\mathrm{cm})$

$\overline{\mathrm{BC}}=\sqrt{50}+\sqrt{18}=5\sqrt{2}+3\sqrt{2}=8\sqrt{2}\,(\mathrm{cm})$

∴ $\overline{\mathrm{AB}}+\overline{\mathrm{BC}}=7\sqrt{2}+8\sqrt{2}=15\sqrt{2}\,(\mathrm{cm})$

91 답 $(6\sqrt{2}+6\sqrt{6})\,\mathrm{cm}$

직사각형 ABFE의 넓이가 $12\sqrt{3}\,\mathrm{cm}^2$이므로

$3\sqrt{2}\times\overline{\mathrm{BF}}=12\sqrt{3}$　　∴ $\overline{\mathrm{BF}}=\dfrac{12\sqrt{3}}{3\sqrt{2}}=2\sqrt{6}\,(\mathrm{cm})$

즉, $\overline{\mathrm{EF}}=\overline{\mathrm{DC}}=3\sqrt{2}\,\mathrm{cm}$, $\overline{\mathrm{ED}}=\overline{\mathrm{FC}}=5\sqrt{6}-2\sqrt{6}=3\sqrt{6}\,(\mathrm{cm})$이므로 직사각형 EFCD의 둘레의 길이는

$2\times(3\sqrt{2}+3\sqrt{6})=6\sqrt{2}+6\sqrt{6}\,(\mathrm{cm})$

92 답 ⑤

직육면체의 밑면의 가로의 길이를 $x\,\mathrm{cm}$라 하면

$\sqrt{2}x=2+\sqrt{10}$

∴ $x=\dfrac{2+\sqrt{10}}{\sqrt{2}}=\dfrac{(2+\sqrt{10})\times\sqrt{2}}{\sqrt{2}\times\sqrt{2}}=\sqrt{2}+\sqrt{5}$

∴ (직육면체의 겉넓이)

　$=2\times\{(2+\sqrt{10})+\sqrt{5}\times(\sqrt{2}+\sqrt{5})+\sqrt{2}\times\sqrt{5}\}$

　$=2\times(2+\sqrt{10}+\sqrt{10}+5+\sqrt{10})$

　$=14+6\sqrt{10}\,(\mathrm{cm}^2)$

93 답 $15+\sqrt{6}$

오른쪽 그림과 같이 주어진 도형에 보조선을 그어 도형의 넓이를 구하면

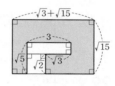

$\sqrt{15}(\sqrt{3}+\sqrt{15})-\sqrt{2}(3-\sqrt{3})-3(\sqrt{5}-\sqrt{2})$

$=3\sqrt{5}+15-3\sqrt{2}+\sqrt{6}-3\sqrt{5}+3\sqrt{2}$

$=15+\sqrt{6}$

94 답 ③

세 정사각형의 한 변의 길이는 각각 $\sqrt{12}=2\sqrt{3}\,(\mathrm{cm})$, $\sqrt{27}=3\sqrt{3}\,(\mathrm{cm})$, $\sqrt{48}=4\sqrt{3}\,(\mathrm{cm})$

이때 오른쪽 그림에서 구하는 도형의 둘레의 길이는

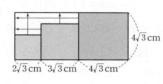

$2\times(2\sqrt{3}+3\sqrt{3}+4\sqrt{3})+2\times4\sqrt{3}$

$=2\times9\sqrt{3}+2\times4\sqrt{3}$

$=18\sqrt{3}+8\sqrt{3}=26\sqrt{3}\,(\mathrm{cm})$

95 답 $5-2\sqrt{2}$

$\overline{\mathrm{AP}}=\overline{\mathrm{AC}}=\sqrt{1^2+1^2}=\sqrt{2}$이므로

점 P에 대응하는 수는 $-2+\sqrt{2}$

$\overline{\mathrm{BQ}}=\overline{\mathrm{BD}}=\sqrt{1^2+1^2}=\sqrt{2}$이므로

점 Q에 대응하는 수는 $3-\sqrt{2}$

∴ $\overline{\mathrm{PQ}}=3-\sqrt{2}-(-2+\sqrt{2})=5-2\sqrt{2}$

96 답 -2

$\overline{\mathrm{AP}}=\overline{\mathrm{AB}}=\sqrt{1^2+3^2}=\sqrt{10}$이므로

점 P에 대응하는 수는 $-1+\sqrt{10}$

$\overline{\mathrm{AQ}}=\overline{\mathrm{AD}}=\sqrt{3^2+1^2}=\sqrt{10}$이므로

점 Q에 대응하는 수는 $-1-\sqrt{10}$

따라서 구하는 합은

$(-1+\sqrt{10})+(-1-\sqrt{10})=-2$

97 답 $-4\sqrt{2}-6\sqrt{5}$

$\overline{AP}=\overline{AC}=\sqrt{1^2+3^2}=\sqrt{10}$이므로

점 P에 대응하는 수 $p=-4-\sqrt{10}$ ·····(i)

$\overline{DQ}=\overline{DF}=\sqrt{3^2+1^2}=\sqrt{10}$이므로

점 Q에 대응하는 수 $q=-1+\sqrt{10}$ ·····(ii)

$\therefore \sqrt{5}p-\sqrt{2}q=\sqrt{5}(-4-\sqrt{10})-\sqrt{2}(-1+\sqrt{10})$
$=-4\sqrt{5}-5\sqrt{2}+\sqrt{2}-2\sqrt{5}$
$=-4\sqrt{2}-6\sqrt{5}$ ·····(iii)

채점 기준	
(i) p의 값 구하기	30 %
(ii) q의 값 구하기	30 %
(iii) $\sqrt{5}p-\sqrt{2}q$의 값 구하기	40 %

98 답 $-\dfrac{\sqrt{2}+3}{2}$

$\overline{PA}=\overline{PQ}=\sqrt{2^2+2^2}=2\sqrt{2}$이므로

점 A에 대응하는 수 $a=-2\sqrt{2}$

$\overline{RB}=\overline{RS}=\sqrt{3^2+3^2}=3\sqrt{2}$이므로

점 B에 대응하는 수 $b=2+3\sqrt{2}$

$\therefore \dfrac{b}{a}=\dfrac{2+3\sqrt{2}}{-2\sqrt{2}}=\dfrac{(2+3\sqrt{2})\times\sqrt{2}}{-2\sqrt{2}\times\sqrt{2}}=-\dfrac{2\sqrt{2}+6}{4}=-\dfrac{\sqrt{2}+3}{2}$

99 답 $6+9\sqrt{2}$

$P=\dfrac{1}{2}\overline{OA}^2=9$에서 $\overline{OA}^2=18$

$\therefore \overline{OA}=\sqrt{18}=3\sqrt{2}$ $(\because \overline{OA}>0)$

$Q=2P=18$이므로 $\dfrac{1}{2}\overline{AB}^2=18$에서 $\overline{AB}^2=36$

$\therefore \overline{AB}=\sqrt{36}=6$ $(\because \overline{AB}>0)$

$R=2Q=36$이므로 $\dfrac{1}{2}\overline{BC}^2=36$에서 $\overline{BC}^2=72$

$\therefore \overline{BC}=\sqrt{72}=6\sqrt{2}$ $(\because \overline{BC}>0)$

따라서 점 C에 대응하는 수는

$\overline{OA}+\overline{AB}+\overline{BC}=3\sqrt{2}+6+6\sqrt{2}=6+9\sqrt{2}$

100 답 ⑤

① $2\sqrt{3}=\sqrt{12}$, $3\sqrt{2}=\sqrt{18}$이고 $\sqrt{12}<\sqrt{18}$이므로
$2\sqrt{3}<3\sqrt{2}$

② $6=\sqrt{36}$, $\sqrt{3}+\sqrt{27}=\sqrt{3}+3\sqrt{3}=4\sqrt{3}=\sqrt{48}$이고
$\sqrt{36}<\sqrt{48}$이므로 $6<\sqrt{3}+\sqrt{27}$

③ $(\sqrt{12}+3)-7=\sqrt{12}-4=\sqrt{12}-\sqrt{16}<0$
$\therefore \sqrt{12}+3<7$

④ $(\sqrt{3}+2)-(2\sqrt{3}-1)=\sqrt{3}+2-2\sqrt{3}+1$
$=-\sqrt{3}+3=-\sqrt{3}+\sqrt{9}>0$
$\therefore \sqrt{3}+2>2\sqrt{3}-1$

⑤ $(3\sqrt{3}+3)-(5\sqrt{3}-2)=3\sqrt{3}+3-5\sqrt{3}+2$
$=-2\sqrt{3}+5=-\sqrt{12}+\sqrt{25}>0$
$\therefore 3\sqrt{3}+3>5\sqrt{3}-2$

따라서 옳지 않은 것은 ⑤이다.

101 답 ④

$a-b=(3\sqrt{5}-1)-6=3\sqrt{5}-7=\sqrt{45}-\sqrt{49}<0$

$\therefore a<b$

$a-c=(3\sqrt{5}-1)-(2\sqrt{5}-2)=3\sqrt{5}-1-2\sqrt{5}+2=\sqrt{5}+1>0$

$\therefore a>c$

$\therefore c<a<b$

102 답 $c<b<a$

$a-b=(3+3\sqrt{2})-(3+2\sqrt{3})=3+3\sqrt{2}-3-2\sqrt{3}$
$=3\sqrt{2}-2\sqrt{3}=\sqrt{18}-\sqrt{12}>0$

$\therefore a>b$ ·····(i)

$b-c=(3+2\sqrt{3})-(4+\sqrt{3})=3+2\sqrt{3}-4-\sqrt{3}$
$=\sqrt{3}-1=\sqrt{3}-\sqrt{1}>0$

$\therefore b>c$ ·····(ii)

$\therefore c<b<a$ ·····(iii)

채점 기준	
(i) a, b의 대소 관계를 부등호를 사용하여 나타내기	40 %
(ii) b, c의 대소 관계를 부등호를 사용하여 나타내기	40 %
(iii) a, b, c의 대소 관계를 부등호를 사용하여 나타내기	20 %

103 답 ⑤

-1, $3-\sqrt{10}$은 음수이고, $-1+\sqrt{7}$, 2, $\sqrt{7}-\sqrt{3}$은 양수이므로 주어진 수를 크기가 큰 것부터 차례로 나열할 때, 세 번째에 오는 수는 양수 중에서 가장 작은 수이다.

$(-1+\sqrt{7})-2=-1+\sqrt{7}-2=\sqrt{7}-3=\sqrt{7}-\sqrt{9}<0$

$\therefore -1+\sqrt{7}<2$

$(-1+\sqrt{7})-(\sqrt{7}-\sqrt{3})=-1+\sqrt{7}-\sqrt{7}+\sqrt{3}=-1+\sqrt{3}$
$=-\sqrt{1}+\sqrt{3}>0$

$\therefore -1+\sqrt{7}>\sqrt{7}-\sqrt{3}$

따라서 $2>-1+\sqrt{7}>\sqrt{7}-\sqrt{3}$이므로 세 번째에 오는 수는 $\sqrt{7}-\sqrt{3}$이다.

Pick 점검하기 65~67쪽

104 답 ⑤

① $\sqrt{2}\sqrt{3}\sqrt{6}=\sqrt{2\times3\times6}=\sqrt{36}=6$

② $5\sqrt{3}\times\left(-\dfrac{\sqrt{3}}{5}\right)=-3$

③ $\sqrt{35}\div(-\sqrt{7})=-\sqrt{\dfrac{35}{7}}=-\sqrt{5}$

④ $\sqrt{\dfrac{16}{5}}\times5\sqrt{\dfrac{3}{8}}\times\left(-\sqrt{\dfrac{5}{6}}\right)=-5\sqrt{\dfrac{16}{5}\times\dfrac{3}{8}\times\dfrac{5}{6}}=-5$

⑤ $\dfrac{\sqrt{12}}{\sqrt{7}}\div\dfrac{\sqrt{6}}{\sqrt{20}}\div\dfrac{\sqrt{8}}{\sqrt{14}}=\dfrac{\sqrt{12}}{\sqrt{7}}\times\dfrac{\sqrt{20}}{\sqrt{6}}\times\dfrac{\sqrt{14}}{\sqrt{8}}$
$=\sqrt{\dfrac{12}{7}\times\dfrac{20}{6}\times\dfrac{14}{8}}=\sqrt{10}$

따라서 옳은 것은 ⑤이다.

105 답 ③

① $4\sqrt{5}=\sqrt{4^2\times 5}=\sqrt{80}$ $\therefore \square=80$

② $\sqrt{175}=\sqrt{5^2\times 7}=5\sqrt{7}$ $\therefore \square=7$

③ $-\sqrt{32}=-\sqrt{4^2\times 2}=-4\sqrt{2}$ $\therefore \square=4$

④ $\dfrac{\sqrt{5}}{3}=\dfrac{\sqrt{5}}{\sqrt{3^2}}=\sqrt{\dfrac{5}{9}}$ $\therefore \square=9$

⑤ $\sqrt{0.44}=\sqrt{\dfrac{44}{100}}=\sqrt{\dfrac{11}{25}}=\dfrac{\sqrt{11}}{5}$ $\therefore \square=11$

따라서 $\square$ 안의 수가 가장 작은 것은 ③이다.

106 답 ④

① $3\sqrt{6}\div\sqrt{10}=3\sqrt{\dfrac{6}{10}}=3\sqrt{\dfrac{3}{5}}=\sqrt{\dfrac{27}{5}}$

② $\sqrt{5}\times\sqrt{2}=\sqrt{5\times 2}=\sqrt{10}$

③ $\sqrt{56}\div\sqrt{8}=\sqrt{\dfrac{56}{8}}=\sqrt{7}$

④ $\sqrt{7}\div\dfrac{1}{\sqrt{7}}=\sqrt{7}\times\sqrt{7}=\sqrt{49}$

⑤ $\sqrt{20}\times\sqrt{\dfrac{1}{2}}=\sqrt{20\times\dfrac{1}{2}}=\sqrt{10}$

이때 $\sqrt{\dfrac{27}{5}}<\sqrt{7}<\sqrt{10}<\sqrt{49}$ 이므로 계산 결과가 가장 큰 것은 ④ 이다.

107 답 $x=0.5604,\ y=17.94$

$\sqrt{0.314}=\sqrt{\dfrac{31.4}{100}}=\sqrt{\dfrac{31.4}{10^2}}=\dfrac{\sqrt{31.4}}{10}=\dfrac{5.604}{10}=0.5604$

$\therefore x=0.5604$

$\sqrt{322}=\sqrt{3.22\times 100}=\sqrt{3.22\times 10^2}=10\sqrt{3.22}$
$=10\times 1.794=17.94$

$\therefore y=17.94$

108 답 ③

$\sqrt{96}=\sqrt{2^4\times 2\times 3}=4\times\sqrt{2}\times\sqrt{3}=4ab$ $\therefore \square=4$

$\sqrt{0.54}=\sqrt{\dfrac{54}{100}}=\sqrt{\dfrac{3^2\times 2\times 3}{10^2}}=\dfrac{3}{10}\times\sqrt{2}\times\sqrt{3}=\dfrac{3}{10}ab$

$\therefore \square=\dfrac{3}{10}$

따라서 $\square$ 안에 알맞은 두 수의 곱은

$4\times\dfrac{3}{10}=\dfrac{6}{5}$

109 답 $\dfrac{\sqrt{3}}{3}$

$\dfrac{2}{3\sqrt{12}}=\dfrac{2}{6\sqrt{3}}=\dfrac{1}{3\sqrt{3}}=\dfrac{1\times\sqrt{3}}{3\sqrt{3}\times\sqrt{3}}=\dfrac{\sqrt{3}}{9}$

$\therefore a=\dfrac{1}{9}$

$\dfrac{15\sqrt{2}}{\sqrt{10}}=\dfrac{15\sqrt{2}\times\sqrt{10}}{\sqrt{10}\times\sqrt{10}}=\dfrac{30\sqrt{5}}{10}=3\sqrt{5}$

$\therefore b=3$

$\therefore \sqrt{ab}=\sqrt{\dfrac{1}{9}\times 3}=\sqrt{\dfrac{1}{3}}=\dfrac{1}{\sqrt{3}}=\dfrac{1\times\sqrt{3}}{\sqrt{3}\times\sqrt{3}}=\dfrac{\sqrt{3}}{3}$

110 답 ④

① $4\sqrt{12}\div(-2\sqrt{3})=8\sqrt{3}\times\left(-\dfrac{1}{2\sqrt{3}}\right)=-4$

② $2\sqrt{6}\div\sqrt{2}=2\sqrt{6}\times\dfrac{1}{\sqrt{2}}=2\sqrt{3}$

③ $\dfrac{5}{\sqrt{2}}\div\dfrac{7}{4\sqrt{3}}=\dfrac{5}{\sqrt{2}}\times\dfrac{4\sqrt{3}}{7}=\dfrac{20\sqrt{3}}{7\sqrt{2}}$

$=\dfrac{20\sqrt{3}\times\sqrt{2}}{7\sqrt{2}\times\sqrt{2}}=\dfrac{20\sqrt{6}}{14}=\dfrac{10\sqrt{6}}{7}$

④ $2\sqrt{12}\div\sqrt{6}\times(-\sqrt{2})=4\sqrt{3}\times\dfrac{1}{\sqrt{6}}\times(-\sqrt{2})=-4$

⑤ $5\sqrt{2}\times\sqrt{27}\div\sqrt{3}=5\sqrt{2}\times 3\sqrt{3}\times\dfrac{1}{\sqrt{3}}=15\sqrt{2}$

따라서 옳지 않은 것은 ④이다.

111 답 ③

가로의 길이를 $3k\,\text{cm}\,(k>0)$라 하면 세로의 길이는 $k\,\text{cm}$이므로

$20^2=(3k)^2+k^2,\ 400=10k^2$

$k^2=40$ $\therefore k=2\sqrt{10}\,(\because k>0)$

따라서 직사각형의 가로와 세로의 길이는 각각 $6\sqrt{10}\,\text{cm},\ 2\sqrt{10}\,\text{cm}$ 이므로 직사각형의 넓이는

$6\sqrt{10}\times 2\sqrt{10}=120(\text{cm}^2)$

112 답 $-3+\sqrt{5}$

$3-\sqrt{5}=\sqrt{9}-\sqrt{5}>0$

$2\sqrt{5}-6=\sqrt{20}-\sqrt{36}<0$

$\therefore \sqrt{(3-\sqrt{5})^2}-\sqrt{(2\sqrt{5}-6)^2}=3-\sqrt{5}-\{-(2\sqrt{5}-6)\}$

$=3-\sqrt{5}+2\sqrt{5}-6$

$=-3+\sqrt{5}$

113 답 6

$\dfrac{a\sqrt{b}}{\sqrt{a}}+\dfrac{b\sqrt{a}}{\sqrt{b}}=\sqrt{\dfrac{a^2\times b}{a}}+\sqrt{\dfrac{b^2\times a}{b}}$

$=\sqrt{ab}+\sqrt{ab}=2\sqrt{ab}=2\sqrt{9}=6$

다른 풀이

$\dfrac{a\sqrt{b}}{\sqrt{a}}+\dfrac{b\sqrt{a}}{\sqrt{b}}=\dfrac{a\sqrt{ab}}{a}+\dfrac{b\sqrt{ab}}{b}$

$=\sqrt{ab}+\sqrt{ab}=2\sqrt{ab}=2\sqrt{9}=6$

114 답 $5\sqrt{2}-\sqrt{3}$

$\sqrt{27}-\dfrac{12}{\sqrt{3}}-\dfrac{4}{\sqrt{8}}+\sqrt{72}=3\sqrt{3}-\dfrac{12}{\sqrt{3}}-\dfrac{4}{2\sqrt{2}}+6\sqrt{2}$

$=3\sqrt{3}-\dfrac{12\sqrt{3}}{3}-\dfrac{2}{\sqrt{2}}+6\sqrt{2}$

$=3\sqrt{3}-4\sqrt{3}-\sqrt{2}+6\sqrt{2}$

$=5\sqrt{2}-\sqrt{3}$

115 답 ⑤

$\sqrt{2}(\sqrt{3}+3\sqrt{2})-(2\sqrt{3}-\sqrt{2})\sqrt{3}=\sqrt{6}+6-6+\sqrt{6}$

$=2\sqrt{6}=2\times\sqrt{2\times 3}$

$=2\times\sqrt{2}\times\sqrt{3}=2ab$

116 답 $\dfrac{13}{3}$

$$\dfrac{\sqrt{27}+\sqrt{2}}{\sqrt{3}}+\dfrac{\sqrt{8}-\sqrt{12}}{\sqrt{2}}$$

$$=\dfrac{(3\sqrt{3}+\sqrt{2})\times\sqrt{3}}{\sqrt{3}\times\sqrt{3}}+\dfrac{(2\sqrt{2}-2\sqrt{3})\times\sqrt{2}}{\sqrt{2}\times\sqrt{2}}$$

$$=\dfrac{9+\sqrt{6}}{3}+\dfrac{4-2\sqrt{6}}{2}$$

$$=3+\dfrac{\sqrt{6}}{3}+2-\sqrt{6}$$

$$=5-\dfrac{2\sqrt{6}}{3}$$

따라서 $a=5$, $b=-\dfrac{2}{3}$이므로

$$a+b=5+\left(-\dfrac{2}{3}\right)=\dfrac{13}{3}$$

117 답 $a=-3$, $A=15$

$A=3(2+a\sqrt{2})-\sqrt{3}(a\sqrt{3}-3\sqrt{6})$

$\quad=6+3a\sqrt{2}-3a+9\sqrt{2}$

$\quad=6-3a+(3a+9)\sqrt{2}$

A가 유리수가 되려면 $3a+9=0$이어야 하므로

$3a=-9$ $\quad\therefore a=-3$

$a=-3$일 때, A의 값은

$A=6-3a=6-3\times(-3)=15$

118 답 ④

세 정사각형 A, B, C의 넓이는 각각

$$70\times\dfrac{1}{1+4+9}=5(\text{cm}^2)$$

$$70\times\dfrac{4}{1+4+9}=20(\text{cm}^2)$$

$$70\times\dfrac{9}{1+4+9}=45(\text{cm}^2)$$

이므로

한 변의 길이는 각각

$\sqrt{5}\,\text{cm}$, $\sqrt{20}=2\sqrt{5}(\text{cm})$, $\sqrt{45}=3\sqrt{5}(\text{cm})$

이때 구하는 도형의 둘레의 길이는 오
른쪽 그림에서

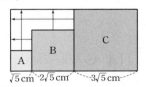

$2\times(\sqrt{5}+2\sqrt{5}+3\sqrt{5})+2\times3\sqrt{5}$

$=12\sqrt{5}+6\sqrt{5}$

$=18\sqrt{5}(\text{cm})$

119 답 ⑤

① $\overline{\text{PC}}=\overline{\text{AC}}=\sqrt{1^2+2^2}=\sqrt{5}$

② $\overline{\text{QE}}=\overline{\text{DE}}=\sqrt{2^2+2^2}=\sqrt{8}=2\sqrt{2}$

③, ④ $\text{P}(-1-\sqrt{5})$, $\text{Q}(1+2\sqrt{2})$이므로

$\overline{\text{PQ}}=(1+2\sqrt{2})-(-1-\sqrt{5})=2+2\sqrt{2}+\sqrt{5}$

⑤ $\overline{\text{BP}}=-2-(-1-\sqrt{5})=-1+\sqrt{5}$

따라서 옳지 않은 것은 ⑤이다.

120 답 ③

ㄱ. $\sqrt{24}-(2\sqrt{6}+1)=\sqrt{24}-\sqrt{24}-1=-1<0$

$\quad\therefore \sqrt{24}<2\sqrt{6}+1$

ㄴ. $(1+3\sqrt{3})-(2\sqrt{6}+1)=1+3\sqrt{3}-2\sqrt{6}-1$

$\qquad\qquad\qquad\qquad\qquad=3\sqrt{3}-2\sqrt{6}=\sqrt{27}-\sqrt{24}>0$

$\quad\therefore 1+3\sqrt{3}>2\sqrt{6}+1$

ㄷ. $(4\sqrt{10}+2)-(2+3\sqrt{17})=4\sqrt{10}+2-2-3\sqrt{17}$

$\qquad\qquad\qquad\qquad\qquad\quad=4\sqrt{10}-3\sqrt{17}=\sqrt{160}-\sqrt{153}>0$

$\quad\therefore 4\sqrt{10}+2>2+3\sqrt{17}$

ㄹ. $(2\sqrt{3}+5)-(3\sqrt{2}+5)=2\sqrt{3}+5-3\sqrt{2}-5$

$\qquad\qquad\qquad\qquad\qquad=2\sqrt{3}-3\sqrt{2}=\sqrt{12}-\sqrt{18}<0$

$\quad\therefore 2\sqrt{3}+5<3\sqrt{2}+5$

따라서 옳은 것은 ㄴ, ㄹ이다.

121 답 $\dfrac{4\sqrt{5}}{5}$ cm

원기둥의 높이를 x cm라 하면 원기둥의 부피는

$\pi\times(\sqrt{5})^2\times x=5x\pi(\text{cm}^3)$ $\qquad\qquad\cdots(\text{i})$

원뿔의 부피는

$\dfrac{1}{3}\times\pi\times(\sqrt{6})^2\times\sqrt{20}=\dfrac{1}{3}\pi\times6\times2\sqrt{5}=4\sqrt{5}\pi(\text{cm}^3)$ $\quad\cdots(\text{ii})$

즉, $5x\pi=4\sqrt{5}\pi$이므로 $x=\dfrac{4\sqrt{5}}{5}$

따라서 원기둥의 높이는 $\dfrac{4\sqrt{5}}{5}$ cm이다. $\qquad\cdots(\text{iii})$

채점 기준	
(i) 원기둥의 부피를 높이에 대한 식으로 나타내기	30%
(ii) 원뿔의 부피 구하기	40%
(iii) 원기둥의 높이 구하기	30%

122 답 6

$\sqrt{32}+\sqrt{24}-\sqrt{6}+\sqrt{18}=4\sqrt{2}+2\sqrt{6}-\sqrt{6}+3\sqrt{2}$

$\qquad\qquad\qquad\qquad\quad=(4+3)\sqrt{2}+(2-1)\sqrt{6}$

$\qquad\qquad\qquad\qquad\quad=7\sqrt{2}+\sqrt{6}$ $\qquad\qquad\cdots(\text{i})$

따라서 $a=7$, $b=1$이므로 $\qquad\qquad\cdots(\text{ii})$

$a-b=7-1=6$ $\qquad\qquad\qquad\cdots(\text{iii})$

채점 기준	
(i) 주어진 등식의 좌변 간단히 하기	60%
(ii) a, b의 값 구하기	20%
(iii) $a-b$의 값 구하기	20%

123 답 1

$\sqrt{3}(4-\sqrt{6})+\dfrac{2-\sqrt{6}}{\sqrt{2}}=4\sqrt{3}-3\sqrt{2}+\dfrac{(2-\sqrt{6})\times\sqrt{2}}{\sqrt{2}\times\sqrt{2}}$

$\qquad\qquad\qquad\qquad\quad=4\sqrt{3}-3\sqrt{2}+\dfrac{2\sqrt{2}-2\sqrt{3}}{2}$

$\qquad\qquad\qquad\qquad\quad=4\sqrt{3}-3\sqrt{2}+\sqrt{2}-\sqrt{3}$

$\qquad\qquad\qquad\qquad\quad=-2\sqrt{2}+3\sqrt{3}$ $\qquad\cdots(\text{i})$

따라서 $a=-2$, $b=3$이므로 $\qquad\qquad\cdots(\text{ii})$

$a+b=-2+3=1$ $\qquad\qquad\qquad\cdots(\text{iii})$

만점 문제 뛰어넘기　68~69쪽

124 답 ④

$\sqrt{568}=\sqrt{1.42\times400}=20\sqrt{1.42}=20\times1.192=23.84$

125 답 $\dfrac{16\sqrt{10}}{3}$ cm³

△ABC는 직각이등변삼각형이므로

$\overline{AC}=\sqrt{4^2+4^2}=4\sqrt{2}$ (cm)

△OAC는 이등변삼각형이므로

$\overline{CH}=\dfrac{1}{2}\overline{AC}=\dfrac{1}{2}\times4\sqrt{2}=2\sqrt{2}$ (cm)

△OHC에서 $\overline{OH}=\sqrt{(3\sqrt{2})^2-(2\sqrt{2})^2}=\sqrt{10}$ (cm)

∴ (정사각뿔의 부피)$=\dfrac{1}{3}\times4\times4\times\sqrt{10}=\dfrac{16\sqrt{10}}{3}$ (cm³)

126 답 10

A 상품 x개와 B 상품 y개의 무게의 합이 $(34+2\sqrt{10})$ kg이므로

$x(2+\sqrt{10})+y(3-\sqrt{10})=34+2\sqrt{10}$

$(2x+3y)+(x-y)\sqrt{10}=34+2\sqrt{10}$

즉, $2x+3y=34$, $x-y=2$이므로 두 식을 연립하여 풀면

$x=8$, $y=6$

∴ $\sqrt{x^2+y^2}=\sqrt{8^2+6^2}=\sqrt{100}=10$

127 답 ③

$\sqrt{18}=\sqrt{x}-\sqrt{2}$이므로

$3\sqrt{2}=\sqrt{x}-\sqrt{2}$

∴ $\sqrt{x}=3\sqrt{2}+\sqrt{2}=4\sqrt{2}=\sqrt{32}$

∴ $x=32$

128 답 ①

$f(2)+f(3)+\cdots+f(7)$

$=\left(\dfrac{1}{\sqrt{2}}-\dfrac{1}{\sqrt{3}}\right)+\left(\dfrac{1}{\sqrt{3}}-\dfrac{1}{\sqrt{4}}\right)+\left(\dfrac{1}{\sqrt{4}}-\dfrac{1}{\sqrt{5}}\right)+\cdots+\left(\dfrac{1}{\sqrt{7}}-\dfrac{1}{\sqrt{8}}\right)$

$=\dfrac{1}{\sqrt{2}}-\dfrac{1}{\sqrt{8}}=\dfrac{1}{\sqrt{2}}-\dfrac{1}{2\sqrt{2}}$

$=\dfrac{\sqrt{2}}{2}-\dfrac{\sqrt{2}}{4}=\dfrac{\sqrt{2}}{4}$

따라서 $a\sqrt{2}=\dfrac{\sqrt{2}}{4}$이므로 $a=\dfrac{1}{4}$

129 답 $2+2\sqrt{3}$

$A=\sqrt{18}+\sqrt{2}=3\sqrt{2}+\sqrt{2}=4\sqrt{2}$

$B=\sqrt{3}A-2\sqrt{2}=\sqrt{3}\times4\sqrt{2}-2\sqrt{2}=4\sqrt{6}-2\sqrt{2}$

∴ $C=6\sqrt{3}-\dfrac{B}{\sqrt{2}}=6\sqrt{3}-\dfrac{4\sqrt{6}-2\sqrt{2}}{\sqrt{2}}$

$=6\sqrt{3}-\dfrac{(4\sqrt{6}-2\sqrt{2})\times\sqrt{2}}{\sqrt{2}\times\sqrt{2}}$

$=6\sqrt{3}-\dfrac{8\sqrt{3}-4}{2}$

$=6\sqrt{3}-4\sqrt{3}+2$

$=2+2\sqrt{3}$

130 답 $\dfrac{\sqrt{5}}{2}$

평면도는 넓이가 80 cm²인 정사각형이므로 한 변의 길이가 $4\sqrt{5}$ cm 이고, 방 A는 넓이가 20 cm²인 정사각형이므로 한 변의 길이가 $2\sqrt{5}$ cm이다.

즉, 방 B의 가로의 길이가 $2\sqrt{5}$ cm이고, 넓이가 15 cm²이므로

(방 B의 세로의 길이)$=\dfrac{15}{2\sqrt{5}}=\dfrac{3\sqrt{5}}{2}$ (cm)

∴ $x=4\sqrt{5}-2\sqrt{5}-\dfrac{3\sqrt{5}}{2}=\dfrac{\sqrt{5}}{2}$

131 답 $(6\sqrt{2}+4)$ cm

한 변의 길이가 2 cm인 정사각형 안에 그린 세 정사각형의 넓이는 각각 $4\times\dfrac{1}{2}=2$ (cm²), $2\times\dfrac{1}{2}=1$ (cm²), $1\times\dfrac{1}{2}=\dfrac{1}{2}$ (cm²)이므로

세 정사각형의 한 변의 길이는 각각 $\sqrt{2}$ cm, 1 cm, $\sqrt{\dfrac{1}{2}}=\dfrac{\sqrt{2}}{2}$ (cm) 이다.

따라서 색칠한 부분의 둘레의 길이의 합은 세 정사각형의 둘레의 길이의 합과 같으므로

$4\times\left(\sqrt{2}+1+\dfrac{\sqrt{2}}{2}\right)=4\times\left(\dfrac{3\sqrt{2}}{2}+1\right)=6\sqrt{2}+4$ (cm)

132 답 ②

로켓 모양의 도형의 각 변의 길이는 오른쪽 그림과 같으므로

(로켓 모양의 도형의 둘레의 길이)

$=2+2\sqrt{2}+2+\sqrt{2}+(2-\sqrt{2})+\sqrt{2}$

$\quad+\sqrt{2}+(2-\sqrt{2})+\sqrt{2}+2+2\sqrt{2}+2$

$=12+6\sqrt{2}$

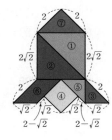

133 답 $-1+3\sqrt{5}$

□ABCD의 한 변의 길이는 $\sqrt{5}$이고, 점 D는 다음 그림과 같이 이동 한다.

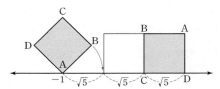

따라서 점 D가 수직선과 처음으로 만나는 점에 대응하는 수는

$-1+\sqrt{5}+\sqrt{5}+\sqrt{5}=-1+3\sqrt{5}$

만렙비법 정사각형 ABCD가 이동하는 경로를 그린다.

4 다항식의 곱셈

01 곱셈 공식 (1)

유형 모아 보기 & 완성하기   72~78쪽

01 답 ⑤

$(x+2y)(2x-3y)=2x^2-3xy+4xy-6y^2$
$=2x^2+xy-6y^2$

02 답 5

$(a+2b)(3a-b+4)$에서 ab항이 나오는 부분만 전개하면
$a\times(-b)+2b\times3a=-ab+6ab=5ab$
따라서 ab의 계수는 5이다.

03 답 17

$(3x+2y)^2=9x^2+12xy+4y^2$
따라서 $a=9$, $b=12$, $c=4$이므로
$a+b-c=9+12-4=17$

04 답 ①

$(4x-3y)^2=16x^2-24xy+9y^2$
따라서 $a=16$, $b=-24$, $c=9$이므로
$a+b+2c=16+(-24)+2\times9=10$

05 답 ②

$(3x+y)(y-3x)=(y+3x)(y-3x)=y^2-(3x)^2=y^2-9x^2$

06 답 a^4-16

$(a-2)(a+2)(a^2+4)=(a^2-4)(a^2+4)$
$=a^4-16$

07 답 -30

$(x+5)(x-3)=x^2+(5-3)x-15$
$=x^2+2x-15$
따라서 $a=2$, $b=-15$이므로 $ab=2\times(-15)=-30$

08 답 16

$(3x+7)(4x-2)=12x^2+(-6+28)x-14$
$=12x^2+22x-14$
따라서 $a=12$, $b=22$, $c=-14$이므로
$2a-b-c=2\times12-22-(-14)=16$

09 답 ①

$(3x+y)(2x-5y)=6x^2-15xy+2xy-5y^2$
$=6x^2-13xy-5y^2$

10 답 3

$(x-1)(-2y+3)=-2xy+3x+2y-3$
따라서 $a=-2$, $b=3$, $c=2$이므로
$a+b+c=-2+3+2=3$

11 달 ①

$(5x-y)(4x+y-1)$
$=20x^2+5xy-5x-4xy-y^2+y$
$=20x^2+xy-5x-y^2+y$

12 달 14

$(x+5y)(Ax-3y)=Ax^2-3xy+5Axy-15y^2$
$\qquad\qquad\qquad=Ax^2+(5A-3)xy-15y^2$
$\qquad\qquad\qquad=2x^2+Bxy-15y^2$
이므로 $A=2$, $5A-3=B$
따라서 $A=2$, $B=5A-3=5\times2-3=7$이므로
$AB=2\times7=14$

13 달 ⑤

$(-2x^2+3x+1)(x-1)$에서 x^2항이 나오는 부분만 전개하면
$-2x^2\times(-1)+3x\times x=2x^2+3x^2=5x^2$ $\qquad\therefore a=5$
$(-2x^2+3x+1)(x-1)$에서 x항이 나오는 부분만 전개하면
$3x\times(-1)+1\times x=-3x+x=-2x$ $\qquad\therefore b=-2$
$\therefore a-b=5-(-2)=7$

14 달 ②

$(2x+y-3)(3x-2y+1)$에서 x항이 나오는 부분만 전개하면
$2x\times1+(-3)\times3x=2x-9x=-7x$
따라서 x의 계수는 -7이다.

15 달 -2

$(2x+3y-5)(3x+ay+4)$에서 xy항이 나오는 부분만 전개하면
$2x\times ay+3y\times3x=2axy+9xy=(2a+9)xy$ $\qquad\cdots$ (i)
이때 xy의 계수가 5이므로 $2a+9=5$ $\qquad\cdots$ (ii)
$2a=-4$ $\qquad\therefore a=-2$ $\qquad\cdots$ (iii)

채점 기준

(i) xy항이 나오는 부분만 전개하기	50 %
(ii) a의 값을 구하는 식 세우기	30 %
(iii) a의 값 구하기	20 %

16 달 $\dfrac{10}{9}$

$\left(\dfrac{1}{3}x+1\right)^2=\dfrac{1}{9}x^2+\dfrac{2}{3}x+1=Ax^2+Bx+C$
따라서 $A=\dfrac{1}{9}$, $B=\dfrac{2}{3}$, $C=1$이므로
$A+3B-C=\dfrac{1}{9}+3\times\dfrac{2}{3}-1=\dfrac{10}{9}$

17 달 ②

$\left(-\dfrac{1}{2}x-3y\right)^2=\left\{-\dfrac{1}{2}(x+6y)\right\}^2$
$\qquad\qquad\qquad=\dfrac{1}{4}(x+6y)^2$
따라서 전개식이 같은 것은 ②이다.

18 달 ⑤

$(5x+a)^2=25x^2+10ax+a^2$
$\qquad\qquad=25x^2+bx+9$
이므로 $10a=b$, $a^2=9$
이때 $a>0$이므로 $a=3$, $b=10\times3=30$
$\therefore a+b=3+30=33$

19 달 -2

$\left(\dfrac{1}{2}x-2\right)^2=\dfrac{1}{4}x^2-2x+4$
따라서 상수항을 포함한 모든 항의 계수의 곱은
$\dfrac{1}{4}\times(-2)\times4=-2$

20 달 ①, ③

ㄱ, ㅁ. $(x-y)^2=(-x+y)^2=x^2-2xy+y^2$
ㄴ, ㄹ. $-(x-y)^2=-(y-x)^2=-x^2+2xy-y^2$
ㄷ. $(-x-y)^2=(x+y)^2=x^2+2xy+y^2$
ㅂ. $-(-x-y)^2=-(x+y)^2=-x^2-2xy-y^2$
따라서 전개한 결과가 같은 것끼리 짝 지은 것은 ㄱ과 ㅁ, ㄴ과 ㄹ이다.

21 달 ③, ⑤

① $(x-3)^2=x^2-6x+9$
② $\left(x+\dfrac{1}{2}\right)^2=x^2+x+\dfrac{1}{4}$
③ $\left(\dfrac{1}{3}x-y\right)^2=\dfrac{1}{9}x^2-\dfrac{2}{3}xy+y^2$
④ $(-2a+3b)^2=(2a-3b)^2=4a^2-12ab+9b^2$
⑤ $(-3x-4y)^2=(3x+4y)^2=9x^2+24xy+16y^2$
따라서 옳은 것은 ③, ⑤이다.

22 달 12

$(3x-A)^2=9x^2-6Ax+A^2=9x^2-24x+B$
따라서 $-6A=-24$, $A^2=B$이므로
$A=4$, $B=A^2=4^2=16$
$\therefore B-A=16-4=12$

23 달 ②

② $(-3+x)(-3-x)=(-3)^2-x^2=9-x^2$

24 달 5

$\left(a-\dfrac{1}{2}x\right)\left(\dfrac{1}{2}x+a\right)=\left(a-\dfrac{1}{2}x\right)\left(a+\dfrac{1}{2}x\right)=a^2-\dfrac{1}{4}x^2$
$\qquad\qquad\qquad\qquad\qquad=-\dfrac{1}{4}x^2+25$
이므로 $a^2=25$
이때 $a>0$이므로 $a=5$

25 답 ③

$(x+y)(x-y)=x^2-y^2$

ㄱ. $(x+y)(-x+y)=-x^2+y^2$

ㄴ. $-(x+y)(-x+y)=-(y+x)(y-x)=-(y^2-x^2)=x^2-y^2$

ㄷ. $(y-x)(-x-y)=(-x+y)(-x-y)=x^2-y^2$

ㄹ. $(-x-y)(x+y)=-(x+y)^2=-x^2-2xy-y^2$

따라서 $(x+y)(x-y)$와 전개식이 같은 것은 ㄴ, ㄷ이다.

26 답 ②

$\left(\dfrac{2}{3}a+\dfrac{3}{4}b\right)\left(\dfrac{2}{3}a-\dfrac{3}{4}b\right)=\dfrac{4}{9}a^2-\dfrac{9}{16}b^2$

$\qquad\qquad\qquad\qquad\qquad=\dfrac{4}{9}\times45-\dfrac{9}{16}\times32$

$\qquad\qquad\qquad\qquad\qquad=20-18=2$

27 답 ⑤

$(3x-1)(3x+1)(9x^2+1)=(9x^2-1)(9x^2+1)=81x^4-1$

28 답 ④

$(1-x)(1+x)(1+x^2)(1+x^4)=(1-x^2)(1+x^2)(1+x^4)$

$\qquad\qquad\qquad\qquad\qquad\qquad=(1-x^4)(1+x^4)$

$\qquad\qquad\qquad\qquad\qquad\qquad=1-x^8$

$\therefore \square=8$

29 답 $-\dfrac{1}{32}$

$\left(x-\dfrac{1}{2}\right)\left(x+\dfrac{1}{2}\right)\left(x^2+\dfrac{1}{4}\right)\left(x^4+\dfrac{1}{16}\right)$

$=\left(x^2-\dfrac{1}{4}\right)\left(x^2+\dfrac{1}{4}\right)\left(x^4+\dfrac{1}{16}\right)$

$=\left(x^4-\dfrac{1}{16}\right)\left(x^4+\dfrac{1}{16}\right)$

$=x^8-\dfrac{1}{256}$ $\qquad\qquad\qquad\qquad\qquad\cdots$ (i)

따라서 $a=8$, $b=-\dfrac{1}{256}$이므로 $\qquad\qquad\cdots$ (ii)

$ab=8\times\left(-\dfrac{1}{256}\right)=-\dfrac{1}{32}$ $\qquad\qquad\cdots$ (iii)

채점 기준	
(i) 주어진 식의 좌변을 전개하기	70%
(ii) a, b의 값 구하기	20%
(iii) ab의 값 구하기	10%

30 답 ④

① $(x-5)(x+2)=x^2-\boxed{3}x-10$

② $(x+7)(x-4)=x^2+\boxed{3}x-28$

③ $(x+1)(x+3)=x^2+4x+\boxed{3}$

④ $(x-2y)(x+6y)=x^2+\boxed{4}xy-12y^2$

⑤ $\left(x+\dfrac{1}{3}y\right)(x-9y)=x^2-\dfrac{26}{3}xy-\boxed{3}y^2$

따라서 □ 안의 수가 나머지 넷과 다른 하나는 ④이다.

31 답 ⑤

$3(x+2)(x-1)-(x+4)(x-3)$

$=3(x^2+x-2)-(x^2+x-12)$

$=3x^2+3x-6-x^2-x+12$

$=2x^2+2x+6$

32 답 45

$(x-a)(x-4)=x^2-(a+4)x+4a$

$\qquad\qquad\qquad=x^2-bx+20$

이므로 $-(a+4)=-b$, $4a=20$

따라서 $a=5$, $b=a+4=5+4=9$이므로

$ab=5\times9=45$

33 답 ③

$(x+A)(x+B)=x^2+(A+B)x+AB=x^2+Cx+8$이므로

$A+B=C$, $AB=8$

이때 $AB=8$을 만족시키는 정수 A, B의 순서쌍 (A, B)는

$(1, 8)$, $(2, 4)$, $(4, 2)$, $(8, 1)$,

$(-1, -8)$, $(-2, -4)$, $(-4, -2)$, $(-8, -1)$

이므로 C의 값은

$(1, 8)$, $(8, 1)$일 때, $C=1+8=9$

$(2, 4)$, $(4, 2)$일 때, $C=2+4=6$

$(-1, -8)$, $(-8, -1)$일 때, $C=-1+(-8)=-9$

$(-2, -4)$, $(-4, -2)$일 때, $C=-2+(-4)=-6$

따라서 C의 값이 될 수 없는 것은 ③이다.

34 답 34

$(6x-2y)\left(\dfrac{1}{2}x+4y\right)=3x^2+(24-1)xy-8y^2$

$\qquad\qquad\qquad\qquad\quad=3x^2+23xy-8y^2$

따라서 $a=3$, $b=23$, $c=-8$이므로

$a+b-c=3+23-(-8)=34$

35 답 ③

$(2x-5)(3x+A)=6x^2+(2A-15)x-5A$

$\qquad\qquad\qquad\quad=6x^2+Bx-15$

이므로 $2A-15=B$, $-5A=-15$

따라서 $A=3$, $B=2A-15=2\times3-15=-9$이므로

$A+B=3+(-9)=-6$

36 답 ②

$(3x-a)(x+2)=3x^2+(6-a)x-2a$

이때 x의 계수가 상수항의 2배와 같으므로

$6-a=2\times(-2a)$, $3a=-6$ $\qquad\therefore a=-2$

37 답 $6x^2-11x-35$

$(2x+a)(5x+3)=10x^2+(6+5a)x+3a$
$\qquad\qquad\qquad\;=10x^2-29x-21$

이므로 $6+5a=-29$, $3a=-21$ $\quad\therefore a=-7$ $\qquad\cdots$ (i)

따라서 바르게 전개한 식은

$(2x-7)(3x+5)=6x^2-11x-35$ $\qquad\cdots$ (ii)

채점 기준	
(i) a의 값 구하기	60 %
(ii) 바르게 전개한 식 구하기	40 %

38 답 24

$(2x+a)(x-5)=2x^2+(-10+a)x-5a=2x^2-bx-10$

이므로 $-10+a=-b$, $-5a=-10$

$\therefore a=2$, $b=10-a=10-2=8$

즉, 직각삼각형의 빗변의 길이는 $a+b=2+8=10$,

밑변의 길이는 $b-a=8-2=6$이다.

$\therefore$ (직각삼각형의 높이)$=\sqrt{10^2-6^2}=\sqrt{64}=8$

따라서 주어진 직각삼각형의 넓이는

$\dfrac{1}{2}\times6\times8=24$

---

02 곱셈 공식 (2)

유형 모아 보기 & 완성하기 79~81쪽

39 답 ④

① $(x-2y)^2=x^2-4xy+4y^2$

② $(-x+1)(-x-1)=(-x)^2-1^2=x^2-1$

③ $(x+5)(x-6)=x^2-x-30$

⑤ $(4x+5y)^2=16x^2+40xy+25y^2$

따라서 옳은 것은 ④이다.

40 답 ④

색칠한 직사각형의 가로의 길이는 $x+3$, 세로의 길이는 $x-2$이므로 구하는 넓이는

$(x+3)(x-2)=x^2+x-6$

41 답 ⑤

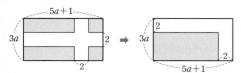

$\therefore$ (길을 제외한 잔디밭의 넓이)$=(5a+1-2)(3a-2)$
$\qquad\qquad\qquad\qquad\qquad\quad=(5a-1)(3a-2)$
$\qquad\qquad\qquad\qquad\qquad\quad=15a^2-13a+2$

42 답 ④

ㄱ. $(x-y)^2=x^2-2xy+y^2$

ㄴ. $(-x+2y)(x+2y)=-x^2+4y^2$

ㄹ. $(x+3)(x-4)=x^2-x-12$

따라서 옳은 것은 ㄷ, ㅁ이다.

43 답 ④

① $(2x-5)^2=4x^2-\boxed{20}x+25$

② $(x+4)^2=x^2+8x+\boxed{16}$

③ $(x+8)(x-3)=x^2+5x-\boxed{24}$

④ $(a+5b)(a-5b)=a^2-\boxed{25}b^2$

⑤ $(5x-7y)(-2x-3y)=-10x^2-xy+\boxed{21}y^2$

따라서 □ 안의 수가 가장 큰 것은 ④이다.

44 답 ③

$(5x-y)(5x+y)-(4x-3y)^2=25x^2-y^2-(16x^2-24xy+9y^2)$
$\qquad\qquad\qquad\qquad\qquad\qquad=25x^2-y^2-16x^2+24xy-9y^2$
$\qquad\qquad\qquad\qquad\qquad\qquad=9x^2+24xy-10y^2$

45 답 2

$(2x-2)(3x-4)+(x+2)^2=6x^2-14x+8+x^2+4x+4$
$\qquad\qquad\qquad\qquad\qquad\qquad=7x^2-10x+12$

따라서 x의 계수는 -10, 상수항은 12이므로

$-10+12=2$

다른 풀이

주어진 식에서 x항이 나오는 부분만 전개하면

$2x\times(-4)+(-2)\times3x+2\times x\times2=-10x$

주어진 식에서 상수항이 나오는 부분만 전개하면

$(-2)\times(-4)+2^2=12$

따라서 x의 계수는 -10, 상수항은 12이므로

$-10+12=2$

46 답 ⑤

$(2x-a)^2-(3x+1)(x-2)=4x^2-4ax+a^2-(3x^2-5x-2)$
$\qquad\qquad\qquad\qquad\qquad\qquad=4x^2-4ax+a^2-3x^2+5x+2$
$\qquad\qquad\qquad\qquad\qquad\qquad=x^2+(-4a+5)x+a^2+2$

이때 x의 계수가 13이므로

$-4a+5=13$, $-4a=8$ $\quad\therefore a=-2$

따라서 상수항은 $a^2+2=(-2)^2+2=6$

47 답 $3x^2+2x-21$

세 쌍의 마주 보는 면에 적힌 두 일차식의 곱은 각각

$(-1-2x)(-1+2x)=1-4x^2$,

$(3x+4)(2x-3)=6x^2-x-12$,

$(x+5)(x-2)=x^2+3x-10$이므로

$A+B+C=1-4x^2+6x^2-x-12+x^2+3x-10$
$\qquad\qquad=3x^2+2x-21$

48 답 $9a^2-4b^2$

색칠한 직사각형의 가로의 길이는 $3a-2b$, 세로의 길이는 $3a+2b$
이므로 구하는 넓이는
$(3a-2b)(3a+2b)=9a^2-4b^2$

49 답 ③

오른쪽 그림에서 색칠한 부분의 넓이는
$(2x-3)(3x+1)+2\times1$
$=6x^2-7x-3+2$
$=6x^2-7x-1$

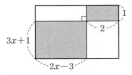

따라서 $a=6$, $b=-7$, $c=-1$이므로
$a+b-3c=6+(-7)-3\times(-1)=2$

50 답 $42x^2+36x-2$

(직육면체의 겉넓이)
$=2\{(2x+3)(3x-1)+(3x-1)(3x+1)+(2x+3)(3x+1)\}$
$=2\{(6x^2+7x-3)+(9x^2-1)+(6x^2+11x+3)\}$
$=2(21x^2+18x-1)$
$=42x^2+36x-2$

51 답 11

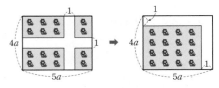

$\therefore$ (길을 제외한 화단의 넓이)$=(5a-1)(4a-1)$
$=20a^2-9a+1$
따라서 $p=20$, $q=-9$, $r=1$이므로
$p+qr=20+(-9)\times1=11$

52 답 ③

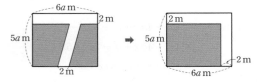

$\therefore$ (길을 제외한 땅의 넓이)$=(6a-2)(5a-2)$
$=30a^2-22a+4(\text{m}^2)$

53 답 a^2-b^2

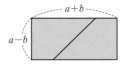

새로 만든 직사각형은 위의 그림과 같으므로
(구하는 넓이)$=(a+b)(a-b)$
$=a^2-b^2$

54 답 ④

$2x+y=A$로 놓으면
$(2x+y-3)(2x+y+3)=(A-3)(A+3)=A^2-9$
$=(2x+y)^2-9$
$=4x^2+4xy+y^2-9$

55 답 $x^4+14x^3+71x^2+154x+120$

$(x+2)(x+3)(x+4)(x+5)=(x+2)(x+5)(x+3)(x+4)$
$=(x^2+7x+10)(x^2+7x+12)$

$x^2+7x=A$로 놓으면
$(A+10)(A+12)=A^2+22A+120$
$=(x^2+7x)^2+22(x^2+7x)+120$
$=x^4+14x^3+49x^2+22x^2+154x+120$
$=x^4+14x^3+71x^2+154x+120$

56 답 ③

$103\times97=(100+3)(100-3)$
따라서 가장 편리한 곱셈 공식은 $(a+b)(a-b)=a^2-b^2$이다.

57 답 ①

$(\sqrt{6}-3)(\sqrt{6}+7)=(\sqrt{6})^2+(-3+7)\sqrt{6}-21$
$=6+4\sqrt{6}-21$
$=-15+4\sqrt{6}$
따라서 $a=-15$, $b=4$이므로
$a+b=-15+4=-11$

58 답 ③

$\dfrac{\sqrt{6}+\sqrt{2}}{\sqrt{6}-\sqrt{2}}=\dfrac{(\sqrt{6}+\sqrt{2})^2}{(\sqrt{6}-\sqrt{2})(\sqrt{6}+\sqrt{2})}=\dfrac{6+2\sqrt{12}+2}{6-2}$
$=\dfrac{8+4\sqrt{3}}{4}=2+\sqrt{3}$
따라서 $a=2$, $b=1$이므로
$a+b=2+1=3$

59 답 ③

$(x+y+2)(x-y+2)=(x+2+y)(x+2-y)$이므로
$x+2=A$로 놓으면
$(x+y+2)(x-y+2)=(A+y)(A-y)$
$=A^2-y^2$
$=(x+2)^2-y^2$
$=x^2+4x+4-y^2$
$=x^2-y^2+4x+4$

60 답 $x^2-6xy+9y^2-x+3y-6$

$x-3y=A$로 놓으면
$$(x-3y+2)(x-3y-3)=(A+2)(A-3)$$
$$=A^2-A-6$$
$$=(x-3y)^2-(x-3y)-6$$
$$=x^2-6xy+9y^2-x+3y-6$$

61 답 ④

$a+b=A$로 놓으면
$$(a+b-3)^2=(A-3)^2$$
$$=A^2-6A+9$$
$$=(a+b)^2-6(a+b)+9$$
$$=a^2+2ab+b^2-6a-6b+9$$
$$\therefore \square=-6a-6b+9$$

62 답 15

$$(x-1)(x-2)(x+5)(x+6)=(x-1)(x+5)(x-2)(x+6)$$
$$=(x^2+4x-5)(x^2+4x-12)$$

$x^2+4x=A$로 놓으면
$$(A-5)(A-12)=A^2-17A+60$$
$$=(x^2+4x)^2-17(x^2+4x)+60$$
$$=x^4+8x^3+16x^2-17x^2-68x+60$$
$$=x^4+8x^3-x^2-68x+60$$

따라서 $a=8$, $b=-1$, $c=-68$, $d=60$이므로
$$a+b-c-d=8+(-1)-(-68)-60=15$$

63 답 ②

$$x(x-2)(x+1)(x+3)=x(x+1)(x-2)(x+3)$$
$$=(x^2+x)(x^2+x-6)$$

$x^2+x=A$로 놓으면
$$A(A-6)=A^2-6A$$
$$=(x^2+x)^2-6(x^2+x)$$
$$=x^4+2x^3+x^2-6x^2-6x$$
$$=x^4+2x^3-5x^2-6x$$

따라서 x^3의 계수는 2, x^2의 계수는 -5이므로
$$2+(-5)=-3$$

64 답 ④

$$(x-3)(x-2)(x+4)(x+5)$$
$$=(x-3)(x+5)(x-2)(x+4)$$
$$=(x^2+2x-15)(x^2+2x-8)$$

이때 $a=x(x+2)=x^2+2x$이므로 위의 식에 대입하면
$$(a-15)(a-8)=a^2-23a+120$$

65 답 ⑤

① $52^2=(50+2)^2 \Rightarrow (a+b)^2=a^2+2ab+b^2$
② $98^2=(100-2)^2 \Rightarrow (a-b)^2=a^2-2ab+b^2$

③ $302\times298=(300+2)(300-2) \Rightarrow (a+b)(a-b)=a^2-b^2$
④ $9.3\times10.7=(10-0.7)(10+0.7) \Rightarrow (a+b)(a-b)=a^2-b^2$
⑤ $196\times201=(200-4)(200+1)$
$\Rightarrow (x+a)(x+b)=x^2+(a+b)x+ab$

따라서 주어진 곱셈 공식을 이용하여 계산하면 가장 편리한 것은 ⑤
이다.

66 답 150

$$77\times83-79^2=(80-3)(80+3)-(80-1)^2$$
$$=80^2-3^2-(80^2-2\times80+1)$$
$$=80^2-3^2-80^2+2\times80-1$$
$$=-9+160-1$$
$$=150$$

67 답 2022

$$\frac{2024\times2020+4}{2022}=\frac{(2022+2)(2022-2)+4}{2022} \qquad \cdots (\mathrm{i})$$
$$=\frac{2022^2-2^2+4}{2022}=\frac{2022^2}{2022}=2022 \qquad \cdots (\mathrm{ii})$$

채점 기준

(ⅰ) 주어진 식 변형하기	60 %
(ⅱ) 주어진 식 계산하기	40 %

68 답 ③

$$\frac{1009^2-1001\times1017}{1010^2-1008\times1012}=\frac{1009^2-(1009-8)(1009+8)}{1010^2-(1010-2)(1010+2)}$$
$$=\frac{1009^2-(1009^2-8^2)}{1010^2-(1010^2-2^2)}=\frac{8^2}{2^2}=16$$

69 답 ③

$$2017\times2023+9=(2020-3)(2020+3)+9$$
$$=2020^2-3^2+9=2020^2$$
$$\therefore A=2020$$

70 답 ④

$$(2+1)(2^2+1)(2^4+1)(2^8+1)$$
$$=(2-1)(2+1)(2^2+1)(2^4+1)(2^8+1)$$
$$=(2^2-1)(2^2+1)(2^4+1)(2^8+1)$$
$$=(2^4-1)(2^4+1)(2^8+1)$$
$$=(2^8-1)(2^8+1)$$
$$=2^{16}-1$$

71 답 $30-10\sqrt2$

$$(4\sqrt5+\sqrt{10})(2\sqrt5-\sqrt{10})$$
$$=8\times(\sqrt5)^2+(-4+2)\times\sqrt5\times\sqrt{10}-(\sqrt{10})^2$$
$$=40-10\sqrt2-10$$
$$=30-10\sqrt2$$

72 답 ⑤

$(\sqrt{2}-\sqrt{3})^2+(2\sqrt{2}+\sqrt{3})^2$
$=(2-2\sqrt{6}+3)+(8+4\sqrt{6}+3)$
$=5-2\sqrt{6}+11+4\sqrt{6}$
$=16+2\sqrt{6}$
따라서 $a=16$, $b=2$이므로
$a+b=16+2=18$

73 답 ②

$(2-3\sqrt{6})(a-4\sqrt{6})=2a-(8+3a)\sqrt{6}+72$
$\qquad\qquad\qquad\qquad\quad =2a+72-(8+3a)\sqrt{6}$
이 식이 유리수가 되려면 $8+3a=0$이어야 하므로
$3a=-8$ $\quad \therefore a=-\dfrac{8}{3}$

74 답 5

$(\sqrt{5}+2)^6(\sqrt{5}-2)^5=(\sqrt{5}+2)(\sqrt{5}+2)^5(\sqrt{5}-2)^5$
$\qquad\qquad\qquad\qquad =(\sqrt{5}+2)\{(\sqrt{5}+2)(\sqrt{5}-2)\}^5$
$\qquad\qquad\qquad\qquad =(\sqrt{5}+2)(5-4)^5$
$\qquad\qquad\qquad\qquad =2+\sqrt{5}$
따라서 $a=2$, $b=1$이므로
$a^2+b^2=2^2+1^2=5$

참고 m이 자연수일 때, $A^mB^m=(AB)^m$이다.

75 답 22

$\overline{\mathrm{AP}}=\overline{\mathrm{AB}}=\sqrt{3^2+1^2}=\sqrt{10}$이므로
점 P에 대응하는 수는 $2+\sqrt{10}$ $\quad \therefore a=2+\sqrt{10}$ $\qquad \cdots$ (i)
$\overline{\mathrm{AQ}}=\overline{\mathrm{AD}}=\sqrt{1^2+3^2}=\sqrt{10}$이므로
점 Q에 대응하는 수는 $2-\sqrt{10}$ $\quad \therefore b=2-\sqrt{10}$ $\qquad \cdots$ (ii)
$\therefore 4a+b^2=4(2+\sqrt{10})+(2-\sqrt{10})^2$
$\qquad\qquad =8+4\sqrt{10}+(4-4\sqrt{10}+10)$
$\qquad\qquad =8+4\sqrt{10}+14-4\sqrt{10}=22$ $\qquad \cdots$ (iii)

채점 기준	
(i) a의 값 구하기	30 %
(ii) b의 값 구하기	30 %
(iii) $4a+b^2$의 값 구하기	40 %

76 답 $30+2\sqrt{15}$

오른쪽 그림과 같이 주어진 도형을 한 개의
정사각형과 한 개의 직사각형으로 나누면
(도형의 넓이)
$=$ (정사각형의 넓이)$+$(직사각형의 넓이)
$=(\sqrt{3}+\sqrt{5})^2$
$\quad +(\sqrt{3}+\sqrt{5}+2\sqrt{3})(\sqrt{27}-\sqrt{5})$
$=(3+2\sqrt{15}+5)+(3\sqrt{3}+\sqrt{5})(3\sqrt{3}-\sqrt{5})$
$=8+2\sqrt{15}+27-5$
$=30+2\sqrt{15}$

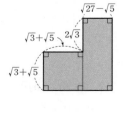

77 답 $4+4\sqrt{2}$

오른쪽 그림에서 $\overline{\mathrm{IA}}$의 길이를 a라 하면
△AIB에서
$\overline{\mathrm{AB}}=\sqrt{a^2+a^2}=\sqrt{2a^2}$
즉, $\sqrt{2a^2}=\sqrt{2}$이므로
$2a^2=2$, $a^2=1$
이때 $a>0$이므로 $a=1$
따라서 정사각형 IJKL의 한 변의 길이는
$1+\sqrt{2}+1=2+\sqrt{2}$
$\therefore$ (정팔각형의 넓이)
$\quad =\square\mathrm{IJKL}-\triangle\mathrm{AIB}-\triangle\mathrm{CJD}-\triangle\mathrm{EKF}-\triangle\mathrm{GLH}$
$\quad =(2+\sqrt{2})^2-4\times\left(\dfrac{1}{2}\times1\times1\right)$
$\quad =4+4\sqrt{2}+2-2$
$\quad =4+4\sqrt{2}$

78 답 3

$\dfrac{\sqrt{6}}{\sqrt{6}-\sqrt{3}}=\dfrac{\sqrt{6}(\sqrt{6}+\sqrt{3})}{(\sqrt{6}-\sqrt{3})(\sqrt{6}+\sqrt{3})}=\dfrac{6+\sqrt{18}}{6-3}$
$\qquad\quad =\dfrac{6+3\sqrt{2}}{3}=2+\sqrt{2}$
따라서 $a=2$, $b=1$이므로
$a+b=2+1=3$

79 답 ④

$y=\dfrac{1}{x}=\dfrac{1}{7-4\sqrt{3}}=\dfrac{7+4\sqrt{3}}{(7-4\sqrt{3})(7+4\sqrt{3})}$
$\quad =\dfrac{7+4\sqrt{3}}{49-48}=7+4\sqrt{3}$
$\therefore x+y=(7-4\sqrt{3})+(7+4\sqrt{3})=14$

80 답 ②

$\dfrac{1}{3+2\sqrt{2}}-\dfrac{1}{3-2\sqrt{2}}$
$=\dfrac{3-2\sqrt{2}}{(3+2\sqrt{2})(3-2\sqrt{2})}-\dfrac{3+2\sqrt{2}}{(3-2\sqrt{2})(3+2\sqrt{2})}$
$=\dfrac{3-2\sqrt{2}}{9-8}-\dfrac{3+2\sqrt{2}}{9-8}$
$=3-2\sqrt{2}-3-2\sqrt{2}$
$=-4\sqrt{2}$

81 답 8

$\dfrac{2-\sqrt{5}}{2+\sqrt{5}}-\dfrac{2+\sqrt{5}}{2-\sqrt{5}}=\dfrac{(2-\sqrt{5})^2}{(2+\sqrt{5})(2-\sqrt{5})}-\dfrac{(2+\sqrt{5})^2}{(2-\sqrt{5})(2+\sqrt{5})}$
$\qquad\qquad\qquad\qquad =\dfrac{4-4\sqrt{5}+5}{4-5}-\dfrac{4+4\sqrt{5}+5}{4-5}$
$\qquad\qquad\qquad\qquad =-9+4\sqrt{5}+9+4\sqrt{5}$
$\qquad\qquad\qquad\qquad =8\sqrt{5}$
따라서 $a=0$, $b=8$이므로 $b-a=8$

82 답 $7+2\sqrt{3}$

$$\frac{\sqrt{3}}{\sqrt{3}-1}\times\sqrt{(-4)^2}+(\sqrt{18}-\sqrt{8})\div\sqrt{2}$$
$$=\frac{\sqrt{3}(\sqrt{3}+1)}{(\sqrt{3}-1)(\sqrt{3}+1)}\times4+(3\sqrt{2}-2\sqrt{2})\div\sqrt{2}$$
$$=\frac{3+\sqrt{3}}{2}\times4+\sqrt{2}\div\sqrt{2}$$
$$=6+2\sqrt{3}+1$$
$$=7+2\sqrt{3}$$

83 답 $\sqrt{5}-1$

$2<\sqrt{5}<3$에서 $-3<-\sqrt{5}<-2$
$2<5-\sqrt{5}<3$
따라서 $a=2$, $b=(5-\sqrt{5})-2=3-\sqrt{5}$이므로
$$\frac{4}{2a-b}=\frac{4}{2\times2-(3-\sqrt{5})}=\frac{4}{1+\sqrt{5}}$$
$$=\frac{4(1-\sqrt{5})}{(1+\sqrt{5})(1-\sqrt{5})}=\frac{4(1-\sqrt{5})}{1-5}$$
$$=\sqrt{5}-1$$

84 답 ⑤

$$\frac{1}{1+\sqrt{2}}+\frac{1}{\sqrt{2}+\sqrt{3}}+\frac{1}{\sqrt{3}+\sqrt{4}}+\frac{1}{\sqrt{4}+\sqrt{5}}+\frac{1}{\sqrt{5}+\sqrt{6}}$$
$$=\frac{1-\sqrt{2}}{(1+\sqrt{2})(1-\sqrt{2})}+\frac{\sqrt{2}-\sqrt{3}}{(\sqrt{2}+\sqrt{3})(\sqrt{2}-\sqrt{3})}$$
$$\quad+\frac{\sqrt{3}-\sqrt{4}}{(\sqrt{3}+\sqrt{4})(\sqrt{3}-\sqrt{4})}+\frac{\sqrt{4}-\sqrt{5}}{(\sqrt{4}+\sqrt{5})(\sqrt{4}-\sqrt{5})}$$
$$\quad+\frac{\sqrt{5}-\sqrt{6}}{(\sqrt{5}+\sqrt{6})(\sqrt{5}-\sqrt{6})}$$
$$=\frac{1-\sqrt{2}}{1-2}+\frac{\sqrt{2}-\sqrt{3}}{2-3}+\frac{\sqrt{3}-\sqrt{4}}{3-4}+\frac{\sqrt{4}-\sqrt{5}}{4-5}+\frac{\sqrt{5}-\sqrt{6}}{5-6}$$
$$=-(1-\sqrt{2})-(\sqrt{2}-\sqrt{3})-(\sqrt{3}-\sqrt{4})-(\sqrt{4}-\sqrt{5})$$
$$\quad-(\sqrt{5}-\sqrt{6})$$
$$=-1+\sqrt{6}$$

04 곱셈 공식의 변형과 식의 값

유형 모아 보기 & 완성하기

88~91쪽

85 답 ③

$x^2+y^2=(x+y)^2-2xy=5^2-2\times3=19$

86 답 7

$x^2+\dfrac{1}{x^2}=\left(x-\dfrac{1}{x}\right)^2+2=(\sqrt{5})^2+2=7$

87 답 14

$x\neq0$이므로 $x^2-4x+1=0$의 양변을 x로 나누면
$x-4+\dfrac{1}{x}=0$, $x+\dfrac{1}{x}=4$
$\therefore x^2+\dfrac{1}{x^2}=\left(x+\dfrac{1}{x}\right)^2-2=4^2-2=14$

88 답 ⑤

$x=2+\sqrt{3}$에서 $x-2=\sqrt{3}$
양변을 제곱하면
$(x-2)^2=(\sqrt{3})^2$, $x^2-4x+4=3$
$\therefore x^2-4x=-1$
$\therefore x^2-4x+5=-1+5=4$

다른 풀이
$x^2-4x+5=(2+\sqrt{3})^2-4(2+\sqrt{3})+5$
$\qquad\qquad=4+4\sqrt{3}+3-8-4\sqrt{3}+5=4$

89 답 (1) 44 (2) 52

$a-b=6$, $ab=4$이므로
(1) $a^2+b^2=(a-b)^2+2ab=6^2+2\times4=44$
(2) $(a+b)^2=(a-b)^2+4ab=6^2+4\times4=52$

90 답 ③

$(x-y)^2=(x+y)^2-4xy=(2\sqrt{2})^2-4\times1$
$\qquad\qquad=8-4=4$
$\therefore x-y=\pm\sqrt{4}=\pm2$

91 답 ③

$a^2+b^2=(a+b)^2-2ab$에서
$14=(2\sqrt{3})^2-2ab$, $14=12-2ab$
$2ab=-2$ $\quad\therefore ab=-1$

92 답 ①

$$\frac{y}{x}+\frac{x}{y}=\frac{x^2+y^2}{xy}=\frac{(x-y)^2+2xy}{xy}$$
$$=\frac{4^2+2\times(-2)}{-2}=-6$$

93 답 3

$(x-4)(y-4)=6$에서 $xy-4(x+y)+16=6$
이때 $xy=2$이므로 $2-4(x+y)+16=6$
$4(x+y)=12$ $\quad\therefore x+y=3$ $\qquad\cdots$ (i)
$\therefore x^2-xy+y^2=(x+y)^2-3xy$
$\qquad\qquad\qquad=3^2-3\times2=3$ $\qquad\cdots$ (ii)

채점 기준

(i) $x+y$의 값 구하기	50 %
(ii) x^2-xy+y^2의 값 구하기	50 %

94 답 ④

$x+y=(\sqrt{3}+\sqrt{2})+(\sqrt{3}-\sqrt{2})=2\sqrt{3}$

$xy=(\sqrt{3}+\sqrt{2})(\sqrt{3}-\sqrt{2})=(\sqrt{3})^2-(\sqrt{2})^2=3-2=1$

$\therefore \dfrac{y}{x}+\dfrac{x}{y}=\dfrac{x^2+y^2}{xy}=\dfrac{(x+y)^2-2xy}{xy}$

$\qquad\qquad =\dfrac{(2\sqrt{3})^2-2\times 1}{1}=10$

95 답 ④

$x=\dfrac{1}{2\sqrt{6}-5}=\dfrac{2\sqrt{6}+5}{(2\sqrt{6}-5)(2\sqrt{6}+5)}=\dfrac{2\sqrt{6}+5}{24-25}=-2\sqrt{6}-5$

$y=\dfrac{1}{2\sqrt{6}+5}=\dfrac{2\sqrt{6}-5}{(2\sqrt{6}+5)(2\sqrt{6}-5)}=\dfrac{2\sqrt{6}-5}{24-25}=-2\sqrt{6}+5$

$\therefore x+y=(-2\sqrt{6}-5)+(-2\sqrt{6}+5)=-4\sqrt{6}$

$\quad\; xy=(-2\sqrt{6}-5)(-2\sqrt{6}+5)=(-2\sqrt{6})^2-5^2=24-25=-1$

$\therefore x^2+xy+y^2=(x+y)^2-xy$

$\qquad\qquad\qquad =(-4\sqrt{6})^2-(-1)$

$\qquad\qquad\qquad =96+1=97$

96 답 ②

$x^2+\dfrac{1}{x^2}=\left(x+\dfrac{1}{x}\right)^2-2=5^2-2=23$

97 답 20

$\left(x+\dfrac{1}{x}\right)^2=\left(x-\dfrac{1}{x}\right)^2+4=4^2+4=20$

98 답 4

$\left(x-\dfrac{1}{x}\right)^2=\left(x+\dfrac{1}{x}\right)^2-4=(2\sqrt{5})^2-4=16$ $\cdots$ (i)

그런데 $x>1$이므로 $x-\dfrac{1}{x}>0$ $\cdots$ (ii)

$\therefore x-\dfrac{1}{x}=\sqrt{16}=4$ $\cdots$ (iii)

채점 기준

(i) $\left(x-\dfrac{1}{x}\right)^2$의 값 구하기	40%
(ii) $x-\dfrac{1}{x}$의 부호 정하기	30%
(iii) $x-\dfrac{1}{x}$의 값 구하기	30%

99 답 ②

$x^2+\dfrac{1}{x^2}=\left(x-\dfrac{1}{x}\right)^2+2=3^2+2=11$

$\therefore x^4+\dfrac{1}{x^4}=\left(x^2+\dfrac{1}{x^2}\right)^2-2=11^2-2=119$

100 답 ④

$x\neq 0$이므로 $x^2-8x+1=0$의 양변을 x로 나누면

$x-8+\dfrac{1}{x}=0$ $\therefore x+\dfrac{1}{x}=8$

$\therefore x^2+\dfrac{1}{x^2}=\left(x+\dfrac{1}{x}\right)^2-2=8^2-2=62$

101 답 $\pm\sqrt{13}$

$x\neq 0$이므로 $x^2+3x-1=0$의 양변을 x로 나누면

$x+3-\dfrac{1}{x}=0$ $\therefore x-\dfrac{1}{x}=-3$

즉, $\left(x+\dfrac{1}{x}\right)^2=\left(x-\dfrac{1}{x}\right)^2+4=(-3)^2+4=13$

$\therefore x+\dfrac{1}{x}=\pm\sqrt{13}$

102 답 ④

$x\neq 0$이므로 $x^2-6x-1=0$의 양변을 x로 나누면

$x-6-\dfrac{1}{x}=0$ $\therefore x-\dfrac{1}{x}=6$

$\therefore x^2-10+\dfrac{1}{x^2}=x^2+\dfrac{1}{x^2}-10$

$\qquad\qquad\qquad =\left(x-\dfrac{1}{x}\right)^2+2-10$

$\qquad\qquad\qquad =6^2+2-10=28$

103 답 ③

$x\neq 0$이므로 $x^2+7x+1=0$의 양변을 x로 나누면

$x+7+\dfrac{1}{x}=0$ $\therefore x+\dfrac{1}{x}=-7$

$\therefore x^2+2x+\dfrac{2}{x}+\dfrac{1}{x^2}=\left(x^2+\dfrac{1}{x^2}\right)+2\left(x+\dfrac{1}{x}\right)$

$\qquad\qquad\qquad\qquad =\left(x+\dfrac{1}{x}\right)^2-2+2\left(x+\dfrac{1}{x}\right)$

$\qquad\qquad\qquad\qquad =(-7)^2-2+2\times(-7)=33$

104 답 -5

$x=3+\sqrt{2}$에서 $x-3=\sqrt{2}$

양변을 제곱하면

$(x-3)^2=(\sqrt{2})^2$, $x^2-6x+9=2$

$\therefore x^2-6x=-7$

$\therefore x^2-6x+2=-7+2=-5$

다른 풀이

$x^2-6x+2=(3+\sqrt{2})^2-6(3+\sqrt{2})+2$

$\qquad\qquad =9+6\sqrt{2}+2-18-6\sqrt{2}+2=-5$

105 답 6

$x=\dfrac{1}{\sqrt{5}-2}=\dfrac{\sqrt{5}+2}{(\sqrt{5}-2)(\sqrt{5}+2)}=\dfrac{\sqrt{5}+2}{5-4}=\sqrt{5}+2$

즉, $x-2=\sqrt{5}$이므로 양변을 제곱하면

$(x-2)^2=(\sqrt{5})^2$, $x^2-4x+4=5$

$\therefore x^2-4x=1$

$\therefore x^2-4x+5=1+5=6$

106 답 2

$x=-4-2\sqrt{2}$에서 $x+4=-2\sqrt{2}$

양변을 제곱하면

$(x+4)^2=(-2\sqrt{2})^2$, $x^2+8x+16=8$

$\therefore x^2+8x=-8$ ··· (i)

$\therefore \sqrt{x^2+8x+12}=\sqrt{-8+12}$

$\qquad\qquad\qquad =\sqrt{4}=2$ ··· (ii)

채점 기준

(i) x^2+8x의 값 구하기	60%
(ii) 주어진 식의 값 구하기	40%

107 답 3

$\dfrac{1}{3-2\sqrt{2}}=\dfrac{3+2\sqrt{2}}{(3-2\sqrt{2})(3+2\sqrt{2})}=\dfrac{3+2\sqrt{2}}{9-8}=3+2\sqrt{2}$

$2<2\sqrt{2}<3$에서 $5<3+2\sqrt{2}<6$이므로

$x=(3+2\sqrt{2})-5=2\sqrt{2}-2$

즉, $x+2=2\sqrt{2}$이므로 양변을 제곱하면

$(x+2)^2=(2\sqrt{2})^2$, $x^2+4x+4=8$

$\therefore x^2+4x=4$

$\therefore x^2+4x-1=4-1=3$

Pick 점검하기

92~94쪽

108 답 ⑤

$(-2a+b)(-a-b)=2a^2+2ab-ab-b^2$

$\qquad\qquad\qquad\qquad =2a^2+ab-b^2$

따라서 $A=2$, $B=1$, $C=-1$이므로

$A+B-C=2+1-(-1)=4$

109 답 6

$(x+3y-4)(2x+ay-3)$에서 xy항이 나오는 부분만 전개하면

$x\times ay+3y\times 2x=axy+6xy=(a+6)xy$

$(x+3y-4)(2x+ay-3)$에서 상수항이 나오는 부분만 전개하면

$-4\times(-3)=12$

이때 xy의 계수와 상수항이 같으므로

$a+6=12$ $\qquad \therefore a=6$

110 답 2

$(x+a)^2=x^2+2ax+a^2=x^2-bx+\dfrac{4}{9}$이므로

$2a=-b$, $a^2=\dfrac{4}{9}$

이때 $a>0$이므로

$a=\dfrac{2}{3}$, $b=-2a=-2\times\dfrac{2}{3}=-\dfrac{4}{3}$

$\therefore a-b=\dfrac{2}{3}-\left(-\dfrac{4}{3}\right)=2$

111 답 ②, ③

$(2x-A)^2=4x^2-4Ax+A^2=4x^2+Bx+9$이므로

$-4A=B$, $A^2=9$

$A^2=9$에서 $A=\pm 3$이므로

$A=3$일 때, $B=-4A=-4\times 3=-12$

$A=-3$일 때, $B=-4A=-4\times(-3)=12$

$\therefore A=3$, $B=-12$ 또는 $A=-3$, $B=12$

112 답 ③

$\left(\dfrac{\sqrt{2}}{4}a+\dfrac{1}{3}b\right)\left(\dfrac{\sqrt{2}}{4}a-\dfrac{1}{3}b\right)=\left(\dfrac{\sqrt{2}}{4}a\right)^2-\left(\dfrac{1}{3}b\right)^2$

$\qquad\qquad\qquad\qquad =\dfrac{1}{8}a^2-\dfrac{1}{9}b^2$

$\qquad\qquad\qquad\qquad =\dfrac{1}{8}\times 40-\dfrac{1}{9}\times 45$

$\qquad\qquad\qquad\qquad =0$

113 답 16

$(a-1)(a+1)(a^2+1)(a^4+1)(a^8+1)$

$=(a^2-1)(a^2+1)(a^4+1)(a^8+1)$

$=(a^4-1)(a^4+1)(a^8+1)$

$=(a^8-1)(a^8+1)$

$=a^{16}-1$

$\therefore \square=16$

114 답 ①

$(x+3)(x-A)=x^2+(3-A)x-3A$에서

x의 계수가 -7이므로

$3-A=-7$ $\qquad \therefore A=10$

따라서 상수항은 $-3A=-3\times 10=-30$

115 답 11

$(ax-5)(2x+b)=2ax^2+(ab-10)x-5b$

$\qquad\qquad\qquad\qquad =6x^2-cx-5$

따라서 $2a=6$, $ab-10=-c$, $-5b=-5$이므로

$a=3$, $b=1$, $c=7$

$\therefore a+b+c=3+1+7=11$

116 답 ③, ⑤

① $(-x-3y)^2=(x+3y)^2=x^2+6xy+9y^2$

② $\left(y+\dfrac{1}{3}\right)\left(y-\dfrac{1}{3}\right)=y^2-\dfrac{1}{9}$

③ $(-2a+5)(2a+5)=(5-2a)(5+2a)=25-4a^2=-4a^2+25$

④ $(x+6)(x-7)=x^2-x-42$

⑤ $(2x+y)(3x-y)-(x+2y)^2$

$\qquad =6x^2+xy-y^2-(x^2+4xy+4y^2)$

$\qquad =6x^2+xy-y^2-x^2-4xy-4y^2$

$\qquad =5x^2-3xy-5y^2$

따라서 옳은 것은 ③, ⑤이다.

117 답 40

$(3x+5)(x+4)-2(x-1)(x+5)$
$=3x^2+17x+20-2(x^2+4x-5)$
$=3x^2+17x+20-2x^2-8x+10$
$=x^2+9x+30$
따라서 $a=1$, $b=9$, $c=30$이므로
$a+b+c=1+9+30=40$

118 답 $2a^2-7a-15$

색칠한 직사각형의 가로의 길이는
$5a+1-(3a-2)=2a+3$
색칠한 직사각형의 세로의 길이는
$3a-2-(2a+3)=a-5$
$\therefore$ (색칠한 직사각형의 넓이)$=(2a+3)(a-5)=2a^2-7a-15$

119 답 $8x^2+26x+20$

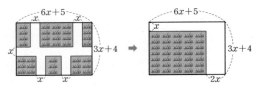

$\therefore$ (길을 제외한 밭의 넓이)$=(6x+5-2x)(3x+4-x)$
$=(4x+5)(2x+4)$
$=8x^2+26x+20$

120 답 0

$(1-2x+y)(1+2x-y)=\{1-(2x-y)\}\{1+(2x-y)\}$
$2x-y=A$로 놓으면
$(1-2x+y)(1+2x-y)=(1-A)(1+A)=1-A^2$
$=1-(2x-y)^2$
$=1-(4x^2-4xy+y^2)$
$=-4x^2+4xy-y^2+1$
따라서 상수항을 포함한 모든 항의 계수의 합은
$-4+4-1+1=0$

121 답 ⑤

① $201^2=(200+1)^2 \Rightarrow (a+b)^2=a^2+2ab+b^2$
② $497^2=(500-3)^2 \Rightarrow (a-b)^2=a^2-2ab+b^2$
③ $102\times98=(100+2)(100-2) \Rightarrow (a+b)(a-b)=a^2-b^2$
④ $82\times83=(80+2)(80+3)$
　$\Rightarrow (x+a)(x+b)=x^2+(a+b)x+ab$
⑤ $104\times98=(100+4)(100-2)$
　$\Rightarrow (x+a)(x+b)=x^2+(a+b)x+ab$
따라서 주어진 수를 계산하는 데 이용되는 가장 편리한 곱셈 공식을
바르게 나타낸 것은 ⑤이다.

122 답 ④

① $(5\sqrt{3}+\sqrt{2})(4\sqrt{3}-\sqrt{2})=20\times(\sqrt{3})^2+(-5+4)\sqrt{6}-(\sqrt{2})^2$
$=60-\sqrt{6}-2$
$=58-\sqrt{6}$
② $(\sqrt{7}+4)(\sqrt{7}-3)=(\sqrt{7})^2+(4-3)\sqrt{7}-12$
$=7+\sqrt{7}-12$
$=-5+\sqrt{7}$
③ $(\sqrt{8}-\sqrt{12})^2=(\sqrt{8})^2-2\times\sqrt{8}\times\sqrt{12}+(\sqrt{12})^2$
$=8-8\sqrt{6}+12$
$=20-8\sqrt{6}$
④ $(2\sqrt{3}+3)^2=(2\sqrt{3})^2+2\times2\sqrt{3}\times3+3^2$
$=12+12\sqrt{3}+9$
$=21+12\sqrt{3}$
⑤ $(\sqrt{11}+3)(\sqrt{11}-3)=(\sqrt{11})^2-3^2$
$=11-9=2$
따라서 옳은 것은 ④이다.

123 답 -4

$\dfrac{1}{\sqrt{2}-\sqrt{3}}+\dfrac{2}{\sqrt{2}+\sqrt{3}}$
$=\dfrac{\sqrt{2}+\sqrt{3}}{(\sqrt{2}-\sqrt{3})(\sqrt{2}+\sqrt{3})}+\dfrac{2(\sqrt{2}-\sqrt{3})}{(\sqrt{2}+\sqrt{3})(\sqrt{2}-\sqrt{3})}$
$=\dfrac{\sqrt{2}+\sqrt{3}}{2-3}+\dfrac{2(\sqrt{2}-\sqrt{3})}{2-3}$
$=-\sqrt{2}-\sqrt{3}-2\sqrt{2}+2\sqrt{3}$
$=-3\sqrt{2}+\sqrt{3}$
따라서 $a=-3$, $b=1$이므로
$a-b=-3-1=-4$

124 답 ④

① $a^2+b^2=(a-b)^2+2ab=4^2+2\times(-3)=10$
② $(a+b)^2=(a-b)^2+4ab=4^2+4\times(-3)=4$
③ $(a-3)(b+3)=ab+3(a-b)-9=-3+3\times4-9=0$
④ $\dfrac{b}{a}+\dfrac{a}{b}=\dfrac{a^2+b^2}{ab}=\dfrac{10}{-3}=-\dfrac{10}{3}$
⑤ $(2a+b)(a+2b)=2a^2+5ab+2b^2=2(a^2+b^2)+5ab$
$=2\times10+5\times(-3)=5$
따라서 식의 값이 가장 작은 것은 ④이다.

125 답 ③

$x=\dfrac{1}{\sqrt{3}-2}=\dfrac{\sqrt{3}+2}{(\sqrt{3}-2)(\sqrt{3}+2)}=\dfrac{\sqrt{3}+2}{3-4}=-\sqrt{3}-2$
$y=\dfrac{1}{\sqrt{3}+2}=\dfrac{\sqrt{3}-2}{(\sqrt{3}+2)(\sqrt{3}-2)}=\dfrac{\sqrt{3}-2}{3-4}=-\sqrt{3}+2$
$\therefore x+y=(-\sqrt{3}-2)+(-\sqrt{3}+2)=-2\sqrt{3}$
　$xy=(-\sqrt{3}-2)(-\sqrt{3}+2)=(-\sqrt{3})^2-2^2=3-4=-1$
$\therefore x^2+3xy+y^2=(x+y)^2+xy$
$=(-2\sqrt{3})^2-1=12-1=11$

126 답 ④

$x \neq 0$이므로 $x^2 - 5x - 1 = 0$의 양변을 x로 나누면

$x - 5 - \dfrac{1}{x} = 0$ ∴ $x - \dfrac{1}{x} = 5$

$$\therefore x^2 + x - \dfrac{1}{x} + \dfrac{1}{x^2} = \left(x^2 + \dfrac{1}{x^2}\right) + \left(x - \dfrac{1}{x}\right)$$
$$= \left(x - \dfrac{1}{x}\right)^2 + 2 + \left(x - \dfrac{1}{x}\right)$$
$$= 5^2 + 2 + 5 = 32$$

127 답 6

$a = \dfrac{1+\sqrt{2}}{1-\sqrt{2}} = \dfrac{(1+\sqrt{2})^2}{(1-\sqrt{2})(1+\sqrt{2})} = \dfrac{1+2\sqrt{2}+2}{1-2} = -3 - 2\sqrt{2}$

즉, $a + 3 = -2\sqrt{2}$이므로 양변을 제곱하면

$(a+3)^2 = (-2\sqrt{2})^2$, $a^2 + 6a + 9 = 8$

∴ $a^2 + 6a = -1$

∴ $a^2 + 6a + 7 = -1 + 7 = 6$

128 답 398

$$\dfrac{1988^2 - 1989 \times 1986}{5} = \dfrac{1988^2 - (1988+1)(1988-2)}{5} \quad \cdots \text{(i)}$$
$$= \dfrac{1988^2 - (1988^2 - 1988 - 2)}{5}$$
$$= \dfrac{1988^2 - 1988^2 + 1988 + 2}{5}$$
$$= \dfrac{1990}{5} = 398 \quad \cdots \text{(ii)}$$

채점 기준

(i) 주어진 식 변형하기	60%
(ii) 주어진 식 계산하기	40%

129 답 $1 + 2\sqrt{2} + \sqrt{5}$

$\overline{AP} = \overline{AB} = \sqrt{1^2 + 1^2} = \sqrt{2}$이므로

점 P에 대응하는 수는 $-1 - \sqrt{2}$

∴ $a = -1 - \sqrt{2}$ $\quad \cdots \text{(i)}$

$\overline{CQ} = \overline{CD} = \sqrt{2^2 + 1^2} = \sqrt{5}$이므로

점 Q에 대응하는 수는 $2 + \sqrt{5}$

∴ $b = 2 + \sqrt{5}$ $\quad \cdots \text{(ii)}$

$$\therefore a^2 + \dfrac{1}{b} = (-1-\sqrt{2})^2 + \dfrac{1}{2+\sqrt{5}}$$
$$= 1 + 2\sqrt{2} + 2 + \dfrac{2-\sqrt{5}}{(2+\sqrt{5})(2-\sqrt{5})}$$
$$= 3 + 2\sqrt{2} - 2 + \sqrt{5}$$
$$= 1 + 2\sqrt{2} + \sqrt{5} \quad \cdots \text{(iii)}$$

채점 기준

(i) a의 값 구하기	30%
(ii) b의 값 구하기	30%
(iii) $a^2 + \dfrac{1}{b}$의 값 구하기	40%

130 답 $\dfrac{2+\sqrt{7}}{3}$

$\dfrac{9}{4+\sqrt{7}} = \dfrac{9(4-\sqrt{7})}{(4+\sqrt{7})(4-\sqrt{7})} = 4 - \sqrt{7}$ $\quad \cdots \text{(i)}$

$2 < \sqrt{7} < 3$에서 $-3 < -\sqrt{7} < -2$

$\therefore 1 < 4 - \sqrt{7} < 2$

따라서 $a = 1$, $b = (4-\sqrt{7}) - 1 = 3 - \sqrt{7}$이므로 $\quad \cdots \text{(ii)}$

$$\dfrac{1}{a-b} = \dfrac{1}{1-(3-\sqrt{7})} = \dfrac{1}{-2+\sqrt{7}}$$
$$= \dfrac{-2-\sqrt{7}}{(-2+\sqrt{7})(-2-\sqrt{7})}$$
$$= \dfrac{2+\sqrt{7}}{3} \quad \cdots \text{(iii)}$$

채점 기준

(i) $\dfrac{9}{4+\sqrt{7}}$의 분모를 유리화하기	30%
(ii) a, b의 값 구하기	40%
(iii) $\dfrac{1}{a-b}$의 값 구하기	30%

만점 문제 뛰어넘기 95쪽

131 답 ④

연속하는 세 자연수를 $x-1$, x, $x+1$이라 하면

$(x+1)^2 = x(x-1) + 22$

$x^2 + 2x + 1 = x^2 - x + 22$, $3x = 21$

∴ $x = 7$

따라서 가장 큰 자연수는 8이다.

132 답 -8

$(x+6)(x+A) = x^2 + (6+A)x + 6A$
$\qquad\qquad\qquad\quad = x^2 + 4x + B$

이므로 $6 + A = 4$, $6A = B$

∴ $A = -2$, $B = 6A = 6 \times (-2) = -12$

$(Cx+7)(2x-5) = 2Cx^2 + (-5C+14)x - 35$
$\qquad\qquad\qquad\quad = Dx^2 + 4x - 35$

이므로 $2C = D$, $-5C + 14 = 4$

∴ $C = 2$, $D = 2C = 2 \times 2 = 4$

∴ $A + B + C + D = -2 + (-12) + 2 + 4 = -8$

133 답 ②

$\overline{AB}$를 $\overline{AE}$에, $\overline{CF}$를 $\overline{GF}$에 완전히 겹치도
록 접으면 □ABFE와 □GFCH는 정사
각형이고, □EGHD는 직사각형이다. 이때
$\overline{BF}=\overline{AE}=\overline{AB}=b$

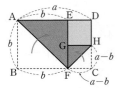

$\overline{HC}=\overline{GF}=\overline{CF}=\overline{BC}-\overline{BF}=a-b$

$\overline{DH}=\overline{DC}-\overline{HC}=b-(a-b)=-a+2b$

따라서 □EGHD는 가로의 길이가 $a-b$, 세로의 길이가
$-a+2b$인 직사각형이므로

$$\square EGHD=(a-b)(-a+2b)$$
$$=-a^2+3ab-2b^2$$

134 답 8

$(3+1)(3^2+1)(3^4+1)(3^8+1)$

$=\dfrac{1}{2}(3-1)(3+1)(3^2+1)(3^4+1)(3^8+1)$

$=\dfrac{1}{2}(3^2-1)(3^2+1)(3^4+1)(3^8+1)$

$=\dfrac{1}{2}(3^4-1)(3^4+1)(3^8+1)$

$=\dfrac{1}{2}(3^8-1)(3^8+1)=\dfrac{1}{2}(3^{16}-1)$

따라서 $a=2$, $b=16$이므로 $\dfrac{b}{a}=\dfrac{16}{2}=8$

135 답 ②

$9\times11\times101\times10001$

$=(10-1)(10+1)(100+1)(10000+1)$

$=(10^2-1)(10^2+1)(10^4+1)$

$=(10^4-1)(10^4+1)$

$=10^8-1$

따라서 $a=8$, $b=1$이므로

$a-b=8-1=7$

136 답 ④

$$\dfrac{x\sqrt{13}+y}{\sqrt{13}+2}=\dfrac{(x\sqrt{13}+y)(\sqrt{13}-2)}{(\sqrt{13}+2)(\sqrt{13}-2)}$$

$$=\dfrac{13x+(-2x+y)\sqrt{13}-2y}{9}$$

$$=\dfrac{(13x-2y)+(-2x+y)\sqrt{13}}{9}$$

이 식이 유리수가 되려면 $-2x+y=0$이어야 하므로
$y=2x$

$$\therefore \dfrac{2xy}{x^2+y^2}=\dfrac{2x\times2x}{x^2+(2x)^2}=\dfrac{4x^2}{5x^2}=\dfrac{4}{5}$$

5 다항식의 인수분해

01 ④	**02** ⑤	**03** ④	**04** 84	**05** ②
06 ⑤	**07** ④	**08** $3x^2-10x-8$		**09** ①, ④
10 ④	**11** ③	**12** ④	**13** ③	**14** $2x-3$
15 ③	**16** ②	**17** ④	**18** $3ab(a-b)^2$	
19 11	**20** 8	**21** ④	**22** ①	**23** 1
24 ③	**25** $\frac{5}{2}$	**26** ①	**27** $2a-3$	**28** ①, ⑤
29 ③	**30** ⑤	**31** 2	**32** 5	**33** ④
34 8	**35** ⑤	**36** ①	**37** (1) -1 (2) $x+3$	
38 9	**39** ㄱ, ㄷ	**40** 15	**41** ②	**42** ⑤
43 6	**44** ②, ③	**45** ②	**46** ①	**47** 3
48 ③	**49** ⑤	**50** ㄱ, ㄴ, ㅁ		**51** ⑤
52 ④	**53** 2	**54** 2, $3x+1$		**55** ②
56 ⑤	**57** -9	**58** -5		
59 (1) -3 (2) -2 (3) $(x+1)(x-3)$			**60** $3x+4$	
61 ④	**62** $(x-2)(x+5)$		**63** $2(x+1)(x-2)$	
64 $(2x-3)(2x+5)$		**65** ④	**66** ③	**67** ②
68 $10x+4$	**69** $8a+20b$		**70** $12x-4$	
71 $(3a+4)$ m		**72** 60	**73** ④	**74** ③
75 ②	**76** ⑤	**77** ②	**78** ㄱ, ㄴ	**79** ④
80 ②	**81** 20	**82** 7	**83** ⑤	**84** $x-5y$
85 ②	**86** $3(x+1)(x-6)$		**87** $8x+10$	**88** ④
89 $7x+3$	**90** 19	**91** $x+4$	**92** $-(b-c)^3$	
93 4	**94** $\frac{2}{a}$	**95** 19	**96** ①	**97** -5
98 18				

유형 모아 보기 & 완성하기　　　　98~103쪽

01 답 ④

$$x(x+2)(x-1)=\underset{①}{\underline{x}}\times(x+2)(x-1)$$
$$=\underset{②}{\underline{(x+2)}}\times\underset{③}{\underline{x(x-1)}}$$
$$=1\times\underset{⑤}{\underline{x(x+2)(x-1)}}$$

따라서 $x(x+2)(x-1)$의 인수가 아닌 것은 ④이다.

02 답 ⑤

$x^3-5x^2y=x^2(x-5y)$이므로 인수가 아닌 것은 ⑤이다.

03 답 ④

③ $-8x^2+8x-2=-2(4x^2-4x+1)=-2(2x-1)^2$

④ $16x^2-24xy+9y^2=(4x-3y)^2$

따라서 인수분해한 것이 옳지 않은 것은 ④이다.

04 답 84

$x^2-12x+a=x^2-2\times x\times6+a$이므로

$a=6^2=36$

$9x^2+bx+64=(3x\pm8)^2$이므로

$b=\pm2\times3\times8=\pm48$

이때 $b>0$이므로 $b=48$

$\therefore a+b=36+48=84$

05 답 ②

$1<a<3$에서 $a-3<0$, $a-1>0$이므로

$$\sqrt{a^2-6a+9}-\sqrt{a^2-2a+1}=\sqrt{(a-3)^2}-\sqrt{(a-1)^2}$$
$$=-(a-3)-(a-1)$$
$$=-a+3-a+1$$
$$=-2a+4$$

06 답 ⑤

③ $5a^2-20b^2=5(a^2-4b^2)=5(a+2b)(a-2b)$

⑤ $-25x^2+36y^2=36y^2-25x^2=(6y+5x)(6y-5x)$

따라서 인수분해한 것이 옳지 않은 것은 ⑤이다.

07 답 ④

$$a^2(a+3)=\underset{ㄱ}{\underline{a}}\times\underset{ㄹ}{\underline{a(a+3)}}$$
$$=a^2\times\underset{ㄴ}{\underline{(a+3)}}$$
$$=1\times\underset{ㅁ}{\underline{a^2(a+3)}}$$

따라서 $a^2(a+3)$의 인수는 ㄱ, ㄴ, ㄹ, ㅁ이다.

08 답 $3x^2-10x-8$

$(3x+2)(x-4)\xrightarrow[\text{인수분해}]{\text{전개}}3x^2-10x-8$

09 답 ①, ④

② $3x(y-4)=3x\times(y-4)$

③ $3xy(x-y)=3x\times y(x-y)$

⑤ $6x(x-1)(x+5)=3x\times2(x-1)(x+5)$

따라서 $3x$를 인수로 갖지 않는 것은 ①, ④이다.

10 답 ④

$-5a^3x+10a^2y=-5a^2(ax-2y)$이므로 인수가 아닌 것은 ④이다.

11 답 ③

① ㉠의 과정을 인수분해한다고 한다.

② ㉡의 과정을 전개한다고 한다.

④ ㉡의 과정에서 분배법칙이 이용된다.

⑤ $3b$는 $3a+9ab$의 인수가 아니다.

따라서 옳은 것은 ③이다.

12 답 ④

① $4xy+y^2=y(4x+y)$

② $2x^2-6x=2x(x-3)$

③ $4x^3-2x^2y=2x^2(2x-y)$

⑤ $(x+1)y-x(x+1)=(x+1)(y-x)$

따라서 인수분해한 것이 옳은 것은 ④이다.

13 답 ③

$a(x-2y)-b(2y-x)=a(x-2y)+b(x-2y)$
$\qquad\qquad\qquad\qquad\quad =(a+b)(x-2y)$

14 답 $2x-3$

$(x-2)(x+4)-5(x-2)=(x-2)\{(x+4)-5\}$
$\qquad\qquad\qquad\qquad\qquad =(x-2)(x-1)$ $\qquad\cdots$(i)

따라서 두 일차식의 합은

$(x-2)+(x-1)=2x-3$ $\qquad\qquad\qquad\cdots$(ii)

채점 기준	
(i) 주어진 식을 인수분해하기	70%
(ii) 두 일차식의 합 구하기	30%

15 답 ③

③ $8a^2-24a+18=2(4a^2-12a+9)=2(2a-3)^2$

16 답 ②

$\dfrac{1}{4}x^2-3x+9=\left(\dfrac{1}{2}x-3\right)^2$

따라서 $\dfrac{1}{4}x^2-3x+9$의 인수는 ②이다.

17 답 ④

① $4x^2-20x+25=(2x-5)^2$

② $18a^2+12a+2=2(9a^2+6a+1)=2(3a+1)^2$

③ $a^2-\dfrac{2}{3}a+\dfrac{1}{9}=\left(a-\dfrac{1}{3}\right)^2$

⑤ $x^2-12xy+36y^2=(x-6y)^2$

따라서 완전제곱식으로 인수분해할 수 없는 것은 ④이다.

18 답 $3ab(a-b)^2$

$3a^3b-6a^2b^2+3ab^3=3ab(a^2-2ab+b^2)$
$\qquad\qquad\qquad\qquad\quad =3ab(a-b)^2$

19 답 11

$ax^2-30x+b=(3x+c)^2$에서

$ax^2-30x+b=9x^2+6cx+c^2$

따라서 $a=9,\ -30=6c,\ b=c^2$이므로

$a=9,\ c=-5,\ b=(-5)^2=25$

$\therefore -a+b+c=-9+25+(-5)=11$

20 답 8

$25x^2+20x+a=(5x)^2+2\times5x\times2+a$이므로

$a=2^2=4$

또 $4x^2+bxy+\dfrac{1}{4}y^2=\left(2x\pm\dfrac{1}{2}y\right)^2$이므로

$b=\pm2\times2\times\dfrac{1}{2}=\pm2$

이때 $b>0$이므로 $b=2$

$\therefore ab=4\times2=8$

21 답 ④

① $a^2-3a+\square=a^2-2\times a\times\dfrac{3}{2}+\square$이므로

$\quad\square=\left(\dfrac{3}{2}\right)^2=\dfrac{9}{4}$ ⇨ 절댓값은 $\dfrac{9}{4}$

② $\square a^2-4a+1=\square a^2-2\times2a\times1+1^2$이므로

$\quad\square=2^2=4$ ⇨ 절댓값은 4

③ $a^2+ab+\square b^2=a^2+2\times a\times\dfrac{1}{2}b+\square b^2$이므로

$\quad\square=\left(\dfrac{1}{2}\right)^2=\dfrac{1}{4}$ ⇨ 절댓값은 $\dfrac{1}{4}$

④ $9a^2+\square a+1=(3a\pm1)^2$이므로

$\quad\square=\pm2\times3\times1=\pm6$ ⇨ 절댓값은 6

⑤ $\dfrac{1}{16}a^2+\square a+\dfrac{1}{9}=\left(\dfrac{1}{4}a\pm\dfrac{1}{3}\right)^2$이므로

$\quad\square=\pm2\times\dfrac{1}{4}\times\dfrac{1}{3}=\pm\dfrac{1}{6}$ ⇨ 절댓값은 $\dfrac{1}{6}$

따라서 절댓값이 가장 큰 것은 ④이다.

22 답 ①

$9x^2+(5k-6)x+36=(3x\pm6)^2$이므로

$5k-6=\pm2\times3\times6=\pm36$

$5k-6=36$에서 $5k=42$ $\quad\therefore k=\dfrac{42}{5}$

$5k-6=-36$에서 $5k=-30$ $\quad\therefore k=-6$

따라서 모든 k의 값의 합은

$\dfrac{42}{5}+(-6)=\dfrac{12}{5}$

23 답 **1**

$(2x+1)(2x+3)+k=4x^2+8x+3+k$
$\qquad\qquad\qquad=(2x)^2+2\times 2x\times 2+3+k$

이므로 $3+k=2^2$ $\therefore k=1$

24 답 **③**

$-2<x<4$에서 $x-4<0$, $x+2>0$이므로
$\sqrt{x^2-8x+16}-\sqrt{x^2+4x+4}=\sqrt{(x-4)^2}-\sqrt{(x+2)^2}$
$\qquad\qquad\qquad\qquad\qquad\quad=-(x-4)-(x+2)$
$\qquad\qquad\qquad\qquad\qquad\quad=-x+4-x-2$
$\qquad\qquad\qquad\qquad\qquad\quad=-2x+2$

25 답 $\dfrac{5}{2}$

$\dfrac{1}{2}<a<3$에서 $a-\dfrac{1}{2}>0$, $a-3<0$이므로 $\qquad\cdots$(i)

$\sqrt{a^2-a+\dfrac{1}{4}}+\sqrt{a^2-6a+9}=\sqrt{\left(a-\dfrac{1}{2}\right)^2}+\sqrt{(a-3)^2}$ $\quad\cdots$(ii)

$\qquad\qquad\qquad\qquad\qquad\quad=a-\dfrac{1}{2}-(a-3)$

$\qquad\qquad\qquad\qquad\qquad\quad=a-\dfrac{1}{2}-a+3=\dfrac{5}{2}$ $\quad\cdots$(iii)

채점 기준

(i) $a-\dfrac{1}{2}$, $a-3$의 부호 정하기	30%
(ii) 근호 안의 식을 인수분해하기	30%
(iii) 주어진 식 간단히 하기	40%

26 답 **①**

$b<a<0$에서 $a+b<0$, $a-b>0$이므로
$\sqrt{a^2+2ab+b^2}-\sqrt{a^2-2ab+b^2}=\sqrt{(a+b)^2}-\sqrt{(a-b)^2}$
$\qquad\qquad\qquad\qquad\qquad\qquad=-(a+b)-(a-b)$
$\qquad\qquad\qquad\qquad\qquad\qquad=-a-b-a+b$
$\qquad\qquad\qquad\qquad\qquad\qquad=-2a$

27 답 $2a-3$

$\sqrt{x}=a+3$의 양변을 제곱하면 $x=(a+3)^2$
$\therefore \sqrt{x-2a-5}-\sqrt{x-16a+16}$
$\quad=\sqrt{(a+3)^2-2a-5}-\sqrt{(a+3)^2-16a+16}$
$\quad=\sqrt{a^2+6a+9-2a-5}-\sqrt{a^2+6a+9-16a+16}$
$\quad=\sqrt{a^2+4a+4}-\sqrt{a^2-10a+25}$
$\quad=\sqrt{(a+2)^2}-\sqrt{(a-5)^2}$

$-2<a<5$에서 $a+2>0$, $a-5<0$이므로
$\sqrt{(a+2)^2}-\sqrt{(a-5)^2}=(a+2)-\{-(a-5)\}$
$\qquad\qquad\qquad\qquad\quad=a+2+a-5=2a-3$

28 답 **①, ⑤**

① $x^2-49=x^2-7^2=(x+7)(x-7)$
② $64x^2-9=(8x)^2-3^2=(8x+3)(8x-3)$
③ $4x^2-36=4(x^2-3^2)=4(x+3)(x-3)$

④ $\dfrac{1}{4}x^2-\dfrac{1}{9}y^2=\left(\dfrac{1}{2}x\right)^2-\left(\dfrac{1}{3}y\right)^2=\left(\dfrac{1}{2}x+\dfrac{1}{3}y\right)\left(\dfrac{1}{2}x-\dfrac{1}{3}y\right)$
⑤ $25x^2-16y^2=(5x)^2-(4y)^2=(5x+4y)(5x-4y)$

따라서 인수분해한 것이 옳은 것은 ①, ⑤이다.

29 답 **③**

$49x^2-9=(7x)^2-3^2=(7x+3)(7x-3)$
따라서 두 일차식의 합은
$(7x+3)+(7x-3)=14x$

30 답 **⑤**

$x^3-x=x(x^2-1)=x(x+1)(x-1)$
④ $x^2+x=x(x+1)$
따라서 x^3-x의 인수가 아닌 것은 ⑤이다.

31 답 **2**

$-12x^2+27y^2=-3(4x^2-9y^2)$
$\qquad\qquad\qquad=-3\{(2x)^2-(3y)^2\}$
$\qquad\qquad\qquad=-3(2x+3y)(2x-3y)$ $\qquad\cdots$(i)
따라서 $a=-3$, $b=2$, $c=3$이므로 $\qquad\cdots$(ii)
$a+b+c=-3+2+3=2$ $\qquad\cdots$(iii)

채점 기준

(i) 주어진 식의 좌변을 인수분해하기	50%
(ii) a, b, c의 값 구하기	30%
(iii) $a+b+c$의 값 구하기	20%

32 답 **5**

$x^2(y-1)-9(y-1)=(x^2-9)(y-1)$
$\qquad\qquad\qquad\qquad=(x+3)(x-3)(y-1)$
이때 $a>0$이므로 $a=3$, $b=-3$, $c=-1$
$\therefore a-b+c=3-(-3)+(-1)=5$

---

02 다항식의 인수분해 (2)

유형 모아 보기 & 완성하기 104~108쪽

33 답 **④**

$x^2+3xy-18y^2=(x-3y)(x+6y)$

34 답 **8**

$3x^2-x-4=(x+1)(3x-4)$

$\begin{array}{ccc} x & \diagup & 1 \to 3x \\ 3x & \diagup & -4 \to \dfrac{-4x}{-x}\,(+ \end{array}$

따라서 $a=1$, $b=3$, $c=-4$이므로
$a+b-c=1+3-(-4)=8$

35 답 ⑤

① $4x^2-4xy+y^2=(2x)^2-2\times 2x\times y+y^2=(2x-y)^2$

② $-x^2+y^2=-(x^2-y^2)=-(x+y)(x-y)$

③ $x^2-5x-6=(x+1)(x-6)$

④ $3x^2+7x-6=(3x-2)(x+3)$

$$3x \diagdown {-2 \rightarrow -2x} \atop x \diagup {\ 3 \rightarrow \underline{9x}\,(+}$$
$$7x$$

⑤ $12x^2-x-1=(3x-1)(4x+1)$

$$3x \diagdown {-1 \rightarrow -4x} \atop 4x \diagup {\ 1 \rightarrow \underline{3x}\,(+}$$
$$-x$$

따라서 인수분해한 것이 옳은 것은 ⑤이다.

36 답 ①

$x^2-4x+3=(x-1)\underline{(x-3)}$

$2x^2-3x-9=(2x+3)\underline{(x-3)}$

따라서 두 다항식의 공통인 인수는 ①이다.

37 답 (1) -1 (2) $x+3$

(1) x^2-ax-6의 다른 한 인수를 $x+m$ (m은 상수)으로 놓으면

$x^2-ax-6=(x-2)(x+m)$
$\qquad\qquad\quad =x^2+(-2+m)x-2m$

즉, $-a=-2+m$, $-6=-2m$이므로 $m=3$, $a=-1$

(2) 다른 한 인수는 $x+3$이다.

38 답 9

$x^2+x-20=(x-4)(x+5)$

이때 $a>b$이므로 $a=5$, $b=-4$

$\therefore a-b=5-(-4)=9$

39 답 ㄱ, ㄷ

ㄱ. $x^2+2x-15=(x+5)\underline{(x-3)}$

ㄴ. $x^2-6x-7=(x+1)(x-7)$

ㄷ. $x^2-4x+3=\underline{(x-3)}(x-1)$

ㄹ. $3x^2+3x-18=3(x^2+x-6)=3(x+3)(x-2)$

따라서 $x-3$을 인수로 갖는 다항식은 ㄱ, ㄷ이다.

40 답 15

$x^2-7x+a=(x-2)(x-b)$에서

$x^2-7x+a=x^2-(2+b)x+2b$

따라서 $-7=-(2+b)$, $a=2b$이므로

$b=5$, $a=10$ $\quad\therefore a+b=10+5=15$

41 답 ②

$(x+2)(x-5)-8=x^2-3x-10-8$
$\qquad\qquad\qquad\quad =x^2-3x-18=(x+3)(x-6)$

따라서 두 일차식의 합은

$(x+3)+(x-6)=2x-3$

42 답 ⑤

$x^2+Ax-12=(x+a)(x+b)=x^2+(a+b)x+ab$에서

$ab=-12$를 만족시키는 두 정수 a, b의 순서쌍 (a,b)는

$(-12,1)$, $(-6,2)$, $(-4,3)$, $(-3,4)$, $(-2,6)$, $(-1,12)$,

$(1,-12)$, $(2,-6)$, $(3,-4)$, $(4,-3)$, $(6,-2)$, $(12,-1)$

이때 $A=a+b$이므로 A의 값이 될 수 있는 수는

-11, -4, -1, 1, 4, 11

따라서 상수 A의 값이 될 수 없는 것은 ⑤이다.

43 답 6

$2x^2+5xy-3y^2=(x+3y)(2x-y)$

$$x \diagdown {3y \rightarrow 6xy} \atop 2x \diagup {-y \rightarrow \underline{-xy}\,(+}$$
$$5xy$$

따라서 $a=1$, $b=3$, $c=2$이므로

$a+b+c=1+3+2=6$

44 답 ②, ③

$6x^2-7xy+2y^2=(2x-y)(3x-2y)$

$$2x \diagdown {-y \rightarrow -3xy} \atop 3x \diagup {-2y \rightarrow \underline{-4xy}\,(+}$$
$$-7xy$$

따라서 $6x^2-7xy+2y^2$의 인수는 ②, ③이다.

45 답 ②

$2x^2-7x-15=(2x+3)(x-5)$

$$2x \diagdown {3 \rightarrow 3x} \atop x \diagup {-5 \rightarrow \underline{-10x}\,(+}$$
$$-7x$$

따라서 두 일차식의 합은

$(2x+3)+(x-5)=3x-2$

46 답 ①

$3x^2+Ax-20=(3x-4)(x+B)$에서

$3x^2+Ax-20=3x^2+(3B-4)x-4B$

따라서 $A=3B-4$, $-20=-4B$이므로

$B=5$, $A=11$

$\therefore A-B=11-5=6$

47 답 3

$5x^2+(3a-5)x-24=(x-4)(5x+b)$에서

$5x^2+(3a-5)x-24=5x^2+(b-20)x-4b$ $\qquad\cdots$ (i)

따라서 $3a-5=b-20$, $-24=-4b$이므로

$a=-3$, $b=6$ $\qquad\cdots$ (ii)

$\therefore a+b=-3+6=3$ $\qquad\cdots$ (iii)

채점 기준

(i) 인수분해된 식을 전개하기	40%
(ii) a, b의 값 구하기	40%
(iii) $a+b$의 값 구하기	20%

48 답 ③

③ $x^2+x-30=(x-5)(x+6)$

49 답 ⑤

① $x^2+6x+9=(x+\boxed{3})^2$

② $x^2-9=(x-3)(x+\boxed{3})$

③ $x^2-\boxed{3}x-18=(x-6)(x+3)$

④ $2x^2+9x+9=(2x+3)(x+\boxed{3})$

⑤ $6x^2+4xy-10y^2=2(3x^2+2xy-5y^2)$
$\qquad\qquad\qquad =\boxed{2}(x-y)(3x+5y)$

따라서 □ 안에 알맞은 수가 나머지 넷과 다른 하나는 ⑤이다.

50 답 ㄱ, ㄴ, ㅁ

ㄱ. $3x^2+6x=3x(\underline{x+2})$

ㄴ. $x^2-4=(\underline{x+2})(x-2)$

ㄷ. $3x^2-12x+12=3(x^2-4x+4)=3(x-2)^2$

ㄹ. $x^2+8x-20=(x-2)(x+10)$

ㅁ. $3x^2+10x+8=(\underline{x+2})(3x+4)$

따라서 $x+2$를 인수로 갖는 것은 ㄱ, ㄴ, ㅁ이다.

51 답 ⑤

$9x^2-49=(\underline{3x+7})(3x-7)$

$3x^2+4x-7=(\underline{3x+7})(x-1)$

따라서 두 다항식의 공통인 인수는 ⑤이다.

52 답 ④

① $2x^2-2=2(x^2-1)=2(\underline{x+1})(x-1)$

② $x^2+2x+1=(\underline{x+1})^2$

③ $x^2-2x-3=(\underline{x+1})(x-3)$

④ $3x^2+7x+2=(3x+1)(x+2)$

⑤ $7x^2+3x-4=(7x-4)(\underline{x+1})$

따라서 나머지 넷과 일차 이상의 공통인 인수를 갖지 않는 것은 ④이다.

53 답 2

$x^2+3xy+2y^2=(\underline{x+y})(x+2y)$

$x^3y-xy^3=xy(x^2-y^2)=xy(\underline{x+y})(x-y)$ ··· (i)

따라서 두 다항식의 공통인 인수가 $x+y$이므로 ··· (ii)

$a=1,\ b=1$

$\therefore a+b=1+1=2$ ··· (iii)

채점 기준

(i) 두 다항식을 각각 인수분해하기	50%
(ii) 공통인 인수 찾기	30%
(iii) $a+b$의 값 구하기	20%

54 답 2, $3x+1$

$3x^2+7x+a$의 다른 한 인수를 $3x+m$ (m은 상수)으로 놓으면

$3x^2+7x+a=(x+2)(3x+m)$
$\qquad\qquad\quad =3x^2+(m+6)x+2m$

즉, $7=m+6,\ a=2m$이므로

$m=1,\ a=2$

따라서 상수 a의 값은 2이고, 다른 한 인수는 $3x+1$이다.

55 답 ②

$2x^2+ax+b=(2x+1)(x-2)=2x^2-3x-2$

이므로 $a=-3,\ b=-2$

$\therefore a+b=-3+(-2)=-5$

56 답 ⑤

x^2+4x+a의 다른 한 인수를 $x+m$ (m은 상수)으로 놓으면

$x^2+4x+a=(x+3)(x+m)$
$\qquad\qquad =x^2+(3+m)x+3m$

즉, $4=3+m,\ a=3m$이므로 $m=1,\ a=3$

또 $2x^2+bx-9$의 다른 한 인수를 $2x+n$ (n은 상수)으로 놓으면

$2x^2+bx-9=(x+3)(2x+n)$
$\qquad\qquad\quad =2x^2+(n+6)x+3n$

즉, $b=n+6,\ -9=3n$이므로 $n=-3,\ b=3$

$\therefore a+b=3+3=6$

57 답 -9

$4x^2-1=(\underline{2x+1})(2x-1)$

$6x^2-x-2=(\underline{2x+1})(3x-2)$

즉, 위의 두 다항식의 공통인 인수는 $2x+1$이므로 $2x^2+ax-5$도 $2x+1$을 인수로 갖는다.

$2x^2+ax-5$의 다른 한 인수를 $x+m$ (m은 상수)으로 놓으면

$2x^2+ax-5=(2x+1)(x+m)$
$\qquad\qquad\quad =2x^2+(2m+1)x+m$

따라서 $a=2m+1,\ -5=m$이므로

$a=-9$

58 답 -5

$x^2+2x-3=(x-1)(x+3)$이므로 x^2+ax+4는 $x-1$ 또는 $x+3$을 인수로 갖는다.

(i) $x^2+ax+4=(x-1)(x+m)$ (m은 상수)으로 놓으면

$\quad x^2+ax+4=x^2+(-1+m)x-m$

$\quad$ 즉, $a=-1+m,\ 4=-m$이므로 $m=-4,\ a=-5$

(ii) $x^2+ax+4=(x+3)(x+n)$ (n은 상수)으로 놓으면

$\quad x^2+ax+4=x^2+(3+n)x+3n$

$\quad$ 즉, $a=3+n,\ 4=3n$이므로 $n=\dfrac{4}{3},\ a=\dfrac{13}{3}$

(i), (ii)에서 a는 정수이므로 $a=-5$

채점 기준

(i) 처음 이차식의 x의 계수 구하기	30 %
(ii) 처음 이차식의 상수항 구하기	30 %
(iii) 처음 이차식 구하기	10 %
(iv) 처음 이차식을 인수분해하기	30 %

03 다항식의 인수분해의 활용

유형 모아 보기 & 완성하기 109~111쪽

59 답 (1) -3 (2) -2 (3) $(x+1)(x-3)$

(1) 동욱이는 상수항을 제대로 보았으므로
$(x-1)(x+3)=x^2+2x-3$
에서 처음 이차식의 상수항은 -3이다.

(2) 민아는 x의 계수를 제대로 보았으므로
$(x+3)(x-5)=x^2-2x-15$
에서 처음 이차식의 x의 계수는 -2이다.

(3) 처음 이차식은 x^2-2x-3이므로 바르게 인수분해하면
$x^2-2x-3=(x+1)(x-3)$

60 답 $3x+4$

주어진 모든 직사각형의 넓이의 합은
$2x^2+5x+3=(2x+3)(x+1)$
따라서 새로 만든 직사각형의 가로의 길이와 세로의 길이의 합은
$(2x+3)+(x+1)=3x+4$

61 답 ④

$2x^2+9x-5=(x+5)(2x-1)$이고, 세로의 길이가 $x+5$이므로 가로의 길이는 $2x-1$이다.

62 답 $(x-2)(x+5)$

윤아는 상수항을 제대로 보았으므로
$(x+1)(x-10)=x^2-9x-10$
에서 처음 이차식의 상수항은 -10이다. $\therefore B=-10$
신영이는 x의 계수를 제대로 보았으므로
$(x-3)(x+6)=x^2+3x-18$
에서 처음 이차식의 x의 계수는 3이다. $\therefore A=3$
따라서 처음 이차식은 $x^2+3x-10$이므로 바르게 인수분해하면
$x^2+3x-10=(x-2)(x+5)$

63 답 $2(x+1)(x-2)$

수현이는 x의 계수를 제대로 보았으므로
$2(x+3)(x-4)=2(x^2-x-12)$
$=2x^2-2x-24$
에서 처음 이차식의 x의 계수는 -2이다.   … (i)
인성이는 상수항을 제대로 보았으므로
$2(x-1)(x+2)=2(x^2+x-2)$
$=2x^2+2x-4$
에서 처음 이차식의 상수항은 -4이다.   … (ii)
따라서 처음 이차식은 $2x^2-2x-4$이므로   … (iii)
바르게 인수분해하면
$2x^2-2x-4=2(x^2-x-2)$
$=2(x+1)(x-2)$ … (iv)

64 답 $(2x-3)(2x+5)$

소호는 x의 계수와 상수항을 제대로 보았으므로
$(3x-5)(x+3)=3x^2+4x-15$
에서 처음 이차식의 x의 계수는 4, 상수항은 -15이다.
세린이는 x^2의 계수와 x의 계수를 제대로 보았으므로
$(2x+1)^2=4x^2+4x+1$
에서 처음 이차식의 x^2의 계수는 4, x의 계수는 4이다.
따라서 처음 이차식은 $4x^2+4x-15$이므로 바르게 인수분해하면
$4x^2+4x-15=(2x-3)(2x+5)$

65 답 ④

주어진 모든 직사각형의 넓이의 합은
$x^2+6x+8=(x+2)(x+4)$
따라서 새로 만든 직사각형의 둘레의 길이는
$2\times\{(x+2)+(x+4)\}=4x+12$

66 답 ③

[그림 1]의 도형의 넓이는 a^2-b^2
[그림 2]의 도형의 넓이는 $(a+b)(a-b)$
따라서 두 도형의 넓이가 같으므로
$a^2-b^2=(a+b)(a-b)$

67 답 ②

다항식이 정사각형의 넓이를 나타내려면 x에 대한 완전제곱식 꼴이어야 한다.
① $x^2+2x+1=(x+1)^2$
② x^2+3x+9는 완전제곱식으로 인수분해할 수 없다.
③ $x^2+4x+4=(x+2)^2$
④ $x^2+10x+25=(x+5)^2$
⑤ $x^2+12x+36=(x+6)^2$
따라서 주어진 막대들을 여러 개 사용하여 만든 정사각형의 넓이가 될 수 없는 것은 ②이다.

68 답 $10x+4$

$6x^2+5x+1=(2x+1)(3x+1)$이고, 가로의 길이가 $2x+1$이므로 세로의 길이는 $3x+1$이다.
따라서 직사각형의 둘레의 길이는
$2\times\{(2x+1)+(3x+1)\}=10x+4$

69 답 $8a+20b$

$3a^2b+6ab^2=3ab(a+2b)=a\times3b\times(a+2b)$이므로
직육면체의 높이는 $a+2b$이다.
$\therefore$ (모든 모서리의 길이의 합)$=4\times\{a+3b+(a+2b)\}$
$=8a+20b$

70 답 $12x-4$

주어진 삼각형의 밑변의 길이를 a라 하면

$\frac{1}{2} \times a \times (x+2) = 6x^2 + 10x - 4$

$\frac{1}{2}a(x+2) = 2(x+2)(3x-1)$

$\frac{1}{2}a = 2(3x-1)$ ∴ $a = 4(3x-1) = 12x-4$

71 답 $(3a+4)$ m

(확장된 거실의 넓이) $= (6a^2 - a - 2) + (6a - 2)$
$= 6a^2 + 5a - 4$
$= (2a-1)(3a+4)\,(\text{m}^2)$

이때 확장된 거실의 가로의 길이가 $(2a-1)$ m이므로 확장된 거실의 세로의 길이는 $(3a+4)$ m이다.

72 답 60

두 정사각형의 둘레의 길이의 차가 8이므로
$4x - 4y = 8$, $4(x-y) = 8$
∴ $x - y = 2$ ···㉠
두 정사각형의 넓이의 차가 30이므로
$x^2 - y^2 = 30$, $(x+y)(x-y) = 30$
이때 ㉠에서 $x-y=2$이므로
$2(x+y) = 30$ ∴ $x+y = 15$
따라서 두 정사각형의 둘레의 길이의 합은
$4x + 4y = 4(x+y) = 4 \times 15 = 60$

Pick 점검하기   112~114쪽

73 답 ④

$2xy - 4x^2y = 2xy(1-2x)$이므로 인수가 아닌 것은 ④이다.

74 답 ③

$x(y-2) - 2y + 4 = x(y-2) - 2(y-2)$
$= (x-2)(y-2)$

75 답 ②

① $x^2 + 6x + 9 = x^2 + 2 \times x \times 3 + 3^2 = (x+3)^2$
② $2x^2 - 3x + 1 = (2x-1)(x-1)$
③ $4a^2 + 4a + 1 = (2a)^2 + 2 \times 2a \times 1 + 1^2$
$= (2a+1)^2$
④ $9a^2 - 24ab + 16b^2 = (3a)^2 - 2 \times 3a \times 4b + (4b)^2$
$= (3a-4b)^2$
⑤ $\frac{1}{25}x^2 + \frac{2}{5}xy + y^2 = \left(\frac{1}{5}x\right)^2 + 2 \times \frac{1}{5}x \times y + y^2$
$= \left(\frac{1}{5}x + y\right)^2$

따라서 완전제곱식으로 인수분해할 수 없는 것은 ②이다.

76 답 ⑤

① $x^2 - 6x + 9 = x^2 - 2 \times x \times 3 + 3^2 = (x-3)^2$
② $x^2 - 2x + 1 = x^2 - 2 \times x \times 1 + 1^2 = (x-1)^2$
③ $x^2 - \frac{1}{2}x + \frac{1}{16} = x^2 - 2 \times x \times \frac{1}{4} + \left(\frac{1}{4}\right)^2 = \left(x - \frac{1}{4}\right)^2$
④ $x^2 + x + \frac{1}{4} = x^2 + 2 \times x \times \frac{1}{2} + \left(\frac{1}{2}\right)^2 = \left(x + \frac{1}{2}\right)^2$
⑤ $x^2 + 5x + 25$에서 $25 \neq \left(\frac{5}{2}\right)^2$이므로 완전제곱식으로 인수분해되지 않는다.
$\underset{2 \times x \times \frac{5}{2}}{\underline{}}$

따라서 완전제곱식이 되도록 하는 m, n의 값이 아닌 것은 ⑤이다.

만렙비법 $n = \left(\frac{m}{2}\right)^2$을 만족하지 않는 것을 찾는다.

77 답 ②

$(x-1)(4x-3) + k = 4x^2 - 7x + 3 + k$
$= (2x)^2 - 2 \times 2x \times \frac{7}{4} + 3 + k$

이므로 $3 + k = \left(\frac{7}{4}\right)^2$ ∴ $k = \frac{1}{16}$

따라서 $(x-1)(4x-3) + \frac{1}{16} = \left(2x - \frac{7}{4}\right)^2$이므로

$a = 2$, $b = -\frac{7}{4}$

∴ $a + b - k = 2 - \frac{7}{4} - \frac{1}{16} = \frac{3}{16}$

78 답 ㄱ, ㄴ

$A = \sqrt{x^2 + 4x + 4} + \sqrt{x^2 - 6x + 9}$
$= \sqrt{(x+2)^2} + \sqrt{(x-3)^2}$

ㄱ. $x < -2$에서 $x+2 < 0$, $x-3 < 0$이므로
$A = -(x+2) - (x-3)$
$= -x - 2 - x + 3 = -2x + 1$

ㄴ. $-2 \leq x < 3$에서 $x+2 \geq 0$, $x-3 < 0$이므로
$A = (x+2) - (x-3)$
$= x + 2 - x + 3 = 5$

ㄷ. $x > 3$에서 $x+2 > 0$, $x-3 > 0$이므로
$A = (x+2) + (x-3)$
$= 2x - 1$

따라서 옳은 것은 ㄱ, ㄴ이다.

79 답 ④

$x^8 - 1 = (x^4+1)(x^4-1)$
$= (x^4+1)(x^2+1)(x^2-1)$
$= (x^4+1)(x^2+1)(x+1)(x-1)$

따라서 $x^8 - 1$의 인수가 아닌 것은 ④이다.

80 답 ②

$x^2 + 3x - 28 = (x-4)(x+7)$
따라서 두 일차식의 합은
$(x-4) + (x+7) = 2x + 3$

81 답 20

$x^2-11x+k=(x-a)(x-b)=x^2-(a+b)x+ab$에서

$-(a+b)=-11$, 즉 $a+b=11$이고, a, b는 자연수이므로 이를 만족시키는 순서쌍 (a, b)는

$(1, 10)$, $(2, 9)$, $(3, 8)$, $(4, 7)$, $(5, 6)$, $(6, 5)$, $(7, 4)$, $(8, 3)$, $(9, 2)$, $(10, 1)$

이때 $k=ab$이므로 k의 값이 될 수 있는 수는

10, 18, 24, 28, 30

따라서 k의 값 중 가장 큰 수는 30, 가장 작은 수는 10이므로 구하는 차는

$30-10=20$

82 답 7

$3x^2-axy+8y^2=(3x+by)(cx-2y)$에서

$3x^2-axy+8y^2=3cx^2+(-6+bc)xy-2by^2$

즉, $3=3c$, $-a=-6+bc$, $8=-2b$이므로

$a=10$, $b=-4$, $c=1$

$\therefore a+b+c=10+(-4)+1=7$

83 답 ⑤

⑤ $-3x^2+12y^2=-3(x^2-4y^2)=-3(x+2y)(x-2y)$

84 답 $x-5y$

$2xy-10y^2=2y(\underline{x-5y})$

$4x^2-17xy-15y^2=(4x+3y)(\underline{x-5y})$

따라서 두 다항식의 1이 아닌 공통인 인수는 $x-5y$이다.

85 답 ②

$2x^2+ax-6$이 $x-3$으로 나누어떨어지므로 $x-3$을 인수로 갖는다.

$2x^2+ax-6$의 다른 한 인수를 $2x+m$(m은 상수)으로 놓으면

$2x^2+ax-6=(x-3)(2x+m)$
$\qquad\qquad\quad =2x^2+(m-6)x-3m$

즉, $a=m-6$, $-6=-3m$이므로

$m=2$, $a=-4$

86 답 $3(x+1)(x-6)$

민혁이는 상수항을 제대로 보았으므로

$3(x-2)(x+3)=3(x^2+x-6)$
$\qquad\qquad\qquad =3x^2+3x-18$

에서 처음 이차식의 상수항은 -18이다.

준호는 x의 계수를 제대로 보았으므로

$3(x-2)(x-3)=3(x^2-5x+6)$
$\qquad\qquad\qquad =3x^2-15x+18$

에서 처음 이차식의 x의 계수는 -15이다.

따라서 처음 이차식은 $3x^2-15x-18$이므로 바르게 인수분해하면

$3x^2-15x-18=3(x^2-5x-6)$
$\qquad\qquad\qquad\quad =3(x+1)(x-6)$

87 답 $8x+10$

주어진 모든 직사각형의 넓이의 합은

$3x^2+7x+4=(3x+4)(x+1)$

따라서 새로 만든 직사각형의 둘레의 길이는

$2\times\{(3x+4)+(x+1)\}=8x+10$

88 답 ④

주어진 사다리꼴의 높이를 h라 하면 사다리꼴의 넓이가

$5x^2+23x+12$이므로

$\dfrac{1}{2}\times\{(x+3)+(x+5)\}\times h=5x^2+23x+12$

$\dfrac{1}{2}(2x+8)h=(x+4)(5x+3)$

$(x+4)h=(x+4)(5x+3)$

$\therefore h=5x+3$

따라서 사다리꼴의 높이는 $5x+3$이다.

89 답 $7x+3$

$(3x+1)(2x-3)-7=(6x^2-7x-3)-7$
$\qquad\qquad\qquad\qquad\quad =6x^2-7x-10$
$\qquad\qquad\qquad\qquad\quad =(x-2)(6x+5) \qquad\qquad \cdots\text{(i)}$

따라서 두 일차식은 $x-2$, $6x+5$이므로 $\qquad\qquad \cdots\text{(ii)}$

두 일차식의 합은

$(x-2)+(6x+5)=7x+3 \qquad\qquad\qquad\qquad \cdots\text{(iii)}$

채점 기준

(i) 주어진 식을 인수분해하기	60 %
(ii) 두 일차식 구하기	20 %
(iii) 두 일차식의 합 구하기	20 %

90 답 19

$x^2+ax+20$의 다른 한 인수를 $x+m$(m은 상수)으로 놓으면

$x^2+ax+20=(x-4)(x+m)$
$\qquad\qquad\quad =x^2+(-4+m)x-4m$

즉, $a=-4+m$, $20=-4m$이므로 $m=-5$, $a=-9$ $\quad \cdots\text{(i)}$

$5x^2-13x-b$의 다른 한 인수를 $5x+n$(n은 상수)으로 놓으면

$5x^2-13x-b=(x-4)(5x+n)$
$\qquad\qquad\qquad =5x^2+(n-20)x-4n$

즉, $-13=n-20$, $-b=-4n$이므로 $n=7$, $b=28$ $\quad \cdots\text{(ii)}$

$\therefore a+b=-9+28=19 \qquad\qquad\qquad\qquad\qquad \cdots\text{(iii)}$

채점 기준

(i) a의 값 구하기	40 %
(ii) b의 값 구하기	40 %
(iii) $a+b$의 값 구하기	20 %

91 답 $x+4$

$x^2+8x+12=(x+6)(x+2)$에서 직사각형 ㉮의 가로의 길이가

$x+6$이므로 세로의 길이는 $x+2$이다. $\qquad\qquad\qquad \cdots\text{(i)}$

즉, 직사각형 ㉮의 둘레의 길이는

$2\times\{(x+6)+(x+2)\}=4x+16 \qquad\qquad\qquad\quad \cdots\text{(ii)}$

이때 두 직사각형 ㈎, ㈏의 둘레의 길이가 서로 같고 직사각형 ㈏는
네 변의 길이가 모두 같으므로 직사각형 ㈏의 한 변의 길이는

$(4x+16) \div 4 = x+4$ … (iii)

채점 기준

채점 기준	
(i) 직사각형 ㈎의 세로의 길이 구하기	50%
(ii) 직사각형 ㈎의 둘레의 길이 구하기	30%
(iii) 직사각형 ㈏의 한 변의 길이 구하기	20%

만점 문제 뛰어넘기

115쪽

92 답 $-(b-c)^3$

$(a-b)(b-c)^2 - (c-b)^2(a-c)$
$= (a-b)(b-c)^2 - \{-(b-c)\}^2(a-c)$
$= (a-b)(b-c)^2 - (b-c)^2(a-c)$
$= (b-c)^2\{(a-b)-(a-c)\}$
$= (b-c)^2(-b+c)$
$= -(b-c)^3$

93 답 4

$(x^2-7ax+2b)+(ax+b) = x^2-6ax+3b$
$ = x^2-2\times x\times \underbrace{3a+3b}_{\text{제곱}}$

이 식이 완전제곱식이 되려면 $3b=(3a)^2$, 즉 $b=3a^2$이어야 하므로
이를 만족시키는 50 이하의 자연수 a, b의 순서쌍 (a, b)는
$(1, 3)$, $(2, 12)$, $(3, 27)$, $(4, 48)$의 4개이다.

94 답 $\dfrac{2}{a}$

$0<a<1$에서 $\dfrac{1}{a}>1$이므로 $0<a<\dfrac{1}{a}$

즉, $a-\dfrac{1}{a}<0$, $a+\dfrac{1}{a}>0$이므로

$\sqrt{\left(a+\dfrac{1}{a}\right)^2-4} + \sqrt{\left(a-\dfrac{1}{a}\right)^2+4}$

$= \sqrt{a^2+2+\dfrac{1}{a^2}-4} + \sqrt{a^2-2+\dfrac{1}{a^2}+4}$

$= \sqrt{\left(a-\dfrac{1}{a}\right)^2} + \sqrt{\left(a+\dfrac{1}{a}\right)^2}$

$= -\left(a-\dfrac{1}{a}\right) + \left(a+\dfrac{1}{a}\right)$

$= -a+\dfrac{1}{a}+a+\dfrac{1}{a} = \dfrac{2}{a}$

95 답 19

$n^2-10n-56 = (n+4)(n-14)$이고 자연수 n에 대하여 이 식의
값이 소수가 되려면 $n+4$, $n-14$의 값 중 하나는 1이어야 한다.
그런데 $n-14<n+4$이므로 $n-14=1$ ∴ $n=15$

따라서 구하는 소수는

$n^2-10n-56 = (n+4)(n-14) = (15+4)(15-14) = 19$

참고 두 자연수 A, B에 대하여 $AB=$(소수)이려면
      ⇨ $A=1$ 또는 $B=1$

96 답 ①

두 정수 a, $b\,(a>b)$에 대하여
$x^2-6x-n = (x+a)(x+b) = x^2+(a+b)x+ab$라 하면
$a+b=-6$, $ab=-n$
이때 $10 \le n \le 99$이므로 $-99 \le -n \le -10$
∴ $-99 \le ab \le -10$
즉, a와 b는 서로 다른 부호이고, $a>b$이므로 $a>0$, $b<0$
합이 -6이고 $-99 \le ab \le -10$을 만족시키는 $a>0$, $b<0$인 두 정
수 a, b의 순서쌍 (a, b)를 구하면
$(2, -8)$, $(3, -9)$, $(4, -10)$, $(5, -11)$, $(6, -12)$, $(7, -13)$
따라서 두 자리의 자연수 n은 16, 27, 40, 55, 72, 91의 6개이다.

97 답 -5

$16a^2-40a+25 = (4a-5)^2$이므로 이 정사각형의 한 변의 길이는
$4a-5$ 또는 $-4a+5$이다.
이때 정사각형의 둘레의 길이가 100이므로
(i) 정사각형의 한 변의 길이가 $4a-5$일 때,
    $4(4a-5)=100$, $4a-5=25$
    $4a=30$ ∴ $a=\dfrac{15}{2}$
(ii) 정사각형의 한 변의 길이가 $-4a+5$일 때,
    $4(-4a+5)=100$, $-4a+5=25$
    $-4a=20$ ∴ $a=-5$
(i), (ii)에서 a는 정수이므로 $a=-5$

98 답 18

$5=1\times 5=(-1)\times(-5)$이고,
$-2=1\times(-2)=(-1)\times 2$이므로 정수 k의 값을 모두 구하면

$$
\begin{array}{ccc}
1 & \diagdown 1 \to & 5 \\
5 & \diagdown {-2} \to + & \underline{)\,-2} \\
& & 3
\end{array}
\qquad
\begin{array}{ccc}
1 & \diagdown {-2} \to & -10 \\
5 & \diagdown 1 \to + & \underline{)\,1} \\
& & -9
\end{array}
$$

$$
\begin{array}{ccc}
1 & \diagdown {-1} \to & -5 \\
5 & \diagdown 2 \to + & \underline{)\,2} \\
& & -3
\end{array}
\qquad
\begin{array}{ccc}
1 & \diagdown 2 \to & 10 \\
5 & \diagdown {-1} \to + & \underline{)\,-1} \\
& & 9
\end{array}
$$

$$
\begin{array}{ccc}
-1 & \diagdown 1 \to & -5 \\
-5 & \diagdown {-2} \to + & \underline{)\,2} \\
& & -3
\end{array}
\qquad
\begin{array}{ccc}
-1 & \diagdown {-2} \to & 10 \\
-5 & \diagdown 1 \to + & \underline{)\,-1} \\
& & 9
\end{array}
$$

$$
\begin{array}{ccc}
-1 & \diagdown {-1} \to & 5 \\
-5 & \diagdown 2 \to + & \underline{)\,-2} \\
& & 3
\end{array}
\qquad
\begin{array}{ccc}
-1 & \diagdown 2 \to & -10 \\
-5 & \diagdown {-1} \to + & \underline{)\,1} \\
& & -9
\end{array}
$$

따라서 정수 k의 값 중 가장 큰 수는 9이고, 가장 작은 수는 -9이므
로 구하는 차는
$9-(-9)=18$

6 여러 가지 인수분해

01 복잡한 식의 인수분해 (1)

유형 모아 보기 & 완성하기 118~120쪽

01 답 ②

$x-4=A$로 놓으면
$$
\begin{aligned}
(x-4)^2+3(x-4)-10 &= A^2+3A-10 \\
&= (A+5)(A-2) \\
&= (x-4+5)(x-4-2) \\
&= (x+1)(x-6)
\end{aligned}
$$
따라서 $a=1$, $b=-6$이므로
$$a+b=1+(-6)=-5$$

02 답 ②

$2x+y=A$로 놓으면
$$
\begin{aligned}
(2x+y)(2x+y-1)-6 &= A(A-1)-6 \\
&= A^2-A-6 \\
&= (A+2)(A-3) \\
&= (2x+y+2)(2x+y-3)
\end{aligned}
$$

03 답 ④

$a-1=A$, $b-1=B$로 놓으면
$$
\begin{aligned}
(a-1)^2-(b-1)^2 &= A^2-B^2 \\
&= (A+B)(A-B) \\
&= \{(a-1)+(b-1)\}\{(a-1)-(b-1)\} \\
&= (a+b-2)(a-b)
\end{aligned}
$$

04 답 ④

$x-2=A$로 놓으면
$$
\begin{aligned}
(x-2)^2-2(x-2)-24 &= A^2-2A-24 \\
&= (A+4)(A-6) \\
&= (x-2+4)(x-2-6) \\
&= (x+2)(x-8)
\end{aligned}
$$

05 답 $2(x-2)(4x-1)$

$2x-1=A$로 놓으면
$$
\begin{aligned}
2(2x-1)^2-5(2x-1)-3 &= 2A^2-5A-3 \\
&= (A-3)(2A+1) \\
&= (2x-1-3)\{2(2x-1)+1\} \\
&= (2x-4)(4x-2+1) \\
&= (2x-4)(4x-1) \\
&= 2(x-2)(4x-1)
\end{aligned}
$$

06 답 -2

$2(x-4y)^2+12x-48y+18=2(x-4y)^2+12(x-4y)+18$에서
$x-4y=A$로 놓으면
$$
\begin{aligned}
2(x-4y)^2+12(x-4y)+18 &= 2A^2+12A+18 \qquad &\cdots\text{(i)} \\
&= 2(A^2+6A+9) \\
&= 2(A+3)^2 \qquad &\cdots\text{(ii)} \\
&= 2(x-4y+3)^2 \qquad &\cdots\text{(iii)}
\end{aligned}
$$

따라서 $a=2$, $b=-4$이므로

$a+b=2+(-4)=-2$ $\cdots$ (iv)

채점 기준

(i) 공통부분을 한 문자로 놓기	30%
(ii) 인수분해하기	30%
(iii) 문자에 식을 대입하여 정리하기	20%
(iv) $a+b$의 값 구하기	20%

07 답 ⑤

$x^2-2x=A$로 놓으면

$(x^2-2x)^2-11(x^2-2x)+24=A^2-11A+24$

$\qquad\qquad\qquad\qquad\qquad=(A-3)(A-8)$

$\qquad\qquad\qquad\qquad\qquad=(x^2-2x-3)(x^2-2x-8)$

$\qquad\qquad\qquad\qquad\qquad=(x+1)(x-3)(x+2)(x-4)$

따라서 주어진 식의 인수가 아닌 것은 ⑤이다.

08 답 ⑤

$a+b=A$로 놓으면

$(a+b)(a+b+5)-6=A(A+5)-6$

$\qquad\qquad\qquad\qquad=A^2+5A-6$

$\qquad\qquad\qquad\qquad=(A-1)(A+6)$

$\qquad\qquad\qquad\qquad=(a+b-1)(a+b+6)$

09 답 ④

$3a+b=A$로 놓으면

$(3a+b)^2+4(3a+b-2)+12=A^2+4(A-2)+12$

$\qquad\qquad\qquad\qquad\qquad\qquad=A^2+4A+4=(A+2)^2$

$\qquad\qquad\qquad\qquad\qquad\qquad=(3a+b+2)^2$

따라서 주어진 식의 인수인 것은 ④이다.

10 답 ①

$x-2y=A$로 놓으면

$(x-2y)(x-2y+1)-12=A(A+1)-12$

$\qquad\qquad\qquad\qquad\qquad=A^2+A-12$

$\qquad\qquad\qquad\qquad\qquad=(A+4)(A-3)$

$\qquad\qquad\qquad\qquad\qquad=(x-2y+4)(x-2y-3)$

따라서 $a=-2$, $b=4$, $c=-2$, $d=-3$ 또는

$a=-2$, $b=-3$, $c=-2$, $d=4$이므로

$a+b+c+d=-3$

11 답 $(2x-1)(x+1)(2x-5)(x+3)$

$2x^2+x=A$로 놓으면

$(2x^2+x-3)(2x^2+x-13)-24$

$=(A-3)(A-13)-24$

$=A^2-16A+15$

$=(A-1)(A-15)$

$=(2x^2+x-1)(2x^2+x-15)$

$=(2x-1)(x+1)(2x-5)(x+3)$

12 답 ④

$2x+1=A$, $x-2=B$로 놓으면

$(2x+1)^2-(x-2)^2$

$=A^2-B^2=(A+B)(A-B)$

$=\{(2x+1)+(x-2)\}\{(2x+1)-(x-2)\}$

$=(3x-1)(x+3)$

따라서 $a=-1$, $b=3$이므로

$a+b=-1+3=2$

13 답 ④

$3x-1=A$, $y+1=B$로 놓으면

$(3x-1)^2-4(y+1)^2$

$=A^2-4B^2=A^2-(2B)^2=(A+2B)(A-2B)$

$=\{(3x-1)+2(y+1)\}\{(3x-1)-2(y+1)\}$

$=(3x+2y+1)(3x-2y-3)$

14 답 $-4(x-7)$

$x+1=A$, $x-3=B$로 놓으면

$(x+1)^2-3(x+1)(x-3)+2(x-3)^2$

$=A^2-3AB+2B^2$

$=(A-B)(A-2B)$

$=\{(x+1)-(x-3)\}\{(x+1)-2(x-3)\}$

$=4(-x+7)=-4(x-7)$

15 답 10

$3x+y=A$, $x-y=B$로 놓으면

$2(3x+y)^2+(3x+y)(x-y)-3(x-y)^2$

$=2A^2+AB-3B^2=(2A+3B)(A-B)$

$=\{2(3x+y)+3(x-y)\}\{(3x+y)-(x-y)\}$

$=(9x-y)(2x+2y)=2(9x-y)(x+y)$

따라서 $a=2$, $b=9$, $c=1$이므로

$a+b-c=2+9-1=10$

02 복잡한 식의 인수분해 (2)

유형 모아 보기 & 완성하기   121~123쪽

16 답 $(x-2)(x+3)(x^2+x-8)$

$(x-1)(x-3)(x+2)(x+4)+24$

$=\{(x-1)(x+2)\}\{(x-3)(x+4)\}+24$

$=\underset{A}{(\underline{x^2+x}-2)}\,\underset{A}{(\underline{x^2+x}-12)}+24$

$=(A-2)(A-12)+24$

$=A^2-14A+48=(A-6)(A-8)$

$=(x^2+x-6)(x^2+x-8)$

$=(x-2)(x+3)(x^2+x-8)$

17 답 $(x+1)(x-1)(y+1)$

$x^2y+x^2-y-1=x^2(y+1)-(y+1)$
$=(x^2-1)(y+1)$
$=(x+1)(x-1)(y+1)$

18 답 1

$x^2+2xy+y^2-16=(x^2+2xy+y^2)-16$
$=(x+y)^2-4^2$
$=(x+y+4)(x+y-4)$
따라서 $a=1$, $b=4$, $c=-4$이므로
$a+b+c=1+4+(-4)=1$

19 답 ③

x, y 중 차수가 낮은 y에 대하여 내림차순으로 정리하면
$x^2-xy-4x+2y+4=(-x+2)y+(x^2-4x+4)$
$=-(x-2)y+(x-2)^2$
$=(x-2)(x-y-2)$

20 답 ④

$x(x+2)(x+3)(x+5)-7$
$=\{x(x+5)\}\{(x+2)(x+3)\}-7$
$=(\underset{A}{\underline{x^2+5x}})(\underset{A}{\underline{x^2+5x}}+6)-7$
$=A(A+6)-7$
$=A^2+6A-7=(A-1)(A+7)$
$=(x^2+5x-1)(x^2+5x+7)$

21 답 ②, ④

$(x-1)(x+1)(x-2)(x+2)-40$
$=\{(x-1)(x+1)\}\{(x-2)(x+2)\}-40$
$=(\underset{A}{\underline{x^2-1}})(\underset{A}{\underline{x^2-4}})-40$
$=(A-1)(A-4)-40$
$=A^2-5A-36=(A-9)(A+4)$
$=(x^2-9)(x^2+4)$
$=(x+3)(x-3)(x^2+4)$
따라서 주어진 식의 인수가 아닌 것은 ②, ④이다.

22 답 -10

$(x+1)(x+2)(x-4)(x-5)+9$
$=\{(x+1)(x-4)\}\{(x+2)(x-5)\}+9$
$=(\underset{A}{\underline{x^2-3x-4}})(\underset{A}{\underline{x^2-3x-10}})+9$
$=(A-4)(A-10)+9$
$=A^2-14A+49$
$=(A-7)^2$
$=(x^2-3x-7)^2$
따라서 $a=-3$, $b=-7$이므로
$a+b=-3+(-7)=-10$

23 답 ②

$a^2b-a^2-9b+9=a^2(b-1)-9(b-1)$
$=(a^2-9)(b-1)$
$=(a+3)(a-3)(b-1)$
따라서 주어진 식의 인수인 것은 ㄱ, ㄴ, ㅁ이다.

24 답 ①

$xy-3x-2y+6=x(y-3)-2(y-3)$
$=(x-2)(y-3)$

25 답 $3x+3$

$x^3+3x^2-4x-12=x^2(x+3)-4(x+3)$
$=(x^2-4)(x+3)$
$=(x+2)(x-2)(x+3)$
따라서 세 일차식의 합은
$(x+2)+(x-2)+(x+3)=3x+3$

26 답 ③

$ab-a-b+1=a(b-1)-(b-1)$
$=(\underline{a-1})(b-1)$
$a^2-ab-a+b=a(a-b)-(a-b)$
$=(\underline{a-1})(a-b)$
따라서 두 다항식의 공통인 인수는 ③이다.

27 답 ①

$x^2+4x-9y^2+4=(x^2+4x+4)-9y^2$
$=(x+2)^2-(3y)^2$
$=(x+2+3y)(x+2-3y)$
$=(x+3y+2)(x-3y+2)$

28 답 ①, ④

$x^2-y^2+12y-36=x^2-(y^2-12y+36)$
$=x^2-(y-6)^2$
$=(x+y-6)(x-y+6)$
따라서 주어진 식의 인수는 ①, ④이다.

29 답 9

$25-x^2+6xy-9y^2=25-(x^2-6xy+9y^2)$
$=5^2-(x-3y)^2$
$=(5+x-3y)(5-x+3y)$ ⋯ (i)
따라서 $a=5$, $b=1$, $c=3$이므로 ⋯ (ii)
$a+b+c=5+1+3=9$ ⋯ (iii)

채점 기준

(i) 주어진 식을 인수분해하기	60%
(ii) a, b, c의 값 구하기	30%
(iii) $a+b+c$의 값 구하기	10%

30 답 -1

$$x^2+4y^2-1-4xy=(x^2-4xy+4y^2)-1$$
$$=(x-2y)^2-1^2$$
$$=\underline{(x-2y+1)}(x-2y-1)$$
$$(x-2y)^2+(2y-x)-2=\underset{A}{(\underline{x-2y})^2}-\underset{A}{(\underline{x-2y})}-2$$
$$=A^2-A-2$$
$$=(A+1)(A-2)$$
$$=(x-2y+1)(x-2y-2)$$

따라서 두 다항식의 공통인 인수는 $x-2y+1$이므로
$a=-2$, $b=1$
$\therefore a+b=-2+1=-1$

31 답 $x-1$

x, y 중 차수가 낮은 y에 대하여 내림차순으로 정리하면
$$x^2+5xy+2x-5y-3=(5x-5)y+(x^2+2x-3)$$
$$=5(x-1)y+(x-1)(x+3)$$
$$=(x-1)(x+5y+3)$$
$$\therefore A=x-1$$

32 답 ①, ④

x, y 중 차수가 낮은 y에 대하여 내림차순으로 정리하면
$$x^2+xy-4x-2y+4=(x-2)y+(x^2-4x+4)$$
$$=(x-2)y+(x-2)^2$$
$$=(x-2)(x+y-2)$$

따라서 주어진 식의 인수는 ①, ④이다.

33 답 $2x-4$

x에 대하여 내림차순으로 정리하면
$$x^2-y^2-4x-6y-5$$
$$=x^2-4x-(y^2+6y+5)$$
$$=x^2-4x-(y+1)(y+5)$$

$$
\begin{array}{ccc}
x & \diagdown & y+1 \to (y+1)x \\
x & \diagup & -(y+5) \to \dfrac{-(y+5)x}{-4x}\,(+
\end{array}
$$

$$=(x+y+1)(x-y-5)$$

따라서 두 일차식의 합은
$$(x+y+1)+(x-y-5)=2x-4$$

34 답 $(x+y+1)(x+y-3)$

x에 대하여 내림차순으로 정리하면
$$x^2-2x+2xy+y^2-2y-3$$
$$=x^2+(2y-2)x+(y^2-2y-3)$$
$$=x^2+(2y-2)x+(y+1)(y-3)$$

$$
\begin{array}{ccc}
x & & y+1 \to (y+1)x \\
x & & y-3 \to \dfrac{(y-3)x}{(2y-2)x}\,(+
\end{array}
$$

$$=(x+y+1)(x+y-3)$$

인수분해 공식의 활용

유형 모아 보기 & 완성하기　　　124~127쪽

35 답 10000

$$54^2+2\times54\times46+46^2=(54+46)^2$$
$$=100^2=10000$$

36 답 -55

$$1^2-2^2+3^2-4^2+5^2-6^2+7^2-8^2+9^2-10^2$$
$$=(1^2-2^2)+(3^2-4^2)+(5^2-6^2)+(7^2-8^2)+(9^2-10^2)$$
$$=(1+2)(1-2)+(3+4)(3-4)+(5+6)(5-6)$$
$$\quad+(7+8)(7-8)+(9+10)(9-10)$$
$$=-(1+2)-(3+4)-(5+6)-(7+8)-(9+10)$$
$$=-(1+2+3+4+5+6+7+8+9+10)$$
$$=-55$$

37 답 $8\sqrt{3}$

$x+y=(2+\sqrt{3})+(2-\sqrt{3})=4$,
$x-y=(2+\sqrt{3})-(2-\sqrt{3})=2\sqrt{3}$이므로
$$x^2-y^2=(x+y)(x-y)=4\times2\sqrt{3}=8\sqrt{3}$$

38 답 $2\sqrt{3}+2$

$$x^2-y^2+4y-4=x^2-(y^2-4y+4)$$
$$=x^2-(y-2)^2$$
$$=(x+y-2)(x-y+2)$$
$$=(3-2)\times(2\sqrt{3}+2)=2\sqrt{3}+2$$

39 답 $x+8$

주어진 나무 판자의 넓이는
$$(x+6)^2-2^2=(x+6+2)(x+6-2)$$
$$=(x+8)(x+4)$$
이때 주어진 나무 판자와 넓이가 같은 직사각형의 세로의 길이가
$x+4$이므로 가로의 길이는 $x+8$이다.

40 답 1600

$$64^2-48\times64+24^2=64^2-2\times64\times24+24^2$$
$$=(64-24)^2$$
$$=40^2=1600$$

41 답 ①, ③

$$15\times4.5^2-15\times0.5^2=15\times(4.5^2-0.5^2) \longrightarrow ma+mb=m(a+b)$$
$$=15\times(4.5+0.5)\times(4.5-0.5) \longrightarrow a^2-b^2$$
$$=15\times5\times4=300 \qquad\qquad {\scriptstyle =(a+b)(a-b)}$$

따라서 주어진 식을 계산하는 데 이용되는 가장 편리한 인수분해 공
식은 ①, ③이다.

6. 여러 가지 인수분해　　**57**

42 답 **7**

$$\frac{1972\times8+6\times1972}{987^2-985^2}=\frac{1972\times(8+6)}{(987+985)(987-985)}$$
$$=\frac{1972\times14}{1972\times2}=7$$

43 답 **2600**

$$A=53.5^2-7\times53.5+3.5^2$$
$$=53.5^2-2\times53.5\times3.5+3.5^2$$
$$=(53.5-3.5)^2$$
$$=50^2=2500 \qquad\cdots(i)$$
$$B=\sqrt{101^2-202+1}$$
$$=\sqrt{101^2-2\times101\times1+1^2}$$
$$=\sqrt{(101-1)^2}$$
$$=\sqrt{100^2}$$
$$=100 \qquad\cdots(ii)$$
$$\therefore\ A+B=2500+100=2600 \qquad\cdots(iii)$$

채점 기준

(i) A의 값 구하기	40%
(ii) B의 값 구하기	40%
(iii) $A+B$의 값 구하기	20%

44 답 **2023**

$$2021\times2025+4=2021\times(2021+4)+4$$
$$=2021^2+4\times2021+4$$
$$=2021^2+2\times2021\times2+2^2$$
$$=(2021+2)^2$$
$$=2023^2$$

따라서 $2021\times2025+4$는 2023^2과 같으므로 구하는 자연수는 2023 이다.

45 답 **460**

$$6^2-4^2+11^2-9^2+101^2-99^2$$
$$=(6^2-4^2)+(11^2-9^2)+(101^2-99^2)$$
$$=(6+4)(6-4)+(11+9)(11-9)+(101+99)(101-99)$$
$$=10\times2+20\times2+200\times2$$
$$=20+40+400=460$$

46 답 $\dfrac{21}{40}$

$$\left(1-\frac{1}{2^2}\right)\left(1-\frac{1}{3^2}\right)\left(1-\frac{1}{4^2}\right)\times\cdots\times\left(1-\frac{1}{20^2}\right)$$
$$=\left(1-\frac{1}{2}\right)\left(1+\frac{1}{2}\right)\left(1-\frac{1}{3}\right)\left(1+\frac{1}{3}\right)\left(1-\frac{1}{4}\right)\left(1+\frac{1}{4}\right)$$
$$\times\cdots\times\left(1-\frac{1}{19}\right)\left(1+\frac{1}{19}\right)\left(1-\frac{1}{20}\right)\left(1+\frac{1}{20}\right)$$
$$=\frac{1}{2}\times\frac{3}{2}\times\frac{2}{3}\times\frac{4}{3}\times\frac{3}{4}\times\frac{5}{4}\times\cdots\times\frac{18}{19}\times\frac{20}{19}\times\frac{19}{20}\times\frac{21}{20}$$
$$=\frac{1}{2}\times\frac{21}{20}=\frac{21}{40}$$

47 답 ④

$$xy=(\sqrt5+\sqrt3)(\sqrt5-\sqrt3)=5-3=2,$$
$$x+y=(\sqrt5+\sqrt3)+(\sqrt5-\sqrt3)=2\sqrt5$$
이므로
$$x^2y+xy^2=xy(x+y)=2\times2\sqrt5=4\sqrt5$$

48 답 ④

$$x^2+3x+2=(x+1)(x+2)=(\sqrt6-1+1)(\sqrt6-1+2)$$
$$=\sqrt6(\sqrt6+1)=6+\sqrt6$$

49 답 ①

$$\frac{3x-6y}{x^2-4xy+4y^2}=\frac{3(x-2y)}{(x-2y)^2}=\frac{3}{x-2y}$$
$$=\frac{3}{(3\sqrt2+1)-2(3\sqrt2-1)}$$
$$=\frac{1}{1-\sqrt2}=\frac{1+\sqrt2}{(1-\sqrt2)(1+\sqrt2)}$$
$$=-1-\sqrt2$$

50 답 $4\sqrt2$

$$x=\frac{1}{\sqrt2+1}=\frac{\sqrt2-1}{(\sqrt2+1)(\sqrt2-1)}=\sqrt2-1$$
$$y=\frac{1}{\sqrt2-1}=\frac{\sqrt2+1}{(\sqrt2-1)(\sqrt2+1)}=\sqrt2+1$$
따라서
$$x+y=(\sqrt2-1)+(\sqrt2+1)=2\sqrt2,$$
$$xy=(\sqrt2-1)(\sqrt2+1)=1$$
이므로
$$x^2y+xy^2+x+y=xy(x+y)+(x+y)$$
$$=(x+y)(xy+1)$$
$$=2\sqrt2\times(1+1)=4\sqrt2$$

51 답 $12-12\sqrt5$

$$x=\frac{1}{\sqrt5+2}=\frac{\sqrt5-2}{(\sqrt5+2)(\sqrt5-2)}=\sqrt5-2,$$
$$y=\frac{1}{\sqrt5-2}=\frac{\sqrt5+2}{(\sqrt5-2)(\sqrt5+2)}=\sqrt5+2$$
따라서
$$x+y=(\sqrt5-2)+(\sqrt5+2)=2\sqrt5,$$
$$x-y=(\sqrt5-2)-(\sqrt5+2)=-4$$
이므로
$$x^2-y^2-4x+4=(x^2-4x+4)-y^2$$
$$=(x-2)^2-y^2$$
$$=(x+y-2)(x-y-2)$$
$$=(2\sqrt5-2)(-4-2)$$
$$=12-12\sqrt5$$

52 답 3

$1<\sqrt{3}<2$이므로 $\sqrt{3}$의 소수 부분은 $x=\sqrt{3}-1$ ┄ (i)

$x+5=A$로 놓으면

$$\begin{aligned}(x+5)^2-8(x+5)+16&=A^2-8A+16\\&=(A-4)^2\\&=(x+5-4)^2\\&=(x+1)^2 \qquad\cdots\text{(ii)}\\&=(\sqrt{3}-1+1)^2\\&=(\sqrt{3})^2\\&=3 \qquad\cdots\text{(iii)}\end{aligned}$$

채점 기준	
(i) x의 값 구하기	30 %
(ii) 주어진 식을 인수분해하기	50 %
(iii) 식의 값 구하기	20 %

53 답 $7\sqrt{2}$

$$\begin{aligned}x^2-y^2+3x-3y&=(x^2-y^2)+3(x-y)\\&=(x+y)(x-y)+3(x-y)\\&=(x-y)(x+y+3)\\&=\sqrt{2}\times(4+3)=7\sqrt{2}\end{aligned}$$

54 답 ④

$x^2-4y^2=(x+2y)(x-2y)=6(x-2y)=18$

이므로 $x-2y=3$

55 답 ④

$$\begin{aligned}x^2-y^2-2x+1&=(x^2-2x+1)-y^2\\&=(x-1)^2-y^2\\&=(x-1+y)(x-1-y)\\&=(x+y-1)(x-y-1)\end{aligned}$$

즉, $(x+y-1)(x-y-1)=60$이므로

$(x+y-1)(5-1)=60$

$x+y-1=15$ ∴ $x+y=16$

56 답 24

$(a+2)(b+2)=4$에서

$ab+2a+2b+4=4$, $-4+2(a+b)+4=4$

∴ $a+b=2$

$$\begin{aligned}∴ a^3+b^3+a^2b+ab^2&=a^2(a+b)+b^2(a+b)\\&=(a+b)(a^2+b^2)\\&=(a+b)\{(a+b)^2-2ab\}\\&=2\times\{2^2-2\times(-4)\}=24\end{aligned}$$

57 답 $2x+1$

도형 A의 넓이는

$$\begin{aligned}(3x+4)^2-(x+3)^2&=(3x+4+x+3)(3x+4-x-3)\\&=(4x+7)(2x+1)\end{aligned}$$

이때 두 도형 A, B의 넓이가 서로 같고, 도형 B의 가로의 길이가
$4x+7$이므로 도형 B의 세로의 길이는 $2x+1$이다.

58 답 $500\pi\,\text{cm}^3$

(화장지의 부피)

$=$(큰 원기둥의 부피)$-$(작은 원기둥의 부피)

$=\pi\times7.5^2\times10-\pi\times2.5^2\times10$

$=10\pi(7.5^2-2.5^2)$

$=10\pi(7.5+2.5)(7.5-2.5)$

$=10\pi\times10\times5$

$=500\pi\,(\text{cm}^3)$

59 답 ab

$\overline{AC}=\overline{AB}+\overline{BC}=a+b$이고, 점 D는 $\overline{AC}$의 중점이므로

$\overline{AD}=\dfrac{a+b}{2}$ ┄ (i)

∴ $\overline{BD}=\overline{AB}-\overline{AD}=a-\dfrac{a+b}{2}=\dfrac{a-b}{2}$ ┄ (ii)

따라서 $\overline{AD}$와 $\overline{BD}$를 각각 한 변으로 하는 두 정사각형의 넓이의 차는

$$\begin{aligned}\left(\dfrac{a+b}{2}\right)^2-\left(\dfrac{a-b}{2}\right)^2&=\left(\dfrac{a+b}{2}+\dfrac{a-b}{2}\right)\left(\dfrac{a+b}{2}-\dfrac{a-b}{2}\right)\\&=\dfrac{2a}{2}\times\dfrac{2b}{2}=ab \qquad\cdots\text{(iii)}\end{aligned}$$

채점 기준	
(i) $\overline{AD}$의 길이를 a, b를 사용하여 나타내기	30 %
(ii) $\overline{BD}$의 길이를 a, b를 사용하여 나타내기	30 %
(iii) 넓이의 차를 a, b를 사용하여 간단히 나타내기	40 %

60 답 4

산책로의 한가운데를 지나는 원의 반지름의 길이를 r m라 하면

$2\pi r=24\pi$에서 $r=12$

$$\begin{aligned}(\text{산책로의 넓이})&=\pi\left(12+\dfrac{a}{2}\right)^2-\pi\left(12-\dfrac{a}{2}\right)^2\\&=\pi\left\{\left(12+\dfrac{a}{2}\right)^2-\left(12-\dfrac{a}{2}\right)^2\right\}\\&=\pi\left(12+\dfrac{a}{2}+12-\dfrac{a}{2}\right)\left(12+\dfrac{a}{2}-12+\dfrac{a}{2}\right)\\&=24a\pi\,(\text{m}^2)\end{aligned}$$

따라서 $24a\pi=96\pi$이므로 $a=4$

Pick 점검하기 128~130쪽

61 답 ④

$x-3=A$로 놓으면

$$\begin{aligned}(x-3)^2-4(x-3)-32&=A^2-4A-32\\&=(A+4)(A-8)\\&=(x-3+4)(x-3-8)\\&=(x+1)(x-11)\end{aligned}$$

따라서 주어진 식의 인수인 것은 ④이다.

62 답 ④

$x+y=A$로 놓으면

$$(x+y)(x+y-4)+3=A(A-4)+3$$
$$=A^2-4A+3$$
$$=(A-3)(A-1)$$
$$=(x+y-3)(x+y-1)$$

따라서 $a=1$, $b=-3$, $c=1$, $d=-1$ 또는 $a=1$, $b=-1$, $c=1$, $d=-3$이므로

$$abcd=3$$

63 답 ②

$3x+5=A$, $2x+1=B$로 놓으면

$$(3x+5)^2-(2x+1)^2$$
$$=A^2-B^2$$
$$=(A+B)(A-B)$$
$$=\{(3x+5)+(2x+1)\}\{(3x+5)-(2x+1)\}$$
$$=(5x+6)(x+4)$$

따라서 두 일차식의 합은

$$(5x+6)+(x+4)=6x+10$$

64 답 ④

$$x^2y^2-x^2-y^2+1=x^2(y^2-1)-(y^2-1)$$
$$=(x^2-1)(y^2-1)$$
$$=(x+1)(x-1)(y+1)(y-1)$$

따라서 주어진 식의 인수가 아닌 것은 ④이다.

65 답 $a-1$

$$ab-b+4a-4=b(a-1)+4(a-1)$$
$$=\underline{(a-1)}(b+4)$$
$$a^3-a+b-a^2b=a(a^2-1)-b(a^2-1)$$
$$=(a^2-1)(a-b)$$
$$=(a+1)\underline{(a-1)}(a-b)$$

따라서 두 다항식의 1이 아닌 공통인 인수는 $a-1$이다.

66 답 0

$$4x^2-y^2-6y-9=4x^2-(y^2+6y+9)$$
$$=(2x)^2-(y+3)^2$$
$$=(2x+y+3)(2x-y-3)$$

따라서 $a=2$, $b=1$, $c=-3$이므로

$$a+b+c=2+1+(-3)=0$$

67 답 $(x+y-5)(x-y+3)$

$$(x-1)^2-y^2+8y-16=(x-1)^2-(y^2-8y+16)$$
$$=(x-1)^2-(y-4)^2$$

이때 $x-1=A$, $y-4=B$로 놓으면

$$(x-1)^2-y^2+8y-16=(x-1)^2-(y-4)^2$$
$$=A^2-B^2$$
$$=(A+B)(A-B)$$
$$=\{(x-1)+(y-4)\}\{(x-1)-(y-4)\}$$
$$=(x+y-5)(x-y+3)$$

68 답 ③

x, y 중 차수가 낮은 y에 대하여 내림차순으로 정리하면

$$x^2-xy-3x+2y+2=(-x+2)y+(x^2-3x+2)$$
$$=-(x-2)y+(x-1)(x-2)$$
$$=(x-2)(x-y-1)$$

따라서 $a=-2$, $b=-1$이므로

$$a^2+b^2=(-2)^2+(-1)^2=5$$

69 답 ③

$$8.5^2-1.5^2=(8.5+1.5)(8.5-1.5) \longrightarrow a^2-b^2=(a+b)(a-b)$$
$$=10\times7=70$$

따라서 주어진 식을 계산하는 데 이용되는 가장 편리한 인수분해 공식은 ③이다.

70 답 ③

$$1^2-3^2+5^2-7^2+\cdots+17^2-19^2$$
$$=(1+3)(1-3)+(5+7)(5-7)+\cdots+(17+19)(17-19)$$
$$=(1+3+5+7+9+11+13+15+17+19)\times(-2)$$
$$=100\times(-2)$$
$$=-200$$

71 답 ①

$$x=\frac{1}{2+\sqrt{3}}=\frac{2-\sqrt{3}}{(2+\sqrt{3})(2-\sqrt{3})}$$
$$=2-\sqrt{3}$$
$$y=\frac{1}{2-\sqrt{3}}=\frac{2+\sqrt{3}}{(2-\sqrt{3})(2+\sqrt{3})}$$
$$=2+\sqrt{3}$$

따라서

$$xy=(2-\sqrt{3})(2+\sqrt{3})=1,$$
$$x+y=(2-\sqrt{3})+(2+\sqrt{3})=4,$$
$$x-y=(2-\sqrt{3})-(2+\sqrt{3})=-2\sqrt{3}$$

이므로

$$x^3y-xy^3=xy(x^2-y^2)$$
$$=xy(x+y)(x-y)$$
$$=1\times4\times(-2\sqrt{3})$$
$$=-8\sqrt{3}$$

72 답 $44\sqrt{6}$

$$x=\frac{\sqrt{2}+\sqrt{3}}{\sqrt{2}-\sqrt{3}}=\frac{(\sqrt{2}+\sqrt{3})^2}{(\sqrt{2}-\sqrt{3})(\sqrt{2}+\sqrt{3})}$$
$$=\frac{2+2\sqrt{6}+3}{-1}=-5-2\sqrt{6}$$
$$y=\frac{\sqrt{2}-\sqrt{3}}{\sqrt{2}+\sqrt{3}}=\frac{(\sqrt{2}-\sqrt{3})^2}{(\sqrt{2}+\sqrt{3})(\sqrt{2}-\sqrt{3})}$$
$$=\frac{2-2\sqrt{6}+3}{-1}=-5+2\sqrt{6}$$

따라서
$x+y=(-5-2\sqrt{6})+(-5+2\sqrt{6})=-10$,
$x-y=(-5-2\sqrt{6})-(-5+2\sqrt{6})=-4\sqrt{6}$
이므로
$$\begin{aligned}x(x-1)-y(y-1)&=x^2-x-y^2+y\\&=(x^2-y^2)-(x-y)\\&=(x+y)(x-y)-(x-y)\\&=(x-y)(x+y-1)\\&=(-4\sqrt{6})\times(-10-1)\\&=44\sqrt{6}\end{aligned}$$

73 답 4

$x^2-9y^2=(x+3y)(x-3y)=8(x-3y)=16$
이므로 $x-3y=2$
$x+3y=8$, $x-3y=2$를 연립하여 풀면
$x=5$, $y=1$
$\therefore x-y=5-1=4$

74 답 ④

$$\begin{aligned}a^2-b^2+4b-4&=a^2-(b^2-4b+4)\\&=a^2-(b-2)^2\\&=(a+b-2)(a-b+2)\\&=2(a-b+2)=12\end{aligned}$$
이므로 $a-b+2=6$
$\therefore a-b=4$

75 답 ②

(색칠한 부분의 넓이)
$$\begin{aligned}&=\pi\times9.5^2\times\frac{120}{360}-\pi\times2.5^2\times\frac{120}{360}\\&=\frac{1}{3}\pi(9.5^2-2.5^2)\\&=\frac{1}{3}\pi(9.5+2.5)(9.5-2.5)\\&=\frac{1}{3}\pi\times12\times7=28\pi\,(\text{cm}^2)\end{aligned}$$

76 답 1

$$\frac{998\times999+998}{999^2-1}=\frac{998\times(999+1)}{(999+1)(999-1)}\qquad\cdots(\text{i})$$
$$=\frac{998\times1000}{1000\times998}=1\qquad\cdots(\text{ii})$$

채점 기준

(i) 주어진 식 변형하기	60 %
(ii) 주어진 식 계산하기	40 %

77 답 $\frac{4}{5}$

$\overline{\text{AP}}=\overline{\text{AB}}=\sqrt{1^2+2^2}=\sqrt{5}$이므로 점 P에 대응하는 수는
$2+\sqrt{5}$ $\therefore a=2+\sqrt{5}$
$\overline{\text{AQ}}=\overline{\text{AD}}=\sqrt{2^2+1^2}=\sqrt{5}$이므로 점 Q에 대응하는 수는
$2-\sqrt{5}$ $\therefore b=2-\sqrt{5}$ $\qquad\cdots(\text{i})$

$a+b=(2+\sqrt{5})+(2-\sqrt{5})=4$,
$a-b=(2+\sqrt{5})-(2-\sqrt{5})=2\sqrt{5}$이므로 $\qquad\cdots(\text{ii})$
$$\frac{a^2+2ab+b^2}{a^2-2ab+b^2}=\frac{(a+b)^2}{(a-b)^2}\qquad\cdots(\text{iii})$$
$$=\frac{4^2}{(2\sqrt{5})^2}=\frac{4}{5}\qquad\cdots(\text{iv})$$

채점 기준

(i) a, b의 값 구하기	30 %
(ii) $a+b$, $a-b$의 값 구하기	20 %
(iii) 주어진 식을 인수분해하기	30 %
(iv) 주어진 식의 값 구하기	20 %

78 답 3

$\overline{\text{AD}}$를 지름으로 하는 원의 반지름의 길이를 r cm라 하면
$2\pi r=8\pi$ $\therefore r=4$
$\therefore \overline{\text{AD}}=2r=2\times4=8\,(\text{cm})$ $\qquad\cdots(\text{i})$
이때 색칠한 부분의 넓이는 $\overline{\text{AB}}$를 지름으로 하는 원의 넓이에서
$\overline{\text{AC}}$를 지름으로 하는 원의 넓이를 뺀 것과 같다.
이때 색칠한 부분의 넓이는 $24\pi\,\text{cm}^2$이므로
$$\begin{aligned}&\pi\left(\frac{8+a}{2}\right)^2-\pi\left(\frac{8-a}{2}\right)^2\\&=\pi\left(\frac{8+a}{2}+\frac{8-a}{2}\right)\left(\frac{8+a}{2}-\frac{8-a}{2}\right)\qquad\cdots(\text{ii})\\&=\pi\times\frac{16}{2}\times\frac{2a}{2}\\&=\pi\times8\times a\\&=8a\pi=24\pi\end{aligned}$$
$\therefore a=3$ $\qquad\cdots(\text{iii})$

채점 기준

(i) $\overline{\text{AD}}$의 길이 구하기	40 %
(ii) 색칠한 부분의 넓이 인수분해하기	40 %
(iii) a의 값 구하기	20 %

만점 문제 뛰어넘기   131쪽

79 답 ③

$x-2=A$로 놓으면
$$\begin{aligned}P(x)&=A^2-4A+4=(A-2)^2\\&=\{(x-2)-2\}^2=(x-4)^2\end{aligned}$$
$$\begin{aligned}\therefore P(x)\times P(x+8)&=(x-4)^2\{(x+8)-4\}^2\\&=(x-4)^2(x+4)^2\\&=\{(x-4)(x+4)\}^2\\&=(x^2-16)^2\end{aligned}$$

80 답 5개

$x+y=A$로 놓으면

$$(x+y)^2+2(x+y)-35=A^2+2A-35$$
$$=(A-5)(A+7)$$
$$=(x+y-5)(x+y+7)$$

자연수 x, y에 대하여 주어진 식의 값이 소수가 되려면
$x+y-5$, $x+y+7$의 값 중 하나는 1이어야 한다.
그런데 $x+y-5<x+y+7$이므로 $x+y-5=1$
$\therefore x+y=6$
이를 만족시키는 자연수 x, y의 순서쌍 (x, y)는
$(1, 5)$, $(2, 4)$, $(3, 3)$, $(4, 2)$, $(5, 1)$의 5개이다.

81 답 36

$$(x+1)(x+3)(x-3)(x-5)+k$$
$$=\{(x+1)(x-3)\}\{(x+3)(x-5)\}+k$$
$$=(\underbrace{x^2-2x}_{A}-3)(\underbrace{x^2-2x}_{A}-15)+k$$
$$=(A-3)(A-15)+k$$
$$=A^2-18A+45+k$$

이 식이 완전제곱식으로 인수분해되려면

$$45+k=\left(\frac{-18}{2}\right)^2, \quad 45+k=81$$

$\therefore k=36$

82 답 -16

$xy+5x-y=8$에서
$x(y+5)-(y+5)=8-5$
$\therefore (x-1)(y+5)=3$
x, y가 정수이므로 $x-1$, $y+5$도 정수이다.

$x-1$	1	3	-1	-3
$y+5$	3	1	-3	-1

⇒

x	2	4	0	-2
y	-2	-4	-8	-6

따라서 xy의 값은 -4, -16, 0, 12이므로 가장 작은 값은 -16이다.

만렙비법 두 다항식의 곱이 정수가 되도록 양변에서 같은 수를 뺀다.

83 답 ⑤

모든 경우의 수는 $6\times6=36$

$$\sqrt{xy-2x-3y+6}=\sqrt{x(y-2)-3(y-2)}$$
$$=\sqrt{(x-3)(y-2)}$$

이것이 자연수가 되려면 $(x-3)(y-2)$가 (자연수)^2 꼴인 수이어야 한다.
이때 $1\le x\le6$, $1\le y\le6$이므로 이를 만족시키는 x, y의 순서쌍 (x, y)는
(ⅰ) $(x-3)(y-2)=1$일 때, $(4, 3)$, $(2, 1)$
(ⅱ) $(x-3)(y-2)=4$일 때, $(4, 6)$, $(5, 4)$
(ⅲ) $(x-3)(y-2)=9$일 때, $(6, 5)$

(ⅰ)~(ⅲ)에서 구하는 확률은 $\dfrac{5}{36}$

84 답 ①

$$3^{12}-1=(3^6+1)(3^6-1)$$
$$=(3^6+1)(3^3+1)(3^3-1)$$

따라서 $3^{12}-1$은 20과 30 사이의 자연수인 3^3+1, 3^3-1, 즉 28, 26
으로 각각 나누어떨어지므로 구하는 두 자연수의 합은
$28+26=54$

85 답 ④

$1<\sqrt{3}<2$이므로 $3<2+\sqrt{3}<4$
$\therefore a=(2+\sqrt{3})-3=\sqrt{3}-1$
$2<\sqrt{7}<3$에서 $-3<-\sqrt{7}<-2$이므로
$1<4-\sqrt{7}<2$ $\therefore b=1$

$$\therefore \frac{a^3-a^2b-ab^2+b^3}{a+b}=\frac{a^2(a-b)-b^2(a-b)}{a+b}$$
$$=\frac{(a-b)(a^2-b^2)}{a+b}$$
$$=\frac{(a-b)(a+b)(a-b)}{a+b}$$
$$=\frac{(a-b)^2(a+b)}{a+b}$$
$$=(a-b)^2$$
$$=\{(\sqrt{3}-1)-1\}^2$$
$$=(\sqrt{3}-2)^2=7-4\sqrt{3}$$

7 이차방정식의 뜻과 풀이

01 ①, ④	**02** ⑤	**03** -3	**04** ②
05 ④	**06** -11	**07** ②	**08** ③
09 ④	**10** $x=1$	**11** $x=4$	**12** -2
13 17	**14** 8	**15** 6	**16** 3
17 ④	**18** 34	**19** 2	**20** ②
21 ③	**22** $x=4$	**23** ②, ④	**24** -6
25 $x=1$	**26** $\dfrac{11}{5}$	**27** ②	**28** ④
29 ②	**30** ④	**31** ④	**32** 3
33 ②	**34** ③	**35** $x=-5$ 또는 $x=-1$	
36 ③	**37** 6, $x=-3$	**38** ③	**39** -24
40 ④	**41** ㄱ, ㅁ	**42** $\dfrac{1}{12}$	**43** ②
44 ①, ④	**45** $x=-\dfrac{1}{5}$ 또는 $x=1$	**46** ②	
47 1	**48** $x=1$	**49** -3	**50** ④
51 $x=-1$	**52** $-\dfrac{8}{3}$	**53** ⑤	**54** ①
55 ④			

56 (가) $\dfrac{9}{4}$　(나) $\dfrac{3}{2}$　(다) $\dfrac{5}{4}$　(라) $\pm\dfrac{\sqrt{5}}{2}$　(마) $\dfrac{-3\pm\sqrt{5}}{2}$

57 ②

58 (1) $x=\dfrac{1}{2}$ 또는 $x=4$　(2) $x=\dfrac{-3\pm\sqrt{17}}{4}$

59 $x=\dfrac{5}{2}$ 또는 $x=\dfrac{7}{3}$	**60** ④	**61** -19
62 ③	**63** 15	**64** ①　**65** ②
66 ④	**67** ④	**68** ②　**69** 4
70 ②	**71** (바), (나), (가), (라), (마), (다)	**72** -9
73 ④	**74** ①	**75** ④　**76** -35
77 ②	**78** ④	**79** 3, 8, 11, 12
80 26	**81** $x=-\dfrac{5}{2}$	**82** ④　**83** ③
84 ④	**85** $x=-1$ 또는 $x=-\dfrac{2}{3}$	**86** 4
87 $x=-5$ 또는 $x=6$	**88** ④	**89** ①
90 ②	**91** $a\neq1$	**92** ⑤　**93** $\dfrac{1}{2}$
94 ③, ⑤	**95** ⑤	**96** $\dfrac{3}{4}$　**97** ②

98 ③	**99** $x=0$	**100** ②	**101** ①, ⑤
102 $x=-3$	**103** ②	**104** $k<1$	**105** 27

106 $A=5,\ B=\dfrac{81}{100},\ C=\dfrac{9}{10},\ D=\dfrac{21}{100},\ E=\dfrac{-9\pm\sqrt{21}}{10}$

107 -6	**108** 16	**109** ③	**110** -7
111 -10	**112** $x=\dfrac{5\pm\sqrt{109}}{14}$		**113** 6
114 ⑤	**115** ⑤	**116** ③	**117** ⑤
118 ②	**119** 2		

01 이차방정식과 그 해

유형 모아 보기 & 완성하기
134~136쪽

01 답 ①, ④
① $(x+2)(x-2)=4$에서 $x^2-4=4$
　$x^2-8=0$ ⇨ 이차방정식
② x^2+3x+5 ⇨ 등식이 아니므로 이차방정식이 아니다.
③ $2x^2+3=2(x+1)^2$에서 $2x^2+3=2x^2+4x+2$
　$-4x+1=0$ ⇨ 일차방정식
④ $4x^2+x=3x^2-2x+1$에서 $x^2+3x-1=0$ ⇨ 이차방정식
⑤ $x^2-\dfrac{1}{x}=x^2-4$에서 $-\dfrac{1}{x}+4=0$
　⇨ 분모에 미지수가 있으므로 이차방정식이 아니다.
따라서 x에 대한 이차방정식은 ①, ④이다.

02 답 ⑤
① $(-1)^2+2\times(-1)+1=0$
② $3\times(-1+1)\times(-1-4)=0$
③ $(-1)^2+10\times(-1)+9=0$
④ $4\times(-1)^2-4=0$
⑤ $-(-1-1)\times(-1-3)=-8\neq0$
따라서 $x=-1$을 해로 갖는 이차방정식이 아닌 것은 ⑤이다.

03 답 -3
$2x^2-ax+a-6=0$에 $x=-3$을 대입하면
$2\times(-3)^2-a\times(-3)+a-6=0$
$12+4a=0$　∴ $a=-3$

04 답 ②
$x^2-4x+2=0$에 $x=a$를 대입하면
$a^2-4a+2=0$　∴ $a^2-4a=-2$
∴ $a^2-4a+6=-2+6=4$

05 답 ④

ㄱ. $-2x+3=2x^2$에서 $-2x^2-2x+3=0$ ⇨ 이차방정식

ㄴ. $(x-1)(x+2)$ ⇨ 등식이 아니므로 이차방정식이 아니다.

ㄷ. $(x+1)^2=-x^2+2$에서 $x^2+2x+1=-x^2+2$

$2x^2+2x-1=0$ ⇨ 이차방정식

ㄹ. $2x(x+1)=5+2x^2$에서 $2x^2+2x=5+2x^2$

$2x-5=0$ ⇨ 일차방정식

ㅁ. $\dfrac{1}{x^2}+\dfrac{2}{x}+4=0$ ⇨ 분모에 미지수가 있으므로 이차방정식이 아니다.

ㅂ. $x^2(x+1)=x^3-x+5$에서 $x^3+x^2=x^3-x+5$

$x^2+x-5=0$ ⇨ 이차방정식

따라서 x에 대한 이차방정식은 ㄱ, ㄷ, ㅂ이다.

06 답 -11

$(x-1)(x-3)=4x-x^2$에서

$x^2-4x+3=4x-x^2$ ∴ $2x^2-8x+3=0$

따라서 $a=-8$, $b=3$이므로

$a-b=-8-3=-11$

07 답 ②

$(a+5)x^2+x=2x^2-3x$에서

$(a+3)x^2+4x=0$

이때 이차항의 계수가 0이 아니어야 하므로

$a+3\neq0$ ∴ $a\neq-3$

08 답 ③

① $3^2=9\neq3$ ② $3^2-3=6\neq0$

③ $2\times3+3=3^2$ ④ $(3+3)^2=36\neq0$

⑤ $(3-4)\times(3-2)=-1\neq1$

따라서 $x=3$을 해로 갖는 이차방정식은 ③이다.

09 답 ④

① $2\times0^2-0-15=-15\neq0$

② $(2-3)\times(2+2)=-4\neq0$

③ $3\times(-1)^2+(-1)=2\neq0$

④ $(\sqrt{2})^2+\sqrt{2}\times\sqrt{2}-4=0$

⑤ $6\times\left(\dfrac{1}{2}\right)^2+\dfrac{1}{2}-1=1\neq0$

따라서 [ ] 안의 수가 주어진 이차방정식의 해인 것은 ④이다.

10 답 $x=1$

$x=-2$일 때, $(-2)^2-4\times(-2)+3=15\neq0$

$x=-1$일 때, $(-1)^2-4\times(-1)+3=8\neq0$

$x=0$일 때, $0^2-4\times0+3=3\neq0$

$x=1$일 때, $1^2-4\times1+3=0$

$x=2$일 때, $2^2-4\times2+3=-1\neq0$

따라서 주어진 이차방정식의 해는 $x=1$이다.

11 답 $x=4$

$5x-3\leq4x+1$에서 $x\leq4$ ⋯ (i)

이때 x는 자연수이므로 $x=1$, 2, 3, 4 ⋯ (ii)

$x=1$일 때, $1^2-3\times1-4=-6\neq0$

$x=2$일 때, $2^2-3\times2-4=-6\neq0$

$x=3$일 때, $3^2-3\times3-4=-4\neq0$

$x=4$일 때, $4^2-3\times4-4=0$

따라서 주어진 이차방정식의 해는 $x=4$이다. ⋯ (iii)

채점 기준

(i) 부등식 풀기	30%
(ii) 자연수 x의 값 구하기	20%
(iii) 이차방정식의 해 구하기	50%

12 답 -2

$3x^2-2x+4a+3=0$에 $x=-1$을 대입하면

$3\times(-1)^2-2\times(-1)+4a+3=0$

$4a+8=0$ ∴ $a=-2$

13 답 17

$2x^2+ax-42=0$에 $x=3$을 대입하면

$2\times3^2+a\times3-42=0$

$3a-24=0$ ∴ $a=8$

$x^2-6x+b=0$에 $x=3$을 대입하면

$3^2-6\times3+b=0$

$-9+b=0$ ∴ $b=9$

∴ $a+b=8+9=17$

14 답 8

$x^2+(a-5)x-(3a-1)=0$에 $x=4$를 대입하면

$4^2+(a-5)\times4-(3a-1)=0$, $a-3=0$ ∴ $a=3$

$2x^2+bx-3=0$에 $x=-\dfrac{1}{2}$을 대입하면

$2\times\left(-\dfrac{1}{2}\right)^2+b\times\left(-\dfrac{1}{2}\right)-3=0$, $-\dfrac{5}{2}-\dfrac{b}{2}=0$ ∴ $b=-5$

∴ $a-b=3-(-5)=8$

15 답 6

$x^2-ax-b=0$에 $x=3$을 대입하면

$3^2-a\times3-b=0$ ∴ $3a+b=9$ ⋯ ㉠ ⋯ (i)

$9x^2+bx-a=0$에 $x=\dfrac{1}{3}$을 대입하면

$9\times\left(\dfrac{1}{3}\right)^2+b\times\dfrac{1}{3}-a=0$ ∴ $-3a+b=-3$ ⋯ ㉡ ⋯ (ii)

㉠, ㉡을 연립하여 풀면 $a=2$, $b=3$ ⋯ (iii)

∴ $ab=2\times3=6$ ⋯ (iv)

채점 기준

(i) $x^2-ax-b=0$에 $x=3$을 대입하기	30%
(ii) $9x^2+bx-a=0$에 $x=\dfrac{1}{3}$을 대입하기	30%
(iii) a, b의 값 구하기	30%
(iv) ab의 값 구하기	10%

16 답 3

$3x^2-4x-5=0$에 $x=a$를 대입하면

$3a^2-4a-5=0$ ∴ $3a^2-4a=5$

∴ $3a^2-4a-2=5-2=3$

17 답 ④

$x^2+5x-5=0$에 $x=m$을 대입하면

$m^2+5m-5=0$ ∴ $m^2+5m=5$

$x^2-2x-4=0$에 $x=n$을 대입하면

$n^2-2n-4=0$ ∴ $n^2-2n=4$

∴ $m^2+5m+3n^2-6n=m^2+5m+3(n^2-2n)$

$=5+3\times4=17$

18 답 34

$x^2-6x+1=0$에 $x=a$를 대입하면

$a^2-6a+1=0$ ⋯ ㉠

이때 $a=0$이면 등식이 성립하지 않으므로 $a\neq0$

㉠의 양변을 a로 나누면

$a-6+\dfrac{1}{a}=0$ ∴ $a+\dfrac{1}{a}=6$

∴ $a^2+\dfrac{1}{a^2}=\left(a+\dfrac{1}{a}\right)^2-2=6^2-2=34$

19 답 2

$x^2+x-1=0$에 $x=a$를 대입하면

$a^2+a-1=0$ ∴ $a^2+a=1$

∴ $a^5+a^4-a^3+a^2+a+1=a^3(a^2+a-1)+(a^2+a+1)=2$

02 이차방정식의 풀이 (1)

유형 모아 보기 & 완성하기   137~142쪽

20 답 ②

$(3x+2)(2x-1)=0$에서 $3x+2=0$ 또는 $2x-1=0$

∴ $x=-\dfrac{2}{3}$ 또는 $x=\dfrac{1}{2}$

21 답 ③

$x^2+2x-15=0$에서 $(x+5)(x-3)=0$

∴ $x=-5$ 또는 $x=3$

22 답 $x=4$

$x^2-2ax+a+5=0$에 $x=2$를 대입하면

$2^2-2a\times2+a+5=0$, $9-3a=0$ ∴ $a=3$

즉, 주어진 이차방정식은 $x^2-6x+8=0$이므로

$(x-2)(x-4)=0$ ∴ $x=2$ 또는 $x=4$

따라서 다른 한 근은 $x=4$이다.

23 답 ②, ④

① $x^2-6x=16$에서 $x^2-6x-16=0$

$(x+2)(x-8)=0$ ∴ $x=-2$ 또는 $x=8$

② $2x^2-8x+8=0$에서 $x^2-4x+4=0$

$(x-2)^2=0$ ∴ $x=2$

③ $x^2-64=0$에서 $(x+8)(x-8)=0$

∴ $x=-8$ 또는 $x=8$

④ $(x+2)(x-4)=-9$에서 $x^2-2x-8=-9$

$x^2-2x+1=0$, $(x-1)^2=0$ ∴ $x=1$

⑤ $x^2+3x=5x+15$에서 $x^2-2x-15=0$

$(x-5)(x+3)=0$ ∴ $x=5$ 또는 $x=-3$

따라서 중근을 갖는 이차방정식은 ②, ④이다.

24 답 -6

$x^2+8x+10-a=0$이 중근을 가지므로

$10-a=\left(\dfrac{8}{2}\right)^2$, $10-a=16$ ∴ $a=-6$

25 답 $x=1$

$x^2+4x-5=0$에서 $(x+5)(x-1)=0$

∴ $x=-5$ 또는 $\underline{x=1}$

$2x^2-5x+3=0$에서 $(x-1)(2x-3)=0$

∴ $\underline{x=1}$ 또는 $x=\dfrac{3}{2}$

따라서 두 이차방정식의 공통인 근은 $x=1$이다.

26 답 $\dfrac{11}{5}$

$(5x-1)(x-2)=0$에서 $5x-1=0$ 또는 $x-2=0$

∴ $x=\dfrac{1}{5}$ 또는 $x=2$

따라서 두 근의 합은 $\dfrac{1}{5}+2=\dfrac{11}{5}$

27 답 ②

① $x(x+3)=0$에서 $x=0$ 또는 $x+3=0$

∴ $x=0$ 또는 $x=-3$

② $(2x+1)(x-3)=0$에서 $2x+1=0$ 또는 $x-3=0$

∴ $x=-\dfrac{1}{2}$ 또는 $x=3$

③ $x(2x-1)=0$에서 $x=0$ 또는 $2x-1=0$

∴ $x=0$ 또는 $x=\dfrac{1}{2}$

④ $(x+3)(2x-1)=0$에서 $x+3=0$ 또는 $2x-1=0$

∴ $x=-3$ 또는 $x=\dfrac{1}{2}$

⑤ $(x+4)(3x-2)=0$에서 $x+4=0$ 또는 $3x-2=0$

∴ $x=-4$ 또는 $x=\dfrac{2}{3}$

따라서 이차방정식의 해가 $x=-\dfrac{1}{2}$ 또는 $x=3$인 것은 ②이다.

28 답 ④

① $2x(x-3)=0$에서 $2x=0$ 또는 $x-3=0$
 ∴ $x=0$ 또는 $x=3$
 ∴ (두 근의 차)$=3-0=3$

② $(x+1)(x-3)=0$에서 $x+1=0$ 또는 $x-3=0$
 ∴ $x=-1$ 또는 $x=3$
 ∴ (두 근의 차)$=3-(-1)=4$

③ $3x(x-2)=0$에서 $3x=0$ 또는 $x-2=0$
 ∴ $x=0$ 또는 $x=2$
 ∴ (두 근의 차)$=2-0=2$

④ $(x-1)(x+4)=0$에서 $x-1=0$ 또는 $x+4=0$
 ∴ $x=1$ 또는 $x=-4$
 ∴ (두 근의 차)$=1-(-4)=5$

⑤ $(x+3)(x+2)=0$에서 $x+3=0$ 또는 $x+2=0$
 ∴ $x=-3$ 또는 $x=-2$
 ∴ (두 근의 차)$=-2-(-3)=1$

따라서 이차방정식의 두 근의 차가 5인 것은 ④이다.

29 답 ②

① $(1+2x)(1-3x)=0$에서 $1+2x=0$ 또는 $1-3x=0$
 ∴ $x=-\dfrac{1}{2}$ 또는 $x=\dfrac{1}{3}$

② $(1+3x)(x-2)=0$에서 $1+3x=0$ 또는 $x-2=0$
 ∴ $x=-\dfrac{1}{3}$ 또는 $x=2$

③ $\left(\dfrac{1}{2}+x\right)\left(2x-\dfrac{2}{3}\right)=0$에서 $\dfrac{1}{2}+x=0$ 또는 $2x-\dfrac{2}{3}=0$
 ∴ $x=-\dfrac{1}{2}$ 또는 $x=\dfrac{1}{3}$

④ $(2x+1)(3x-1)=0$에서 $2x+1=0$ 또는 $3x-1=0$
 ∴ $x=-\dfrac{1}{2}$ 또는 $x=\dfrac{1}{3}$

⑤ $\left(x+\dfrac{1}{2}\right)\left(x-\dfrac{1}{3}\right)=0$에서 $x+\dfrac{1}{2}=0$ 또는 $x-\dfrac{1}{3}=0$
 ∴ $x=-\dfrac{1}{2}$ 또는 $x=\dfrac{1}{3}$

따라서 이차방정식의 해가 나머지 넷과 다른 하나는 ②이다.

30 답 ④

$2x^2+13x-24=0$에서 $(x+8)(2x-3)=0$

∴ $x=-8$ 또는 $x=\dfrac{3}{2}$

따라서 두 근의 차는 $\dfrac{3}{2}-(-8)=\dfrac{19}{2}$

31 답 ④

$(2x-3)(x+1)=4x$에서

$2x^2-x-3=4x$, $2x^2-5x-3=0$

$(2x+1)(x-3)=0$ ∴ $x=-\dfrac{1}{2}$ 또는 $x=3$

이때 $a>b$이므로 $a=3$, $b=-\dfrac{1}{2}$

∴ $a+2b=3+2\times\left(-\dfrac{1}{2}\right)=2$

32 답 3

$6x^2-5x-56=0$에서 $(3x+8)(2x-7)=0$

∴ $x=-\dfrac{8}{3}$ 또는 $x=\dfrac{7}{2}$ ⋯ (i)

따라서 두 근 사이에 있는 정수는 -2, -1, 0, 1, 2, 3이다. ⋯ (ii)

즉, 구하는 합은

$-2+(-1)+0+1+2+3=3$ ⋯ (iii)

채점 기준

(i) $6x^2-5x-56=0$의 해 구하기	50%
(ii) 두 근 사이에 있는 모든 정수 구하기	30%
(iii) 두 근 사이에 있는 모든 정수의 합 구하기	20%

33 답 ②

$(x+1)(x-2)=-2x+4$에서

$x^2-x-2=-2x+4$, $x^2+x-6=0$

$(x+3)(x-2)=0$ ∴ $x=-3$ 또는 $x=2$

이때 $a>b$이므로 $a=2$, $b=-3$

따라서 이차방정식 $x^2+ax+b=0$은 $x^2+2x-3=0$이므로

$(x+3)(x-1)=0$ ∴ $x=-3$ 또는 $x=1$

34 답 ③

$2x^2-9x-5=0$에서 $(2x+1)(x-5)=0$

∴ $x=-\dfrac{1}{2}$ 또는 $x=5$

이때 두 근 중 작은 근은 $x=-\dfrac{1}{2}$이므로

$x^2+4x+k=0$에 $x=-\dfrac{1}{2}$을 대입하면

$\left(-\dfrac{1}{2}\right)^2+4\times\left(-\dfrac{1}{2}\right)+k=0$, $\dfrac{1}{4}-2+k=0$

∴ $k=\dfrac{7}{4}$

35 답 $x=-5$ 또는 $x=-1$

주어진 이차방정식의 일차항의 계수와 상수항을 바꾸면

$x^2+(k-1)x+k=0$

이 이차방정식에 $x=-2$를 대입하면

$(-2)^2+(k-1)\times(-2)+k=0$

$4-2k+2+k=0$, $6-k=0$

∴ $k=6$ ⋯ (i)

처음 이차방정식 $x^2+kx+(k-1)=0$에 $k=6$을 대입하면

$x^2+6x+5=0$ ⋯ (ii)

$(x+5)(x+1)=0$

∴ $x=-5$ 또는 $x=-1$ ⋯ (iii)

채점 기준

(i) k의 값 구하기	40%
(ii) 처음 이차방정식 구하기	20%
(iii) 처음 이차방정식 풀기	40%

36 답 ③

$y=ax+3$에 $x=a-2$, $y=-a^2-5a+5$를 대입하면

$-a^2-5a+5=a(a-2)+3$, $2a^2+3a-2=0$

$(a+2)(2a-1)=0$ ∴ $a=-2$ 또는 $a=\dfrac{1}{2}$

이때 일차함수 $y=ax+3$의 그래프가 제4사분면을 지나지 않으므로

$a>0$이어야 한다.

∴ $a=\dfrac{1}{2}$

만렙비법 일차함수의 식에 주어진 점의 좌표를 대입하여 a의 값을 구한 후, a의 부호에 따라 일차함수 $y=ax+3$의 그래프가 어떤 사분면을 지나는지 생각한다.

37 답 6, $x=-3$

$x^2-ax-4a-3=0$에 $x=9$를 대입하면

$9^2-a\times9-4a-3=0$

$78-13a=0$ ∴ $a=6$

즉, 주어진 이차방정식은 $x^2-6x-27=0$이므로

$(x+3)(x-9)=0$ ∴ $x=-3$ 또는 $x=9$

따라서 다른 한 근은 $x=-3$이다.

38 답 ③

$(a+1)x^2-3x+a=0$에 $x=1$을 대입하면

$(a+1)\times1^2-3\times1+a=0$, $2a-2=0$ ∴ $a=1$

즉, 주어진 이차방정식은 $2x^2-3x+1=0$이므로

$(2x-1)(x-1)=0$ ∴ $x=\dfrac{1}{2}$ 또는 $x=1$

따라서 $a=1$, $b=\dfrac{1}{2}$이므로

$a+b=1+\dfrac{1}{2}=\dfrac{3}{2}$

39 답 -24

$3x^2-2x+a=0$에 $x=-\dfrac{4}{3}$를 대입하면

$3\times\left(-\dfrac{4}{3}\right)^2-2\times\left(-\dfrac{4}{3}\right)+a=0$

$8+a=0$ ∴ $a=-8$

즉, 이차방정식 $3x^2-2x+a=0$은 $3x^2-2x-8=0$이므로

$(3x+4)(x-2)=0$ ∴ $x=-\dfrac{4}{3}$ 또는 $x=2$

따라서 다른 한 근은 $x=2$이므로

$x^2+bx-10=0$에 $x=2$를 대입하면

$2^2+b\times2-10=0$, $2b-6=0$ ∴ $b=3$

∴ $ab=-8\times3=-24$

40 답 ④

$(a-1)x^2-(a^2+1)x+2(a+1)=0$에 $x=2$를 대입하면

$(a-1)\times2^2-(a^2+1)\times2+2(a+1)=0$

$4a-4-2a^2-2+2a+2=0$

$2a^2-6a+4=0$, $a^2-3a+2=0$

$(a-1)(a-2)=0$ ∴ $a=1$ 또는 $a=2$

이때 주어진 이차방정식의 x^2의 계수가 0이 아니어야 하므로

$a-1\neq0$에서 $a\neq1$ ∴ $a=2$

즉, 주어진 이차방정식은 $x^2-5x+6=0$이므로

$(x-2)(x-3)=0$ ∴ $x=2$ 또는 $x=3$

따라서 다른 한 근은 $x=3$이다.

41 답 ㄱ, ㅁ

ㄱ. $x^2=1$에서 $x^2-1=0$, $(x+1)(x-1)=0$

∴ $x=-1$ 또는 $x=1$

ㄴ. $x^2=\dfrac{2}{5}x-\dfrac{1}{25}$에서

$x^2-\dfrac{2}{5}x+\dfrac{1}{25}=0$, $\left(x-\dfrac{1}{5}\right)^2=0$ ∴ $x=\dfrac{1}{5}$

ㄷ. $4x^2+4x+1=0$에서

$(2x+1)^2=0$ ∴ $x=-\dfrac{1}{2}$

ㄹ. $x(x-3)=-5x-1$에서

$x^2-3x=-5x-1$, $x^2+2x+1=0$

$(x+1)^2=0$ ∴ $x=-1$

ㅁ. $(x+1)^2=5x^2+7x+2$에서

$x^2+2x+1=5x^2+7x+2$, $4x^2+5x+1=0$

$(x+1)(4x+1)=0$ ∴ $x=-1$ 또는 $x=-\dfrac{1}{4}$

따라서 중근을 갖지 않는 것은 ㄱ, ㅁ이다.

42 답 $\dfrac{1}{12}$

$x^2+\dfrac{1}{2}x+\dfrac{1}{16}=0$에서 $\left(x+\dfrac{1}{4}\right)^2=0$ ∴ $x=-\dfrac{1}{4}$

$9x^2-6x+1=0$에서 $(3x-1)^2=0$ ∴ $x=\dfrac{1}{3}$

따라서 $a=-\dfrac{1}{4}$, $b=\dfrac{1}{3}$이므로

$a+b=-\dfrac{1}{4}+\dfrac{1}{3}=\dfrac{1}{12}$

43 답 ②

$x^2+6x+k-1=0$이 중근을 가지므로

$k-1=\left(\dfrac{6}{2}\right)^2$, $k-1=9$ ∴ $k=10$

44 답 ①, ④

$x^2+2ax-5a+14=0$이 중근을 가지므로

$-5a+14=\left(\dfrac{2a}{2}\right)^2$, $a^2+5a-14=0$

$(a+7)(a-2)=0$ ∴ $a=-7$ 또는 $a=2$

45 답 $x=-\dfrac{1}{5}$ 또는 $x=1$

$x^2-4x+k+1=0$이 중근을 가지므로

$k+1=\left(\dfrac{-4}{2}\right)^2$, $k+1=4$ ∴ $k=3$

즉, $(k-8)x^2+4x+1=0$에 $k=3$을 대입하면

$-5x^2+4x+1=0$, $5x^2-4x-1=0$

$(5x+1)(x-1)=0$ ∴ $x=-\dfrac{1}{5}$ 또는 $x=1$

46 답 ②

$3x^2-12x+a=0$에서 $x^2-4x+\dfrac{a}{3}=0$

즉, $x^2-4x+\dfrac{a}{3}=0$이 중근을 가지므로

$\dfrac{a}{3}=\left(\dfrac{-4}{2}\right)^2$, $\dfrac{a}{3}=4$ $\therefore a=12$

$\dfrac{1}{4}x^2+x+b=0$에서 $x^2+4x+4b=0$

즉, $x^2+4x+4b=0$이 중근을 가지므로

$4b=\left(\dfrac{4}{2}\right)^2$, $4b=4$ $\therefore b=1$

$\therefore a-b=12-1=11$

47 답 1

$x^2+2(k-1)x-k+3=0$이 중근을 가지므로

$-k+3=\left\{\dfrac{2(k-1)}{2}\right\}^2$, $-k+3=k^2-2k+1$

$k^2-k-2=0$, $(k+1)(k-2)=0$

$\therefore k=-1$ 또는 $k=2$

이때 $k>0$이므로 $k=2$ $\cdots$ (i)

즉, $x^2+2(k-1)x-k+3=0$에 $k=2$를 대입하면

$x^2+2x+1=0$, $(x+1)^2=0$ $\therefore x=-1$

$\therefore a=-1$ $\cdots$ (ii)

$\therefore k+a=2+(-1)=1$ $\cdots$ (iii)

채점 기준

(i) k의 값 구하기	50%
(ii) a의 값 구하기	40%
(iii) $k+a$의 값 구하기	10%

48 답 $x=1$

$x^2-7x+6=0$에서 $(x-1)(x-6)=0$

$\therefore \underline{x=1}$ 또는 $x=6$

$3x^2-4x+1=0$에서 $(3x-1)(x-1)=0$

$\therefore x=\dfrac{1}{3}$ 또는 $\underline{x=1}$

따라서 두 이차방정식을 동시에 만족시키는 해는 $x=1$이다.

49 답 -3

$5x^2-8x+3=0$에서

$(5x-3)(x-1)=0$ $\therefore x=\dfrac{3}{5}$ 또는 $x=1$

$2(x^2+2x)-1=x^2+4$에서

$2x^2+4x-1=x^2+4$, $x^2+4x-5=0$

$(x+5)(x-1)=0$ $\therefore x=-5$ 또는 $x=1$

따라서 두 이차방정식의 공통인 근이 $x=1$이므로 공통이 아닌 두 근의 곱은

$\dfrac{3}{5}\times(-5)=-3$

50 답 ④

$x^2-4x=0$에서 $x(x-4)=0$

$\therefore x=0$ 또는 $\underline{x=4}$

$x^2-5x+4=0$에서 $(x-1)(x-4)=0$

$\therefore x=1$ 또는 $\underline{x=4}$

즉, 두 이차방정식의 공통인 근은 $x=4$이므로

$x^2-2ax-5=0$에 $x=4$를 대입하면

$4^2-2a\times4-5=0$

$11-8a=0$ $\therefore a=\dfrac{11}{8}$

51 답 $x=-1$

이차방정식 $2x^2-4x+a=0$, 즉 $x^2-2x+\dfrac{a}{2}=0$이 중근을 가지므로

$\dfrac{a}{2}=\left(\dfrac{-2}{2}\right)^2$, $\dfrac{a}{2}=1$ $\therefore a=2$

$x^2-(3a-4)x-3=0$에 $a=2$를 대입하면

$x^2-2x-3=0$, $(x+1)(x-3)=0$

$\therefore \underline{x=-1}$ 또는 $x=3$

$ax^2+x-a+1=0$에 $a=2$를 대입하면

$2x^2+x-1=0$, $(x+1)(2x-1)=0$

$\therefore \underline{x=-1}$ 또는 $x=\dfrac{1}{2}$

따라서 두 이차방정식의 공통인 근은 $x=-1$이다.

52 답 $-\dfrac{8}{3}$

$x^2+2ax+2a-1=0$에서 $(x+1)(x+2a-1)=0$

$\therefore x=-1$ 또는 $x=-2a+1$

$x^2-(a+5)x+5a=0$에서 $(x-5)(x-a)=0$

$\therefore x=5$ 또는 $x=a$

(i) 공통인 근이 $x=-1$일 때, $a=-1$

(ii) 공통인 근이 $x=5$일 때,

　　$-2a+1=5$, $-2a=4$ $\therefore a=-2$

(iii) 공통인 근이 $x=-2a+1=a$일 때,

　　$-2a+1=a$, $3a=1$ $\therefore a=\dfrac{1}{3}$

따라서 (i)~(iii)에 의해 모든 a의 값의 합은

$-1+(-2)+\dfrac{1}{3}=-\dfrac{8}{3}$

---

03 이차방정식의 풀이 (2)

유형 모아 보기 & 완성하기　　143~149쪽

53 답 ⑤

$3(x-2)^2=15$에서 $(x-2)^2=5$

$x-2=\pm\sqrt{5}$ $\therefore x=2\pm\sqrt{5}$

54 답 ①

$(x+1)^2=a$가 해를 가지므로 $a\geq0$

따라서 a의 값이 될 수 없는 것은 ①이다.

55 답 ④

$x^2-6x+3=0$에서 $x^2-6x=-3$

$x^2-6x+9=-3+9$, $(x-3)^2=6$

따라서 $a=-3$, $b=6$이므로

$a+b=-3+6=3$

56 답 (가) $\dfrac{9}{4}$ (나) $\dfrac{3}{2}$ (다) $\dfrac{5}{4}$ (라) $\pm\dfrac{\sqrt{5}}{2}$ (마) $\dfrac{-3\pm\sqrt{5}}{2}$

$x^2+3x+1=0$에서 $x^2+3x=-1$

$x^2+3x+\left(\dfrac{3}{2}\right)^2=-1+\left(\dfrac{3}{2}\right)^2$

$x^2+3x+\dfrac{9}{4}=-1+\dfrac{9}{4}$

$\left(x+\dfrac{3}{2}\right)^2=\dfrac{5}{4}$

$x+\dfrac{3}{2}=\pm\dfrac{\sqrt{5}}{2}$

$\therefore x=\dfrac{-3\pm\sqrt{5}}{2}$

57 답 ②

$3x^2-7x+3=0$에서

$x=\dfrac{-(-7)\pm\sqrt{(-7)^2-4\times3\times3}}{2\times3}=\dfrac{7\pm\sqrt{13}}{6}$

따라서 $A=7$, $B=13$이므로

$A-B=7-13=-6$

58 답 (1) $x=\dfrac{1}{2}$ 또는 $x=4$ (2) $x=\dfrac{-3\pm\sqrt{17}}{4}$

(1) 주어진 이차방정식의 양변에 10을 곱하면

$2x^2-9x+4=0$, $(2x-1)(x-4)=0$

$\therefore x=\dfrac{1}{2}$ 또는 $x=4$

(2) 주어진 이차방정식의 양변에 12를 곱하면

$2x^2+3x-1=0$

$\therefore x=\dfrac{-3\pm\sqrt{3^2-4\times2\times(-1)}}{2\times2}=\dfrac{-3\pm\sqrt{17}}{4}$

59 답 $x=\dfrac{5}{2}$ 또는 $x=\dfrac{7}{3}$

$x-2=A$로 놓으면

$6A^2-5A+1=0$, $(2A-1)(3A-1)=0$

$\therefore A=\dfrac{1}{2}$ 또는 $A=\dfrac{1}{3}$

즉, $x-2=\dfrac{1}{2}$ 또는 $x-2=\dfrac{1}{3}$이므로

$x=\dfrac{5}{2}$ 또는 $x=\dfrac{7}{3}$

60 답 ④

$2(x-3)^2=20$에서 $(x-3)^2=10$

$x-3=\pm\sqrt{10}$ $\therefore x=3\pm\sqrt{10}$

따라서 $a=3$, $b=10$이므로

$a+b=3+10=13$

61 답 -19

$5(x+a)^2=b$에서 $(x+a)^2=\dfrac{b}{5}$

$x+a=\pm\sqrt{\dfrac{b}{5}}$ $\therefore x=-a\pm\sqrt{\dfrac{b}{5}}$ $\cdots$ (i)

즉, $-a\pm\sqrt{\dfrac{b}{5}}=4\pm\sqrt{3}$이므로

$-a=4$, $\dfrac{b}{5}=3$ $\therefore a=-4$, $b=15$ $\cdots$ (ii)

$\therefore a-b=-4-15=-19$ $\cdots$ (iii)

채점 기준

(i) $5(x+a)^2=b$의 해를 a, b를 사용하여 나타내기	50%
(ii) a, b의 값 구하기	40%
(iii) $a-b$의 값 구하기	10%

62 답 ③

$4(x-5)^2=a$에서 $(x-5)^2=\dfrac{a}{4}$

$x-5=\pm\dfrac{\sqrt{a}}{2}$ $\therefore x=5\pm\dfrac{\sqrt{a}}{2}$

이때 두 근의 차가 3이므로

$\left(5+\dfrac{\sqrt{a}}{2}\right)-\left(5-\dfrac{\sqrt{a}}{2}\right)=3$, $\sqrt{a}=3$ $\therefore a=9$

63 답 15

$(x-4)^2=15k$에서 $x-4=\pm\sqrt{15k}$ $\therefore x=4\pm\sqrt{15k}$

$x=4\pm\sqrt{15k}$가 정수가 되려면 $\sqrt{15k}$가 정수이어야 한다.

즉, k는 0 또는 $15\times$(자연수)^2 꼴이어야 한다.

이때 k는 자연수이므로 $k=15\times1^2$, 15×2^2, 15×3^2, $\cdots$

따라서 가장 작은 자연수 k의 값은 15이다.

64 답 ①

$\left(x+\dfrac{2}{3}\right)^2-k+7=0$에서 $\left(x+\dfrac{2}{3}\right)^2=k-7$

이 이차방정식이 해를 가지므로

$k-7\geq0$ $\therefore k\geq7$

따라서 k의 값이 될 수 없는 것은 ①이다.

65 답 ②

$(x+a)^2=2b$가 서로 다른 두 근을 가질 조건은

$2b>0$ $\therefore b>0$

66 답 ④

ㄱ. $k=-2$이면 $(x+2)^2=4$, $x+2=\pm2$

$\therefore x=0$ 또는 $x=-4$

따라서 정수인 서로 다른 두 근을 갖는다.

ㄴ. $k=0$이면 $(x+2)^2=2$, $x+2=\pm\sqrt{2}$

$\therefore x=-2\pm\sqrt{2}$

따라서 서로 다른 두 근을 갖는다.

ㄷ. $k=3$이면 $(x+2)^2=-1$이므로 근을 갖지 않는다.

ㄹ. 이차방정식 $(x+2)^2=2-k$가 근을 가질 조건은

$2-k\geq0$ $\therefore k\leq2$

따라서 옳은 것은 ㄱ, ㄷ, ㄹ이다.

67 답 ④

$x^2-4x-5=0$에서 $x^2-4x=5$

$x^2-4x+4=5+4$, $(x-2)^2=9$

따라서 $p=-2$, $q=9$이므로

$p+q=-2+9=7$

68 답 ②

$\frac{1}{2}x^2+6x-3=0$에서

$x^2+12x-6=0$, $x^2+12x=6$

$x^2+12x+36=6+36$

$(x+6)^2=42$ $\therefore k=42$

69 답 4

$(2x-1)(x-5)=-7x+8$에서

$2x^2-11x+5=-7x+8$

$2x^2-4x=3$, $x^2-2x=\frac{3}{2}$

$x^2-2x+1=\frac{3}{2}+1$, $(x-1)^2=\frac{5}{2}$ ···(i)

따라서 $p=-1$, $q=\frac{5}{2}$이므로   ···(ii)

$p+2q=-1+2\times\frac{5}{2}=4$ ···(iii)

채점 기준

(i) 주어진 이차방정식을 $(x+p)^2=q$ 꼴로 나타내기	70%
(ii) p, q의 값 구하기	20%
(iii) $p+2q$의 값 구하기	10%

70 답 ②

$x^2-7x+3=0$에서 $x^2-7x=-3$

$x^2-7x+\left(\frac{-7}{2}\right)^2=-3+\left(\frac{-7}{2}\right)^2$

$x^2-7x+\frac{49}{4}=-3+\frac{49}{4}$

$\left(x-\frac{7}{2}\right)^2=\frac{37}{4}$, $x-\frac{7}{2}=\pm\sqrt{\frac{37}{4}}$

$\therefore x=\frac{7}{2}\pm\sqrt{\frac{37}{4}}$

따라서 $A=\frac{49}{4}$, $B=\frac{7}{2}$, $C=\frac{37}{4}$이므로

$A+B+C=\frac{49}{4}+\frac{7}{2}+\frac{37}{4}=25$

71 답 (바), (나), (가), (라), (마), (다)

$2x^2-12x-4=0$에서

$x^2-6x-2=0$ ⟶ (바)

$x^2-6x=2$ ⟶ (나)

$x^2-6x+9=2+9$ ⟶ (가)

$(x-3)^2=11$ ⟶ (라)

$x-3=\pm\sqrt{11}$ ⟶ (마)

$\therefore x=3\pm\sqrt{11}$ ⟶ (다)

따라서 풀이 순서대로 나열하면 (바), (나), (가), (라), (마), (다)이다.

72 답 -9

$x^2-8x+16=a+16$, $(x-4)^2=a+16$

$x-4=\pm\sqrt{a+16}$ $\therefore x=4\pm\sqrt{a+16}$

즉, $4\pm\sqrt{a+16}=4\pm\sqrt{7}$이므로

$a+16=7$ $\therefore a=-9$

다른 풀이

$x=4\pm\sqrt{7}$에서 $x-4=\pm\sqrt{7}$

양변을 제곱하면 $(x-4)^2=7$

$x^2-8x+16=7$, $x^2-8x=-9$

$\therefore a=-9$

73 답 ④

$2x^2-3x-3=0$에서

$x=\frac{-(-3)\pm\sqrt{(-3)^2-4\times2\times(-3)}}{2\times2}=\frac{3\pm\sqrt{33}}{4}$

따라서 $A=3$, $B=33$이므로

$A+B=3+33=36$

74 답 ①

$(x+6)(x-3)=x-12$에서

$x^2+3x-18=x-12$, $x^2+2x-6=0$

$\therefore x=\frac{-1\pm\sqrt{1^2-1\times(-6)}}{1}=-1\pm\sqrt{7}$

75 답 ④

$x^2+7x+4k+1=0$에서

$x=\frac{-7\pm\sqrt{7^2-4\times1\times(4k+1)}}{2\times1}=\frac{-7\pm\sqrt{45-16k}}{2}$

즉, $\frac{-7\pm\sqrt{45-16k}}{2}=\frac{-7\pm\sqrt{13}}{2}$이므로

$45-16k=13$ $\therefore k=2$

다른 풀이

$x=\frac{-7\pm\sqrt{13}}{2}$에서

$2x=-7\pm\sqrt{13}$, $2x+7=\pm\sqrt{13}$

양변을 제곱하면

$(2x+7)^2=13$, $4x^2+28x+49=13$

$4x^2+28x+36=0$ $\therefore x^2+7x+9=0$

즉, $4k+1=9$이므로

$4k=8$ $\therefore k=2$

76 답 -35

$3x^2-5x+p=0$에서

$x=\frac{-(-5)\pm\sqrt{(-5)^2-4\times3\times p}}{2\times3}=\frac{5\pm\sqrt{25-12p}}{6}$ ···(i)

즉, $\frac{5\pm\sqrt{25-12p}}{6}=\frac{q\pm\sqrt{109}}{6}$이므로

$5=q$, $25-12p=109$ $\therefore p=-7$, $q=5$ ···(ii)

$\therefore pq=-7\times5=-35$ ···(iii)

채점 기준

(i) $3x^2-5x+p=0$의 해를 p를 사용하여 나타내기	50%
(ii) p, q의 값 구하기	40%
(iii) pq의 값 구하기	10%

77 답 ②

$(x-2)(x-3)=4x-12$에서 $x^2-5x+6=4x-12$

$x^2-9x+18=0$, $(x-3)(x-6)=0$

$\therefore x=3$ 또는 $x=6$

이때 $a>b$이므로 $a=6$, $b=3$

$x^2+(a+b)x+b=0$에 $a=6$, $b=3$을 대입하면

$x^2+9x+3=0$

$\therefore x=\dfrac{-9\pm\sqrt{9^2-4\times1\times3}}{2\times1}=\dfrac{-9\pm\sqrt{69}}{2}$

78 답 ④

$x^2-4x-1=0$에서

$x=\dfrac{-(-2)\pm\sqrt{(-2)^2-1\times(-1)}}{1}=2\pm\sqrt{5}$

이때 $2<\sqrt{5}<3$이므로 $4<2+\sqrt{5}<5$

$-3<-\sqrt{5}<-2$에서 $-1<2-\sqrt{5}<0$

따라서 $2-\sqrt{5}$와 $2+\sqrt{5}$ 사이에 있는 정수는 0, 1, 2, 3, 4의 5개이다.

79 답 3, 8, 11, 12

$x^2-6x+a-3=0$에서

$x=\dfrac{-(-3)\pm\sqrt{(-3)^2-1\times(a-3)}}{1}=3\pm\sqrt{12-a}$

이때 자연수 a에 대하여 해가 모두 유리수가 되려면 $12-a$가 0 또는 12보다 작은 (자연수)^2 꼴인 수이어야 하므로

$12-a=0$, 1, 4, 9 $\quad \therefore a=3$, 8, 11, 12

80 답 26

주어진 이차방정식의 양변에 10을 곱하면

$2x^2-8x-3=0$

$\therefore x=\dfrac{-(-4)\pm\sqrt{(-4)^2-2\times(-3)}}{2}=\dfrac{4\pm\sqrt{22}}{2}$

따라서 $A=4$, $B=22$이므로

$A+B=4+22=26$

81 답 $x=-\dfrac{5}{2}$

$\dfrac{1}{3}x^2+\dfrac{1}{2}x-\dfrac{5}{6}=0$의 양변에 6을 곱하면

$2x^2+3x-5=0$, $(x-1)(2x+5)=0$

$\therefore x=1$ 또는 $x=-\dfrac{5}{2}$

$0.1x^2+0.45x+0.5=0$의 양변에 100을 곱하면

$10x^2+45x+50=0$, $2x^2+9x+10=0$, $(x+2)(2x+5)=0$

$\therefore x=-2$ 또는 $x=-\dfrac{5}{2}$

따라서 두 이차방정식의 공통인 해는 $x=-\dfrac{5}{2}$이다.

82 답 ④

$\dfrac{1}{5}x^2+0.5x=\dfrac{3}{4}x+0.3$의 양변에 20을 곱하면

$4x^2+10x=15x+6$, $4x^2-5x-6=0$

$(4x+3)(x-2)=0$ $\quad \therefore x=-\dfrac{3}{4}$ 또는 $x=2$

따라서 주어진 이차방정식의 두 근의 합은

$-\dfrac{3}{4}+2=\dfrac{5}{4}$

83 답 ③

$\dfrac{(x+1)(x+3)}{4}-\dfrac{x^2+1}{2}=\dfrac{3}{4}$의 양변에 4를 곱하면

$(x+1)(x+3)-2(x^2+1)=3$

$x^2+4x+3-2x^2-2=3$

$x^2-4x+2=0$

$\therefore x=\dfrac{-(-2)\pm\sqrt{(-2)^2-1\times2}}{1}=2\pm\sqrt{2}$

따라서 $a=2$, $b=2$이므로

$a+b=2+2=4$

84 답 ④

$0.6(x-2)^2=\dfrac{2(x+2)(x-3)}{5}$의 양변에 5를 곱하면

$3(x-2)^2=2(x+2)(x-3)$

$3(x^2-4x+4)=2(x^2-x-6)$

$3x^2-12x+12=2x^2-2x-12$

$x^2-10x+24=0$, $(x-4)(x-6)=0$

$\therefore x=4$ 또는 $x=6$

이때 $\alpha>\beta$이므로 $\alpha=6$, $\beta=4$

$\therefore \alpha-\beta=6-4=2$

85 답 $x=-1$ 또는 $x=-\dfrac{2}{3}$

$\dfrac{3}{5}x^2-0.3x=0.5(2x-1)$의 양변에 10을 곱하면

$6x^2-3x=5(2x-1)$, $6x^2-3x=10x-5$

$6x^2-13x+5=0$, $(2x-1)(3x-5)=0$

$\therefore x=\dfrac{1}{2}$ 또는 $x=\dfrac{5}{3}$ $\qquad \cdots$ (i)

이때 $a>b$이므로 $a=\dfrac{5}{3}$, $b=\dfrac{1}{2}$ $\qquad \cdots$ (ii)

따라서 이차방정식 $x^2+ax+\dfrac{4}{3}b=0$은 $x^2+\dfrac{5}{3}x+\dfrac{2}{3}=0$이므로

이 이차방정식의 양변에 3을 곱하면

$3x^2+5x+2=0$, $(x+1)(3x+2)=0$

$\therefore x=-1$ 또는 $x=-\dfrac{2}{3}$ $\qquad \cdots$ (iii)

채점 기준

(i) $\dfrac{3}{5}x^2-0.3x=0.5(2x-1)$의 해 구하기	40%
(ii) a, b의 값 구하기	20%
(iii) $x^2+ax+\dfrac{4}{3}b=0$의 해 구하기	40%

86 답 4

$0.2x^2-x+0.7=0$의 양변에 10을 곱하면

$2x^2-10x+7=0$

$\therefore x=\dfrac{-(-5)\pm\sqrt{(-5)^2-2\times7}}{2}=\dfrac{5\pm\sqrt{11}}{2}$

이때 두 근 중 큰 근은 $a=\dfrac{5+\sqrt{11}}{2}$이므로 $3<\sqrt{11}<4$에서

$8<5+\sqrt{11}<9$ $\therefore 4<\dfrac{5+\sqrt{11}}{2}<\dfrac{9}{2}$

따라서 $n<\dfrac{5+\sqrt{11}}{2}<n+1$을 만족시키는 정수 n의 값은 4이다.

87 답 $x=-5$ 또는 $x=6$

$x+1=A$로 놓으면

$A^2-3A=28$, $A^2-3A-28=0$

$(A+4)(A-7)=0$ $\therefore A=-4$ 또는 $A=7$

즉, $x+1=-4$ 또는 $x+1=7$이므로

$x=-5$ 또는 $x=6$

88 답 ④

$x-2=A$로 놓으면 $0.1A^2+\dfrac{1}{2}A=\dfrac{3}{5}$

이 이차방정식의 양변에 10을 곱하면

$A^2+5A=6$, $A^2+5A-6=0$

$(A+6)(A-1)=0$ $\therefore A=-6$ 또는 $A=1$

즉, $x-2=-6$ 또는 $x-2=1$이므로

$x=-4$ 또는 $x=3$

이때 음수인 해는 $x=-4$

89 답 ①

$3x-y=A$로 놓으면 $A(A+4)=12$

$A^2+4A-12=0$, $(A+6)(A-2)=0$

$\therefore A=-6$ 또는 $A=2$

$\therefore 3x-y=-6$ 또는 $3x-y=2$

이때 $3x<y$에서 $3x-y<0$이므로

$3x-y=-6$

Pick 점검하기   150~152쪽

90 답 ②

ㄱ. $x^2=3(x+1)$에서 $x^2=3x+3$

$x^2-3x-3=0$ ⇨ 이차방정식

ㄴ. $(2x-1)^2=4x^2+3x+1$에서 $4x^2-4x+1=4x^2+3x+1$

$-7x=0$ ⇨ 일차방정식

ㄷ. $x^2+2x=-x^2+3$에서 $2x^2+2x-3=0$ ⇨ 이차방정식

ㄹ. $x(x+2)=(x+1)(x-1)$에서 $x^2+2x=x^2-1$

$2x+1=0$ ⇨ 일차방정식

ㅁ. x^2-4x-2 ⇨ 등식이 아니므로 이차방정식이 아니다.

ㅂ. $\dfrac{1}{x^2}+2x^2+3=2x^2$에서

$\dfrac{1}{x^2}+3=0$ ⇨ 분모에 미지수가 있으므로 이차방정식이 아니다.

따라서 x에 대한 이차방정식은 ㄱ, ㄷ의 2개이다.

91 답 $a\neq1$

$(ax+4)(4x-3)=x^2+3x(x-1)$에서

$4ax^2-3ax+16x-12=x^2+3x^2-3x$

$\therefore (4a-4)x^2+(-3a+19)x-12=0$

이때 이차항의 계수가 0이 아니어야 하므로

$4a-4\neq0$ $\therefore a\neq1$

92 답 ⑤

① $4^2-16=0$

② $(-3)^2+(-3)-6=0$

③ $5^2-6\times5+5=0$

④ $1^2-5\times1+4=0$

⑤ $2\times\left(\dfrac{3}{2}\right)^2+\dfrac{3}{2}-3=3\neq0$

따라서 [ ] 안의 수가 주어진 이차방정식의 해가 아닌 것은 ⑤이다.

93 답 $\dfrac{1}{2}$

$ax^2+(a-2)x+1=0$에 $x=2$를 대입하면

$a\times2^2+(a-2)\times2+1=0$

$6a-3=0$ $\therefore a=\dfrac{1}{2}$

94 답 ③, ⑤

① $x^2-2x-1=0$에 $x=a$를 대입하면 $a^2-2a-1=0$

② $a^2-2a-1=0$에서 $a^2-2a=1$이므로

$2a^2-4a=2(a^2-2a)=2\times1=2$

③ $5-a^2+2a=5-(a^2-2a)=5-1=4$

④ $a^2-2a-1=0$에서 $a=0$이면 등식이 성립하지 않으므로 $a\neq0$

등식의 양변을 a로 나누면

$a-2-\dfrac{1}{a}=0$ $\therefore a-\dfrac{1}{a}=2$

⑤ $a^2+\dfrac{1}{a^2}=\left(a-\dfrac{1}{a}\right)^2+2=2^2+2=6$

따라서 옳지 않은 것은 ③, ⑤이다.

95 답 ⑤

① $(x-3)(x+2)=0$에서 $x-3=0$ 또는 $x+2=0$

$\therefore x=3$ 또는 $x=-2$

② $3x(5x-3)=0$에서 $3x=0$ 또는 $5x-3=0$

$\therefore x=0$ 또는 $x=\dfrac{3}{5}$

③ $(3x-5)(2x+7)=0$에서 $3x-5=0$ 또는 $2x+7=0$

$\therefore x=\dfrac{5}{3}$ 또는 $x=-\dfrac{7}{2}$

④ $(4x-1)(6x+1)=0$에서 $4x-1=0$ 또는 $6x+1=0$

$\therefore x=\dfrac{1}{4}$ 또는 $x=-\dfrac{1}{6}$

⑤ $2(x-7)(3x+5)=0$에서 $(x-7)(3x+5)=0$

$x-7=0$ 또는 $3x+5=0$ $\therefore x=7$ 또는 $x=-\dfrac{5}{3}$

따라서 이차방정식을 바르게 푼 것은 ⑤이다.

96 답 $\dfrac{3}{4}$

$x(x-2)-(3x+1)(3x-1)=0$에서

$x^2-2x-(9x^2-1)=0$, $8x^2+2x-1=0$

$(2x+1)(4x-1)=0$ $\therefore x=-\dfrac{1}{2}$ 또는 $x=\dfrac{1}{4}$

따라서 두 해의 차는 $\dfrac{1}{4}-\left(-\dfrac{1}{2}\right)=\dfrac{3}{4}$

97 답 ②

$y=ax+4$에 $x=a+1$, $y=2a+6$을 대입하면

$2a+6=a(a+1)+4$

$a^2-a-2=0$, $(a+1)(a-2)=0$

$\therefore a=-1$ 또는 $a=2$

이때 이차함수 $y=ax+4$의 그래프가 제3사분면을 지나지 않아야

하므로 $a<0$이어야 한다.

$\therefore a=-1$

98 답 ③

$4x^2-2ax+a-1=0$에 $x=2$를 대입하면

$4\times2^2-2a\times2+a-1=0$

$-3a+15=0$ $\therefore a=5$

주어진 이차방정식에 $a=5$를 대입하면

$4x^2-10x+4=0$, $2x^2-5x+2=0$

$(2x-1)(x-2)=0$ $\therefore x=\dfrac{1}{2}$ 또는 $x=2$

따라서 $b=\dfrac{1}{2}$이므로

$a-b=5-\dfrac{1}{2}=\dfrac{9}{2}$

99 답 $x=0$

$(a-1)x^2+(a^2+3)x-3a-9=0$에 $x=3$을 대입하면

$(a-1)\times3^2+(a^2+3)\times3-3a-9=0$

$9a-9+3a^2+9-3a-9=0$

$3a^2+6a-9=0$, $a^2+2a-3=0$

$(a+3)(a-1)=0$ $\therefore a=-3$ 또는 $a=1$

이때 주어진 이차방정식의 x^2의 계수가 0이 아니어야 하므로

$a-1\neq0$에서 $a\neq1$

$\therefore a=-3$

즉, 주어진 이차방정식은 $-4x^2+12x=0$이므로

$x^2-3x=0$, $x(x-3)=0$

$\therefore x=0$ 또는 $x=3$

따라서 다른 한 근은 $x=0$이다.

100 답 ②

① $x^2+x-42=0$에서 $(x+7)(x-6)=0$

$\therefore x=-7$ 또는 $x=6$

② $(4x+1)(x+3)=x-6$에서

$4x^2+13x+3=x-6$, $4x^2+12x+9=0$

$(2x+3)^2=0$ $\therefore x=-\dfrac{3}{2}$

③ $x^2-6x+8=0$에서 $(x-2)(x-4)=0$

$\therefore x=2$ 또는 $x=4$

④ $x^2-10x-25=0$에서 $x^2-10x=25$

$x^2-10x+(-5)^2=25+(-5)^2$

$(x-5)^2=50$, $x-5=\pm5\sqrt{2}$

$\therefore x=5\pm5\sqrt{2}$

⑤ $5x(x-1)=25-5x$에서

$5x^2-5x=25-5x$, $5x^2=25$

$x^2=5$ $\therefore x=\pm\sqrt{5}$

따라서 중근을 갖는 것은 ②이다.

101 답 ①, ⑤

$x^2-kx+\dfrac{4}{9}=0$이 중근을 가지므로

$\dfrac{4}{9}=\left(\dfrac{-k}{2}\right)^2$, $k^2=\dfrac{16}{9}$ $\therefore k=\pm\dfrac{4}{3}$

102 답 $x=-3$

$x^2-2x-15=0$에서 $(x+3)(x-5)=0$

$\therefore \underline{x=-3}$ 또는 $x=5$

$2x^2+5x-3=0$에서 $(x+3)(2x-1)=0$

$\therefore \underline{x=-3}$ 또는 $x=\dfrac{1}{2}$

따라서 두 이차방정식의 공통인 근은 $x=-3$이다.

103 답 ②

$4(x+a)^2=24$에서 $(x+a)^2=6$

$x+a=\pm\sqrt{6}$ $\therefore x=-a\pm\sqrt{6}$

즉, $-a\pm\sqrt{6}=5\pm\sqrt{b}$이므로

$a=-5$, $b=6$

$\therefore ab=-5\times6=-30$

104 답 $k<1$

$(x+2)^2=\dfrac{4k-4}{3}$가 근을 갖지 않으려면

$\dfrac{4k-4}{3}<0$, $4k-4<0$, $4k<4$ $\therefore k<1$

105 답 27

$x^2+10x+3=0$에서 $x^2+10x=-3$

$x^2+10x+5^2=-3+5^2$

$\therefore (x+5)^2=22$

따라서 $a=5$, $b=22$이므로

$a+b=5+22=27$

106 답 $A=5$, $B=\dfrac{81}{100}$, $C=\dfrac{9}{10}$, $D=\dfrac{21}{100}$, $E=\dfrac{-9\pm\sqrt{21}}{10}$

$5x^2+9x+3=0$에서

양변을 5로 나누면 $x^2+\dfrac{9}{5}x+\dfrac{3}{5}=0$

상수항을 우변으로 이항하면 $x^2+\dfrac{9}{5}x=-\dfrac{3}{5}$

양변에 $\left(\dfrac{9}{10}\right)^2$, 즉 $\dfrac{81}{100}$ 을 더하면

$x^2+\dfrac{9}{5}x+\dfrac{81}{100}=-\dfrac{3}{5}+\dfrac{81}{100}$

$\left(x+\dfrac{9}{10}\right)^2=\dfrac{21}{100}$, $x+\dfrac{9}{10}=\pm\sqrt{\dfrac{21}{100}}=\pm\dfrac{\sqrt{21}}{10}$

$\therefore x=\dfrac{-9\pm\sqrt{21}}{10}$

$\therefore A=5$, $B=\dfrac{81}{100}$, $C=\dfrac{9}{10}$, $D=\dfrac{21}{100}$, $E=\dfrac{-9\pm\sqrt{21}}{10}$

107 답 -6

$3x^2+7x+p=0$에서

$x=\dfrac{-7\pm\sqrt{7^2-4\times3\times p}}{2\times3}=\dfrac{-7\pm\sqrt{49-12p}}{6}$

즉, $\dfrac{-7\pm\sqrt{49-12p}}{6}=\dfrac{q\pm\sqrt{37}}{6}$이므로

$q=-7$, $49-12p=37$ $\therefore p=1$, $q=-7$

$\therefore p+q=1+(-7)=-6$

108 답 16

$x=\dfrac{-(-4)\pm\sqrt{(-4)^2-1\times(a+9)}}{1}=4\pm\sqrt{7-a}$

이때 자연수 a에 대하여 해가 모두 정수가 되려면 $7-a$가 0 또는 7 보다 작은 (자연수)^2 꼴인 수이어야 하므로

$7-a=0$, 1, 4

$\therefore a=3$, 6, 7

따라서 모든 자연수 a의 값의 합은

$3+6+7=16$

109 답 ③

주어진 이차방정식의 양변에 5를 곱하면

$x^2-5x=-6$, $x^2-5x+6=0$

$(x-2)(x-3)=0$

$\therefore x=2$ 또는 $x=3$

이때 $\alpha>\beta$이므로 $\alpha=3$, $\beta=2$

$\therefore \alpha-\beta=3-2=1$

110 답 -7

$(a+2)x^2-ax+2a=0$에 $x=1$을 대입하면

$a+2-a+2a=0$, $2a+2=0$ $\therefore a=-1$ $\cdots$ (i)

$x^2+x+b=0$에 $x=-3$을 대입하면

$(-3)^2+(-3)+b=0$, $6+b=0$ $\therefore b=-6$ $\cdots$ (ii)

$\therefore a+b=-1+(-6)=-7$ $\cdots$ (iii)

111 답 -10

$(x+1)(x-8)=-18$에서

$x^2-7x-8=-18$, $x^2-7x+10=0$

$(x-2)(x-5)=0$ $\therefore x=2$ 또는 $x=5$ $\cdots$ (i)

이때 $x>2$를 만족시키는 근은 $x=5$이므로 $\cdots$ (ii)

$x^2-3x+a=0$에 $x=5$를 대입하면

$5^2-3\times5+a=0$, $10+a=0$ $\therefore a=-10$ $\cdots$ (iii)

112 답 $x=\dfrac{5\pm\sqrt{109}}{14}$

$\dfrac{(x+1)(2x-3)}{2}=0.3(x-2)(x+2)$의 양변에 10을 곱하면

$5(x+1)(2x-3)=3(x-2)(x+2)$ $\cdots$ (i)

$5(2x^2-x-3)=3(x^2-4)$

$10x^2-5x-15=3x^2-12$

$7x^2-5x-3=0$ $\cdots$ (ii)

$\therefore x=\dfrac{-(-5)\pm\sqrt{(-5)^2-4\times7\times(-3)}}{2\times7}$

$=\dfrac{5\pm\sqrt{109}}{14}$ $\cdots$ (iii)

만점 문제 뛰어넘기 153쪽

113 답 6

$x^2-5x-1=0$에 $x=a$를 대입하면

$a^2-5a-1=0$ $\cdots$ ㉠

㉠에서 $a^2-5a=1$, $a^2-1=5a$

$\therefore \sqrt{a(a-5)}+\dfrac{a^2-1}{a}=\sqrt{a^2-5a}+\dfrac{a^2-1}{a}$

$=\sqrt{1}+\dfrac{5a}{a}$

$=1+5=6$

114 답 ⑤

주어진 식의 모든 항을 좌변으로 이항하여 정리하면
$$(a^2+3a-4)x^2+(a-1)x-1=0$$
이때 이차항의 계수가 0이 아니어야 하므로
$$a^2+3a-4\neq 0, \ (a+4)(a-1)\neq 0$$
$$\therefore a\neq -4이고 \ a\neq 1$$

115 답 ⑤

$999\times 1001=(1000-1)(1000+1)=1000^2-1$이므로
$1000^2x^2-999\times 1001x-1=0$에서
$$1000^2x^2+(1-1000^2)x-1=0$$

$$\begin{array}{ccc} x & \diagdown & -1 \to -1000^2x \\ 1000^2x & \diagup & 1 \to \dfrac{x}{(1-1000^2)x}(+ \end{array}$$

$(x-1)(1000^2x+1)=0 \quad \therefore x=1 \ 또는 \ x=-\dfrac{1}{1000^2}$

이때 두 근 중 큰 근은 1이므로 $\alpha=1$
$x^2+1000x-1001=0$에서
$(x-1)(x+1001)=0 \quad \therefore x=1 \ 또는 \ x=-1001$
이때 두 근 중 작은 근은 -1001이므로 $\beta=-1001$
$$\therefore \alpha-\beta=1-(-1001)=1002$$

116 답 ③

$ax^2-\dfrac{1}{2}bx+a-b=0$에 $x=3$을 대입하면
$$a\times 3^2-\dfrac{1}{2}b\times 3+a-b=0$$
$$10a-\dfrac{5}{2}b=0 \quad \therefore b=4a$$
$ax^2-\dfrac{1}{2}bx+a-b=0$에 $b=4a$를 대입하면
$$ax^2-\dfrac{1}{2}\times 4a\times x+a-4a=0$$
$$ax^2-2ax-3a=0, \ a(x^2-2x-3)=0$$
$$a(x+1)(x-3)=0$$
$$\therefore x=-1 \ 또는 \ x=3$$
따라서 다른 한 근은 $x=-1$이다.

만렙비법 방정식에 $x=3$을 대입하여 a, b 사이의 관계를 식으로 나타낸다.

117 답 ⑤

A, B 두 개의 주사위를 동시에 던질 때 일어날 수 있는 모든 경우의 수는 $6\times 6=36$
$x^2-\dfrac{2}{3}ax+b=0$이 중근을 가지려면
$$b=\left(-\dfrac{1}{3}a\right)^2 \quad \therefore a^2=9b$$
$a^2=9b$를 만족시키는 a, b의 순서쌍 (a, b)는 $(3, 1), (6, 4)$의 2가지이므로 구하는 확률은
$$\dfrac{2}{36}=\dfrac{1}{18}$$

만렙비법 중근을 가질 조건을 이용하여 a, b 사이의 관계를 식으로 나타낸다.

118 답 ②

$x^2+ax+9b=0$이 중근을 가지므로
$$9b=\left(\dfrac{a}{2}\right)^2 \quad \therefore a^2=36b$$
이때 $a^2=36b=6^2\times b$이므로 b는 (자연수)^2 꼴이어야 하고, b의 값이 최소일 때 a의 값도 최소가 된다.
두 자리의 자연수 중 가장 작은 (자연수)^2 꼴인 수는 16이므로 $b=16$
$a^2=6^2\times 16=(6\times 4)^2=24^2$이므로 $a=24$
$$\therefore a+b=24+16=40$$

119 답 2

$3(2x+y)^2-32x-16y-12=0$에서
$$3(2x+y)^2-16(2x+y)-12=0$$
$2x+y=A$로 놓으면
$$3A^2-16A-12=0, \ (A-6)(3A+2)=0$$
$$\therefore A=6 \ 또는 \ A=-\dfrac{2}{3}$$
이때 x, y는 자연수이므로 $2x+y=6$
따라서 주어진 방정식을 만족시키는 자연수 x, y의 순서쌍 $(x. y)$는 $(1, 4), (2, 2)$의 2개이다.

8 이차방정식의 활용

01 ⑤	**02** ④	**03** $\dfrac{1}{4}$	**04** ③
05 ㄱ, ㄹ, ㅁ		**06** ④	**07** ⑤	**08** 5
09 ④, ⑤	**10** ②	**11** ⑤	**12** -3
13 -12, $x=6$	**14** ①	**15** ⑤	**16** $\dfrac{13}{11}$
17 ③	**18** ③	**19** $a=-1$, $b=-6$	**20** ③
21 ④	**22** $x=-\dfrac{1}{2}$ 또는 $x=\dfrac{1}{3}$ **23** ③	**24** ④
25 $6x^2+11x+3=0$	**26** ①	**27** 36	**28** ③
29 ⑤	**30** $x=4\pm3\sqrt{2}$	**31** 48	**32** ②
33 (1) $x^2-2x-24=0$ (2) 6	**34** 72	**35** 9살
36 ②	**37** ④	**38** 9팀	
39 (1) (n^2+2n)개 (2) 12단계	**40** 9	**41** 5
42 24	**43** 99	**44** ④	**45** 2, 3	**46** ③
47 ⑤	**48** 18	**49** ①	**50** 27	**51** 15명
52 ②	**53** 16마리	**54** 3초 후	**55** ③	**56** ④
57 ①	**58** ④	**59** 5 cm	**60** 4 m	**61** 13 cm
62 8 cm	**63** 6 cm	**64** 12 m	**65** $(-6+6\sqrt{2})$ cm
66 $(4-\sqrt{2})$ cm	**67** $(6, 3)$	**68** $(5+5\sqrt{5})$ cm
69 3 m	**70** 8초 후	**71** 6 cm	**72** 3초 후	**73** 4 cm
74 6 cm	**75** $\dfrac{1+\sqrt{5}}{2}$	**76** ③	**77** 5 m	**78** 2 m
79 19 cm	**80** 10 cm	**81** ㄱ, ㄴ	**82** ④	**83** ④
84 ①	**85** $x=-2$ 또는 $x=6$	**86** 10명	**87** ③
88 ④	**89** 7월 9일	**90** ④	**91** 7 cm	**92** ③
93 $(-2+2\sqrt{5})$ cm	**94** 4초 후	**95** 4 cm	**96** 5 m
97 ④	**98** -3	**99** 3	**100** 12줄	**101** $\dfrac{3}{8}$
102 300	**103** ③	**104** 8 cm	
105 (1) 1 cm (2) $\dfrac{1+\sqrt{5}}{2}$	**106** 63 cm²

유형 모아 보기 & 완성하기   156~158쪽

01 답 ⑤

① $1^2-4\times1\times\dfrac{1}{4}=0$ ⇨ 중근

② $(-6)^2-9\times4=0$ ⇨ 중근

③ $1^2-4\times4\times4=-63<0$ ⇨ 근이 없다.

④ $(-1)^2-3\times1=-2<0$ ⇨ 근이 없다.

⑤ $3^2-4\times1\times(-5)=29>0$ ⇨ 서로 다른 두 근

따라서 서로 다른 두 근을 갖는 것은 ⑤이다.

02 답 ④

$2x^2+4x-1+m=0$이 서로 다른 두 근을 가지므로

$2^2-2\times(-1+m)>0$

$4+2-2m>0$, $6-2m>0$

$\therefore m<3$

03 답 $\dfrac{1}{4}$

$x^2+5x+a+6=0$이 중근을 가지므로

$5^2-4\times1\times(a+6)=0$, $25-4a-24=0$

$1-4a=0$ $\therefore a=\dfrac{1}{4}$

다른 풀이

$x^2+5x+a+6=0$이 중근을 가지므로

$a+6=\left(\dfrac{5}{2}\right)^2=\dfrac{25}{4}$ $\therefore a=\dfrac{1}{4}$

04 답 ③

① $(-2)^2-3\times0=4>0$ ⇨ 서로 다른 두 근 ⇨ 근이 2개

② $(-5)^2-4\times1\times(-6)=49>0$ ⇨ 서로 다른 두 근 ⇨ 근이 2개

③ $5^2-4\times1\times10=-15<0$ ⇨ 근이 없다. ⇨ 근이 0개

④ $9^2-4\times4\times2=49>0$ ⇨ 서로 다른 두 근 ⇨ 근이 2개

⑤ $6^2-4\times5=16>0$ ⇨ 서로 다른 두 근 ⇨ 근이 2개

따라서 근의 개수가 나머지 넷과 다른 하나는 ③이다.

05 답 ㄱ, ㄹ, ㅁ

ㄱ. $0^2-4\times1\times4=-16<0$ ⇨ 근이 없다.

ㄴ. $(-1)^2-3\times\dfrac{1}{3}=0$ ⇨ 중근

ㄷ. $x^2+3x=18$에서 $x^2+3x-18=0$

    $\therefore 3^2-4\times1\times(-18)=81>0$ ⇨ 서로 다른 두 근

ㄹ. $(-1)^2-4\times2\times7=-55<0$ ⇨ 근이 없다.

ㅁ. $2x^2-x=3(x-7)$에서 $2x^2-4x+21=0$

    $\therefore (-2)^2-2\times21=-38<0$ ⇨ 근이 없다.

따라서 근이 존재하지 않는 것은 ㄱ, ㄹ, ㅁ이다.

06 답 ④

$x^2-8x+a=0$의 근의 개수는 $(-4)^2-1\times a=16-a$의 부호로 판단한다.

① $a=16$이면 $16-16=0$
   따라서 중근을 갖는다.
② $a=8$이면 $16-8=8>0$
   따라서 서로 다른 두 근을 갖는다.
③ $a=12$이면 $16-12=4>0$
   따라서 서로 다른 두 근을 갖는다.
④ $a=-9$이면 $16-(-9)=25>0$
   따라서 서로 다른 두 근을 갖는다.
⑤ $a=20$이면 $16-20=-4<0$
   따라서 근을 갖지 않는다.
따라서 옳지 않은 것은 ④이다.

07 답 ⑤

$2x^2+3x+\dfrac{k+1}{8}=0$이 근을 갖지 않으므로

$3^2-4\times2\times\dfrac{k+1}{8}<0$

$9-(k+1)<0,\ 8-k<0$ $\quad\therefore k>8$

08 답 5

$2x^2-5x+k-2=0$이 근을 가지려면

$(-5)^2-4\times2\times(k-2)\geq0$ $\qquad\cdots$ (i)

$25-8k+16\geq0,\ 41-8k\geq0$ $\quad\therefore k\leq\dfrac{41}{8}(=5.125)$ $\qquad\cdots$ (ii)

따라서 가장 큰 정수 k의 값은 5이다. $\qquad\cdots$ (iii)

채점 기준

(i) 근을 가질 조건을 부등식으로 나타내기	40%
(ii) 부등식 풀기	40%
(iii) 가장 큰 정수 k의 값 구하기	20%

09 답 ④, ⑤

$x^2-(2a+3)x+a^2=0$이 서로 다른 두 근을 가지므로

$\{-(2a+3)\}^2-4\times1\times a^2>0,\ 4a^2+12a+9-4a^2>0$

$12a+9>0$ $\quad\therefore a>-\dfrac{3}{4}$

따라서 a의 값이 될 수 있는 것은 ④, ⑤이다.

10 답 ②

$3x^2+12x+8=2k-12$에서 $3x^2+12x+20-2k=0$
이 이차방정식이 중근을 가지므로

$6^2-3\times(20-2k)=0,\ 36-60+6k=0$

$-24+6k=0$ $\quad\therefore k=4$

11 답 ⑤

$4x^2+2(k-3)x+k=0$이 중근을 가지므로

$(k-3)^2-4\times k=0,\ k^2-6k+9-4k=0$

$k^2-10k+9=0,\ (k-1)(k-9)=0$ $\quad\therefore k=1$ 또는 $k=9$

따라서 모든 k의 값의 합은 $1+9=10$

12 답 -3

$(x-1)(x-2)=a$에서 $x^2-3x+2-a=0$
이 이차방정식이 중근을 가지므로

$(-3)^2-4\times1\times(2-a)=0$

$9-8+4a=0,\ 1+4a=0$

$\therefore a=-\dfrac{1}{4}$ $\qquad\cdots$ (i)

$x^2-3x+2-a=0$에 $a=-\dfrac{1}{4}$을 대입하면

$x^2-3x+\dfrac{9}{4}=0,\ \left(x-\dfrac{3}{2}\right)^2=0$ $\quad\therefore x=\dfrac{3}{2}$

$\therefore b=\dfrac{3}{2}$ $\qquad\cdots$ (ii)

$\therefore 8ab=8\times\left(-\dfrac{1}{4}\right)\times\dfrac{3}{2}=-3$ $\qquad\cdots$ (iii)

채점 기준

(i) a의 값 구하기	50%
(ii) b의 값 구하기	40%
(iii) $8ab$의 값 구하기	10%

13 답 -12, $x=6$

$x^2+mx+36=0$이 중근을 가지려면

$m^2-4\times1\times36=0,\ m^2=144$ $\quad\therefore m=\pm12$

(i) $m=12$일 때,
   $x^2+12x+36=0,\ (x+6)^2=0$
   $\therefore x=-6$

(ii) $m=-12$일 때,
   $x^2-12x+36=0,\ (x-6)^2=0$
   $\therefore x=6$

따라서 양수인 중근을 갖도록 하는 상수 m의 값은 -12이고, 이때의 중근은 $x=6$이다.

14 답 ①

$3x^2+2kx+2k-3=0$이 중근을 가지므로

$k^2-3\times(2k-3)=0$

$k^2-6k+9=0,\ (k-3)^2=0$ $\quad\therefore k=3$

따라서 이차방정식 $x^2+2kx+8=0$은 $x^2+6x+8=0$이므로

$(x+4)(x+2)=0$ $\quad\therefore x=-4$ 또는 $x=-2$

따라서 두 근의 합은

$-4+(-2)=-6$

15 답 ⑤

$x^2+(a-1)x+1=0$이 중근을 가지므로

$(a-1)^2-4\times1\times1=0$

$a^2-2a+1-4=0,\ a^2-2a-3=0$

$(a+1)(a-3)=0$ $\quad\therefore a=-1$ 또는 $a=3$ $\qquad\cdots$ ㉠

$x^2-2x+a=0$이 근을 갖지 않으므로

$(-1)^2-1\times a<0,\ 1-a<0$ $\quad\therefore a>1$ $\qquad\cdots$ ㉡

㉠, ㉡에 의해 $a=3$

16 답 $\dfrac{13}{11}$

$(k^2-1)x^2-(k+1)x+3=0$이 중근을 가지므로
$\{-(k+1)\}^2-4\times(k^2-1)\times3=0$
$k^2+2k+1-12k^2+12=0$
$11k^2-2k-13=0$, $(k+1)(11k-13)=0$
$\therefore k=-1$ 또는 $k=\dfrac{13}{11}$ $\cdots$ ㉠

그런데 $k=-1$이면 $k^2-1=(-1)^2-1=1-1=0$이므로 주어진 방정식이 이차방정식이 아니다.
즉, $k\neq-1$이므로 ㉠에서 $k=\dfrac{13}{11}$

---

02 **이차방정식 구하기**

유형 모아 보기 & 완성하기 159~161쪽

17 답 ③

$3(x-4)(x+2)=0$, $3(x^2-2x-8)=0$
$\therefore 3x^2-6x-24=0$

18 답 ③

두 근을 a, $a+3$이라 하면
$(x-a)\{x-(a+3)\}=0$, $x^2-(2a+3)x+a(a+3)=0$
이때 x의 계수가 -5이므로
$-(2a+3)=-5$ $\therefore a=1$
$\therefore k=a(a+3)=1\times4=4$

19 답 $a=-1$, $b=-6$

진형이가 푼 이차방정식은
$(x+6)(x-1)=0$ $\therefore x^2+5x-6=0$
그런데 진형이는 상수항을 제대로 보았으므로 처음 이차방정식의 상수항은 -6이다.
유진이가 푼 이차방정식은
$(x+3)(x-4)=0$ $\therefore x^2-x-12=0$
그런데 유진이는 x의 계수를 제대로 보았으므로 처음 이차방정식의 x의 계수는 -1이다.
따라서 처음 이차방정식은 $x^2-x-6=0$이므로
$a=-1$, $b=-6$

20 답 ③

두 근이 $\dfrac{1}{3}$, $-\dfrac{1}{4}$이고 x^2의 계수가 12인 이차방정식은
$12\left(x-\dfrac{1}{3}\right)\left(x+\dfrac{1}{4}\right)=0$, $12\left(x^2-\dfrac{1}{12}x-\dfrac{1}{12}\right)=0$
$\therefore 12x^2-x-1=0$
따라서 $a=-1$, $b=-1$이므로
$ab=-1\times(-1)=1$

21 답 ④

$x=5$를 중근으로 갖고 x^2의 계수가 1인 이차방정식은
$(x-5)^2=0$ $\therefore x^2-10x+25=0$
따라서 $a=-10$, $b=25$이므로
$b-a=25-(-10)=35$

22 답 $x=-\dfrac{1}{2}$ 또는 $x=\dfrac{1}{3}$

-2, 3을 두 근으로 하고 x^2의 계수가 1인 이차방정식은
$(x+2)(x-3)=0$, $x^2-x-6=0$
$\therefore a=-1$, $b=-6$ $\cdots$(i)
따라서 이차방정식 $bx^2+ax+1=0$은 $-6x^2-x+1=0$이므로
$6x^2+x-1=0$
$(2x+1)(3x-1)=0$ $\therefore x=-\dfrac{1}{2}$ 또는 $x=\dfrac{1}{3}$ $\cdots$(ii)

채점 기준	
(i) a, b의 값 구하기	50%
(ii) 이차방정식 $bx^2+ax+1=0$ 풀기	50%

23 답 ③

$x^2-4x+m=0$이 중근을 가지므로
$(-2)^2-1\times m=0$ $\therefore m=4$
따라서 두 근이 4, 5이고 x^2의 계수가 1인 이차방정식은
$(x-4)(x-5)=0$ $\therefore x^2-9x+20=0$

24 답 ④

일차함수 $y=ax+b$의 그래프에서 a는 기울기이므로 $a=\dfrac{5}{3}$
b는 y절편이므로 $b=5$
따라서 $\dfrac{5}{3}$, 5를 두 근으로 하고 x^2의 계수가 3인 이차방정식은
$3\left(x-\dfrac{5}{3}\right)(x-5)=0$ $\therefore 3x^2-20x+25=0$

25 답 $6x^2+11x+3=0$

$6x^2-x-2=0$, $(2x+1)(3x-2)=0$
$\therefore x=-\dfrac{1}{2}$ 또는 $x=\dfrac{2}{3}$
즉, $-\dfrac{1}{2}-1=-\dfrac{3}{2}$, $\dfrac{2}{3}-1=-\dfrac{1}{3}$을 두 근으로 하고 x^2의 계수가 6인 이차방정식은
$6\left(x+\dfrac{3}{2}\right)\left(x+\dfrac{1}{3}\right)=0$, $6\left(x^2+\dfrac{11}{6}x+\dfrac{1}{2}\right)=0$
$\therefore 6x^2+11x+3=0$

26 답 ①

두 근을 a, $a+6$이라 하면
$3(x-a)\{x-(a+6)\}=0$
$3x^2-3(2a+6)x+3a(a+6)=0$
이때 $-3(2a+6)=-6$이므로
$2a+6=2$ $\therefore a=-2$
$\therefore k=3a(a+6)=3\times(-2)\times(-2+6)=-24$

27 답 36

두 근을 k, $4k$ $(k \neq 0)$라 하면

$(x-k)(x-4k)=0$, $x^2-5kx+4k^2=0$

이때 $-5k=-15$이므로 $k=3$

$\therefore a=4k^2=4\times3^2=36$

28 답 ③

두 근의 비가 $1:3$이므로 두 근을 a, $3a$ $(a \neq 0)$라 하면

$(x-a)(x-3a)=0$, $x^2-4ax+3a^2=0$

이때 $-4a=-4(m+1)$이므로 $a=m+1$ $\quad\cdots\bigcirc$

$3a^2=12m$이므로 $a^2=4m$ $\quad\cdots\bigcirc$

$\bigcirc$에 $\bigcirc$을 대입하면 $(m+1)^2=4m$

$m^2+2m+1=4m$, $m^2-2m+1=0$

$(m-1)^2=0$ $\quad\therefore m=1$

29 답 ⑤

시현이가 푼 이차방정식은

$(x+5)(x-4)=0$ $\quad\therefore x^2+x-20=0$

그런데 시현이는 상수항을 제대로 보았으므로 처음 이차방정식의 상수항은 -20이다.

민서가 푼 이차방정식은

$(x+4)^2=0$ $\quad\therefore x^2+8x+16=0$

그런데 민서는 x의 계수를 제대로 보았으므로 처음 이차방정식의 x의 계수는 8이다.

따라서 처음 이차방정식은 $x^2+8x-20=0$이므로

$a=8$, $b=-20$ $\quad\therefore a-b=8-(-20)=28$

30 답 $x=4\pm3\sqrt{2}$

$x^2+bx+a=0$의 해가 $x=-2$ 또는 $x=4$이므로

$(x+2)(x-4)=0$, $x^2-2x-8=0$

$\therefore b=-2$, $a=-8$ $\qquad\qquad\cdots$ (i)

따라서 처음 이차방정식은 $x^2-8x-2=0$이므로 $\quad\cdots$ (ii)

처음 이차방정식의 해는

$x=\dfrac{-(-4)\pm\sqrt{(-4)^2-1\times(-2)}}{1}=4\pm3\sqrt{2}$ $\quad\cdots$ (iii)

채점 기준

(i) a, b의 값 구하기	40 %
(ii) 처음 이차방정식 구하기	30 %
(iii) 처음 이차방정식의 해 구하기	30 %

31 답 48

수지가 푼 이차방정식은

$(x+1)(x-8)=0$ $\quad\therefore x^2-7x-8=0$

그런데 수지는 상수항을 제대로 보았으므로 처음 이차방정식의 상수항은 -8이다.

정우가 푼 이차방정식은

$\{x-(3+\sqrt{2})\}\{x-(3-\sqrt{2})\}=0$ $\quad\therefore x^2-6x+7=0$

그런데 정우는 x의 계수를 제대로 보았으므로 처음 이차방정식의 x의 계수는 -6이다.

따라서 처음 이차방정식은 $x^2-6x-8=0$이므로

$a=-6$, $b=-8$ $\quad\therefore ab=-6\times(-8)=48$

유형 모아 보기 & 완성하기 162~166쪽

32 답 ②

$\dfrac{n(n+1)}{2}=136$에서

$n^2+n=272$, $n^2+n-272=0$

$(n+17)(n-16)=0$ $\quad\therefore n=-17$ 또는 $n=16$

이때 n은 자연수이므로 $n=16$

따라서 합이 136이 되려면 1부터 16까지의 자연수를 더해야 한다.

33 답 (1) $x^2-2x-24=0$ (2) 6

(1) $2x=x^2-24$에서 $x^2-2x-24=0$

(2) $x^2-2x-24=0$에서

$(x+4)(x-6)=0$ $\quad\therefore x=-4$ 또는 $x=6$

이때 x는 자연수이므로 $x=6$

34 답 72

연속하는 두 자연수를 x, $x+1$이라 하면

$x^2+(x+1)^2=145$, $2x^2+2x-144=0$

$x^2+x-72=0$, $(x+9)(x-8)=0$

$\therefore x=-9$ 또는 $x=8$

이때 x는 자연수이므로 $x=8$

따라서 연속하는 두 자연수는 8, 9이므로 그 곱은

$8\times9=72$

35 답 9살

동생의 나이를 x살이라 하면 누나의 나이는 $(x+6)$살이므로

$(x+6)^2=3x^2-18$, $2x^2-12x-54=0$

$x^2-6x-27=0$, $(x+3)(x-9)=0$

$\therefore x=-3$ 또는 $x=9$

이때 x는 자연수이므로 $x=9$

따라서 동생의 나이는 9살이다.

36 답 ②

물 로켓을 발사한 지 x초 후의 높이가 $70\,\text{m}$이므로

$-5x^2+40x+10=70$, $5x^2-40x+60=0$

$x^2-8x+12=0$, $(x-2)(x-6)=0$

$\therefore x=2$ 또는 $x=6$

따라서 물 로켓의 높이가 처음으로 $70\,\text{m}$가 되는 것은 물 로켓을 발사한 지 2초 후이다.

37 답 ④

$\dfrac{n(n-3)}{2}=54$에서

$n^2-3n=108$, $n^2-3n-108=0$

$(n+9)(n-12)=0$ $\quad\therefore n=-9$ 또는 $n=12$

이때 n은 자연수이므로 $n=12$

따라서 구하는 다각형은 십이각형이다.

38 답 9팀

$\dfrac{n(n-1)}{2}=36$에서

$n^2-n=72$, $n^2-n-72=0$

$(n+8)(n-9)=0$

$\therefore n=-8$ 또는 $n=9$

이때 n은 자연수이므로 $n=9$

따라서 경기에 참가한 배구 팀은 모두 9팀이다.

39 답 (1) (n^2+2n)개 (2) 12단계

(1) 사용된 바둑돌의 개수는

1단계에는 (1×3)개

2단계에는 (2×4)개

3단계에는 (3×5)개

4단계에는 (4×6)개

$\vdots$

이므로 n단계에 사용된 바둑돌은 $n(n+2)$개, 즉 (n^2+2n)개이다.

(2) $n^2+2n=168$에서

$n^2+2n-168=0$

$(n+14)(n-12)=0$

$\therefore n=-14$ 또는 $n=12$

이때 n은 자연수이므로 $n=12$

따라서 168개의 바둑돌로 만든 직사각형 모양은 12단계이다.

40 답 9

어떤 자연수를 x라 하면

$(x-3)^2=3(x+3)$, $x^2-6x+9=3x+9$

$x^2-9x=0$, $x(x-9)=0$

$\therefore x=0$ 또는 $x=9$

이때 x는 자연수이므로 $x=9$

41 답 5

어떤 자연수를 x라 하면

$x+x^2=30$, $x^2+x-30=0$

$(x+6)(x-5)=0$

$\therefore x=-6$ 또는 $x=5$

이때 x는 자연수이므로 $x=5$

42 답 24

작은 수를 x라 하면 큰 수는 $x+4$이므로

$x^2=6(x+4)+16$, $x^2-6x-40=0$

$(x+4)(x-10)=0$

$\therefore x=-4$ 또는 $x=10$

이때 x는 자연수이므로 $x=10$

따라서 두 자연수는 10, 14이므로 구하는 합은

$10+14=24$

43 답 99

어떤 자연수를 x라 하면 어떤 자연수보다 2만큼 더 큰 수는 $x+2$이므로

$x(x+2)=143$ $\qquad\cdots$ (i)

$x^2+2x-143=0$, $(x+13)(x-11)=0$

$\therefore x=-13$ 또는 $x=11$ $\qquad\cdots$ (ii)

이때 x는 자연수이므로 $x=11$

따라서 처음에 구하려고 했던 두 수의 곱은

$11\times(11-2)=99$ $\qquad\cdots$ (iii)

채점 기준

(i) 이차방정식 세우기	40 %
(ii) 이차방정식 풀기	40 %
(iii) 처음에 구하려고 했던 두 수의 곱 구하기	20 %

44 답 ④

십의 자리 숫자를 x라 하면 일의 자리 숫자는 $13-x$이므로

$x(13-x)=(10x+13-x)-34$

$13x-x^2=9x-21$

$x^2-4x-21=0$, $(x+3)(x-7)=0$

$\therefore x=-3$ 또는 $x=7$

이때 $1\le x\le9$이므로 $x=7$

따라서 십의 자리 숫자는 7, 일의 자리 숫자는 $13-7=6$이므로 구하는 자연수는 76이다.

> **참고** 십의 자리 숫자가 a, 일의 자리 숫자가 b인 두 자리의 자연수는 $10a+b$이다. (단, $1\le a\le9$, $0\le b\le9$)

45 답 2, 3

연속하는 두 자연수를 x, $x+1$이라 하면

$x(x+1)=x^2+(x+1)^2-7$, $x^2+x=2x^2+2x-6$

$x^2+x-6=0$, $(x+3)(x-2)=0$

$\therefore x=-3$ 또는 $x=2$

이때 x는 자연수이므로 $x=2$

따라서 연속하는 두 자연수는 2, 3이다.

46 답 ③

연속하는 두 홀수를 x, $x+2$라 하면

$x(x+2)=195$, $x^2+2x-195=0$

$(x+15)(x-13)=0$ $\qquad\therefore x=-15$ 또는 $x=13$

이때 x는 자연수이므로 $x=13$

따라서 연속하는 두 홀수는 13, 15이므로 구하는 합은

$13+15=28$

47 답 ⑤

연속하는 세 자연수를 $x-1$, x, $x+1(x>1)$이라 하면

$(x+1)^2=2x(x-1)-31$, $x^2+2x+1=2x^2-2x-31$

$x^2-4x-32=0$, $(x+4)(x-8)=0$

$\therefore x=-4$ 또는 $x=8$

이때 $x>1$이므로 $x=8$

따라서 가장 큰 수는 9이다.

48 답 18

연속하는 세 짝수를 $x-2$, x, $x+2$ $(x>2)$라 하면

$(x+2)(x-2)=5x+2$ ⋯ (i)

$x^2-4=5x+2$, $x^2-5x-6=0$

$(x+1)(x-6)=0$

$\therefore x=-1$ 또는 $x=6$ ⋯ (ii)

이때 $x>2$이므로 $x=6$

따라서 연속하는 세 짝수는 4, 6, 8이므로 구하는 합은

$4+6+8=18$ ⋯ (iii)

채점 기준

(i) 이차방정식 세우기	40 %
(ii) 이차방정식 풀기	30 %
(iii) 세 짝수의 합 구하기	30 %

49 답 ①

x년 후에 아버지의 나이의 3배와 아들의 나이의 제곱이 같아진다고 하면

$3(46+x)=(10+x)^2$

$138+3x=100+20x+x^2$

$x^2+17x-38=0$

$(x+19)(x-2)=0$

$\therefore x=-19$ 또는 $x=2$

이때 x는 자연수이므로 $x=2$

따라서 2년 후이다.

50 답 27

펼쳐진 두 면의 쪽수를 x, $x+1$이라 하면

$x(x+1)=182$, $x^2+x-182=0$

$(x+14)(x-13)=0$

$\therefore x=-14$ 또는 $x=13$

이때 x는 자연수이므로 $x=13$

따라서 두 면의 쪽수는 13, 14이므로 구하는 합은

$13+14=27$

51 답 15명

학생을 x명이라 하면 사과를 한 학생에게 $(x-3)$개씩 나누어 주었으므로

$x(x-3)=180$ ⋯ (i)

$x^2-3x-180=0$, $(x+12)(x-15)=0$

$\therefore x=-12$ 또는 $x=15$ ⋯ (ii)

이때 x는 자연수이므로 $x=15$

따라서 학생은 모두 15명이다. ⋯ (iii)

채점 기준

(i) 이차방정식 세우기	40 %
(ii) 이차방정식 풀기	40 %
(iii) 학생은 모두 몇 명인지 구하기	20 %

52 답 ②

택견 캠프가 시작되는 날을 8월 x일이라 하면 택견 캠프는 8월 x일, 8월 $(x+1)$일, 8월 $(x+2)$일의 3일 동안 진행된다.

이 사흘의 날짜의 제곱의 합이 245이므로

$x^2+(x+1)^2+(x+2)^2=245$

$x^2+x^2+2x+1+x^2+4x+4=245$

$3x^2+6x-240=0$, $x^2+2x-80=0$

$(x+10)(x-8)=0$

$\therefore x=-10$ 또는 $x=8$

이때 x는 자연수이므로 $x=8$

따라서 택견 캠프가 시작되는 날은 8월 8일이다.

53 답 16마리

원숭이를 x마리라 하면

$x-\left(\dfrac{1}{8}x\right)^2=12$, $x-\dfrac{1}{64}x^2=12$

$x^2-64x+768=0$, $(x-16)(x-48)=0$

$\therefore x=16$ 또는 $x=48$

이때 $0<x\leq20$이므로 $x=16$

따라서 원숭이는 모두 16마리이다.

54 답 3초 후

물체를 던져 올린 지 x초 후의 높이가 45 m이므로

$30x-5x^2=45$, $5x^2-30x+45=0$

$x^2-6x+9=0$, $(x-3)^2=0$

$\therefore x=3$

따라서 물체의 높이가 45 m가 되는 것은 물체를 던져 올린 지 3초 후이다.

55 답 ③

공을 차 올린 지 t초 후에 지면에 떨어진다고 하면 공이 지면에 떨어질 때의 높이는 0 m이므로

$-5t^2+24t+5=0$, $5t^2-24t-5=0$

$(5t+1)(t-5)=0$

$\therefore t=-\dfrac{1}{5}$ 또는 $t=5$

이때 $t>0$이므로 $t=5$

따라서 공이 지면에 떨어질 때까지 걸리는 시간은 5초이다.

56 답 ④

물체를 쏘아 올린 지 t초 후의 높이가 60 m이므로

$65t-5t^2=60$, $5t^2-65t+60=0$

$t^2-13t+12=0$, $(t-1)(t-12)=0$

$\therefore t=1$ 또는 $t=12$

따라서 물체가 지면으로부터 60 m 이상인 지점을 지나는 것은 1초부터 12초까지이므로 11초 동안이다.

유형 모아 보기 & 완성하기 167~171쪽

57 답 ①

가로의 길이를 x cm라 하면 세로의 길이는 $(x+8)$ cm이므로
$x(x+8)=84$, $x^2+8x-84=0$
$(x+14)(x-6)=0$ ∴ $x=-14$ 또는 $x=6$
이때 $x>0$이므로 $x=6$
따라서 직사각형의 가로의 길이는 6 cm이다.

58 답 ④

처음 정사각형의 한 변의 길이를 x cm라 하면
$(x+1)(x-2)=868$, $x^2-x-2=868$
$x^2-x-870=0$, $(x+29)(x-30)=0$
∴ $x=-29$ 또는 $x=30$
이때 $x>2$이므로 $x=30$
따라서 처음 정사각형의 한 변의 길이는 30 cm이다.

59 답 5 cm

작은 정사각형의 한 변의 길이를 x cm라 하면
큰 정사각형의 한 변의 길이는 $(12-x)$ cm이므로
$x^2+(12-x)^2=74$, $x^2+144-24x+x^2=74$
$2x^2-24x+70=0$, $x^2-12x+35=0$
$(x-5)(x-7)=0$ ∴ $x=5$ 또는 $x=7$
이때 $0<x<6$이므로 $x=5$
따라서 작은 정사각형의 한 변의 길이는 5 cm이다.

60 답 4 m

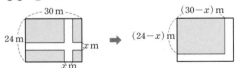

도로의 폭을 x m라 하면 도로를 제외한 땅의 넓이가 520 m²이므로
$(30-x)(24-x)=520$, $720-54x+x^2=520$
$x^2-54x+200=0$, $(x-4)(x-50)=0$
∴ $x=4$ 또는 $x=50$
이때 $0<x<24$이므로 $x=4$
따라서 도로의 폭은 4 m이다.

61 답 13 cm

처음 정사각형 모양의 종이의 한 변의 길이를 x cm라 하면 네 귀퉁
이를 잘라 만든 직육면체의 가로, 세로의 길이는 모두 $(x-6)$ cm이
고, 높이는 3 cm이므로
$3(x-6)^2=147$, $(x-6)^2=49$
$x-6=\pm7$ ∴ $x=-1$ 또는 $x=13$
이때 $x>6$이므로 $x=13$
따라서 처음 정사각형 모양의 종이의 한 변의 길이는 13 cm이다.

62 답 8 cm

삼각형의 밑변의 길이를 x cm라 하면 높이는 $(x+4)$ cm이므로
$\frac{1}{2}\times x\times(x+4)=48$, $x^2+4x-96=0$
$(x+12)(x-8)=0$
∴ $x=-12$ 또는 $x=8$
이때 $x>0$이므로 $x=8$
따라서 삼각형의 밑변의 길이는 8 cm이다.

63 답 6 cm

$\overline{AD}=x$ cm라 하면 $\overline{CD}=x$ cm이므로
$\frac{1}{2}\times(x+8)\times x=42$, $x^2+8x-84=0$
$(x+14)(x-6)=0$
∴ $x=-14$ 또는 $x=6$
이때 $x>0$이므로 $x=6$
따라서 $\overline{AD}$의 길이는 6 cm이다.

64 답 12 m

작은 정사각형의 한 변의 길이를 x m라 하면 큰 정사각형의 한 변의
길이는 $(x+6)$ m이므로
$x^2+(x+6)^2=468$, $x^2+x^2+12x+36=468$
$2x^2+12x-432=0$, $x^2+6x-216=0$
$(x+18)(x-12)=0$
∴ $x=-18$ 또는 $x=12$
이때 $x>0$이므로 $x=12$
따라서 작은 정사각형의 한 변의 길이는 12 m이다.

65 답 $(-6+6\sqrt{2})$ cm

작은 정사각형의 한 변의 길이를 x cm라 하면 큰 정사각형의 한 변
의 길이는
$\frac{24-4x}{4}=6-x$ (cm)
작은 정사각형과 큰 정사각형은 서로 닮은 도형이고 닮음비는
$x:(6-x)$, 넓이의 비는 $1:2$이므로
$x^2:(6-x)^2=1:2$, $2x^2=(6-x)^2$
$2x^2=36-12x+x^2$, $x^2+12x-36=0$
∴ $x=\dfrac{-6\pm\sqrt{6^2-1\times(-36)}}{1}=-6\pm6\sqrt{2}$
이때 $x>0$이고, $x<6-x$에서 $x<3$이므로 $x=-6+6\sqrt{2}$
따라서 작은 정사각형의 한 변의 길이는 $(-6+6\sqrt{2})$ cm이다.

다른 풀이

두 정사각형의 한 변의 길이의 비가 $1:\sqrt{2}$이므로
$x:(6-x)=1:\sqrt{2}$, $\sqrt{2}x=6-x$
$(\sqrt{2}+1)x=6$
∴ $x=\dfrac{6}{\sqrt{2}+1}=\dfrac{6(\sqrt{2}-1)}{(\sqrt{2}+1)(\sqrt{2}-1)}=-6+6\sqrt{2}$

66 답 $(4-\sqrt{2})\,\mathrm{cm}$

$\overline{AH}=x\,\mathrm{cm}$라 하면 $\overline{DH}=(8-x)\,\mathrm{cm}$, $\overline{DG}=x\,\mathrm{cm}$이므로
직각삼각형 HGD에서 피타고라스 정리에 의해
$(8-x)^2+x^2=6^2$ $\cdots$ (i)
$64-16x+x^2+x^2=36$, $2x^2-16x+28=0$
$x^2-8x+14=0$
$\therefore x=\dfrac{-(-4)\pm\sqrt{(-4)^2-1\times14}}{1}=4\pm\sqrt{2}$ $\cdots$ (ii)

이때 $x>0$이고, $x<8-x$에서 $x<4$이므로 $x=4-\sqrt{2}$
따라서 $\overline{AH}$의 길이는 $(4-\sqrt{2})\,\mathrm{cm}$이다. $\cdots$ (iii)

채점 기준

(i) 이차방정식 세우기	40%
(ii) 이차방정식 풀기	40%
(iii) $\overline{AH}$의 길이 구하기	20%

67 답 $(6,\,3)$

점 $\mathrm{P}(a,\,b)$가 일차함수 $y=-2x+15$의 그래프 위에 있으므로
$b=-2a+15$ $\cdots$ ㉠
$\therefore \overline{OQ}=a$, $\overline{PQ}=-2a+15$
$\square$OQPR의 넓이가 18이므로
$a(-2a+15)=18$
$2a^2-15a+18=0$, $(2a-3)(a-6)=0$
$\therefore a=\dfrac{3}{2}$ 또는 $a=6$

이때 a, b는 정수이므로 $a=6$
㉠에 $a=6$을 대입하면
$b=-2\times6+15=3$
따라서 점 P의 좌표는 $(6,\,3)$이다.

68 답 $(5+5\sqrt{5})\,\mathrm{cm}$

$\overline{AB}=\overline{AC}$이므로
$\angle B=\angle C$
$\quad=\dfrac{1}{2}\times(180°-36°)=72°$
$\overline{BD}$는 $\angle B$의 이등분선이므로
$\angle ABD=\angle CBD$
$\quad=\dfrac{1}{2}\times72°=36°$
$\therefore \overline{AD}=\overline{BD}$ $\cdots$ ㉠
또 $\triangle ABD$에서
$\angle BDC=\angle A+\angle ABD=36°+36°=72°$
$\therefore \overline{BC}=\overline{BD}$ $\cdots$ ㉡
㉠, ㉡에서 $\overline{AD}=\overline{BD}=\overline{BC}=10\,\mathrm{cm}$
이때 $\overline{AB}=\overline{AC}=x\,\mathrm{cm}$라 하면 $\overline{CD}=(x-10)\,\mathrm{cm}$
$\triangle ABC$와 $\triangle BCD$에서 $\angle A=\angle CBD$이고
$\angle ABC=\angle BCD$이므로 $\triangle ABC\,\infty\,\triangle BCD$ (AA 닮음)
즉, $\overline{AB}:\overline{BC}=\overline{BC}:\overline{CD}$에서
$x:10=10:(x-10)$, $x(x-10)=100$
$x^2-10x-100=0$
$\therefore x=\dfrac{-(-5)\pm\sqrt{(-5)^2-1\times(-100)}}{1}=5\pm5\sqrt{5}$

이때 $x>10$이므로 $x=5+5\sqrt{5}$
따라서 $\overline{AB}$의 길이는 $(5+5\sqrt{5})\,\mathrm{cm}$이다.

69 답 3 m

처음 정사각형 모양의 꽃밭의 한 변의 길이를 $x\,\mathrm{m}$라 하면
$(x+2)(x+4)=35$, $x^2+6x+8=35$
$x^2+6x-27=0$, $(x+9)(x-3)=0$
$\therefore x=-9$ 또는 $x=3$
이때 $x>0$이므로 $x=3$
따라서 처음 정사각형 모양의 꽃밭의 한 변의 길이는 $3\,\mathrm{m}$이다.

70 답 8초 후

x초 후에 처음 직사각형의 넓이와 같아진다고 하면
$(8+2x)(12-x)=8\times12$
$96+16x-2x^2=96$, $2x^2-16x=0$
$x^2-8x=0$, $x(x-8)=0$
$\therefore x=0$ 또는 $x=8$
이때 $0<x<12$이므로 $x=8$
따라서 처음 직사각형의 넓이와 같아지는 것은 8초 후이다.

71 답 6 cm

처음 원의 반지름의 길이를 $x\,\mathrm{cm}$라 하면
$\pi\times(x+6)^2-\pi\times x^2=3\pi\times x^2$
$x^2+12x+36-x^2=3x^2$
$3x^2-12x-36=0$, $x^2-4x-12=0$
$(x+2)(x-6)=0$ $\therefore x=-2$ 또는 $x=6$
이때 $x>0$이므로 $x=6$
따라서 처음 원의 반지름의 길이는 $6\,\mathrm{cm}$이다.

72 답 3초 후

점 P는 매초 $3\,\mathrm{cm}$씩 움직이므로 점 P가 출발한 지 x초 후에
$\overline{AP}=3x\,\mathrm{cm}$
$\therefore \overline{PB}=18-3x\,(\mathrm{cm})$
점 Q는 매초 $2\,\mathrm{cm}$씩 움직이므로 점 Q가 출발한 지 x초 후에
$\overline{BQ}=2x\,\mathrm{cm}$ $\cdots$ (i)
$\triangle PBQ$의 넓이가 $27\,\mathrm{cm}^2$가 된다고 하면
$\dfrac{1}{2}\times(18-3x)\times2x=27$ $\cdots$ (ii)
$3x^2-18x+27=0$, $x^2-6x+9=0$
$(x-3)^2=0$ $\therefore x=3$ $\cdots$ (iii)
따라서 $\triangle PBQ$의 넓이가 $27\,\mathrm{cm}^2$가 되는 것은 출발한 지 3초 후이다.
$\cdots$ (iv)

채점 기준

(i) $\overline{PB}$, $\overline{BQ}$를 x에 대한 식으로 나타내기	30%
(ii) 이차방정식 세우기	20%
(iii) 이차방정식 풀기	30%
(iv) $\triangle PBQ$의 넓이가 $27\,\mathrm{cm}^2$가 되는 것은 출발한 지 몇 초 후인지 구하기	20%

73 답 4 cm

$\overline{AP}=x$ cm라 하면
$\overline{BP}=(10-x)$ cm이므로

$x^2+\dfrac{1}{2}(10-x)^2=34$

$2x^2+(10-x)^2=68$

$2x^2+100-20x+x^2=68$, $3x^2-20x+32=0$

$(3x-8)(x-4)=0$ ∴ $x=\dfrac{8}{3}$ 또는 $x=4$

이때 x는 자연수이므로 $x=4$

따라서 $\overline{AP}$의 길이는 4 cm이다.

74 답 6 cm

$\overline{AC}=x$ cm라 하면 $\overline{BC}=(8-x)$ cm이므로

$\dfrac{1}{2}\pi\times\left(\dfrac{8}{2}\right)^2-\dfrac{1}{2}\pi\times\left(\dfrac{x}{2}\right)^2-\dfrac{1}{2}\pi\times\left(\dfrac{8-x}{2}\right)^2=3\pi$

$8\pi-\dfrac{1}{8}\pi x^2-\dfrac{1}{8}\pi(8-x)^2=3\pi$

양변에 $\dfrac{8}{\pi}$을 곱하면

$64-x^2-(64-16x+x^2)=24$

$2x^2-16x+24=0$, $x^2-8x+12=0$

$(x-2)(x-6)=0$ ∴ $x=2$ 또는 $x=6$

이때 $x<8$이고, $x>8-x$에서 $x>4$이므로 $x=6$

따라서 $\overline{AC}$의 길이는 6 cm이다.

75 답 $\dfrac{1+\sqrt{5}}{2}$

$\overline{BC}=x$라 하면 $\overline{DE}=x-1$

□ABCD∽□DEFC이므로

$\overline{AB}:\overline{DE}=\overline{BC}:\overline{EF}$에서

$1:(x-1)=x:1$

$x(x-1)=1$, $x^2-x-1=0$

∴ $x=\dfrac{-(-1)\pm\sqrt{(-1)^2-4\times1\times(-1)}}{2\times1}=\dfrac{1\pm\sqrt{5}}{2}$

이때 $x>1$이므로 $x=\dfrac{1+\sqrt{5}}{2}$

따라서 $\overline{BC}$의 길이는 $\dfrac{1+\sqrt{5}}{2}$이다.

76 답 ③

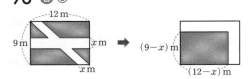

길을 제외한 땅의 넓이가 54 m²이므로

$(12-x)(9-x)=54$, $108-21x+x^2=54$

$x^2-21x+54=0$, $(x-3)(x-18)=0$

∴ $x=3$ 또는 $x=18$

이때 $0<x<9$이므로 $x=3$

77 답 5 m

길의 폭을 x m라 하면 꽃밭 P, Q의 넓이의 합이 875 m²이므로

$(40-x)(30-x)=875$, $1200-70x+x^2=875$

$x^2-70x+325=0$, $(x-5)(x-65)=0$

∴ $x=5$ 또는 $x=65$

이때 $0<x<30$이므로 $x=5$

따라서 길의 폭은 5 m이다.

78 답 2 m

길의 폭을 x m라 하면 길을 제외한 잔디밭의 넓이가 80 m²이므로

$(14-2x)(10-x)=80$, $140-34x+2x^2=80$

$2x^2-34x+60=0$, $x^2-17x+30=0$

$(x-2)(x-15)=0$ ∴ $x=2$ 또는 $x=15$

이때 $0<x<7$이므로 $x=2$

따라서 길의 폭은 2 m이다.

79 답 19 cm

처음 직사각형 모양의 종이의 가로의 길이를 x cm라 하면 세로의 길이는 $(x-5)$ cm이다.

네 귀퉁이를 잘라 만든 직육면체의 가로의 길이는 $(x-4)$ cm,

세로의 길이는 $(x-5)-4=x-9$ (cm), 높이는 2 cm이므로

$2(x-4)(x-9)=300$, $x^2-13x+36=150$

$x^2-13x-114=0$, $(x+6)(x-19)=0$

∴ $x=-6$ 또는 $x=19$

이때 $x>9$이므로 $x=19$

따라서 처음 직사각형 모양의 종이의 가로의 길이는 19 cm이다.

80 답 10 cm

빗금 친 부분의 세로의 길이를 x cm라 하면 가로의 길이는 $(40-2x)$ cm이므로

$x(40-2x)=200$ ⋯ (i)

$2x^2-40x+200=0$, $x^2-20x+100=0$

$(x-10)^2=0$ ∴ $x=10$ ⋯ (ii)

따라서 물받이의 높이는 10 cm이다. ⋯ (iii)

채점 기준

(i) 이차방정식 세우기	40 %
(ii) 이차방정식 풀기	50 %
(iii) 물받이의 높이 구하기	10 %

81 답 ㄱ, ㄴ

$x^2-4x+k=0$의 근의 개수는 $(-2)^2-1\times k=4-k$의 부호로 판단한다.

ㄱ. $k=1$이면 $4-1=3>0$
  따라서 서로 다른 두 근을 갖는다.

ㄴ. $k=4$이면 $4-4=0$
  따라서 중근을 갖는다.

ㄷ. $k=0$이면 $4-0=4>0$
  따라서 서로 다른 두 근을 갖는다.

ㄹ. $k=-5$이면 $x^2-4x-5=0$에서
  $(x+1)(x-5)=0$ ∴ $x=-1$ 또는 $x=5$
  따라서 한 근은 음수, 다른 한 근은 양수인 두 근을 갖는다.

따라서 옳은 것은 ㄱ, ㄴ이다.

82 답 ④

$x^2+15=10x-2a$에서 $x^2-10x+15+2a=0$
이 이차방정식이 서로 다른 두 근을 가지려면
$(-5)^2-1\times(15+2a)>0$, $10-2a>0$
∴ $a<5$
따라서 가장 큰 정수 a의 값은 4이다.

83 답 ④

$(x+6)(x-2)=-a$에서 $x^2+4x+a-12=0$
이 이차방정식이 중근을 가지므로
$2^2-1\times(a-12)=0$
$4-a+12=0$ ∴ $a=16$
$x^2+4x+a-12=0$에 $a=16$을 대입하면
$x^2+4x+4=0$, $(x+2)^2=0$ ∴ $x=-2$
∴ $b=-2$
∴ $a+b=16+(-2)=14$

84 답 ①

$x=\dfrac{-(-2)\pm\sqrt{(-2)^2-1\times2}}{1}=2\pm\sqrt{2}$

따라서 두 근이 $(2+\sqrt{2})-2=\sqrt{2}$, $(2-\sqrt{2})-2=-\sqrt{2}$이고 x^2의 계수가 3인 이차방정식은
$3(x-\sqrt{2})(x+\sqrt{2})=0$, $3(x^2-2)=0$
∴ $3x^2-6=0$

85 답 $x=-2$ 또는 $x=6$

x의 계수를 잘못 보고 푼 이차방정식은
$(x+3)(x-4)=0$ ∴ $x^2-x-12=0$
이때 상수항은 제대로 보았으므로 처음 이차방정식의 상수항은 -12이다.
상수항을 잘못 보고 푼 이차방정식은
$(x-1)(x-3)=0$ ∴ $x^2-4x+3=0$
이때 x의 계수는 제대로 보았으므로 처음 이차방정식의 x의 계수는 -4이다.

따라서 처음 이차방정식은 $x^2-4x-12=0$이므로
$(x+2)(x-6)=0$ ∴ $x=-2$ 또는 $x=6$

86 답 10명

$\dfrac{n(n-1)}{2}=45$에서
$n^2-n=90$, $n^2-n-90=0$
$(n+9)(n-10)=0$
∴ $n=-9$ 또는 $n=10$
이때 n은 자연수이므로 $n=10$
따라서 모임에 참가한 학생은 모두 10명이다.

87 답 ③

두 자연수 중 작은 수를 x라 하면 큰 수는 $x+3$이므로
$x^2+(x+3)^2=149$, $2x^2+6x-140=0$
$x^2+3x-70=0$, $(x+10)(x-7)=0$
∴ $x=-10$ 또는 $x=7$
이때 x는 자연수이므로 $x=7$
따라서 두 자연수는 7, 10이므로 구하는 합은
$7+10=17$

88 답 ④

연속하는 두 짝수를 x, $x+2$라 하면
$x^2+(x+2)^2=x(x+2)+52$
$x^2+x^2+4x+4=x^2+2x+52$
$x^2+2x-48=0$, $(x+8)(x-6)=0$
∴ $x=-8$ 또는 $x=6$
이때 x는 자연수이므로 $x=6$
따라서 연속하는 두 짝수는 6, 8이므로 구하는 합은
$6+8=14$

89 답 7월 9일

민제의 생일을 7월 x일이라 하면 은지의 생일은 7월 $(x+7)$일이므로
$x(x+7)=144$, $x^2+7x-144=0$
$(x+16)(x-9)=0$
∴ $x=-16$ 또는 $x=9$
이때 x는 자연수이므로 $x=9$
따라서 민제의 생일은 7월 9일이다.

90 답 ④

물체를 쏘아 올린 지 x초 후의 물체의 높이가 $20\,m$이므로
$25x-5x^2=20$, $5x^2-25x+20=0$
$x^2-5x+4=0$, $(x-1)(x-4)=0$
∴ $x=1$ 또는 $x=4$
따라서 1초 후와 4초 후의 물체의 높이가 $20\,m$이므로 물체가 지면으로부터의 높이가 $20\,m$인 지점을 두 번째로 지나는 것은 물체를 쏘아 올린 지 4초 후이다.

91 답 7 cm

사다리꼴의 높이를 x cm라 하면 아랫변의 길이는 $2x$ cm, 윗변의 길이는 $(x-1)$ cm이므로

$\dfrac{1}{2} \times \{(x-1)+2x\} \times x = 70$

$3x^2 - x - 140 = 0$

$(3x+20)(x-7) = 0$

$\therefore x = -\dfrac{20}{3}$ 또는 $x = 7$

이때 $x > 1$이므로 $x = 7$

따라서 사다리꼴의 높이는 7 cm이다.

92 답 ③

큰 정삼각형의 한 변의 길이를 x cm라 하면

작은 정삼각형의 한 변의 길이는

$\dfrac{18-3x}{3} = 6-x$ (cm)

큰 정삼각형과 작은 정삼각형은 서로 닮은 도형이고 닮음비는

$x : (6-x)$, 넓이의 비는 $3 : 2$이므로

$x^2 : (6-x)^2 = 3 : 2$, $2x^2 = 3(6-x)^2$

$2x^2 = 3(36-12x+x^2)$

$2x^2 = 108 - 36x + 3x^2$

$x^2 - 36x + 108 = 0$

$\therefore x = \dfrac{-(-18) \pm \sqrt{(-18)^2 - 1 \times 108}}{1}$

$\quad = 18 \pm 6\sqrt{6}$

이때 $x > 6-x$에서 $x > 3$이고, $6-x > 0$에서 $x < 6$이므로

$x = 18 - 6\sqrt{6}$

따라서 큰 정삼각형의 한 변의 길이는 $(18-6\sqrt{6})$ cm이다.

93 답 $(-2+2\sqrt{5})$ cm

$\overline{AC} = \overline{BC}$이므로

$\angle A = \angle B = 72°$

$\angle C = 180° - (72° + 72°) = 36°$

$\overline{AD}$는 $\angle A$의 이등분선이므로

$\angle DAC = \angle BAD$

$\qquad = \dfrac{1}{2} \times 72° = 36°$

$\therefore \overline{AD} = \overline{CD}$ ··· ㉠

또 △ADC에서

$\angle ADB = \angle C + \angle DAC = 36° + 36° = 72°$

$\therefore \overline{AB} = \overline{AD}$ ··· ㉡

이때 $\overline{AB} = x$ cm라 하면 ㉠, ㉡에서

$\overline{AB} = \overline{AD} = \overline{CD} = x$ cm,

$\overline{BD} = \overline{BC} - \overline{CD} = 4-x$ (cm)

△ABC와 △BDA에서 $\angle ABC = \angle BDA$이고

$\angle BAC = \angle DBA$이므로 △ABC∽△BDA (AA 닮음)

즉, $\overline{AB} : \overline{BD} = \overline{AC} : \overline{BA}$에서

$x : (4-x) = 4 : x$, $x^2 = 4(4-x)$

$x^2 = 16 - 4x$, $x^2 + 4x - 16 = 0$

$\therefore x = \dfrac{-2 \pm \sqrt{2^2 - 1 \times (-16)}}{1} = -2 \pm 2\sqrt{5}$

이때 $0 < x < 4$이므로 $x = -2 + 2\sqrt{5}$

따라서 $\overline{AB}$의 길이는 $(-2+2\sqrt{5})$ cm이다.

94 답 4초 후

점 P는 매초 2 cm씩 움직이므로 점 P가 출발한 지 x초 후에

$\overline{BP} = 2x$ cm $\quad \therefore \overline{PC} = 26 - 2x$ (cm)

점 Q는 매초 1 cm씩 움직이므로 점 Q가 출발한 지 x초 후에

$\overline{CQ} = x$ cm

△PCQ의 넓이가 36 cm²가 된다고 하면

$\dfrac{1}{2} \times (26-2x) \times x = 36$

$x^2 - 13x + 36 = 0$, $(x-4)(x-9) = 0$

$\therefore x = 4$ 또는 $x = 9$

따라서 △PCQ의 넓이가 처음으로 36 cm²가 되는 것은 출발한 지 4초 후이다.

95 답 4 cm

$\overline{AC} = x$ cm라 하면 $\overline{BC} = (12-x)$ cm이므로

$\dfrac{1}{2}\pi \times \left(\dfrac{12}{2}\right)^2 - \dfrac{1}{2}\pi \times \left(\dfrac{x}{2}\right)^2 - \dfrac{1}{2}\pi \times \left(\dfrac{12-x}{2}\right)^2 = 8\pi$

$18\pi - \dfrac{1}{8}\pi x^2 - \dfrac{1}{8}\pi(12-x)^2 = 8\pi$

양변에 $\dfrac{8}{\pi}$을 곱하면

$144 - x^2 - (144 - 24x + x^2) = 64$

$2x^2 - 24x + 64 = 0$, $x^2 - 12x + 32 = 0$

$(x-4)(x-8) = 0$

$\therefore x = 4$ 또는 $x = 8$

이때 $x > 0$이고, $x < 12-x$에서 $x < 6$이므로 $x = 4$

따라서 $\overline{AC}$의 길이는 4 cm이다.

96 답 5 m

길의 폭을 x m라 하면 길을 제외한 꽃밭의 넓이가 700 m²이므로

$(40-x)(25-x) = 700$, $x^2 - 65x + 1000 = 700$

$x^2 - 65x + 300 = 0$, $(x-5)(x-60) = 0$

$\therefore x = 5$ 또는 $x = 60$

이때 $0 < x < 25$이므로 $x = 5$

따라서 길의 폭은 5 m이다.

97 답 ④

잘라 낸 정사각형의 한 변의 길이를 x cm라 하면 네 귀퉁이를 잘라 만든 직육면체의 가로, 세로의 길이는 각각 $(9-2x)$ cm, $(11-2x)$ cm이므로

$(9-2x)(11-2x)=35$, $99-40x+4x^2=35$

$4x^2-40x+64=0$, $x^2-10x+16=0$

$(x-2)(x-8)=0$

$\therefore x=2$ 또는 $x=8$

이때 $0<x<\dfrac{9}{2}$이므로 $x=2$

따라서 잘라 낸 정사각형의 한 변의 길이는 $2\,\text{cm}$이다.

98 답 -3

㉮에서 $x^2+2x-k+3=0$이 근을 갖지 않으므로

$1^2-1\times(-k+3)<0$

$1+k-3<0$ $\therefore k<2$ $\cdots$ (i)

㉯에서 $x^2+(k-1)x+4=0$이 중근을 가지므로

$(k-1)^2-4\times1\times4=0$

$k^2-2k+1-16=0$

$k^2-2k-15=0$

$(k+3)(k-5)=0$

$\therefore k=-3$ 또는 $k=5$ $\cdots$ (ii)

따라서 ㉮, ㉯를 모두 만족시키는 k의 값은 -3이다. $\cdots$ (iii)

채점 기준	
(i) $x^2+2x-k+3=0$이 근을 갖지 않을 조건 구하기	40%
(ii) $x^2+(k-1)x+4=0$이 중근을 가질 조건 구하기	40%
(iii) k의 값 구하기	20%

99 답 3

두 근이 $-\dfrac{2}{3}$, 1이고 x^2의 계수가 3인 이차방정식은

$3\left(x+\dfrac{2}{3}\right)(x-1)=0$, $3\left(x^2-\dfrac{1}{3}x-\dfrac{2}{3}\right)=0$

$\therefore 3x^2-x-2=0$ $\cdots$ (i)

따라서 $a=-1$, $b=-2$이므로 $\cdots$ (ii)

$a-2b=-1-2\times(-2)=3$ $\cdots$ (iii)

채점 기준	
(i) 두 근이 $-\dfrac{2}{3}$, 1이고 x^2의 계수가 3인 이차방정식 구하기	50%
(ii) a, b의 값 구하기	30%
(iii) $a-2b$의 값 구하기	20%

100 답 12줄

가로줄을 x줄이라 하면 세로줄은 $(22-x)$줄이므로

$x(22-x)=120$ $\cdots$ (i)

$x^2-22x+120=0$

$(x-10)(x-12)=0$

$\therefore x=10$ 또는 $x=12$ $\cdots$ (ii)

이때 가로줄 수가 세로줄 수보다 많으므로

$x=12$

따라서 가로줄은 모두 12줄이다. $\cdots$ (iii)

채점 기준	
(i) 이차방정식 세우기	40%
(ii) 이차방정식 풀기	40%
(iii) 가로줄은 모두 몇 줄인지 구하기	20%

만점 문제 뛰어넘기 175쪽

101 답 $\dfrac{3}{8}$

일어날 수 있는 모든 경우의 수는 8

원판을 돌려 멈춘 칸에 적힌 수를 k라 할 때,

이차방정식 $x^2-4x+k=0$이 서로 다른 두 근을 가지려면

$(-2)^2-1\times k=4-k>0$ $\therefore k<4$

따라서 원판을 한 번 돌려서 1, 2, 3이 적힌 칸에 멈추는 경우의 수는 3이므로 구하는 확률은 $\dfrac{3}{8}$이다.

102 답 300

인상된 입장료는 $(900+x)$원, 감소한 입장객 수는 $\left(400-\dfrac{x}{3}\right)$명이고 하루 평균 입장료 총수입은 $900\times400=360000$(원)으로 변함없으므로

$(900+x)\left(400-\dfrac{x}{3}\right)=360000$

$360000+100x-\dfrac{x^2}{3}=360000$

$x^2-300x=0$, $x(x-300)=0$ $\therefore x=0$ 또는 $x=300$

이때 x는 양수이므로 $x=300$

103 답 ③

예지와 우진이가 40초 후에 만나므로

$40x+40x^2=800$, $x^2+x-20=0$

$(x+5)(x-4)=0$ $\therefore x=-5$ 또는 $x=4$

이때 $x>0$이므로 $x=4$

예지가 초속 $4\,\text{m}$로 예지네 집에서 우진이네 집까지 가는데 걸리는 시간은 $\dfrac{800}{4}=200$(초)

우진이가 초속 $16\,\text{m}$로 예지네 집에서 우진이네 집까지 가는데 걸리는 시간은 $\dfrac{800}{16}=50$(초)

따라서 예지와 우진이의 도착 시간의 차이는

$200-50=150$(초)

104 답 $8\,\text{cm}$

$\triangle\text{AED}$에서 $\angle A=45°$이고 $\angle\text{AED}=90°$이므로 $\triangle\text{AED}$는 직각이등변삼각형이다.

이때 $\overline{\text{BF}}=x\,\text{cm}$라 하면 $\overline{\text{AE}}=\overline{\text{ED}}=\overline{\text{BF}}=x\,\text{cm}$,

$\overline{\text{BE}}=(15-x)\,\text{cm}$이고 $\square\text{BFDE}$의 넓이가 $56\,\text{cm}^2$이므로

$x(15-x)=56$, $x^2-15x+56=0$

$(x-7)(x-8)=0$ $\therefore x=7$ 또는 $x=8$

이때 $x>0$이고, $x>15-x$에서 $x>\dfrac{15}{2}$이므로 $x=8$

따라서 $\overline{\text{BF}}$의 길이는 $8\,\text{cm}$이다.

105 📋 (1) 1 cm (2) $\dfrac{1+\sqrt{5}}{2}$

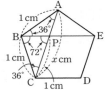

(1) $\angle ABC = \dfrac{180° \times (5-2)}{5} = 108°$이고,

△ABC는 이등변삼각형이므로

$\angle BAC = \angle BCA = \dfrac{1}{2} \times (180° - 108°)$

$= 36°$

$\angle BAE = \dfrac{180° \times (5-2)}{5} = 108°$이고, △ABE는 이등변삼각형

이므로

$\angle ABE = \angle AEB = \dfrac{1}{2} \times (180° - 108°) = 36°$

$\therefore \angle CBP = \angle ABC - \angle ABP = 108° - 36° = 72°$

또 △ABP에서

$\angle CPB = \angle ABP + \angle BAP = 36° + 36° = 72°$

따라서 △CBP는 이등변삼각형이므로 $\overline{CP} = \overline{CB} = 1\,cm$

(2) △ABC∽△APB이므로

$\overline{AC} : \overline{AB} = \overline{AB} : \overline{AP}$에서 $x : 1 = 1 : (x-1)$

$x(x-1) = 1$, $x^2 - x - 1 = 0$

$\therefore x = \dfrac{-(-1) \pm \sqrt{(-1)^2 - 4 \times 1 \times (-1)}}{2 \times 1} = \dfrac{1 \pm \sqrt{5}}{2}$

이때 $x > 0$이므로 $x = \dfrac{1+\sqrt{5}}{2}$

106 📋 63 cm²

엽서 한 장의 짧은 변의 길이를 $x\,cm$라 하면

긴 변의 길이는

$\dfrac{1}{2}(3x - 3) = \dfrac{3}{2}x - \dfrac{3}{2}(cm)$

판의 넓이가 336 cm²이므로

$3x \times \left(\dfrac{3}{2}x - \dfrac{3}{2} + x \right) = 336$

$\dfrac{9}{2}x^2 - \dfrac{9}{2}x + 3x^2 = 336$

$15x^2 - 9x - 672 = 0$

$5x^2 - 3x - 224 = 0$

$(5x + 32)(x - 7) = 0$

$\therefore x = -\dfrac{32}{5}$ 또는 $x = 7$

이때 $x > 0$이므로 $x = 7$

따라서 엽서 한 장의 짧은 변의 길이는 7 cm, 긴 변의 길이는

$\dfrac{3}{2} \times 7 - \dfrac{3}{2} = 9(cm)$이므로 엽서 한 장의 넓이는

$7 \times 9 = 63(cm^2)$

만렙비법 엽서의 긴 변 2개의 길이의 합은 짧은 변 3개의 길이의 합보다
3 cm만큼 짧음을 이용하여 식을 세운다.

이차함수와 그 그래프

01 ①	**02** 10	**03** ③	**04** $\frac{2}{3}$	**05** ④, ⑤
06 ④	**07** $y=\frac{3}{2}x^2$	**08** 81	**09** ②	**10** ④, ⑦
11 $k\neq-1$	**12** ②	**13** 2	**14** 2	**15** -1
16 ①	**17** ㄹ, ㅁ, ㄱ, ㄷ, ㄴ	**18** ①	**19** ⑤	
20 ①	**21** 2쌍	**22** -100	**23** ②, ⑤	**24** ③
25 ②	**26** 6	**27** ③	**28** 0	**29** ②
30 ⑤	**31** ②	**32** 20	**33** -8	**34** -9
35 ④	**36** $\frac{1}{4}$	**37** $\frac{5}{9}$	**38** ⑤	**39** ③
40 ④	**41** -4	**42** ④	**43** ①	
44 ②, ④, ⑥		**45** 0	**46** ④	**47** $(5,\,0)$
48 ③	**49** ⑤	**50** ③, ⑤	**51** -3	**52** 2
53 9	**54** ①	**55** ③	**56** 7	**57** ③
58 ④	**59** -2	**60** ①	**61** ①	**62** ㄷ, ㄹ
63 ②	**64** $-\frac{1}{2}$, 3	**65** ①	**66** -7	**67** 2
68 ③	**69** ⑤	**70** 제1사분면, 제2사분면		
71 ⑤	**72** ②	**73** ④	**74** ②, ④	**75** ⑤
76 ㄱ-(라), ㄴ-(나), ㄷ-(가), ㄹ-(다)		**77** ②, ③	**78** 1	
79 ④	**80** 9	**81** -5	**82** $-\frac{1}{2}$	**83** ①
84 ①	**85** ⑤	**86** ③	**87** ⑤	**88** -4
89 15	**90** 8	**91** ④	**92** $\frac{1}{4}$	**93** ③
94 8	**95** ③	**96** 제1사분면		

01 이차함수 $y=ax^2$의 그래프

유형 모아 보기 & 완성하기

178~184쪽

01 답 ①

① $y=x(2x+3)-5=2x^2+3x-5$ ⇨ 이차함수

② $x^2+2x-1=0$ ⇨ 이차방정식

③ $y=\frac{1}{2}x+5$ ⇨ 일차함수

④ $y=x^2-x(x+4)=x^2-x^2-4x=-4x$ ⇨ 일차함수

⑤ $y=(2x+4)(x^2-2)$

  $=\underline{2x^3+4x^2-4x-8}$ → x에 대한 이차식이 아니다.

  ⇨ 이차함수가 아니다.

따라서 y가 x에 대한 이차함수인 것은 ①이다.

02 답 **10**

$f(x)=2x^2-5x-3$에서

$f(-1)=2\times(-1)^2-5\times(-1)-3=4$

$f(1)=2\times1^2-5\times1-3=-6$

∴ $f(-1)-f(1)=4-(-6)=10$

03 답 ③

주어진 이차함수 중 그 그래프가 아래로 볼록한 것은 이차항의 계수가 양수인 $y=\frac{1}{2}x^2$, $y=\frac{5}{6}x^2$, $y=2x^2$이다.

이때 $\left|\frac{1}{2}\right|<\left|\frac{5}{6}\right|<|2|$이므로 그래프의 폭이 가장 넓은 것은 이차항의 계수의 절댓값이 가장 작은 $y=\frac{1}{2}x^2$이다.

따라서 아래로 볼록하면서 폭이 가장 넓은 것은 ③이다.

04 답 $\frac{2}{3}$

$y=-\frac{2}{3}x^2$의 그래프와 x축에 서로 대칭인 그래프의 식은 $y=\frac{2}{3}x^2$

∴ $a=\frac{2}{3}$

05 답 ④, ⑤

④ 제3사분면과 제4사분면을 지난다.

⑤ $x<0$일 때, x의 값이 증가하면 y의 값도 증가한다.

06 답 ④

$y=ax^2$의 그래프가 점 $(2,\,-8)$을 지나므로

$-8=a\times2^2$, $-8=4a$ ∴ $a=-2$

$y=-2x^2$의 그래프가 점 $(1,\,b)$를 지나므로

$b=-2\times1^2=-2$

∴ $a+b=-2+(-2)=-4$

07 답 $y=\dfrac{3}{2}x^2$

꼭짓점이 원점이므로 $y=ax^2$으로 놓자.

이 그래프가 점 $(2, 6)$을 지나므로

$6=a\times 2^2$ ∴ $a=\dfrac{3}{2}$

∴ $y=\dfrac{3}{2}x^2$

08 답 81

점 A$(-3, 3)$은 $y=ax^2$의 그래프 위의 점이므로

$3=a\times(-3)^2$ ∴ $a=\dfrac{1}{3}$

이때 $y=\dfrac{1}{3}x^2$의 그래프는 y축에 대칭이고, $\overline{CD}=12$이므로 점 C의 x좌표는 6이다.

즉, 점 C의 y좌표는 $y=\dfrac{1}{3}\times 6^2=12$

따라서 사다리꼴 ABCD에서 $\overline{AB}=6$, $\overline{CD}=12$이고

높이가 $12-3=9$이므로

□ABCD$=\dfrac{1}{2}\times(6+12)\times 9=81$

09 답 ②

ㄱ. $y=2x+3$ ⇨ 일차함수

ㄴ. $y=x(10-x)=-x^2+10x$ ⇨ 이차함수

ㄷ. $y=1$ ⇨ 이차항이 없으므로 이차함수가 아니다.

ㄹ. $y=(x-2)(x+3)-x^2=x^2+x-6-x^2=x-6$ ⇨ 일차함수

ㅁ. $y=x^2+5x$ ⇨ 이차함수

ㅂ. $y=\dfrac{1}{x^2}$ ⇨ 분모에 미지수가 있으므로 이차함수가 아니다.

따라서 y가 x에 대한 이차함수인 것은 ㄴ, ㅁ이다.

10 답 ④, ⑦

① (거리)=(속력)×(시간)이므로 $y=100x$ ⇨ 일차함수

② (정육면체의 부피)=(가로의 길이)×(세로의 길이)×(높이)
　　　　　　　　　　　=(한 모서리의 길이)^3

　이므로 $y=\underline{x^3}$→x에 대한 이차식이 아니다.

　⇨ 이차함수가 아니다.

③ (정삼각형의 둘레의 길이)=3×(한 변의 길이)이므로

　$y=3x$ ⇨ 일차함수

④ (원기둥의 부피)=(밑면인 원의 넓이)×(높이)
　　　　　　　　=π×(밑면의 반지름의 길이)^2×(높이)

　이므로 $y=10\pi x^2$ ⇨ 이차함수

⑤ (직사각형의 둘레의 길이)=2×{(가로의 길이)+(세로의 길이)}

　이므로

　$20=2(y+x)$, $10=y+x$ ∴ $y=10-x$ ⇨ 일차함수

⑥ (밤의 길이)=24−(낮의 길이)이므로

　$y=24-x$ ⇨ 일차함수

⑦ (직사각형의 넓이)=(가로의 길이)×(세로의 길이)이므로

　$y=x(x+4)=x^2+4x$ ⇨ 이차함수

따라서 y가 x에 대한 이차함수인 것은 ④, ⑦이다.

11 답 $k\neq -1$

$y=kx^2+(x-3)(x-1)$

　$=kx^2+x^2-4x+3$

　$=(k+1)x^2-4x+3$

이때 이차항의 계수가 0이 아니어야 하므로

$k+1\neq 0$ ∴ $k\neq -1$

12 답 ②

$f(x)=x^2+2x-3$에서

$f(2)=2^2+2\times 2-3=5$

$f(-2)=(-2)^2+2\times(-2)-3=-3$

∴ $f(2)+f(-2)=5+(-3)=2$

13 답 2

$f(x)=ax^2-4x+5$에서

$f(3)=a\times 3^2-4\times 3+5=9a-7$

즉, $9a-7=11$이므로 $9a=18$ ∴ $a=2$

14 답 2

$f(x)=2x^2-3x-1$에서

$f(a)=2a^2-3a-1$

즉, $2a^2-3a-1=1$이므로

$2a^2-3a-2=0$, $(2a+1)(a-2)=0$

∴ $a=-\dfrac{1}{2}$ 또는 $a=2$

이때 a가 정수이므로 $a=2$

15 답 -1

$f(x)=x^2+ax-b$에서

$f(-2)=-7$이므로 $(-2)^2+a\times(-2)-b=-7$

∴ $2a+b=11$ ⋯ ㉠

$f(2)=5$이므로 $2^2+a\times 2-b=5$

∴ $2a-b=1$ ⋯ ㉡

㉠, ㉡을 연립하여 풀면 $a=3$, $b=5$

따라서 $f(x)=x^2+3x-5$이므로

$f(1)=1^2+3\times 1-5=-1$

16 답 ①

주어진 이차함수 중 그 그래프가 위로 볼록한 것은 이차항의 계수가

음수인 $y=-4x^2$, $y=-\dfrac{5}{2}x^2$, $y=-\dfrac{1}{6}x^2$이다.

이때 $|-4|>\left|-\dfrac{5}{2}\right|>\left|-\dfrac{1}{6}\right|$이므로 그래프의 폭이 가장 좁은 것은 이차항의 계수의 절댓값이 가장 큰 $y=-4x^2$이다.

따라서 위로 볼록하면서 폭이 가장 좁은 것은 ①이다.

17 답 ㄹ, ㅁ, ㄱ, ㄷ, ㄴ

이차항의 계수의 절댓값이 작을수록 그래프의 폭이 넓다.

$\left|\dfrac{1}{2}\right|<\left|-\dfrac{3}{4}\right|<|1|<|-2|<|3|$이므로 그래프의 폭이 넓은 것부터 차례로 나열하면 ㄹ, ㅁ, ㄱ, ㄷ, ㄴ이다.

18 답 ①

$y=ax^2$의 그래프의 폭이 $y=-3x^2$의 그래프보다 넓고 $y=-\dfrac{3}{4}x^2$의 그래프보다 좁으므로

$\left|-\dfrac{3}{4}\right|<|a|<|-3|$, $\dfrac{3}{4}<|a|<3$

이때 $a<0$이므로 $-3<a<-\dfrac{3}{4}$

따라서 a의 값이 될 수 없는 것은 ①이다.

19 답 ⑤

$y=ax^2$의 그래프가 색칠한 부분을 지나려면

(i) $a>0$인 경우

　$y=ax^2$의 그래프의 폭이 $y=3x^2$의 그래프보다 넓어야 하므로
　$0<a<3$

(ii) $a<0$인 경우

　$y=ax^2$의 그래프의 폭이 $y=-x^2$의 그래프보다 넓어야 하므로
　$-1<a<0$

(i), (ii)에 의해 $-1<a<0$ 또는 $0<a<3$

따라서 그래프가 색칠한 부분을 지나지 않는 것은 ⑤이다.

만렙비법 $y=ax^2$에서 $a>0$인 경우와 $a<0$인 경우로 나누어 a의 값의 범위를 구한다.

20 답 ①

$y=5x^2$의 그래프와 x축에 서로 대칭인 그래프의 식은 $y=-5x^2$

21 답 2쌍

$y=7x^2$과 $y=-7x^2$, $y=\dfrac{3}{4}x^2$과 $y=-\dfrac{3}{4}x^2$의 2쌍이다.

22 답 -100

$y=ax^2$의 함숫값이 $y=2x^2$의 함숫값의 5배이므로

$a=5\times2=10$

$y=10x^2$의 그래프와 x축에 서로 대칭인 그래프의 식은

$y=-10x^2$　∴ $b=-10$

∴ $ab=10\times(-10)=-100$

23 답 ②, ⑤

② 축의 방정식은 $x=0$이다.

⑤ 제1사분면과 제2사분면을 지난다.

24 답 ③

① 각 그래프의 꼭짓점은 원점 $(0,\ 0)$으로 모두 같다.

③ $x>0$일 때, x의 값이 증가하면 y의 값은 감소하는 그래프는 ㄷ, ㅁ, ㅂ의 3개이다.

따라서 옳지 않은 것은 ③이다.

25 답 ②

ㄱ. $a<0$이면 위로 볼록하다.

ㄹ. $a>0$이면, $x>0$일 때 x의 값이 증가하면 y의 값도 증가한다.

따라서 옳은 것은 ㄴ, ㄷ이다.

26 답 6

$y=ax^2$의 그래프가 점 $(3,\ 6)$을 지나므로

$6=a\times3^2$, $6=9a$　∴ $a=\dfrac{2}{3}$

$y=\dfrac{2}{3}x^2$의 그래프가 점 $(b,\ 24)$를 지나므로

$24=\dfrac{2}{3}b^2$, $b^2=36$　∴ $b=\pm6$

이때 $b>0$이므로 $b=6$

27 답 ③

주어진 점의 좌표를 각각 대입하면

① $0=2\times0^2$　　　　　② $2=2\times1^2$

③ $1\neq2\times\left(-\dfrac{1}{4}\right)^2$　　④ $8=2\times2^2$

⑤ $\dfrac{1}{2}=2\times\left(\dfrac{1}{2}\right)^2$

따라서 $y=2x^2$의 그래프 위의 점이 아닌 것은 ③이다.

28 답 0

$y=3x^2$의 그래프가 점 $(1,\ a)$를 지나므로

$a=3\times1^2=3$　　　　　　　　　　　$\cdots$ (i)

$y=3x^2$의 그래프와 x축에 서로 대칭인 그래프의 식은 $y=-3x^2$이므로

$b=-3$　　　　　　　　　　　　　　　$\cdots$ (ii)

∴ $a+b=3+(-3)=0$　　　　　　　　$\cdots$ (iii)

채점 기준

(i) a의 값 구하기	40 %
(ii) b의 값 구하기	40 %
(iii) $a+b$의 값 구하기	20 %

29 답 ②

$y=-4x^2$의 그래프가 점 $(a,\ 3a)$를 지나므로

$3a=-4a^2$, $4a^2+3a=0$

$a(4a+3)=0$　∴ $a=0$ 또는 $a=-\dfrac{3}{4}$

이때 $a\neq0$이므로 $a=-\dfrac{3}{4}$

30 답 ⑤

$y=-\dfrac{3}{4}x^2$의 그래프와 x축에 서로 대칭인 그래프의 식은

$y=\dfrac{3}{4}x^2$

이 그래프가 점 $\left(a-1,\ a+\dfrac{3}{4}\right)$을 지나므로

$a+\dfrac{3}{4}=\dfrac{3}{4}\times(a-1)^2$, $3a^2-10a=0$

$a(3a-10)=0$　∴ $a=0$ 또는 $a=\dfrac{10}{3}$

따라서 모든 a의 값의 합은 $\dfrac{10}{3}$이다.

31 답 ②

원점을 꼭짓점으로 하는 포물선이므로 구하는 이차함수의 식을
$y=ax^2$으로 놓을 수 있다.

이 그래프가 점 $(-1, -6)$을 지나므로

$-6=a\times(-1)^2$ ∴ $a=-6$

따라서 구하는 이차함수의 식은 $y=-6x^2$이다.

32 답 20

이차함수 $y=f(x)$의 그래프는 꼭짓점이 원점이므로 이차함수의 식을
$y=ax^2$으로 놓을 수 있다. $\cdots$ (i)

이 그래프가 점 $(2, 5)$를 지나므로

$5=a\times 2^2$, $5=4a$ ∴ $a=\dfrac{5}{4}$

따라서 $y=\dfrac{5}{4}x^2$, 즉 $f(x)=\dfrac{5}{4}x^2$이므로 $\cdots$ (ii)

$f(-4)=\dfrac{5}{4}\times(-4)^2=20$ $\cdots$ (iii)

채점 기준	
(i) 이차함수의 식을 $y=ax^2$으로 놓기	20 %
(ii) 이차함수의 식 구하기	40 %
(iii) $f(-4)$의 값 구하기	40 %

33 답 -8

그래프의 꼭짓점이 원점이므로 이차함수의 식을 $y=ax^2$으로 놓을 수
있다.

이 그래프가 점 $(3, -18)$을 지나므로

$-18=a\times 3^2$, $-18=9a$ ∴ $a=-2$

$y=-2x^2$의 그래프가 점 $(-2, p)$를 지나므로

$p=-2\times(-2)^2=-8$

34 답 -9

그래프의 꼭짓점이 원점이므로 이차함수의 식을 $y=ax^2$으로 놓을 수
있다.

이 그래프가 점 $(-6, 12)$를 지나므로

$12=a\times(-6)^2$, $12=36a$ ∴ $a=\dfrac{1}{3}$

$y=\dfrac{1}{3}x^2$의 그래프와 x축에 서로 대칭인 그래프의 식은

$y=-\dfrac{1}{3}x^2$

이 그래프가 점 $(m, -27)$을 지나므로

$-27=-\dfrac{1}{3}m^2$, $m^2=81$ ∴ $m=\pm 9$

이때 $m<0$이므로 $m=-9$

35 답 ④

점 $A(-2, -1)$은 $y=ax^2$의 그래프 위의 점이므로

$-1=a\times(-2)^2$, $-1=4a$ ∴ $a=-\dfrac{1}{4}$

이때 $y=-\dfrac{1}{4}x^2$의 그래프는 y축에 대칭이고, $\overline{BC}=8$이므로

점 C의 x좌표는 4이다.

즉, 점 C의 y좌표는 $y=-\dfrac{1}{4}\times 4^2=-4$

따라서 사다리꼴 ABCD에서 $\overline{AD}=4$, $\overline{BC}=8$이고

높이가 $-1-(-4)=3$이므로

$\square ABCD=\dfrac{1}{2}\times(4+8)\times 3=18$

36 답 $\dfrac{1}{4}$

점 D의 y좌표가 16이므로 $y=x^2$에 $y=16$을 대입하면

$16=x^2$ ∴ $x=4$ $(\because x>0)$

∴ $D(4, 16)$

$\overline{CD}=\overline{DE}=4$이므로 $\overline{CE}=8$

∴ $E(8, 16)$

$y=ax^2$의 그래프가 점 $E(8, 16)$을 지나므로

$16=a\times 8^2$, $16=64a$ ∴ $a=\dfrac{1}{4}$

37 답 $\dfrac{5}{9}$

점 B의 x좌표가 1이므로 $y=-5x^2$에 $x=1$을 대입하면

$y=-5\times 1^2=-5$ ∴ $B(1, -5)$

이차함수 $y=-5x^2$의 그래프는 y축에 대칭이므로

$A(-1, -5)$ $\cdots$ (i)

$y=ax^2$의 그래프는 y축에 대칭이고, $\overline{CD}=3\overline{AB}=6$이므로

$C(3, 9a)$, $D(-3, 9a)$ $\cdots$ (ii)

이때 $\square ABCD$는 사다리꼴이고, 그 넓이가 40이므로

$\dfrac{1}{2}\times(6+2)\times\{9a-(-5)\}=40$

$4(9a+5)=40$, $9a+5=10$, $9a=5$

∴ $a=\dfrac{5}{9}$ $\cdots$ (iii)

채점 기준	
(i) 점 A의 좌표 구하기	30 %
(ii) 두 점 C, D의 좌표 구하기	40 %
(iii) a의 값 구하기	30 %

38 답 ⑤

점 D의 x좌표를 k $(k>0)$라 하면

$D(k, k^2)$, $A(-k, k^2)$, $C\left(k, -\dfrac{1}{3}k^2\right)$

이때 $\square ABCD$는 정사각형이므로 $\overline{AD}=\overline{CD}$에서

$k-(-k)=k^2-\left(-\dfrac{1}{3}k^2\right)$, $2k=\dfrac{4}{3}k^2$

$2k^2-3k=0$, $k(2k-3)=0$

∴ $k=0$ 또는 $k=\dfrac{3}{2}$

이때 $k>0$이므로 $k=\dfrac{3}{2}$

따라서 $\overline{AD}=2k=2\times\dfrac{3}{2}=3$이므로

$\square ABCD=3\times 3=9$

02 이차함수 $y=ax^2+q$, $y=a(x-p)^2$ 의 그래프

유형 모아 보기 & 완성하기

185~187쪽

39 답 ③

$y=2x^2$의 그래프를 y축의 방향으로 -1만큼 평행이동한 그래프의 식은 $y=2x^2-1$

이 그래프가 점 $(-1, k)$를 지나므로

$k=2\times(-1)^2-1=1$

40 답 ④

$y=x^2$의 그래프를 x축의 방향으로 k만큼 평행이동한 그래프의 식은

$y=(x-k)^2$

이 그래프가 점 $(5, 36)$을 지나므로

$36=(5-k)^2$, $5-k=\pm6$ $\quad\therefore k=-1$ 또는 $k=11$

이때 $k>0$이므로 $k=11$

41 답 -4

$y=\dfrac{2}{3}x^2$의 그래프를 y축의 방향으로 k만큼 평행이동한 그래프의 식은 $y=\dfrac{2}{3}x^2+k$

이 그래프가 점 $(-3, 2)$를 지나므로

$2=\dfrac{2}{3}\times(-3)^2+k$, $2=6+k$

$\therefore k=-4$

42 답 ④

$y=-3x^2$의 그래프를 y축의 방향으로 2만큼 평행이동한 그래프의 식은 $y=-3x^2+2$

따라서 꼭짓점의 좌표는 $(0, 2)$, 축의 방정식은 $x=0$이다.

43 답 ①

$y=\dfrac{1}{3}x^2-1$의 그래프는 아래로 볼록한 포물선이고, 꼭짓점의 좌표가 $(0, -1)$이므로 그래프로 적당한 것은 ①이다.

44 답 ②, ④, ⑥

② 축의 방정식은 $x=0$이다.

④ $y=-\dfrac{1}{2}x^2$의 그래프를 y축의 방향으로 2만큼 평행이동한 것이다.

⑤ $y=-\dfrac{1}{2}x^2+2$의 그래프는 오른쪽 그림과 같으므로 모든 사분면을 지난다.

⑥ $x<0$일 때, x의 값이 증가하면 y의 값도 증가한다.

따라서 옳지 않은 것은 ②, ④, ⑥이다.

45 답 0

그래프의 꼭짓점의 좌표가 $(0, 1)$이므로 $q=1$

즉, $y=ax^2+1$의 그래프가 점 $(1, 2)$를 지나므로

$2=a\times1^2+1$ $\quad\therefore a=1$

$\therefore a-q=1-1=0$

46 답 ④

㈎에서 그래프가 위로 볼록하므로 x^2의 계수는 음수이어야 한다. 즉, ③, ④, ⑤이다.

㈏에서 꼭짓점의 좌표는 $(0, 1)$이고, y축을 축으로 하므로 ③, ④이다.

㈐에서 $y=x^2$의 그래프보다 폭이 좁아야 하므로 ④이다.

따라서 조건을 만족시키는 이차함수의 식은 ④이다.

47 답 $(5, 0)$

$y=\dfrac{4}{3}x^2$의 그래프를 x축의 방향으로 p만큼 평행이동한 그래프의 식은 $y=\dfrac{4}{3}(x-p)^2$

이 그래프가 점 $(2, 12)$를 지나므로

$12=\dfrac{4}{3}\times(2-p)^2$, $(2-p)^2=9$, $2-p=\pm3$

$\therefore p=-1$ 또는 $p=5$

이때 $p>0$이므로 $p=5$

따라서 $y=\dfrac{4}{3}(x-5)^2$의 그래프의 꼭짓점의 좌표는 $(5, 0)$이다.

48 답 ③

$y=-2(x+1)^2$의 그래프는 위로 볼록한 포물선이고, 꼭짓점의 좌표가 $(-1, 0)$이므로 그래프로 적당한 것은 ③이다.

49 답 ⑤

그래프가 아래로 볼록하고, 축의 방정식이 $x=7$이므로 $x>7$일 때, x의 값이 증가하면 y의 값도 증가한다.

50 답 ③, ⑤

③ $y=\dfrac{1}{3}(x-1)^2$의 그래프는 오른쪽 그림과 같으므로 제1사분면과 제2사분면을 지난다.

⑤ 이차함수 $y=\dfrac{1}{3}x^2$의 그래프를 x축의 방향으로 1만큼 평행이동한 것이다.

51 답 -3

그래프의 꼭짓점의 좌표가 $(-2, 0)$이므로 $p=-2$ $\quad\cdots$ (i)

즉, $y=a(x+2)^2$의 그래프가 점 $(0, -4)$를 지나므로

$-4=a\times(0+2)^2$, $-4=4a$ $\quad\therefore a=-1$ $\quad\cdots$ (ii)

$\therefore a+p=-1+(-2)=-3$ $\quad\cdots$ (iii)

채점 기준

(i) p의 값 구하기	40%
(ii) a의 값 구하기	50%
(iii) $a+p$의 값 구하기	10%

52 답 2

$y=a(x-b)^2$의 그래프의 꼭짓점의 좌표는 $(b, 0)$이고,
$y=x^2-9$의 그래프가 점 $(b, 0)$을 지나므로
$0=b^2-9$, $b^2=9$
$\therefore b=\pm 3$
이때 $b>0$이므로 $b=3$
$y=x^2-9$의 그래프의 꼭짓점의 좌표는 $(0, -9)$이고,
$y=a(x-3)^2$의 그래프가 점 $(0, -9)$를 지나므로
$-9=a\times(0-3)^2$, $-9=9a$
$\therefore a=-1$
$\therefore a+b=-1+3=2$

---

03 이차함수 $y=a(x-p)^2+q$의 그래프

유형 모아 보기 & 완성하기　　　188~191쪽

53 답 9

$y=-\dfrac{1}{2}(x-5)^2-4$의 그래프는 $y=-\dfrac{1}{2}x^2$의 그래프를 x축의 방
향으로 5만큼, y축의 방향으로 -4만큼 평행이동한 것이다.
따라서 $p=5$, $q=-4$이므로
$p-q=5-(-4)=9$

54 답 ①

$y=-3(x-2)^2+3$의 그래프를 x축의 방향으로 a만큼, y축의 방향
으로 b만큼 평행이동한 그래프의 식은
$y=-3(x-a-2)^2+3+b$
이 그래프가 $y=-3x^2$의 그래프와 일치하므로
$-a-2=0$, $3+b=0$
$\therefore a=-2$, $b=-3$
$\therefore a+b=-2+(-3)=-5$

55 답 ③

그래프가 아래로 볼록한 포물선이므로 $a>0$
꼭짓점 (p, q)가 제3사분면 위에 있으므로 $p<0$, $q<0$

56 답 7

$y=a(x-3)^2-1$의 그래프는 $y=5x^2$의 그래프를 x축의 방향으로 3
만큼, y축의 방향으로 -1만큼 평행이동한 것이다.
따라서 $a=5$, $b=3$, $c=-1$이므로
$a+b+c=5+3+(-1)=7$

57 답 ③

$y=\dfrac{1}{7}x^2$의 그래프를 x축의 방향으로 -1만큼, y축의 방향으로 4만
큼 평행이동한 그래프의 식은
$y=\dfrac{1}{7}(x+1)^2+4$
이 그래프의 축의 방정식은 $x=-1$, 꼭짓점의 좌표는 $(-1, 4)$이므로
$m=-1$, $a=-1$, $b=4$
$\therefore m+a+b=-1+(-1)+4=2$

58 답 ④

$y=4x^2$의 그래프를 평행이동하여 완전히 포개어지려면 x^2의 계수가
4이어야 하므로 ④이다.

59 답 -2

$y=2x^2$의 그래프를 x축의 방향으로 -3만큼, y축의 방향으로 -4만
큼 평행이동한 그래프의 식은
$y=2(x+3)^2-4$ 　　　　　　　　　　　　　　　… (i)
이 그래프가 점 $(-4, a)$를 지나므로
$a=2\times(-4+3)^2-4=-2$ 　　　　　　　　… (ii)

채점 기준

(i) 평행이동한 그래프의 식 구하기	50 %
(ii) a의 값 구하기	50 %

60 답 ①

$y=-\dfrac{1}{2}(x+4)^2+7$의 그래프는 위로 볼록한 포물선이고, 꼭짓점의
좌표가 $(-4, 7)$이다.
또 $x=0$일 때 $y=-1$이므로 점 $(0, -1)$을 지난다.
따라서 $y=-\dfrac{1}{2}(x+4)^2+7$의 그래프는 오른쪽
그림과 같으므로 이 그래프가 지나지 않는 사분
면은 제1사분면이다.

61 답 ①

$y=2(x-5)^2+3$의 그래프는 오른쪽 그림과 같으
므로 $x>5$일 때, x의 값이 증가하면 y의 값도 증
가한다.

62 답 ㄷ, ㄹ

ㄴ. $y=\dfrac{1}{3}(x+2)^2-1$에 $x=0$을 대입하면
$y=\dfrac{1}{3}\times(0+2)^2-1=\dfrac{1}{3}$
따라서 점 $\left(0, \dfrac{1}{3}\right)$을 지난다.

ㄷ. 아래로 볼록한 포물선이다.

ㄹ. $y=\dfrac{1}{3}(x+2)^2-1$의 그래프는 오른쪽 그림
과 같으므로 제1, 2, 3사분면만을 지난다.

따라서 옳지 않은 것은 ㄷ, ㄹ이다.

63 답 ②

그래프의 꼭짓점의 좌표가 $(2, 1)$이므로 $p=2$, $q=1$

즉, $y=a(x-2)^2+1$의 그래프가 점 $(0, 3)$을 지나므로

$3=a\times(0-2)^2+1$, $3=4a+1$ ∴ $a=\dfrac{1}{2}$

∴ $apq=\dfrac{1}{2}\times2\times1=1$

64 답 $-\dfrac{1}{2}$, 3

그래프의 꼭짓점의 좌표가 $(p, 2p^2)$이고, 이 점이 직선 $y=5x+3$ 위에 있으므로

$2p^2=5p+3$, $2p^2-5p-3=0$

$(2p+1)(p-3)=0$ ∴ $p=-\dfrac{1}{2}$ 또는 $p=3$

65 답 ①

$y=-2(x-4)^2+5$의 그래프를 x축의 방향으로 a만큼, y축의 방향으로 b만큼 평행이동한 그래프의 식은

$y=-2(x-a-4)^2+5+b$

이 식이 $y=-2(x-3)^2+1$과 같아야 하므로

$-a-4=-3$, $5+b=1$

∴ $a=-1$, $b=-4$

∴ $a+b=-1+(-4)=-5$

66 답 -7

$y=(x+3)^2-2$의 그래프를 x축의 방향으로 -2만큼, y축의 방향으로 5만큼 평행이동한 그래프의 식은

$y=(x+2+3)^2-2+5=(x+5)^2+3$

이 그래프의 꼭짓점의 좌표는 $(-5, 3)$이므로

$p=-5$, $q=3$

축의 방정식은 $x=-5$이므로 $m=-5$

∴ $p+q+m=-5+3+(-5)=-7$

67 답 2

$y=4(x-2)^2-5$의 그래프를 x축의 방향으로 k만큼, y축의 방향으로 $-5k$만큼 평행이동한 그래프의 식은

$y=4(x-k-2)^2-5-5k$ ⋯⋯ (i)

이 그래프가 점 $(2, 1)$을 지나므로

$1=4\times(2-k-2)^2-5-5k$, $4k^2-5k-6=0$

$(4k+3)(k-2)=0$

∴ $k=-\dfrac{3}{4}$ 또는 $k=2$ ⋯⋯ (ii)

이때 k는 정수이므로 $k=2$ ⋯⋯ (iii)

68 답 ③

그래프가 위로 볼록한 포물선이므로 $a<0$

꼭짓점 $(-p, q)$가 제2사분면 위에 있으므로

$-p<0$, $q>0$ ∴ $p>0$, $q>0$

69 답 ⑤

① 그래프가 아래로 볼록한 포물선이므로 $a>0$

② 꼭짓점 $(0, q)$가 x축보다 아래쪽에 있으므로 $q<0$

③ $a+q$의 부호는 알 수 없다.

④ $a>0$, $q<0$이므로 $aq<0$

⑤ $a>0$, $q<0$이므로 $a-q>0$

따라서 항상 옳은 것은 ⑤이다.

70 답 제1사분면, 제2사분면

$y=a(x-p)^2+q$의 그래프가 위로 볼록한 포물선이므로 $a<0$

꼭짓점 (p, q)가 제1사분면 위에 있으므로 $p>0$, $q>0$

즉, $y=q(x-a)^2+p$의 그래프는 $q>0$이므로 아래로 볼록한 포물선이고, $a<0$, $p>0$이므로 꼭짓점 (a, p)는 제2사분면 위에 있다.

따라서 $y=q(x-a)^2+p$의 그래프는 오른쪽 그림과 같으므로 제1사분면, 제2사분면을 지난다.

71 답 ⑤

그래프가 위로 볼록한 포물선이므로 $a<0$

꼭짓점 $(-p, 0)$이 y축보다 오른쪽에 있으므로

$-p>0$ ∴ $p<0$

즉, $y=ax^2+p$의 그래프는 위로 볼록한 포물선이고, 꼭짓점은 y축 위의 점이면서 x축보다 아래쪽에 있다.

따라서 $y=ax^2+p$의 그래프로 적당한 것은 ⑤이다.

72 답 ②

$y=ax-b$의 그래프가 오른쪽 위로 향하므로

(기울기)>0 ∴ $a>0$

또 x축보다 아래쪽에서 y축과 만나므로

(y절편)<0 ∴ $-b<0$

즉, $y=a(x+b)^2$의 그래프는 $a>0$이므로 아래로 볼록한 포물선이고, 꼭짓점의 좌표 $(-b, 0)$에서 $-b<0$이므로 꼭짓점은 x축 위의 점이면서 y축보다 왼쪽에 있다.

따라서 $y=a(x+b)^2$의 그래프로 적당한 것은 ②이다.

73 답 ④

ㄱ. $y=200x$ ⇨ 일차함수

ㄴ. (소금의 양)$=\dfrac{(소금물의 농도)}{100}\times(소금물의 양)$이므로

$y=\dfrac{x}{100}(200+x)=\dfrac{1}{100}x^2+2x$ ⇨ 이차함수

ㄷ. (구의 겉넓이)$=4\pi\times(반지름의 길이)^2$이므로

$y=4\pi x^2$ ⇨ 이차함수

ㄹ. $y=x(x+30)=x^2+30x$ ⇨ 이차함수

ㅁ. (사다리꼴의 넓이)

$=\dfrac{1}{2}\times\{(윗변의 길이)+(아랫변의 길이)\}\times(높이)$

이므로 $y=\dfrac{1}{2}\times\{x+(x+2)\}\times4=4x+4$ ⇨ 일차함수

따라서 y가 x에 대한 이차함수인 것은 ㄴ, ㄷ, ㄹ이다.

74 답 ②, ④

$y=4x^2-x(a^2x-3)+2$

$=4x^2-a^2x^2+3x+2$

$=(4-a^2)x^2+3x+2$

이때 이차항의 계수가 0이 아니어야 하므로

$4-a^2\ne0,\ a^2\ne4$

$\therefore a\ne\pm2$

따라서 상수 a의 값이 될 수 없는 것은 -2, 2이다.

75 답 ⑤

$f(x)=-x^2+ax+5$에서 $f(-1)=2$이므로

$-(-1)^2+a\times(-1)+5=2$

$-1-a+5=2$ $\therefore a=2$

즉, $f(x)=-x^2+2x+5$에서 $f(3)=b$이므로

$-3^2+2\times3+5=b$ $\therefore b=2$

$\therefore ab=2\times2=4$

76 답 ㄱ─㈎, ㄴ─㈏, ㄷ─㈎, ㄹ─㈐

$y=ax^2$의 그래프는 $a>0$이면 아래로 볼록하고, $a<0$이면 위로 볼록하다. 또 a의 절댓값이 클수록 그래프의 폭이 좁아진다.

ㄱ, ㄹ에서 이차항의 계수가 음수이고 $\left|-\dfrac{3}{2}\right|>\left|-\dfrac{1}{3}\right|$이므로

ㄱ의 그래프는 ㈎, ㄹ의 그래프는 ㈐이다.

ㄴ, ㄷ에서 이차항의 계수가 양수이고 $\left|\dfrac{3}{2}\right|>\left|\dfrac{3}{4}\right|$이므로

ㄴ의 그래프는 ㈏, ㄷ의 그래프는 ㈎이다.

따라서 ㄱ─㈎, ㄴ─㈏, ㄷ─㈎, ㄹ─㈐이다.

77 답 ②, ③

② 위로 볼록한 그래프는 이차항의 계수가 음수인 ㄴ, ㄹ이다.

③ 그래프의 폭이 가장 넓은 것은 이차항의 계수의 절댓값이 가장 작은 ㄷ이다.

⑤ $x<0$일 때, x의 값이 증가하면 y의 값이 감소하는 그래프는 ㄱ, ㄷ, ㅁ, ㅂ의 4개이다.

따라서 옳지 않은 것은 ②, ③이다.

78 답 1

$y=ax^2$의 그래프가 점 $(-3, 18)$을 지나므로

$18=a\times(-3)^2,\ 18=9a$ $\therefore a=2$

$y=2x^2$의 그래프가 점 $\left(\dfrac{1}{2}, b\right)$를 지나므로

$b=2\times\left(\dfrac{1}{2}\right)^2=\dfrac{1}{2}$

$\therefore ab=2\times\dfrac{1}{2}=1$

79 답 ④

이차함수 $y=f(x)$의 그래프는 꼭짓점이 원점이므로 이차함수의 식을 $y=ax^2$으로 놓을 수 있다.

이 그래프가 점 $(4, -6)$을 지나므로

$-6=a\times4^2,\ -6=16a$ $\therefore a=-\dfrac{3}{8}$

$y=-\dfrac{3}{8}x^2$의 그래프가 점 $(-2, k)$를 지나므로

$k=-\dfrac{3}{8}\times(-2)^2=-\dfrac{3}{2}$

80 답 9

두 점 A, D의 y좌표가 4이므로 $y=x^2$에 $y=4$를 대입하면

$4=x^2$ $\therefore x=\pm2$

$\therefore$ A$(-2, 4)$, D$(2, 4)$

즉, $\overline{AD}=4$이고 $\overline{AB}=\overline{BC}=\overline{CD}$이므로 $\overline{BC}=\dfrac{4}{3}$

따라서 C$\left(\dfrac{2}{3}, 4\right)$이고 점 C는 $y=ax^2$의 그래프 위의 점이므로

$4=a\times\left(\dfrac{2}{3}\right)^2$ $\therefore a=9$

81 답 -5

그래프의 꼭짓점의 좌표가 $(0, 3)$이고, $y=-2x^2$의 그래프를 y축의 방향으로 평행이동한 것이므로 이차함수의 식은

$y=-2x^2+3$

이 그래프가 점 $(2, k)$를 지나므로

$k=-2\times2^2+3=-5$

82 답 $-\dfrac{1}{2}$

이차함수 $y=ax^2+q$의 그래프가 두 점 $(3, -7)$, $(-2, -2)$를 지나므로

$-7=a\times3^2+q$ $\therefore 9a+q=-7$ $\cdots$ ㉠

$-2=a\times(-2)^2+q$ $\therefore 4a+q=-2$ $\cdots$ ㉡

㉠, ㉡을 연립하여 풀면

$a=-1,\ q=2$

$\therefore \dfrac{a}{q}=\dfrac{-1}{2}=-\dfrac{1}{2}$

83 답 ①

$y=-4(x+p)^2$의 그래프가 점 $(1, -16)$을 지나므로

$-16=-4(1+p)^2$, $(1+p)^2=4$

$1+p=\pm 2$ $\therefore p=-3$ 또는 $p=1$

이때 $p>-3$이므로 $p=1$

따라서 $x<-1$일 때, x의 값이 증가하면 y의 값도

증가한다.

84 답 ①

① x^2의 계수의 절댓값이 같으므로 그래프의 폭이 같다.

② $y=2x^2-3$의 그래프의 축의 방정식은 $x=0$

  $y=-2(x-3)^2$의 그래프의 축의 방정식은 $x=3$

③ $y=2x^2-3$의 그래프의 꼭짓점의 좌표는 $(0, -3)$

  $y=-2(x-3)^2$의 그래프의 꼭짓점의 좌표는 $(3, 0)$

④ $y=-2(x-3)^2$의 그래프는 위로 볼록한 포물선이다.

⑤ $y=-2(x-3)^2$의 그래프는 $y=-2x^2$의 그래프를 x축의 방향으

  로 3만큼 평행이동한 것이다.

따라서 옳은 것은 ①이다.

85 답 ⑤

① $y=-2(x+3)^2-1$의 그래프는 오른쪽 그림

  과 같으므로 x축과 만나지 않는다.

② 직선 $x=-3$을 축으로 하는 위로 볼록한 포물

  선이다.

③ 꼭짓점의 좌표는 $(-3, -1)$이다.

④ $y=-2(x+3)^2-1$에 $x=0$을 대입하면

  $y=-2\times(0+3)^2-1=-19$

  즉, y축과 점 $(0, -19)$에서 만난다.

따라서 옳은 것은 ⑤이다.

86 답 ③

이차함수 $y=\dfrac{1}{3}(x+2)^2+1$의 그래프를 x축의 방향으로 p만큼, y

축의 방향으로 q만큼 평행이동한 그래프의 식은

$y=\dfrac{1}{3}(x-p+2)^2+1+q$

이 그래프가 $y=\dfrac{1}{3}x^2-2$의 그래프와 완전히 포개어지므로

$-p+2=0$, $1+q=-2$ $\therefore p=2$, $q=-3$

$\therefore p+q=2+(-3)=-1$

87 답 ⑤

$y=ax+b$의 그래프가 오른쪽 아래로 향하므로

(기울기)<0 $\therefore a<0$

또 x축보다 위쪽에서 y축과 만나므로

(y절편)>0 $\therefore b>0$

즉, $y=ax^2-b$의 그래프는 $a<0$이므로 위로 볼록한 포물선이고, 꼭

짓점의 좌표 $(0, -b)$에서 $-b<0$이므로 꼭짓점은 y축에 있으면서

x축보다 아래쪽에 있다.

따라서 $y=ax^2-b$의 그래프로 적당한 것은 ⑤이다.

88 답 −4

$y=\dfrac{3}{2}x^2$의 그래프와 x축에 서로 대칭인 그래프의 식은

$y=-\dfrac{3}{2}x^2$ $\cdots$ (i)

이 그래프가 점 $(k, -6)$을 지나므로

$-6=-\dfrac{3}{2}k^2$, $k^2=4$

$\therefore k=\pm 2$ $\cdots$ (ii)

따라서 구하는 모든 k의 값의 곱은

$-2\times 2=-4$ $\cdots$ (iii)

채점 기준

(i) x축에 서로 대칭인 그래프의 식 구하기	40%
(ii) k의 값 구하기	40%
(iii) 모든 k의 값의 곱 구하기	20%

89 답 15

$y=ax^2$의 그래프를 x축의 방향으로 p만큼 평행이동한 그래프의 식은

$y=a(x-p)^2$ $\cdots$ (i)

이 그래프의 축의 방정식이 $x=3$이므로

$p=3$ $\cdots$ (ii)

$y=a(x-3)^2$의 그래프가 점 $(2, 5)$를 지나므로

$5=a\times(2-3)^2$

$\therefore a=5$ $\cdots$ (iii)

$\therefore ap=5\times 3=15$ $\cdots$ (iv)

채점 기준

(i) 평행이동한 그래프의 식 구하기	30%
(ii) p의 값 구하기	30%
(iii) a의 값 구하기	30%
(iv) ap의 값 구하기	10%

90 답 8

그래프의 꼭짓점의 좌표가 $(-1, 5)$이므로

$p=-1$, $q=5$ $\cdots$ (i)

즉, $y=a(x+1)^2+5$의 그래프가 점 $(0, 2)$를 지나므로

$2=a\times(0+1)^2+5$, $2=a+5$

$\therefore a=-3$ $\cdots$ (ii)

$\therefore ap+q=-3\times(-1)+5=8$ $\cdots$ (iii)

채점 기준

(i) p, q의 값 구하기	40%
(ii) a의 값 구하기	40%
(iii) $ap+q$의 값 구하기	20%

91 답 ④

점 B의 좌표를 $\left(a, \frac{1}{2}a^2\right)(a>0)$이라 하면

점 D의 x좌표는 점 B의 x좌표의 3배이므로

$D\left(3a, \frac{9}{2}a^2\right)$, $C\left(3a, \frac{1}{2}a^2\right)$

이때 □ABCD가 정사각형이므로 $\overline{BC}=\overline{CD}$

$3a-a=\frac{9}{2}a^2-\frac{1}{2}a^2$, $2a^2-a=0$, $a(2a-1)=0$

$\therefore a=\frac{1}{2}\ (\because a>0)$

따라서 □ABCD의 둘레의 길이는

$4\overline{BC}=4\times2a=4\times2\times\frac{1}{2}=4$

92 답 $\frac{1}{4}$

□ABCD는 평행사변형이므로 $\overline{AD}/\!/\overline{BC}$, $\overline{AD}=\overline{BC}$

$\overline{AD}/\!/\overline{BC}$에서 $\overline{AD}$는 x축에 평행하므로 두 점 A, D의 y좌표는 4이다.

또 $\overline{AD}=\overline{BC}$에서 $\overline{BC}=8$이므로

$\overline{AD}=8$

이때 $y=ax^2$의 그래프는 y축에 대칭이므로

$A(-4, 4)$, $D(4, 4)$

따라서 점 $D(4, 4)$가 $y=ax^2$의 그래프 위의 점이므로

$4=a\times4^2$, $4=16a$ $\therefore a=\frac{1}{4}$

93 답 ③

$y=a(x-2)^2+7$의 그래프의 꼭짓점의 좌표가 $(2, 7)$이므로 이 그래프가 모든 사분면을 지나려면 오른쪽 그림과 같이 위로 볼록해야 한다.

$\therefore a<0$ $\cdots\ \bigcirc$

또 y축과 만나는 점은 x축보다 위쪽에 있어야 하므로

$a\times(0-2)^2+7>0$, $4a>-7$

$\therefore a>-\frac{7}{4}$ $\cdots\ \bigcirc$

$\bigcirc$, $\bigcirc$에서 a의 값이 될 수 있는 것은 ③이다.

94 답 8

점 B는 y축 위의 점이고, 점 B는 $y=-(x-1)^2+4$의 그래프 위의 점이므로 $x=0$을 대입하면

$y=-(0-1)^2+4=3$ $\therefore B(0, 3)$

즉, 직선 $y=k$가 점 $B(0, 3)$을 지나므로 $k=3$

또 $y=-(x-1)^2+4$의 그래프의 축의 방정식은 $x=1$이고, $x=1$에서 두 점 B, C까지의 거리가 같으므로 점 C의 x좌표는 2이다.

$\therefore C(2, 3)$

즉, $\overline{BC}=2-0=2$이고 $\overline{AB}=2\overline{BC}$이므로 $\overline{AB}=4$

$\therefore A(-4, 3)$

$y=-(x-p)^2+q$의 그래프의 축의 방정식은 $x=p$이고, $x=p$에서 두 점 $A(-4, 3)$, $B(0, 3)$까지의 거리가 같으므로

$p=-2$

따라서 $y=-(x+2)^2+q$의 그래프가 점 $B(0, 3)$을 지나므로

$3=-(0+2)^2+q$, $3=-4+q$ $\therefore q=7$

$\therefore k+p+q=3+(-2)+7=8$

95 답 ③

$y=\frac{1}{3}x^2+2$의 그래프는 $y=\frac{1}{3}x^2-1$의 그래프를 y축의 방향으로 3만큼 평행이동한 것과 같다.

즉, 오른쪽 그림에서 빗금 친 두 부분의 넓이는 서로 같으므로 구하는 넓이는 직사각형 ABCD의 넓이와 같다.

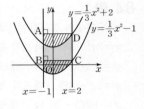

$\therefore$ □$ABCD=\overline{BC}\times\overline{CD}$

$=\{2-(-1)\}\times3$

$=3\times3=9$

96 답 제1사분면

주어진 이차함수의 그래프의 축의 방정식은

$x=-2a+4$

축이 y축의 오른쪽에 있으므로

$-2a+4>0$ $\therefore a<2$

주어진 이차함수의 그래프의 꼭짓점의 좌표는

$(-2a+4, -5a+13)$

$a<2$에서 $-5a>-10$

$\therefore -5a+13>3$

따라서 꼭짓점 $(-2a+4, -5a+13)$은 제1사분면 위에 있다.

10 이차함수 $y=ax^2+bx+c$의 그래프

01 ①	**02** -9	**03** ③	**04** ②	**05** 4
06 3	**07** ⑤	**08** ①	**09** $-\dfrac{3}{4}$	**10** ①
11 ③	**12** ②	**13** $\dfrac{1}{2}$	**14** 8	**15** ⑤
16 $(-1, 4)$		**17** -5	**18** ②	**19** ④
20 ⑤	**21** $x<3$	**22** ③	**23** $(-3, -6)$	
24 ②	**25** 8	**26** ④	**27** ③	**28** -1
29 ④	**30** 7	**31** ③	**32** 12	**33** ⑤
34 ③	**35** 64	**36** ④	**37** ④	**38** ㄱ, ㄹ
39 ③, ④, ⑥		**40** ②	**41** ⑤	**42** ④
43 제3사분면		**44** ③	**45** ⑤	**46** ③
47 3	**48** 4	**49** ②	**50** 8	**51** ①
52 ②	**53** $y=-x^2-4x-1$		**54** ③	
55 $y=-x^2+2x+3$		**56** 8	**57** ③	
58 $(0, -2)$		**59** -5	**60** ①	**61** ⑤
62 ⑤	**63** 3	**64** ④	**65** $y=4x^2+8x+3$	
66 $(1, 2)$	**67** 6	**68** ②	**69** 2	**70** -2
71 ⑤	**72** 28	**73** ③	**74** ①	**75** ②
76 ④	**77** ⑤	**78** $x<3$	**79** ②	**80** -4
81 ①	**82** ④	**83** ㄴ, ㄷ, ㅂ		**84** ⑤
85 -7	**86** ④	**87** $(2, 3)$	**88** ②	**89** 5
90 54	**91** -3	**92** $a\geq\dfrac{1}{2}$	**93** ②	**94** 6
95 64	**96** 3	**97** 8 m		

---

01 이차함수 $y=ax^2+bx+c$의 그래프 (1)

유형 모아 보기 & 완성하기 198~203쪽

01 답 ①
$$y=-3x^2+2x+1$$
$$=-3\left(x^2-\frac{2}{3}x\right)+1$$
$$=-3\left(x^2-\frac{2}{3}x+\frac{1}{9}-\frac{1}{9}\right)+1$$
$$=-3\left(x-\frac{1}{3}\right)^2+\frac{4}{3}$$
따라서 $p=\dfrac{1}{3}$, $q=\dfrac{4}{3}$이므로
$$p-q=\frac{1}{3}-\frac{4}{3}=-1$$

02 답 -9
$$y=2x^2-8x-5$$
$$=2(x^2-4x)-5$$
$$=2(x^2-4x+4-4)-5$$
$$=2(x-2)^2-13$$
이므로 꼭짓점의 좌표는 $(2, -13)$ ∴ $a=2$, $b=-13$
축의 방정식은 $x=2$ ∴ $c=2$
∴ $a+b+c=2+(-13)+2=-9$

03 답 ③
$$y=x^2-3x+2=\left(x-\frac{3}{2}\right)^2-\frac{1}{4}$$

(i) 꼭짓점의 좌표: $\left(\dfrac{3}{2}, -\dfrac{1}{4}\right)$

(ii) y축과 만나는 점의 좌표: $(0, 2)$

(iii) 모양: ∪

따라서 그래프는 오른쪽 그림과 같으므로 제3사분면을 지나지 않는다.

04 답 ②
$y=-\dfrac{1}{2}x^2+3x-5=-\dfrac{1}{2}(x-3)^2-\dfrac{1}{2}$의 그래프는 오른쪽 그림과 같으므로 $x<3$일 때, x의 값이 증가하면 y의 값도 증가한다.

05 답 4
$y=x^2+x-2$에 $y=0$을 대입하면
$x^2+x-2=0$, $(x+2)(x-1)=0$
∴ $x=-2$ 또는 $x=1$
이때 $p<q$이므로 $p=-2$, $q=1$
$y=x^2+x-2$에 $x=0$을 대입하면
$y=-2$ ∴ $r=-2$
∴ $pqr=-2\times1\times(-2)=4$

06 답 3

$y=-2x^2-12x-19=-2(x+3)^2-1$의 그래프를 x축의 방향으로 a만큼, y축의 방향으로 b만큼 평행이동한 그래프의 식은

$y=-2(x-a+3)^2-1+b$ ⋯ ㉠

$y=-2x^2-8x-7=-2(x+2)^2+1$의 그래프가 ㉠의 그래프와 일치해야 하므로

$-a+3=2$, $-1+b=1$ ∴ $a=1$, $b=2$

∴ $a+b=1+2=3$

07 답 ⑤

$y=\dfrac{1}{2}x^2+4x-1=\dfrac{1}{2}(x^2+8x)-1$

$=\dfrac{1}{2}(x^2+8x+16-16)-1$

$=\dfrac{1}{2}(x+4)^2-9$

따라서 $a=\dfrac{1}{2}$, $p=-4$, $q=-9$이므로

$a+p-q=\dfrac{1}{2}+(-4)-(-9)=\dfrac{11}{2}$

08 답 ①

$y=3x^2-4x+k=3\left(x^2-\dfrac{4}{3}x\right)+k$

$=3\left(x^2-\dfrac{4}{3}x+\dfrac{4}{9}-\dfrac{4}{9}\right)+k$

$=3\left(x-\dfrac{2}{3}\right)^2-\dfrac{4}{3}+k$

이 그래프가 $y=a(x+b)^2-\dfrac{4}{3}$의 그래프와 일치해야 하므로

$a=3$, $b=-\dfrac{2}{3}$, $k=0$

∴ $ab+k=3\times\left(-\dfrac{2}{3}\right)+0=-2$

09 답 $-\dfrac{3}{4}$

$y=-2x^2+6x-5=-2(x^2-3x)-5$

$=-2\left(x^2-3x+\dfrac{9}{4}-\dfrac{9}{4}\right)-5$

$=-2\left(x-\dfrac{3}{2}\right)^2-\dfrac{1}{2}$ ⋯ (i)

이 그래프는 $y=-2x^2$의 그래프를 x축의 방향으로 $\dfrac{3}{2}$만큼, y축의 방향으로 $-\dfrac{1}{2}$만큼 평행이동한 것이다.

따라서 $p=\dfrac{3}{2}$, $q=-\dfrac{1}{2}$이므로 ⋯ (ii)

$pq=\dfrac{3}{2}\times\left(-\dfrac{1}{2}\right)=-\dfrac{3}{4}$ ⋯ (iii)

채점 기준	
(i) 이차함수의 식을 $y=a(x-p)^2+q$ 꼴로 나타내기	50%
(ii) p, q의 값 구하기	30%
(iii) pq의 값 구하기	20%

10 답 ①

$y=-x^2-10x-21=-(x^2+10x)-21$

$=-(x^2+10x+25-25)-21$

$=-(x+5)^2+4$

따라서 축의 방정식은 $x=-5$, 꼭짓점의 좌표는 $(-5, 4)$이다.

11 답 ③

① $y=-(x+4)(x-4)=-(x^2-16)=-x^2+16$

이므로 축의 방정식은 $x=0$이다.

② $y=x^2+4x+3=(x^2+4x+4-4)+3=(x+2)^2-1$

이므로 축의 방정식은 $x=-2$이다.

③ $y=-3x^2+2x=-3\left(x^2-\dfrac{2}{3}x\right)$

$=-3\left(x^2-\dfrac{2}{3}x+\dfrac{1}{9}-\dfrac{1}{9}\right)=-3\left(x-\dfrac{1}{3}\right)^2+\dfrac{1}{3}$

이므로 축의 방정식은 $x=\dfrac{1}{3}$이다.

④ $y=x^2+2x+1=(x+1)^2$이므로 축의 방정식은 $x=-1$이다.

⑤ $y=x^2+x+2=\left(x^2+x+\dfrac{1}{4}-\dfrac{1}{4}\right)+2=\left(x+\dfrac{1}{2}\right)^2+\dfrac{7}{4}$

이므로 축의 방정식은 $x=-\dfrac{1}{2}$이다.

따라서 그래프의 축이 좌표평면에서 가장 오른쪽에 있는 것은 ③이다.

12 답 ②

$y=-\dfrac{1}{4}x^2+2px+1=-\dfrac{1}{4}(x^2-8px)+1$

$=-\dfrac{1}{4}(x^2-8px+16p^2-16p^2)+1$

$=-\dfrac{1}{4}(x-4p)^2+4p^2+1$

따라서 축의 방정식은 $x=4p$이므로

$4p=-2$ ∴ $p=-\dfrac{1}{2}$

13 답 $\dfrac{1}{2}$

$y=-x^2+2x+a=-(x^2-2x)+a$

$=-(x^2-2x+1-1)+a$

$=-(x-1)^2+a+1$

이므로 꼭짓점의 좌표는 $(1, a+1)$이다.

$y=\dfrac{1}{2}x^2-bx+1=\dfrac{1}{2}(x^2-2bx)+1$

$=\dfrac{1}{2}(x^2-2bx+b^2-b^2)+1$

$=\dfrac{1}{2}(x-b)^2-\dfrac{1}{2}b^2+1$

이므로 꼭짓점의 좌표는 $\left(b, -\dfrac{1}{2}b^2+1\right)$이다.

두 그래프의 꼭짓점이 일치하므로 $b=1$

즉, 꼭짓점의 좌표는 $\left(1, \dfrac{1}{2}\right)$이므로

$a+1=\dfrac{1}{2}$ ∴ $a=-\dfrac{1}{2}$

∴ $a+b=-\dfrac{1}{2}+1=\dfrac{1}{2}$

14 답 8

$y=x^2+4x+2m-1$
$\ =(x^2+4x+4-4)+2m-1$
$\ =(x+2)^2+2m-5$

이므로 꼭짓점의 좌표는 $(-2,\ 2m-5)$이다. $\cdots$ (i)

$2x+y=7$에 $x=-2,\ y=2m-5$를 대입하면

$2\times(-2)+2m-5=7$

$2m=16$ $\quad\therefore\ m=8$ $\cdots$ (iii)

채점 기준

(i) 꼭짓점의 좌표 구하기	50 %
(ii) m의 값 구하기	50 %

15 답 ⑤

$y=-3x^2+6x+k=-3(x^2-2x)+k$
$\ =-3(x^2-2x+1-1)+k$
$\ =-3(x-1)^2+3+k$

이므로 꼭짓점의 좌표는 $(1,\ 3+k)$이다.

이때 꼭짓점이 제4사분면 위에 있으므로

$3+k<0$ $\quad\therefore\ k<-3$

따라서 상수 k의 값이 될 수 없는 것은 ⑤이다.

16 답 $(-1,\ 4)$

$y=ax+b$의 그래프가 두 점 $(0,\ 2),\ (2,\ 0)$을 지나므로

$a=(기울기)=\dfrac{0-2}{2-0}=-1,\ b=(y절편)=2$

$\therefore\ y=-x^2-2x+3=-(x^2+2x)+3$
$\ \ =-(x^2+2x+1-1)+3$
$\ \ =-(x+1)^2+4$

따라서 꼭짓점의 좌표는 $(-1,\ 4)$이다.

17 답 -5

$y=ax^2-2ax+b$의 그래프가 점 $(3,\ 13)$을 지나므로

$13=a\times3^2-2a\times3+b$ $\quad\therefore\ b=-3a+13$

$y=ax^2-2ax+b=ax^2-2ax-3a+13=a(x-1)^2-4a+13$

이므로 꼭짓점의 좌표는 $(1,\ -4a+13)$

이때 꼭짓점이 직선 $y=-3x+8$ 위에 있으므로

$-4a+13=-3\times1+8,\ -4a=-8$ $\quad\therefore\ a=2$

$\therefore\ b=-3\times2+13=7$

$\therefore\ a-b=2-7=-5$

18 답 ②

$y=-x^2+4x-1=-(x-2)^2+3$

(i) 꼭짓점의 좌표: $(2,\ 3)$

(ii) y축과 만나는 점의 좌표: $(0,\ -1)$

(iii) 모양: $\cap$

따라서 그래프는 오른쪽 그림과 같으므로 제2사
분면을 지나지 않는다.

19 답 ④

$y=x^2-2x+2=(x-1)^2+1$

따라서 꼭짓점의 좌표는 $(1,\ 1)$, y축과 만나는 점의 좌표는 $(0,\ 2)$인
아래로 볼록한 포물선이다.

따라서 주어진 이차함수의 그래프는 ④이다.

20 답 ⑤

$y=-x^2+3x+7a+1$의 그래프의 모양이 위로 볼록한 포물선이므
로 이 그래프가 모든 사분면을 지나려면

$(y$축과 만나는 점의 y좌표$)>0$이어야 한다.

따라서 $7a+1>0$에서 $a>-\dfrac{1}{7}$

21 답 $x<3$

$y=\dfrac{1}{3}x^2-2x+5=\dfrac{1}{3}(x-3)^2+2$의 그래프는

오른쪽 그림과 같으므로 $x<3$일 때, x의 값이
증가하면 y의 값은 감소한다.

22 답 ③

$y=-x^2+kx+6$의 그래프가 점 $(4,\ -2)$를 지나므로

$-2=-4^2+k\times4+6$

$4k=8$ $\quad\therefore\ k=2$

즉, $y=-x^2+2x+6=-(x-1)^2+7$의 그래프는
오른쪽 그림과 같으므로 $x>1$일 때, x의 값이 증
가하면 y의 값은 감소한다.

23 답 $(-3,\ -6)$

$y=x^2+2kx+k=(x^2+2kx+k^2-k^2)+k$
$\ =(x+k)^2-k^2+k$ $\cdots$ ㉠

이 그래프가 $x<-3$이면 x의 값이 증가할 때 y의 값은 감소하고,
$x>-3$이면 x의 값이 증가할 때 y의 값도 증가하므로 축의 방정식
은 $x=-3$이다.

㉠에서 그래프의 축의 방정식이 $x=-k$이므로

$-k=-3$ $\quad\therefore\ k=3$

즉, $y=x^2+6x+3=(x+3)^2-6$이므로 이 그래프의 꼭짓점의 좌표
는 $(-3,\ -6)$이다.

만렙 비법 이차함수 $y=a(x-p)^2+q$의 그래프는 축 $x=p$를 기준으로
증가, 감소가 바뀜을 이용한다.

24 답 ②

$y=-2x^2+5x+3$에 $y=0$을 대입하면

$-2x^2+5x+3=0,\ 2x^2-5x-3=0$

$(2x+1)(x-3)=0$ $\quad\therefore\ x=-\dfrac{1}{2}$ 또는 $x=3$

이때 $p<q$이므로 $p=-\dfrac{1}{2}$, $q=3$

$y=-2x^2+5x+3$에 $x=0$을 대입하면

$y=3$　　∴ $r=3$

∴ $p+q-r=-\dfrac{1}{2}+3-3=-\dfrac{1}{2}$

25 답 8

$y=x^2+2x-15$에 $y=0$을 대입하면

$x^2+2x-15=0$, $(x+5)(x-3)=0$

∴ $x=-5$ 또는 $x=3$

따라서 $A(-5, 0)$, $B(3, 0)$이므로

$\overline{AB}=3-(-5)=8$

26 답 ④

$y=\dfrac{1}{2}x^2-2x-6$에 $y=0$을 대입하면

$\dfrac{1}{2}x^2-2x-6=0$, $x^2-4x-12=0$

$(x+2)(x-6)=0$　　∴ $x=-2$ 또는 $x=6$

∴ $A(-2, 0)$, $E(6, 0)$

$y=\dfrac{1}{2}x^2-2x-6$에 $x=0$을 대입하면

$y=-6$　　∴ $B(0, -6)$

또 $y=\dfrac{1}{2}x^2-2x-6=\dfrac{1}{2}(x-2)^2-8$이므로

꼭짓점의 좌표는 $C(2, -8)$이다.

축의 방정식은 $x=2$이고, 그래프의 축에서 두 점 B, D까지의 거리가 같으므로 점 D의 x좌표는 4이다.

이때 점 B의 y좌표와 점 D의 y좌표가 같으므로 $D(4, -6)$

따라서 옳지 않은 것은 ④이다.

27 답 ③

$y=-x^2+2x+k=-(x-1)^2+1+k$의 그래프의 축의 방정식은

$x=1$이다.

$\overline{AB}=4$이므로 그래프의 축에서 두 점 A, B까지의 거리는 각각 2이다.

∴ $A(-1, 0)$, $B(3, 0)$ 또는 $A(3, 0)$, $B(-1, 0)$

따라서 $y=-x^2+2x+k$의 그래프가 점 $(-1, 0)$을 지나므로

$0=-(-1)^2+2\times(-1)+k$　　∴ $k=3$

28 답 −1

$y=x^2-4x-2=(x-2)^2-6$의 그래프를 x축의 방향으로 m만큼, y축의 방향으로 n만큼 평행이동한 그래프의 식은

$y=(x-m-2)^2-6+n$　　…㉠

$y=x^2-8x+7=(x-4)^2-9$의 그래프가 ㉠의 그래프와 일치하므로

$-m-2=-4$, $-6+n=-9$　　∴ $m=2$, $n=-3$

∴ $m+n=2+(-3)=-1$

29 답 ④

$y=-\dfrac{1}{3}x^2+2x+1=-\dfrac{1}{3}(x-3)^2+4$의 그래프를 x축의 방향으로

1만큼, y축의 방향으로 -2만큼 평행이동한 그래프의 식은

$y=-\dfrac{1}{3}(x-1-3)^2+4-2=-\dfrac{1}{3}(x-4)^2+2$

　　$=-\dfrac{1}{3}x^2+\dfrac{8}{3}x-\dfrac{10}{3}$

따라서 $a=-\dfrac{1}{3}$, $b=\dfrac{8}{3}$, $c=-\dfrac{10}{3}$이므로

$a+b+c=-\dfrac{1}{3}+\dfrac{8}{3}+\left(-\dfrac{10}{3}\right)=-1$

30 답 7

$y=2x^2-8x+9=2(x-2)^2+1$　　…(i)

이 그래프를 x축의 방향으로 -1만큼, y축의 방향으로 4만큼 평행이동한 그래프의 식은

$y=2(x+1-2)^2+1+4=2(x-1)^2+5$　　…(ii)

이 그래프가 점 $(2, k)$를 지나므로

$k=2\times(2-1)^2+5=7$　　…(iii)

채점 기준

(i) 이차함수의 식을 $y=a(x-p)^2+q$ 꼴로 나타내기		30%
(ii) 평행이동한 그래프의 식 구하기		40%
(iii) k의 값 구하기		30%

31 답 ③

$y=-\dfrac{1}{2}x^2+x-3=-\dfrac{1}{2}(x-1)^2-\dfrac{5}{2}$

이 그래프를 x축의 방향으로 1만큼, y축의 방향으로 4만큼 평행이동한 그래프의 식은

$y=-\dfrac{1}{2}(x-1-1)^2-\dfrac{5}{2}+4=-\dfrac{1}{2}(x-2)^2+\dfrac{3}{2}$

즉, $y=-\dfrac{1}{2}(x-2)^2+\dfrac{3}{2}$의 그래프는 오른쪽

그림과 같으므로 $x>2$일 때, x의 값이 증가하면 y의 값은 감소한다.

32 답 12

$y=-x^2+2x+2=-(x-1)^2+3$

이므로 꼭짓점의 좌표는 $A(1, 3)$

$y=-x^2+10x-22=-(x-5)^2+3$

이므로 꼭짓점의 좌표는 $B(5, 3)$

이때 $y=-x^2+10x-22$의 그래프는

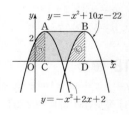

$y=-x^2+2x+2$의 그래프를 x축의

방향으로 4만큼 평행이동한 것이다.

따라서 ㉠, ㉡의 넓이가 같으므로 구하는 넓이는 직사각형 ACDB의 넓이와 같다.

∴ □ACDB $=\overline{AB}\times\overline{BD}=(5-1)\times3=12$

만렙비법 평행이동한 두 이차함수의 그래프의 모양이 같음을 이용하여 넓이가 같은 부분을 찾는다.

유형 모아 보기 & 완성하기 204~207쪽

33 답 ⑤

$y=2x^2+8x+6=2(x+2)^2-2$의 그래프는 오른쪽
그림과 같다.

① 아래로 볼록한 포물선이다.
② 꼭짓점의 좌표는 $(-2, -2)$이다.
③ 축의 방정식은 $x=-2$이다.
④ 제1, 2, 3사분면을 지난다.
⑤ $y=2x^2+8x+6$에 $y=0$을 대입하면
　$2x^2+8x+6=0$, $x^2+4x+3=0$
　$(x+3)(x+1)=0$　∴ $x=-3$ 또는 $x=-1$
　즉, x축과 두 점 $(-3, 0)$, $(-1, 0)$에서 만난다.
따라서 옳은 것은 ⑤이다.

34 답 ③

그래프의 모양이 위로 볼록하므로 $a<0$
그래프의 축이 y축의 오른쪽에 있으므로
$ab<0$　∴ $b>0$
y축과 만나는 점이 x축보다 위쪽에 있으므로 $c>0$

35 답 64

$y=-x^2+6x+7=-(x-3)^2+16$
이므로 C$(3, 16)$
$y=-x^2+6x+7$에 $y=0$을 대입하면
　$-x^2+6x+7=0$, $x^2-6x-7=0$
　$(x+1)(x-7)=0$　∴ $x=-1$ 또는 $x=7$
따라서 A$(-1, 0)$, B$(7, 0)$이므로
$\overline{AB}=7-(-1)=8$
∴ $\triangle ABC=\dfrac{1}{2}\times 8\times 16=64$

36 답 ④

$y=-\dfrac{1}{2}x^2+2x-3=-\dfrac{1}{2}(x-2)^2-1$의 그래프
는 오른쪽 그림과 같다.

④ $x>2$일 때, x의 값이 증가하면 y의 값은 감소
　한다.
⑤ $y=-\dfrac{1}{2}x^2+2x-3$은 $y=-\dfrac{1}{2}x^2$의 그래프를 평행이동한 것이고
　$\left|-\dfrac{1}{2}\right|>\left|\dfrac{1}{3}\right|$이므로 $y=\dfrac{1}{3}x^2$의 그래프보다 폭이 좁다.
따라서 옳지 않은 것은 ④이다.

37 답 ④

그래프의 모양이 위로 볼록한 것은 이차항의 계수가 음수인 ②, ④,
⑤이다.
이 중에서 그래프의 폭이 가장 넓은 것은 이차항의 계수의 절댓값이
가장 작은 ④이다.

38 답 ㄱ, ㄹ

$y=-2x^2+4x-5=-2(x-1)^2-3$의 그래프를 x축의 방향으로
-2만큼, y축의 방향으로 -1만큼 평행이동한 그래프의 식은
$y=-2(x+2-1)^2-3-1=-2(x+1)^2-4$

ㄱ. 축의 방정식은 $x=-1$이다.
ㄴ. $y=-2(x+1)^2-4$에 $x=0$을 대입하면
　　$y=-2\times 1^2-4=-6$
　　따라서 y축과 만나는 점의 좌표는 $(0, -6)$이다.
ㄷ. 이 그래프는 오른쪽 그림과 같으므로 제3사분면과
　　제4사분면을 지난다.

ㄹ. $x>-1$일 때, x의 값이 증가하면 y의 값은 감소
　　한다.
따라서 옳은 것은 ㄱ, ㄹ이다.

39 답 ③, ④, ⑥

③ x축과 만나는 점의 개수는 알 수 없다.
④ $y=ax^2+bx+c=a\left\{x^2+\dfrac{b}{a}x+\left(\dfrac{b}{2a}\right)^2-\left(\dfrac{b}{2a}\right)^2\right\}+c$
　　$=a\left(x+\dfrac{b}{2a}\right)^2-\dfrac{b^2-4ac}{4a}$
　　따라서 꼭짓점의 좌표는 $\left(-\dfrac{b}{2a}, -\dfrac{b^2-4ac}{4a}\right)$이다.
⑥ $y=ax^2+bx+c$의 그래프는 평행이동하여 $y=ax^2$의 그래프와
　　포개어진다.

40 답 ②

그래프의 모양이 아래로 볼록하므로 $a>0$
그래프의 축이 y축의 왼쪽에 있으므로
$ab>0$　∴ $b>0$
y축과 만나는 점이 x축보다 아래쪽에 있으므로 $c<0$

41 답 ⑤

그래프의 모양이 아래로 볼록하므로 $a>0$
축이 y축의 오른쪽에 있으므로 $ab<0$　∴ $b<0$
y축과 만나는 점이 x축보다 아래쪽에 있으므로 $c<0$
① $ab<0$　② $ac<0$　③ $bc>0$
④ $x=1$일 때, $y<0$이므로 $a+b+c<0$
⑤ $x=-2$일 때, $y>0$이므로 $4a-2b+c>0$
따라서 옳은 것은 ⑤이다.

42 답 ④

그래프의 모양이 위로 볼록하므로 $a<0$
그래프의 축이 y축의 왼쪽에 있으므로
$ab>0$　∴ $b<0$
y축과 만나는 점이 x축보다 아래쪽에 있으므로 $c<0$
$ax+by+c=0$에서 $y=-\dfrac{a}{b}x-\dfrac{c}{b}$
이때 (기울기)$=-\dfrac{a}{b}<0$, (y절편)$=-\dfrac{c}{b}<0$이므로 $ax+by+c=0$
의 그래프로 적당한 것은 ④이다.

43 답 제3사분면

$y=ax+b$의 그래프에서 (기울기)>0, (y절편)<0이므로
$a>0$, $b<0$
$y=x^2+ax+b$의 그래프는
(ⅰ) 이차항의 계수가 $1>0$이므로 그래프의 모양이 아래로 볼록하다.
(ⅱ) $a>0$이므로 그래프의 축은 y축의 왼쪽에 있다.
(ⅲ) $b<0$이므로 y축과 만나는 점은 x축보다 아래쪽에 있다.
(ⅰ)~(ⅲ)에 의해 $y=x^2+ax+b$의 그래프는 오른쪽 그림과 같다.

따라서 꼭짓점은 제3사분면 위에 있다.

44 답 ③

$a+b<0$이고 $ab>0$이므로 $a<0$, $b<0$
$y=ax^2+x+b$의 그래프는
(ⅰ) $a<0$이므로 그래프의 모양이 위로 볼록하다.
(ⅱ) 일차항의 계수가 $1>0$이고 $a\times1<0$이므로 그래프의 축은 y축의 오른쪽에 있다.
(ⅲ) $b<0$이므로 y축과 만나는 점은 x축보다 아래쪽에 있다.
(ⅰ)~(ⅲ)에 의해 $y=ax^2+x+b$의 그래프로 적당한 것은 ③이다.

45 답 ⑤

$y=ax^2+bx+c$의 그래프가 제3사분면만을 지나지 않으므로 오른쪽 그림과 같이 그릴 수 있다.

그래프의 모양이 아래로 볼록하므로 $a>0$
그래프의 축이 y축의 오른쪽에 있으므로
$ab<0$ ∴ $b<0$
y축과의 교점이 x축보다 위쪽에 있으므로 $c>0$
$y=bx^2+cx+a$의 그래프는
(ⅰ) $b<0$이므로 그래프의 모양이 위로 볼록하다.
(ⅱ) $bc<0$이므로 그래프의 축은 y축의 오른쪽에 있다.
(ⅲ) $a>0$이므로 y축과 만나는 점은 x축보다 위쪽에 있다.
(ⅰ)~(ⅲ)에 의해 $y=bx^2+cx+a$의 그래프는 오른쪽 그림과 같다.

46 답 ③

$y=2x^2-12x+10=2(x-3)^2-8$
이므로 C$(3, -8)$
$y=2x^2-12x+10$에 $y=0$을 대입하면
$2x^2-12x+10=0$, $x^2-6x+5=0$
$(x-1)(x-5)=0$ ∴ $x=1$ 또는 $x=5$
따라서 A$(1, 0)$, B$(5, 0)$이므로
$\overline{AB}=5-1=4$
∴ $\triangle ABC=\dfrac{1}{2}\times4\times8=16$

47 답 3

$y=-x^2-x+2$에 $y=0$을 대입하면
$-x^2-x+2=0$, $x^2+x-2=0$
$(x+2)(x-1)=0$ ∴ $x=-2$ 또는 $x=1$
따라서 A$(-2, 0)$, B$(1, 0)$이므로
$\overline{AB}=1-(-2)=3$
$y=-x^2-x+2$에 $x=0$을 대입하면
$y=2$ ∴ C$(0, 2)$
∴ $\triangle ABC=\dfrac{1}{2}\times3\times2=3$

48 답 4

$y=\dfrac{1}{4}x^2-x-4$에 $x=0$을 대입하면
$y=-4$ ∴ A$(0, -4)$ ⋯(ⅰ)
$y=\dfrac{1}{4}x^2-x-4=\dfrac{1}{4}(x-2)^2-5$이므로
B$(2, -5)$ ⋯(ⅱ)
∴ $\triangle OAB=\dfrac{1}{2}\times4\times2=4$ ⋯(ⅲ)

채점 기준

(ⅰ) 점 A의 좌표 구하기	30 %
(ⅱ) 점 B의 좌표 구하기	40 %
(ⅲ) △OAB의 넓이 구하기	30 %

49 답 ②

$y=-2x^2+4x+4$에 $x=0$을 대입하면
$y=4$ ∴ C$(0, 4)$
$y=-2x^2+4x+4=-2(x-1)^2+6$이므로
P$(1, 6)$
이때 $\triangle ABC$와 $\triangle ABP$의 밑변을 모두 $\overline{AB}$로 정하면 두 삼각형의 밑변의 길이가 같으므로 두 삼각형의 넓이의 비는 높이의 비와 같다.
따라서 두 삼각형의 높이의 비가 $4:6=2:3$이므로
$\triangle ABC : \triangle ABP=2:3$

50 답 8

$y=x^2+ax+b$의 그래프가 점 $(0, 0)$을 지나므로 $b=0$
$y=x^2+ax$의 그래프가 점 $(4, 0)$을 지나므로
$0=16+4a$ ∴ $a=-4$
∴ $y=x^2-4x=(x-2)^2-4$
따라서 A$(2, -4)$이므로
$\triangle OAB=\dfrac{1}{2}\times4\times4=8$

51 답 ①

$y=-\dfrac{1}{2}x^2+2x+6=-\dfrac{1}{2}(x-2)^2+8$이므로
A$(2, 8)$
$y=-\dfrac{1}{2}x^2+2x+6$에 $x=0$을 대입하면
$y=6$ ∴ B$(0, 6)$

$y=-\dfrac{1}{2}x^2+2x+6$에 $y=0$을 대입하면

$-\dfrac{1}{2}x^2+2x+6=0$, $x^2-4x-12=0$

$(x+2)(x-6)=0$　　$\therefore x=-2$ 또는 $x=6$

$\therefore$ C$(6,\ 0)$

$\therefore \square$ABOC$=\triangle$ABO$+\triangle$AOC

$\qquad\qquad =\dfrac{1}{2}\times6\times2+\dfrac{1}{2}\times6\times8$

$\qquad\qquad =6+24=30$

03　이차함수의 식 구하기

유형 모아 보기 & 완성하기　　　208~212쪽

52 답 ②

꼭짓점의 좌표가 $(-1,\ -9)$이므로 구하는 이차함수의 식을

$y=a(x+1)^2-9$로 놓을 수 있다.

이 그래프가 점 $(2,\ 9)$를 지나므로

$9=a(2+1)^2-9$, $9a=18$　　$\therefore a=2$

$\therefore y=2(x+1)^2-9=2x^2+4x-7$

53 답 $y=-x^2-4x-1$

축의 방정식이 $x=-2$이므로 구하는 이차함수의 식을

$y=a(x+2)^2+q$로 놓을 수 있다.

이 그래프가 두 점 $(1,\ -6)$, $(-3,\ 2)$를 지나므로

$-6=9a+q$, $2=a+q$

위의 두 식을 연립하여 풀면 $a=-1$, $q=3$

$\therefore y=-(x+2)^2+3=-x^2-4x-1$

54 답 ③

구하는 이차함수의 식을 $y=ax^2+bx+c$로 놓으면 그래프가

점 $(0,\ -2)$를 지나므로

$c=-2$

즉, $y=ax^2+bx-2$의 그래프가 두 점 $(-1,\ 7)$, $(1,\ -5)$를 지나

므로

$7=a-b-2$　　$\therefore a-b=9$　　$\cdots\ ㉠$

$-5=a+b-2$　　$\therefore a+b=-3$　　$\cdots\ ㉡$

㉠, ㉡을 연립하여 풀면 $a=3$, $b=-6$

따라서 $a=3$, $b=-6$, $c=-2$이므로

$a-b-c=3-(-6)-(-2)=11$

55 답 $y=-x^2+2x+3$

그래프가 x축과 두 점 $(-1,\ 0)$, $(3,\ 0)$에서 만나므로 구하는 이차

함수의 식을 $y=a(x+1)(x-3)$으로 놓을 수 있다.

이 그래프가 점 $(0,\ 3)$을 지나므로

$3=-3a$　　$\therefore a=-1$

$\therefore y=-(x+1)(x-3)=-x^2+2x+3$

56 답 8

꼭짓점의 좌표가 $(-1,\ 2)$이므로 구하는 이차함수의 식을

$y=a(x+1)^2+2$로 놓을 수 있다.

이 그래프가 점 $(0,\ -1)$을 지나므로

$-1=a(0+1)^2+2$　　$\therefore a=-3$

$\therefore y=-3(x+1)^2+2=-3x^2-6x-1$

$\therefore b=-6$, $c=-1$

$\therefore a-2b+c=-3-2\times(-6)+(-1)=8$

57 답 ③

꼭짓점의 좌표가 $(0,\ -5)$이므로 이차함수의 식을 $y=ax^2-5$로 놓

을 수 있다.

이 그래프가 점 $(2,\ 0)$을 지나므로

$0=a\times2^2-5$, $4a=5$　　$\therefore a=\dfrac{5}{4}$

즉, $y=\dfrac{5}{4}x^2-5$의 그래프를 평행이동하여 완전히 포개어지려면 이

차항의 계수가 $\dfrac{5}{4}$이어야 하므로 ③이다.

58 답 $(0,\ -2)$

꼭짓점의 좌표가 $(2,\ -3)$이므로 이차함수의 식을

$y=a(x-2)^2-3$으로 놓을 수 있다.

이 그래프가 점 $(-2,\ 1)$을 지나므로

$1=a(-2-2)^2-3$, $16a=4$　　$\therefore a=\dfrac{1}{4}$

$\therefore y=\dfrac{1}{4}(x-2)^2-3$　　　　　　　　　$\cdots\ (\text{i})$

이 식에 $x=0$을 대입하면

$y=\dfrac{1}{4}\times(0-2)^2-3=-2$

따라서 y축과 만나는 점의 좌표는 $(0,\ -2)$이다.　　$\cdots\ (\text{ii})$

채점 기준

(i) 이차함수의 식 구하기	60 %
(ii) y축과 만나는 점의 좌표 구하기	40 %

59 답 -5

꼭짓점의 좌표가 $(2,\ 3)$이므로 이차함수의 식을 $y=a(x-2)^2+3$으

로 놓을 수 있다.

이 그래프가 점 $(0,\ 1)$을 지나므로

$1=a(0-2)^2+3$, $4a=-2$　　$\therefore a=-\dfrac{1}{2}$

따라서 $y=-\dfrac{1}{2}(x-2)^2+3$의 그래프가 점 $(6,\ k)$를 지나므로

$k=-\dfrac{1}{2}\times(6-2)^2+3=-5$

60 답 ①

$y=3(x+2)^2+4$의 그래프의 꼭짓점의 좌표가 $(-2,\ 4)$이므로 구

하는 이차함수의 식을 $y=a(x+2)^2+4$로 놓을 수 있다.

$y=\dfrac{1}{2}x^2-x-4$의 그래프와 y축의 교점의 좌표는 $(0,\ -4)$

즉, $y=a(x+2)^2+4$의 그래프가 점 $(0,\ -4)$를 지나므로

$-4=a(0+2)^2+4$, $4a=-8$　　$\therefore a=-2$

$\therefore y=-2(x+2)^2+4=-2x^2-8x-4$

61 답 ⑤

㈎, ㈏에서 그래프의 꼭짓점의 좌표는 $(-2, 0)$이므로 이차함수의 식을 $y=a(x+2)^2$으로 놓을 수 있다.

㈐에서 이 그래프가 점 $(-4, 6)$을 지나므로

$6=a(-4+2)^2$ ∴ $a=\dfrac{3}{2}$

∴ $y=\dfrac{3}{2}(x+2)^2$

① $x=-3$을 대입하면 $y=\dfrac{3}{2}\times(-3+2)^2=\dfrac{3}{2}\neq-\dfrac{3}{2}$

② $x=-1$을 대입하면 $y=\dfrac{3}{2}\times(-1+2)^2=\dfrac{3}{2}\neq\dfrac{1}{2}$

③ $x=0$을 대입하면 $y=\dfrac{3}{2}\times(0+2)^2=6\neq3$

④ $x=1$을 대입하면 $y=\dfrac{3}{2}\times(1+2)^2=\dfrac{27}{2}\neq\dfrac{9}{2}$

⑤ $x=2$를 대입하면 $y=\dfrac{3}{2}\times(2+2)^2=24$

따라서 $y=\dfrac{3}{2}(x+2)^2$의 그래프 위의 점인 것은 ⑤이다.

62 답 ⑤

축의 방정식이 $x=1$이므로 이차함수의 식을 $y=a(x-1)^2+q$로 놓을 수 있다.

이 그래프가 두 점 $(2, -4)$, $(-1, -1)$을 지나므로

$-4=a+q$, $-1=4a+q$

위의 두 식을 연립하여 풀면

$a=1$, $q=-5$

∴ $y=(x-1)^2-5=x^2-2x-4$

따라서 $a=1$, $b=-2$, $c=-4$이므로

$a-b-c=1-(-2)-(-4)=7$

63 답 3

축의 방정식이 $x=2$이므로 이차함수의 식을 $y=a(x-2)^2+q$로 놓을 수 있다.

이 그래프가 두 점 $(0, -1)$, $(1, 2)$를 지나므로

$-1=4a+q$, $2=a+q$

위의 두 식을 연립하여 풀면

$a=-1$, $q=3$

∴ $y=-(x-2)^2+3$

즉, 꼭짓점의 좌표가 $(2, 3)$이므로 꼭짓점의 y좌표는 3이다.

64 답 ④

축의 방정식이 $x=-3$이므로 이차함수의 식을
$y=-2(x+3)^2+q$로 놓을 수 있다.

이 그래프가 점 $(-1, -5)$을 지나므로

$-5=-2\times(-1+3)^2+q$

$-5=-8+q$ ∴ $q=3$

∴ $y=-2(x+3)^2+3=-2x^2-12x-15$

따라서 $a=-12$, $b=-15$이므로

$a+b=-12+(-15)=-27$

65 답 $y=4x^2+8x+3$

㈏에서 $a=-4$ 또는 $a=4$

㈐에서 축의 방정식은 $x=-1$이고, $a>0$

즉, 구하는 이차함수의 식을 $y=4(x+1)^2+q$로 놓을 수 있다.

㈎에서 이 그래프가 점 $(1, 15)$를 지나므로

$15=4\times(1+1)^2+q$, $15=16+q$

∴ $q=-1$

∴ $y=4(x+1)^2-1=4x^2+8x+3$

66 답 $(1, 2)$

이차함수의 식을 $y=ax^2+bx+c$로 놓으면 그래프가 점 $(0, 3)$을 지나므로 $c=3$

즉, $y=ax^2+bx+3$의 그래프가 두 점 $(-1, 6)$, $(1, 2)$를 지나므로

$6=a-b+3$ ∴ $a-b=3$ ⋯ ㉠

$2=a+b+3$ ∴ $a+b=-1$ ⋯ ㉡

㉠, ㉡을 연립하여 풀면

$a=1$, $b=-2$

따라서 $y=x^2-2x+3=(x-1)^2+2$이므로 구하는 꼭짓점의 좌표는 $(1, 2)$이다.

67 답 6

$y=ax^2-2x+b$의 그래프가 점 $(0, 1)$을 지나므로 $b=1$

즉, $y=ax^2-2x+1$의 그래프가 점 $(-2, 17)$을 지나므로

$17=4a+4+1$ ∴ $a=3$

따라서 $y=3x^2-2x+1$의 그래프가 점 $(1, c)$를 지나므로

$c=3-2+1=2$

∴ $a+b+c=3+1+2=6$

68 답 ②

$y=ax^2+bx+c$의 그래프가 점 $(0, -5)$를 지나므로 $c=-5$

즉, $y=ax^2+bx-5$의 그래프가 두 점 $(2, 3)$, $(6, 1)$을 지나므로

$3=4a+2b-5$ ∴ $2a+b=4$ ⋯ ㉠

$1=36a+6b-5$ ∴ $6a+b=1$ ⋯ ㉡

㉠, ㉡을 연립하여 풀면

$a=-\dfrac{3}{4}$, $b=\dfrac{11}{2}$

∴ $4a-2b-c=4\times\left(-\dfrac{3}{4}\right)-2\times\dfrac{11}{2}-(-5)=-9$

69 답 2

이차함수의 식을 $y=ax^2+bx+c$로 놓으면 그래프가 점 $(0, -3)$을 지나므로

$c=-3$

즉, $y=ax^2+bx-3$의 그래프가 두 점 $(-4, -3)$, $(1, -8)$를 지나므로

$-3=16a-4b-3$ ∴ $4a-b=0$ ⋯ ㉠

$-8=a+b-3$ ∴ $a+b=-5$ ⋯ ㉡

①, ②을 연립하여 풀면 $a=-1$, $b=-4$

이때 $y=-x^2-4x-3$에 $y=0$을 대입하면

$x^2+4x+3=0$, $(x+3)(x+1)=0$

$\therefore x=-3$ 또는 $x=-1$

따라서 그래프가 x축과 만나는 두 점은 $(-3, 0)$, $(-1, 0)$이므로

$\overline{AB}=-1-(-3)=2$

70 답 -2

그래프가 x축과 두 점 $(1, 0)$, $(5, 0)$에서 만나므로 이차함수의 식을 $y=a(x-1)(x-5)$로 놓을 수 있다.

이 그래프가 점 $(4, 3)$을 지나므로

$3=a\times3\times(-1)$ $\therefore a=-1$

$\therefore y=-(x-1)(x-5)=-x^2+6x-5$

따라서 $a=-1$, $b=6$, $c=-5$이므로

$a-b-c=-1-6-(-5)=-2$

71 답 ⑤

$y=5x^2$의 그래프를 평행이동하면 완전히 포개어지고, x축과 두 점 $(2, 0)$, $(-3, 0)$에서 만나므로 이차함수의 식은

$y=5(x-2)(x+3)=5x^2+5x-30$

따라서 이 그래프가 y축과 만나는 점의 좌표는 $(0, -30)$이다.

72 답 28

그래프가 x축과 두 점 $(-5, 0)$, $(1, 0)$에서 만나므로 이차함수의 식을 $y=a(x+5)(x-1)$로 놓을 수 있다.

이 그래프가 점 $(0, -4)$를 지나므로

$-4=-5a$ $\therefore a=\dfrac{4}{5}$

$\therefore y=\dfrac{4}{5}(x+5)(x-1)=\dfrac{4}{5}x^2+\dfrac{16}{5}x-4$

$=\dfrac{4}{5}(x+2)^2-\dfrac{36}{5}$

따라서 꼭짓점의 좌표는 $\left(-2, -\dfrac{36}{5}\right)$이므로

$p=-2$, $q=-\dfrac{36}{5}$

$\therefore 4p-5q=4\times(-2)-5\times\left(-\dfrac{36}{5}\right)=28$

73 답 ③

$y=x^2+ax+b$의 그래프가 x축과 두 점 $(-4, 0)$, $(4, 0)$에서 만나므로

$y=(x+4)(x-4)=x^2-16$

따라서 $a=0$, $b=-16$이므로

$a-b=0-(-16)=16$

74 답 ①

$y=3x^2+6x-2=3(x^2+2x)-2$

$=3(x^2+2x+1-1)-2$

$=3(x+1)^2-5$

따라서 이 그래프는 $y=3x^2$의 그래프를 x축의 방향으로 -1만큼, y축의 방향으로 -5만큼 평행이동한 것이므로

$a=3$, $p=-1$, $q=-5$

$\therefore a+p+q=3+(-1)+(-5)=-3$

75 답 ②

① $y=4x^2-8x=4(x^2-2x)$

$=4(x^2-2x+1-1)$

$=4(x-1)^2-4$

이므로 꼭짓점의 좌표는 $(1, -4)$ ⇨ 제4사분면

② $y=-3x^2-6x-2=-3(x^2+2x)-2$

$=-3(x^2+2x+1-1)-2$

$=-3(x+1)^2+1$

이므로 꼭짓점의 좌표는 $(-1, 1)$ ⇨ 제2사분면

③ $y=x^2+4x+1=(x^2+4x)+1$

$=(x^2+4x+4-4)+1$

$=(x+2)^2-3$

이므로 꼭짓점의 좌표는 $(-2, -3)$ ⇨ 제3사분면

④ $y=-2x^2+4x+1=-2(x^2-2x)+1$

$=-2(x^2-2x+1-1)+1$

$=-2(x-1)^2+3$

이므로 꼭짓점의 좌표는 $(1, 3)$ ⇨ 제1사분면

⑤ $y=-(x+1)(x-2)=-(x^2-x-2)$

$=-(x^2-x)+2=-\left(x^2-x+\dfrac{1}{4}-\dfrac{1}{4}\right)+2$

$=-\left(x-\dfrac{1}{2}\right)^2+\dfrac{9}{4}$

이므로 꼭짓점의 좌표는 $\left(\dfrac{1}{2}, \dfrac{9}{4}\right)$ ⇨ 제1사분면

따라서 꼭짓점이 제2사분면 위에 있는 것은 ②이다.

76 답 ④

$y=-x^2-2x+a=-(x+1)^2+a+1$

이므로 꼭짓점의 좌표는 $(-1, a+1)$이다.

$y=-\dfrac{1}{3}x^2+bx+1=-\dfrac{1}{3}\left(x-\dfrac{3}{2}b\right)^2+1+\dfrac{3}{4}b^2$

이므로 꼭짓점의 좌표는 $\left(\dfrac{3}{2}b, 1+\dfrac{3}{4}b^2\right)$이다.

두 그래프의 꼭짓점이 일치하므로

$-1=\dfrac{3}{2}b$ $\therefore b=-\dfrac{2}{3}$

즉, 꼭짓점의 좌표는 $\left(-1, \dfrac{4}{3}\right)$이므로

$a+1=\dfrac{4}{3}$ $\therefore a=\dfrac{1}{3}$

$\therefore a-b=\dfrac{1}{3}-\left(-\dfrac{2}{3}\right)=1$

77 답 ⑤

① $y=-x^2-4x-2=-(x+2)^2+2$

  (i) 꼭짓점의 좌표: $(-2, 2)$

  (ii) y축과 만나는 점의 좌표: $(0, -2)$

  (iii) 모양: $\cap$

  따라서 그래프는 제1사분면을 지나지 않는다.

② $y=x^2-4x=(x-2)^2-4$

  (i) 꼭짓점의 좌표: $(2, -4)$

  (ii) 원점을 지난다.

  (iii) 모양: $\cup$

  따라서 그래프는 제3사분면을 지나지 않는다.

③ $y=3(x+2)^2-4$

  (i) 꼭짓점의 좌표: $(-2, -4)$

  (ii) y축과 만나는 점의 좌표: $(0, 8)$

  (iii) 모양: $\cup$

  따라서 그래프는 제4사분면을 지나지 않는다.

④ $y=-2x^2+8x-10=-2(x-2)^2-2$

  (i) 꼭짓점의 좌표: $(2, -2)$

  (ii) y축과 만나는 점의 좌표: $(0, -10)$

  (iii) 모양: $\cap$

  따라서 그래프는 제1, 2사분면을 지나지 않는다.

⑤ $y=2x^2-4x-1=2(x-1)^2-3$

  (i) 꼭짓점의 좌표: $(1, -3)$

  (ii) y축과 만나는 점의 좌표: $(0, -1)$

  (iii) 모양: $\cup$

  따라서 그래프는 모든 사분면을 지난다.

따라서 그래프가 모든 사분면을 지나는 이차함수는 ⑤이다.

78 답 $x<3$

$y=-\dfrac{2}{3}x^2+kx-8$의 그래프가 점 $(3, -2)$를 지나므로

$-2=-\dfrac{2}{3}\times 3^2+k\times 3-8$

$-2=-6+3k-8$, $3k=12$ $\therefore k=4$

$y=-\dfrac{2}{3}x^2+4x-8$

$\quad =-\dfrac{2}{3}(x^2-6x)-8$

$\quad =-\dfrac{2}{3}(x^2-6x+9-9)-8$

$\quad =-\dfrac{2}{3}(x-3)^2-2$

이 그래프는 오른쪽 그림과 같으므로 $x<3$일 때,

x의 값이 증가하면 y의 값도 증가한다.

79 답 ②

$y=x^2-6x+k=(x-3)^2+k-9$의 그래프의 축의 방정식은 $x=3$이다.

$\overline{AB}=2\sqrt{10}$이므로 그래프의 축에서 두 점 A, B까지의 거리는 각각 $\sqrt{10}$이다.

$\therefore$ A$(3-\sqrt{10}, 0)$, B$(3+\sqrt{10}, 0)$

  또는 A$(3+\sqrt{10}, 0)$, B$(3-\sqrt{10}, 0)$

따라서 $y=x^2-6x+k$의 그래프가 점 $(3-\sqrt{10}, 0)$을 지나므로

$0=(3-\sqrt{10})^2-6\times(3-\sqrt{10})+k$

$0=9-6\sqrt{10}+10-18+6\sqrt{10}+k$

$\therefore k=-1$

80 답 -4

$y=\dfrac{1}{3}x^2-2x+1=\dfrac{1}{3}(x-3)^2-2$의 그래프를 x축의 방향으로 -1만큼, y축의 방향으로 -2만큼 평행이동한 그래프의 식은

$y=\dfrac{1}{3}(x+1-3)^2-2-2=\dfrac{1}{3}(x-2)^2-4=\dfrac{1}{3}x^2-\dfrac{4}{3}x-\dfrac{8}{3}$

따라서 $a=-\dfrac{4}{3}$, $b=-\dfrac{8}{3}$이므로

$a+b=-\dfrac{4}{3}+\left(-\dfrac{8}{3}\right)=-4$

81 답 ①

$y=2x^2-4x+7=2(x-1)^2+5$의 그래프를 x축의 방향으로 k만큼 평행이동한 그래프의 식은

$y=2(x-k-1)^2+5$ $\cdots\ \bigcirc$

이 그래프가 $x<-4$이면 x의 값이 증가할 때 y의 값은 감소하고, $x>-4$이면 x의 값이 증가할 때 y의 값도 증가하므로 축의 방정식은 $x=-4$이다.

$\bigcirc$에서 그래프의 축의 방정식이 $x=k+1$이므로

$k+1=-4$ $\therefore k=-5$

82 답 ④

$y=-x^2+4x+5=-(x-2)^2+9$

① 꼭짓점의 좌표는 $(2, 9)$이다.

②, ⑤ 이 그래프는 오른쪽 그림과 같으므로 $x>2$일 때, x의 값이 증가하면 y의 값은 감소하고, 모든 사분면을 지난다.

③ $y=-x^2+4x+5$에 $y=0$을 대입하면

  $-x^2+4x+5=0$, $x^2-4x-5=0$

  $(x+1)(x-5)=0$ $\therefore x=-1$ 또는 $x=5$

  즉, x축과의 교점의 좌표는 $(-1, 0)$, $(5, 0)$이므로 두 점 사이의 거리는 $5-(-1)=6$이다.

④ $y=-x^2$의 그래프를 x축의 방향으로 2만큼, y축의 방향으로 9만큼 평행이동한 것이다.

따라서 옳지 않은 것은 ④이다.

83 답 ㄴ, ㄷ, ㅂ

그래프의 모양이 아래로 볼록하므로 $a>0$

그래프의 축이 y축의 오른쪽에 있으므로

$ab<0$ $\therefore b<0$

y축과 만나는 점이 x축보다 위쪽에 있으므로 $c>0$

ㄱ. $ac>0$

ㄴ. $x=1$일 때, $y<0$이므로 $a+b+c<0$

ㄷ. $abc<0$

ㄹ. $x=-1$일 때, $y>0$이므로 $a-b+c>0$

ㅁ. $2a>0$, $-b>0$이므로 $2a-b>0$

ㅂ. 축의 방정식이 $x=-\dfrac{b}{2a}$이고, $-\dfrac{b}{2a}>1$에서 $a>0$이므로

$-b>2a$ ∴ $2a+b<0$

따라서 그 값이 항상 음수인 것은 ㄴ, ㄷ, ㅂ이다.

84 답 ⑤

$y=x^2-x-6$에 $y=0$을 대입하면

$x^2-x-6=0$, $(x+2)(x-3)=0$

∴ $x=-2$ 또는 $x=3$

따라서 A$(-2, 0)$, B$(3, 0)$이므로 $\overline{AB}=3-(-2)=5$

$y=x^2-x-6$에 $x=0$을 대입하면

$y=-6$ ∴ C$(0, -6)$

∴ $\triangle ABC=\dfrac{1}{2}\times5\times6=15$

85 답 -7

꼭짓점의 좌표가 $(-2, -6)$이므로 이차함수의 식을

$y=a(x+2)^2-6$으로 놓을 수 있다.

이 그래프가 $(0, -2)$를 지나므로

$-2=a(0+2)^2-6$, $4a=4$ ∴ $a=1$

∴ $y=(x+2)^2-6$

이 그래프를 x축의 방향으로 3만큼, y축의 방향으로 -2만큼 평행

이동한 그래프의 식은

$y=(x-3+2)^2-6-2=(x-1)^2-8$

이 식에 $x=0$을 대입하면

$y=(0-1)^2-8=-7$

따라서 y축과 만나는 점의 y좌표는 -7이다.

86 답 ④

축의 방정식이 $x=1$이므로 구하는 이차함수의 식을

$y=a(x-1)^2+q$로 놓을 수 있다.

이 그래프가 두 점 $(0, 3)$, $(3, 0)$을 지나므로

$3=a+q$, $0=4a+q$

위의 두 식을 연립하여 풀면 $a=-1$, $q=4$

∴ $y=-(x-1)^2+4=-x^2+2x+3$

87 답 $(2, 3)$

$f(x)=ax^2+bx+c$로 놓으면 $f(0)=5$이므로 $c=5$

∴ $f(x)=ax^2+bx+5$

이때 $f(2)=3$, $f(4)=5$이므로

$4a+2b+5=3$ ∴ $2a+b=-1$ ···㉠

$16a+4b+5=5$ ∴ $4a+b=0$ ···㉡

㉠, ㉡을 연립하여 풀면 $a=\dfrac{1}{2}$, $b=-2$

∴ $f(x)=\dfrac{1}{2}x^2-2x+5=\dfrac{1}{2}(x-2)^2+3$

따라서 이차함수 $y=f(x)$의 그래프의 꼭짓점의 좌표는 $(2, 3)$이다.

88 답 ②

그래프가 x축과 두 점 $(-4, 0)$, $(2, 0)$에서 만나므로 이차함수의

식을 $y=a(x+4)(x-2)$로 놓을 수 있다.

이 그래프가 점 $(0, -8)$을 지나므로

$-8=-8a$ ∴ $a=1$

∴ $y=(x+4)(x-2)=x^2+2x-8$

따라서 $a=1$, $b=2$, $c=-8$이므로

$abc=1\times2\times(-8)=-16$

89 답 5

$y=x^2-2ax+b$의 그래프가 점 $(4, 7)$을 지나므로

$7=16-8a+b$ ∴ $b=8a-9$ ···㉠ ···(i)

$y=x^2-2ax+b$

$\quad=x^2-2ax+8a-9$

$\quad=(x-a)^2-a^2+8a-9$

이므로 꼭짓점의 좌표는 $(a, -a^2+8a-9)$

이때 꼭짓점이 직선 $y=2x$ 위의 점이므로

$-a^2+8a-9=2a$, $a^2-6a+9=0$

$(a-3)^2=0$ ∴ $a=3$ ···(ii)

$a=3$을 ㉠에 대입하면

$b=8a-9=8\times3-9=15$ ···(iii)

∴ $\dfrac{b}{a}=\dfrac{15}{3}=5$ ···(iv)

채점 기준

(i) 그래프가 점 $(4, 7)$을 지남을 이용하여 a와 b 사이의 관계식 구하기	20%
(ii) a의 값 구하기	50%
(iii) b의 값 구하기	20%
(iv) $\dfrac{b}{a}$의 값 구하기	10%

90 답 54

$y=-\dfrac{1}{4}x^2+2x+k=-\dfrac{1}{4}(x-4)^2+k+4$의 그래프의 축의 방정

식은 $x=4$이다.

$\overline{AB}=12$이므로 그래프의 축에서 두 점 A, B까지의 거리는 각각 6

이다.

∴ A$(-2, 0)$, B$(10, 0)$ ···(i)

즉, $y=-\dfrac{1}{4}x^2+2x+k$의 그래프가 점 $(-2, 0)$을 지나므로

$0=-\dfrac{1}{4}\times(-2)^2+2\times(-2)+k$ ∴ $k=5$ ···(ii)

∴ $y=-\dfrac{1}{4}(x-4)^2+9$

따라서 C$(4, 9)$이므로 ···(iii)

$\triangle ABC=\dfrac{1}{2}\times12\times9=54$ ···(iv)

채점 기준

(i) 두 점 A, B의 좌표 구하기	30%
(ii) k의 값 구하기	30%
(iii) 점 C의 좌표 구하기	20%
(iv) $\triangle ABC$의 넓이 구하기	20%

91 답 −3

꼭짓점의 좌표가 $(3, -7)$이므로 이차함수의 식을
$y=a(x-3)^2-7$로 놓을 수 있다. ··· (i)
이 그래프가 점 $(-1, 9)$를 지나므로
$9=a(-1-3)^2-7$, $16a=16$ ∴ $a=1$ ··· (ii)
따라서 $y=(x-3)^2-7$의 그래프가 점 $(1, k)$를 지나므로
$k=(1-3)^2-7=-3$ ··· (iii)

채점 기준

(i) 이차함수의 식을 $y=a(x-3)^2-7$로 놓기	40 %
(ii) a의 값 구하기	30 %
(iii) k의 값 구하기	30 %

만점 문제 뛰어넘기 216쪽

92 답 $a\geq\dfrac{1}{2}$

$y=ax^2+bx+c$의 그래프의 꼭짓점의 좌표가 $(2, -2)$이므로
$y=a(x-2)^2-2=ax^2-4ax+4a-2$
이 그래프가 제3사분면을 지나지 않으려면
그래프의 모양이 아래로 볼록해야 하므로 $a>0$
또 (y축과 만나는 점의 y좌표)≥0이어야 하므로 $4a-2\geq0$
∴ $a\geq\dfrac{1}{2}$

93 답 ②

모든 경우의 수는 $6\times6=36$
$y=x^2-6x+a+2b=(x-3)^2+a+2b-9$
이므로 꼭짓점의 좌표는 $(3, a+2b-9)$
이 그래프의 꼭짓점이 제4사분면 위에 있으려면
$a+2b-9<0$ ∴ $a+2b<9$
이를 만족시키는 순서쌍 (a, b)는
$(1, 1), (1, 2), (1, 3), (2, 1), (2, 2), (2, 3),$
$(3, 1), (3, 2), (4, 1), (4, 2), (5, 1), (6, 1)$
의 12가지
따라서 구하는 확률은 $\dfrac{12}{36}=\dfrac{1}{3}$

94 답 6

점 B의 좌표를 $(k, 0)$이라 하면 점 A의 좌표는 $(k, -k^2+8k)$이므로
$\overline{AB}=-k^2+8k$
한편 $y=-x^2+8x=-(x-4)^2+16$의 그래프의 축의 방정식은 $x=4$이고, 그래프의 축에서 두 점 B, C까지의 거리는 같으므로
$\overline{BC}=2(4-k)=8-2k$ (단, $0<k<4$)

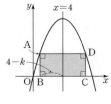

▭ABCD의 둘레의 길이가 26이므로
$2\{(8-2k)+(-k^2+8k)\}=26$
$(8-2k)+(-k^2+8k)=13$
$k^2-6k+5=0$, $(k-1)(k-5)=0$
∴ $k=1$ 또는 $k=5$
이때 $0<k<4$이므로 $k=1$
∴ $\overline{BC}=8-2k=8-2\times1=6$

95 답 64

$y=x^2-8x=(x-4)^2-16$
이 그래프의 축의 방정식은 $x=4$이고 꼭짓점의 좌표는 $(4, -16)$이다.
이때 $y=x^2-8x$의 그래프는 $y=x^2$의 그래프를 x축의 방향으로 4만큼, y축의 방향으로 -16만큼 평행이동한 것이다.
따라서 오른쪽 그림에서 빗금 친 두 부분의 넓이가 같으므로
(색칠한 부분의 넓이)$=▭$OABC
$=4\times16=64$

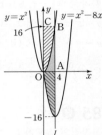

96 답 3

$y=-x^2+2x+3=-(x-1)^2+4$이므로
$A(1, 4)$
$y=-x^2+2x+3$에 $x=0$을 대입하면
$y=3$ ∴ $B(0, 3)$
$y=-x^2+2x+3$에 $y=0$을 대입하면
$-x^2+2x+3=0$, $x^2-2x-3=0$, $(x+1)(x-3)=0$
∴ $x=-1$ 또는 $x=3$ ∴ $C(3, 0)$
∴ $\triangle ABC=\triangle ABO+\triangle AOC-\triangle BOC$
$=\dfrac{1}{2}\times3\times1+\dfrac{1}{2}\times3\times4-\dfrac{1}{2}\times3\times3$
$=\dfrac{3}{2}+6-\dfrac{9}{2}=3$

97 답 8 m

오른쪽 그림과 같이 지점 O가 원점, 지면이 x축, 선분 OP가 y축 위에 있도록 좌표평면 위에 나타내면
$P(0, 4), Q(3, 0), R(3, 5), S(6, 0)$
꼭짓점의 좌표가 $P(0, 4)$이므로 이차함수의 식을 $y=ax^2+4$로 놓을 수 있다.
이 이차함수의 그래프가 점 $R(3, 5)$를 지나므로
$5=a\times3^2+4$, $9a=1$ ∴ $a=\dfrac{1}{9}$

즉, 이차함수의 식은
$y=\dfrac{1}{9}x^2+4$ ··· ㉠
이때 점 T의 x좌표는 6이므로 ㉠에 $x=6$을 대입하면
$y=\dfrac{1}{9}\times6^2+4=8$
따라서 지점 S에서 지점 T까지의 높이는 8 m이다.

만렙 출제율 높은 문제로 내 수학 성적을 'Level up'합니다.

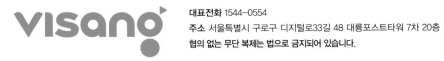

대표전화 1544-0554
주소 서울특별시 구로구 디지털로33길 48 대륭포스트타워 7차 20층
협의 없는 무단 복제는 법으로 금지되어 있습니다.